U0934420

江西生态系统研究

黄国勤 著

中国环境出版社·北京

图书在版编目（CIP）数据

江西生态系统研究/黄国勤著. —北京：中国环境出版社，2016.4

ISBN 978-7-5111-2744-0

Ⅰ. ①江… Ⅱ. ①黄… Ⅲ. ①环境系统—生态系—江西省—文集 Ⅳ. ①X171.1

中国版本图书馆 CIP 数据核字（2016）第 058634 号

出 版 人 王新程
责任编辑 孔 锦
责任校对 尹 芳
封面设计 岳 帅

出版发行 中国环境出版社
（100062 北京市东城区广渠门内大街 16 号）
网 址：http://www.cesp.com.cn
电子邮箱：bjgl@cesp.com.cn
联系电话：010-67112765（编辑管理部）
发行热线：010-67125803，010-67113405（传真）
印 刷 北京中科印刷有限公司
经 销 各地新华书店
版 次 2016 年 4 月第 1 版
印 次 2016 年 4 月第 1 次印刷
开 本 787×960 1/16
印 张 31 彩插 2
字 数 540 千字
定 价 98.00 元

前 言

生态系统是现代生态学研究的主要对象和核心内容。生态系统，从狭义来说，是指一定时间和空间范围内，由生物与其环境组成的具有物质循环与能量流动基本功能的生态学单元；从广义来说，则是指包括人在内的生物及其环境所构成的自然-社会-经济-技术的复合大系统或巨系统（可简称为“复合生态系统”）。

江西是我国南方重要省份之一，森林覆盖率高（已达63.1%，位居全国第二），生态环境优美，生态系统呈现持续稳定发展态势，对当前正在进行的“江西省生态文明先行示范区建设”极为有利。

为了以实际行动推进江西省生态文明先行示范区建设，笔者于2013年主持申报了江西省软科学研究计划项目“江西生态文明示范省建设对策研究”，并获批准立项，项目编号：20133BBA10005，下达文号：赣财教指[2013]116号，研究期限为2014—2015年。笔者（及团队成员）在完成该项目的过程中，紧扣“江西生态系统”这一主题，运用文献研究法、典型调查法，以及定性分析与定量研究相结合的方法，开展了大量实地调查研究，取得了丰富的第一手资料，并撰写出具有一定理论与实践意义的调查报告和学术论文，且先后在有关学术刊物上发表或学术会议上交流。

为便于加强学术交流，以及有利于今后更进一步的科学研究，促进江西生态科学发展，笔者将该项目研究取得的成果，以及近10年来（2006—2015年）开展相关研究取得的成果进行梳理、汇总，并以《江西生态系统研究》为书名结集出版。

全书分上、中、下篇三篇。上篇，生态系统特征，包含论文9篇，分别从环境、生物、生态系统、生态足迹、生态功能、水资源、生物质资源、流域生态系统等不同角度，对江西生态系统的特征、现状、演变和可持续发展等进行了分析；中篇，生态环境保护，包含论文12篇，分别从水土流失、土地荒漠化、土壤重金属污染、大气污染、清洁能源、绿色产业等方面，阐述了江西生态系统面临的问题，提出了生态环境保护的对策；下篇，生态文明建设，包含论文10篇，从分析国内外生态环境形势入手，对“秀美江西”建设、“绿色生态江西”建设、江西“绿色崛起”、江西省生态文明先行示范区建设等取得的成效、面临的问题及应采取的对策与措施等进行了深入调查和分析，提出了许多有价值的观点与建议。

该书具有以下四个显著特点：一是思路清晰。全书三篇中，上篇，生态系统特征，是全书的“基础篇”，研究江西生态系统，首先必须弄清楚江西生态系统的现状与特征，这对实现江西“自然-社会-经济-技术”复合系统的可持续发展至关重要；中篇，生态环境保护，是全书的“对策篇”，要实现江西“自然-社会-经济-技术”复合生态系统的可持续发展，必须寻求生态环境保护的对策、方法、途径和措施，只有“对策”合适，才能实现“目标”；下篇，生态文明建设，是全书的“目标篇”，分析生态系统特征、实行生态环境保护，其最终目标是要实现江西“自然-社会-经济-技术”复合生态系统的可持续发展，实现江西生态文明。二是资料翔实。该书资料丰富、翔实，既有历史数据（文献查阅和统计资料），又有实地典型调查资料；既有全省资料，又有相关市、县数据；既有“面”上整体分析数据，又有“点”上、“线”上案例解剖资料。三是观点新颖。书中汇编的论文虽然跨度10年，但研究观点“不过时”，尤其是始终坚持“绿色发展”新理念，使研究具有“新颖性”“前瞻性”，不仅紧跟“国际”“国内”“省内”大形势、大环境，还紧贴江西生态“实际”——“接地气”，研究成果具有“实用性”。四是意义重大。书中提出的观点既有理论意义，更具现实参考价值，对全省乃至南方类似省份生态环境保护和生态文明建设具有直接指导意义和参考价值。

值得指出的是，全书汇编的31篇论文中，有的先后在《中国生态农业学报》《生态科学》《水土保持研究》《气象与减灾研究》《江西科学》《可持续发展研究》等学术刊物上发表过，有的在全国相关学术会议上宣读或交流过，有的入选会议论文集并公开出版，还有的论文获得有关学会评选的“优秀学术论文奖”。

需要说明的是，书中多数论文是笔者独立撰写的，少部分论文是笔者与团队成员的青年教师或博士、硕士研究生合作完成(合作者在书中相应位置均有标注)。因此，从一定意义上来说，该书是集体智慧的结晶。该书的出版得到“江西生态文明示范省建设对策研究”项目经费（20133BBA10005）和江西农业大学首席教授配套经费（09003424）的共同支持。在整个项目的申请与研究过程中，还得到了江西省科技厅、江西农业大学等单位领导和同志们的大力支持与帮助，尤其是得到中国环境出版社的大力支持。笔者谨此一并致以衷心感谢！

因时间仓促，书中定有不少缺点甚至错误，恳请领导、专家和同志们批评指正！

2016年新春佳节即将到来，笔者在此敬祝各位春节愉快！身体健康！阖家幸福！万事如意！

中国生态学学会　常务理事

中国生态经济学学会　常务理事

江西省生态经济学会　理 事 长

江西农业大学生态科学研究中心 主任/所长

首席教授/二级教授、博士生导师

黄国勤

2016年2月3日于南昌

目　录

上篇　生态系统特征

江西生态特征研究Ⅰ——江西环境特征......3
江西生态特征研究Ⅱ——江西生物特征......11
江西生态特征研究Ⅲ——江西生态系统特征......17
江西生态特征研究Ⅳ——江西生态环境总体特征及综合评价......23
江西省 1949—2004 年生态足迹演变分析......30
江西省生态功能区划的分区过程及结果......40
江西水资源特征研究......51
江西生物质资源概况......57
江西省信江流域生态系统可持续发展研究......63

中篇　生态环境保护

江西省水土流失的现状、问题及对策......77
江西土地荒漠化现状及其危害......85
江西省生物入侵的现状、危害及对策......92
江西省土壤重金属污染研究Ⅰ——总体特征......101
江西省土壤重金属污染研究Ⅱ——区域分布......110
江西省土壤重金属污染研究Ⅲ——不同类型和深度土壤重金属污染状况......124
江西省贵溪市大气污染特征及变化趋势分析......137
发展低碳经济　开发清洁能源　——江西省“推动小水电健康有序发展”
专题调研报告......146

发挥生态优势 做大绿色产业........153
论江西绿色食品产业的发展........156
江西省万载县绿色食品发展的现状、问题及对策研究........168
论温泉休闲度假产业的可持续发展——以江西宜春明月山温泉休闲度假产业为例........216

下篇 生态文明建设

生态环境形势与“秀美江西”建设........227
“绿色生态江西”建设研究........263
江西生态文明建设的实践与探索........323
江西“绿色崛起”的探索与实践........337
江西省生态文明先行示范区建设探讨........348
论江西省生态文明先行示范区建设........358
江西建设全国生态文明先行示范区战略思考........369
江西省农业生态文明建设存在的问题与对策........375
江西省上饶市“最美上饶”建设探讨........384
吉水县生态文明建设探讨........387

附 录

中共中央 国务院关于加快推进生态文明建设的意见........399
中共中央 国务院印发《生态文明体制改革总体方案》........410
中共中央办公厅、国务院办公厅印发《党政领导干部生态环境损害责任追究办法（试行）》........422
中共江西省委 江西省人民政府关于建设生态文明先行示范区的实施意见........426
江西省人民代表大会关于大力推进生态文明先行示范区建设的决议........480
江西省流域生态补偿办法（试行）........484

生态系统特征

江西生态特征研究 I

——江西环境特征*

摘　要：从气候、土壤、水资源、大气四个方面简述了江西生态系统的环境特征，认为：从总体上来说，江西生态系统的环境美、质量佳，值得倍加珍惜和保护。

关键词：生态系统　生态环境　江西

1　气候特征

江西省地处中亚热带湿润气候区，气候温暖，光照充足，水热丰沛，四季分明。全省年辐射总量为 4 057～4 794 MJ/m^2，年平均日照百分率为 33%～47%；年平均气温 16.2～19.7℃，日平均气温≥5℃的积温为 5 571～7 086℃，日平均气温≥10℃的积温为 5 044～6 339℃，日平均气温≥15℃的积温为 4 773～5 490℃；无霜期长，达 241～304 d/a；全省年平均降水量为 1 341～1 939 mm，是全国多雨省（区）之一。全省多年平均水资源总量为 1 400 多亿 m^3，人均年占有水量 3 500 多立方米，每公顷土地拥有水量 80 000 多立方米，均高于全国及长江流域的平均水平。

当然，江西也存在多种气象灾害，如春寒、小满寒、寒露风、大风、冰雹、暴雨、洪涝、干旱、高温、台风和冻害等，总体上来说，江西具有亚热带湿润气候特色，土壤、水、大气环境质量均较优越，是我国江南生态环境优美的省区之一。

---

* 作者：黄国勤。

本文原载《发展中的江西生态经济》（中国环境科学出版社，2009 年 12 月）第 125～132 页。

2 土壤特征

2.1 类型的多样性

江西省土壤类型丰富多样。根据全国第二次土壤普查技术规范要求，按土壤形成条件、成土过程的特点及土壤属性，全省土壤共划分为 13 个土类、23 个亚类、92 个土属、251 个土种。比较重要的土壤类型有：红壤、黄壤、黄棕壤、山地草甸土、黄棕壤型土、紫色土、潮土、石灰土、褐色幼年土、草甸土和水稻土等。

2.2 红壤的主导性

红壤是江西省分布面积最广、在生产利用上最重要的土壤类型之一。全省红壤面积 1 053.14 万 hm^2，占全省土壤总面积的 70.7%。按红壤的发育程度和主要性状的差异，可分为红壤、棕红壤、黄红壤和红壤性土四个亚类。红壤的基本性质是土壤黏粒代换量在每百克土 20～30 mg 当量，氧化钾含量 0.97%～2.44%，胡敏酸与富里酸之比（H/F）为 0.20～0.30，pH 为 5.0～5.22，有机质含量 0.84%～2.34%，全氮含量 0.045%～0.104%，全磷含量 0.022%～0.072%。

水稻土是一类在水耕植稻熟化下的特殊人工土壤，是江西省仅次于红壤的主要耕作土壤。从海拔 15 m 的平原地区至海拔 600 m 左右的低山、沟谷都有分布，以河湖平原面积最为集中，面积 303.26 万 hm^2，占全省土壤总面积的 20.36%。

2.3 分布的规律性

江西土壤分布呈明显的规律性。全省境内由平原至丘陵再到山地，南部分布着湿潮土、潮土、新生积土、红壤、紫色土和各类山地组合；北部则在上述组合中，由棕红壤取代了红壤的位置；东部和中部有大小面积的火山灰土（紫褐土）穿插其间；西部则有石灰土交织于内。

海拔 1 000 m 以上的山地，土壤垂直分布的规律相当明显，一般海拔 400～500 m 南部和中部山地是典型的红壤亚类，北部山地为棕红壤；400～800 m 南北山地都是黄红壤亚类；800～1 200 m 为黄壤；1 200～1 500 m 为暗黄棕壤；1 500～2 158 m 为山地草甸土，有的山地甚至在 1 000 m 左右的山顶有山地草甸土。

根据赵其国等研究，江西省土壤分布规律共有四类：一是水平方向（即纬度及经度方向）上，土壤随生物气候影响而演替的规律，可称为土壤的水平地带性规律；二是垂直方向上，即随山体增加所发生的土壤演替规律，可称为土壤垂直地带分布规律；三是由于中小地形与相应的水文地质条件所引起的，在地域上表现出的土壤组合变化，称为土壤组合规律，也称为土壤地域性分布规律；四是微地形变化和人为经济活动影响下所形成的各种土壤复区规律，或称为微域分布规律。这些多种多样的土壤分布规律，相互影响，不仅构成了江西省土壤分布的独特格局，而且为全省农、林、牧业的发展和生态环境的改善创造了特殊的条件。因篇幅所限，这里就不作进一步的分析和讨论。

2.4　开发利用潜力的巨大性

江西土壤资源具有巨大的开发利用潜力，主要表现在两个方面：①深度开发潜力。据《中国农业全书·江西卷》研究资料，到 1995 年，全省高产田面积只占耕作面积的 21.8%，中产田面积占 55.0%，低产田面积占 23.2%，即江西有近 80% 的中、低产田，若通过改善生产条件、增加物质投入、加强田间管理，走“精耕细作、深度开发”的路子，将达到“低产→中产、中产→高产、高产→超高产”的目的；②后备资源开发潜力。据《江西省五荒四低资源更新调查报告》，到 1995 年，全省还有可开发利用的荒山 7.30 万 hm^2、荒坡 9.25 万 hm^2、荒地 7.47 万 hm^2，“三荒”面积共计 24.02 万 hm^2。若能科学地加以开发利用，不仅具有增产、增收的作用，而且还能起到改善、优化生态环境的效果。

3　水资源特征

3.1　水量丰富

江西地处我国南方湿润多雨地区，河流密布，雨量丰沛，水资源量相对丰富，对发展工农业生产和进行生态环境建设十分有利。

（1）河流密布。江西省内水系纵横、河流密布、交互成网，全省流域面积 10 km^2 以上的河流有 3 740 余条，其中 100 km^2 以上的河流有 450 余条，1 000 km^2 以上的河流有 45 条，3 000 km^2 以上的河流有 18 条，10 000 km^2 以上的河流有 5 条。河流总长约 18 400 km，其中常年有水的有 160 多条，赣江是境内主川，自南向北纵贯全省，与抚河、信江、饶河、修河构成江西五大河流，源于东、南、西三面山地，汇入鄱阳湖，构成一个以鄱阳湖为中心的向心水系，注入长江。可以说，江西是一个河流密布，并以鄱阳湖为中心的比较完整的鄱阳湖流域生态系统。

（2）降水总量多。全省年均降水量 2 660 亿 m^3，平均年降水深 1 592 mm，其中约有 47%的降水为植物蒸腾、土壤和地表水体蒸发年消耗，53%的降水约 1 416 亿 m^3 形成河川径流，即通常意义下的地表水资源。全省浅层地下水补给量 323 亿 m^3，其中平原地下水 22.4 亿 m^3，由于地表水和地下水同源于降水，二者密切联系又相互转化，扣除可以相互转化的重复水量 317 亿 m^3，则全省多年平均水资源总量约为 1 422 亿 m^3。

（3）所占比重大。江西省土地总面积为 16.69 万 km^2，占全国国土总面积的 1.74%；全省现有（2004 年）人口 4 284 万，占全国人口总数的 3.30%[《中国统计年鉴（2005 年）》，中国统计出版社，2005 年 9 月]。但江西水资源总量约占全国水资源总量的 5.2%，与全国各省（直辖市、自治区）相比，总数仅次于西藏、四川、广东、云南、广西和湖南，居全国第 7 位。

（4）拥有水量多。江西人均拥有水资源量为 3 500 m^3，高于全国平均水平；单位土地面积水量 85 万 m^3/km^2，仅次于台湾地区、广东、福建、浙江，居全国第 5 位。全省年用水量 219.70 亿 m^3，其中农田灌溉用水占 65.3%、林牧渔用水占 4.1%、城镇工业用水占 18.4%、农村工业用水占 4.6%、城镇生活用水占 2.6%、农村生活用水占 5.0%。

3.2 水质良好

（1）总体水质。江西水资源质量总的来说是良好的。据《江西省实施中国 21 世纪议程行动计划》资料，赣、抚、信、饶、修五大河流及主要支流枯水期符合饮用水标准的河段占 56.35%（评价长度为 3 188 km），符合渔业水标准的占 86.8%，符合农灌水的占 98.3%，严重污染河段约占 1.7%。

又据《江西水利科技》2000 年第 26 卷第 4 期报道，1997 年全省河流评价河长 4 002 km，丰水期 I 类水占总长的 1.8%、II 类水占 52.6%、III类水占 38.5%，污染河长占总长的 7.1%；枯水期 I 类水占总长的 4.1%、II 类水占 36.6%、III类水占 40.1%，污染河长占总长的 19.2%。

（2）“五河”水质。2003 年，江西省有关部门对江西“五河”——赣江、抚河、信江、饶河、修河的水质进行了大规模的调查和监测，其主要结果如下：

赣江水质。2003 年赣江水系主要站点水质一般为Ⅱ～Ⅲ类。赣江水系评价河段 18 个，河长 3 188 km，其中Ⅰ～Ⅱ类水占 79.5%，Ⅲ类水占 12.6%，Ⅳ、Ⅴ类水占 5.6%，劣Ⅴ类水占 3.4%。枯水期水质（相对于丰水期）较差，其中Ⅰ～Ⅱ类水占 55.9%，Ⅲ类水占 29.2%，Ⅳ、Ⅴ类水占 11.6%，劣Ⅴ类水占 3.4%。

抚河水质。2003 年抚河水质评价河段 11 个，评价河长 788 km，其中Ⅱ类水占 93.7%，Ⅳ类水占 6.3%。丰水期与枯水期水质基本相同。

信江水质。2003 年信江水质评价河段 8 个，河长 397 km，其中Ⅱ类水占 41.8%，Ⅲ类水占 40.1%，Ⅳ类水占 9.8%，劣Ⅴ类水占 8.3%。枯水期水质较差，Ⅲ类水减少，Ⅳ类水增加。

饶河水质。2003 年饶河水质评价河段 8 个，河长 472 km，其中Ⅱ类水占 53.0%，Ⅲ类水占 18.1%，Ⅴ类水占 12.0%，劣Ⅴ类水占 16.9%。

修河水质。因工业污染少和柘林水库的调节净化，修河水质为“优良”。2003 年评价河段 6 个，河长 475 km，其中Ⅰ类水占 38.5%，Ⅱ类水占 61.5%，是目前江西“五河”中水质最好的河流。

（3）鄱阳湖水质。鄱阳湖是中国最大的淡水湖，鄱阳湖水质的优劣不仅中国人、江西人十分关心，世界上许多国家或国际组织的专家也都对湖区生态环境表现出浓厚的兴趣，对鄱阳湖水质的变化极为关注。

①鄱阳湖水质监测结果。近一二十年来，江西省有关部门对鄱阳湖水质情况进行了连续监测，以便及时掌握湖区水质变化动态，为保护鄱阳湖水资源提供科学依据。

1986 年，鄱阳湖水质评价表明：氨氮平均值在赣江南支河口、康山分别超标 1.68 倍和 0.04 倍，占整个湖区测点的 10.53%，其余各测点各项目均超标。

1991 年度监测结果表明，就年平均值来讲，全湖水质指标均未超标，皆达到地面水Ⅱ类水的标准，其中昌江河口、乐安河口和波阳化肥厂为Ⅰ类水。

1992 年度监测结果表明，就全年来讲，全湖水质年平均值各项指标均未超标，皆达到地面水Ⅱ类水的标准，其中乐安河口、波阳化肥厂、龙口、信江西支口、修河口、蚌湖和湖口均为Ⅰ类水。

1993 年度，全湖水质就年平均值而论均未超标，均能达到国家地面水Ⅱ类标准，其中昌江河口、赣江南支口、都昌、诸溪河口及湖口为Ⅰ类水。

综观 1991—1993 年鄱阳湖水质监测结果，可以看出，整个鄱阳湖区水质基本符合《地表水环境质量标准》（GB 3838—88）Ⅱ类标准，水质良好。

“九五”期间的1996—1999年，鄱阳湖水质监测结果表明：平均有64.2%的断面为Ⅱ类水，30.5%的断面为Ⅲ类水，超标断面（为Ⅳ类水）占5.3%，主要出现在赣江南支口。

2000年度水质监测结果表明：从年平均值来看，全湖Ⅱ类水有10个断面，占52.6%；Ⅲ类水有8个断面，占42.1%；超标有1个断面（为Ⅳ类水），占5.3%，主要出现在赣江南支河口。从超标情况来看，总磷超标断面占42.1%，挥发酚超标断面占15.8%。

2003年鄱阳湖监测的4个国控断面中，一半为Ⅳ类水，一半为Ⅴ类水，都未达到所属生态功能区的要求。

②鄱阳湖水体富营养化。若从鄱阳湖水体富营养化情况来看，其主要结果为：

1989年，鄱阳湖富营养化评价值为36个单位，全年处于中营养状态，赣江南支入湖口富营养化评价值为52个单位，处于富营养状态，其他入湖河口为中营养状态，主湖区为贫营养状态；

1998年4—9月，鄱阳湖富营养化评价值为39个单位，属中营养状态，比1989年富营养化程度有所增加；

1999年4—9月，鄱阳湖富营养化评价值为39个单位，仍属中营养状态；

2000年4—9月，鄱阳湖富营养化指数为40个单位，比1999年富营养化程度有所增加，表明鄱阳湖出现向富营养化发展的趋势。

显然，从总体上来说，鄱阳湖水质是良好的或至少是较好的，在全国大型淡水湖泊中，水质名列第一，这是肯定的。但近年来在一定程度上也出现有“富营养化”的趋势，或者说有“中营养化”的发展趋势，这应引起我们的重视。

3.3 分布不均

江西省水资源量虽然丰富，但存在时空分布不均，年际变化和年内不同季节变幅较大，在一定程度上也影响了水资源的开发利用。其主要表现为：水资源与热量资源分布不完全同期，在很大程度上影响了作物的生长和生产潜力的发挥；4—7月的径流占全年的60%～70%，且多以暴雨形式出现，易酿成洪涝灾害；来水和用水为同步，7—9月为用水高峰季节，占全年用水的60%～70%，而来水只占全年的20%左右。降水的分布和变化趋向，总体上是赣东大于赣西，中部小于东部，山区大于平原、盆地。

3.4　开发利用潜力大

江西水资源开发利用大，主要表现在三个方面：

（1）改善库容，贮水潜力大。新中国成立前，江西水资源开发利用程度低，水利设施非常简陋，只有一批小型水库和塘坝、陂堰、筒车等灌溉工程和设施，蓄引提水量大致为 30 亿 m^3。新中国成立后，全省兴建了大量的水资源开发利用工程，供水工程的设计能力约为 326 亿 m^3，但由于工程老化、失修、配套不全、泥沙淤积及人类活动影响等原因，现有供水能力约为 272 亿 m^3，其中蓄水工程为 116.3 亿 m^3，引水工程 66.2 亿 m^3，提水工程为 72.3 亿 m^3，地下水工程为 9.7 亿 m^3，其他工程为 7.0 亿 m^3。今后，只有采取有效措施改善库容、增加库容，江西贮水的潜力就能进一步挖掘出来，增加贮水量，对发展工农业生产十分有利。

（2）提高利用率，节水潜力大。江西水资源相对丰富，在相当部分干部、群众中存在着“水是‘用之不尽，取之不竭’的资源”的传统观念，加上管理不严，节水措施不力，工艺水平低，致使用水浪费严重。根据江西省水文局的调查和分析，江西地表水利用率只有 16.3%，地下水利用率仅为 4.0%，大大低于全国平均水平，更低于发达国家或发达地区的平均水平；又据《江西省实施中国 21 世纪议程行动计划》，全省人均年综合用水量为 586 m^3，一般工业万元产值用水量 378 m^3，火电用水每万元产值高达 15 462 m^3，均高于全国平均水平；农业灌溉渠系水有效利用系数一般在 0.6 以下。显然，若提高节水意识，采取有效节水措施，并加强管理，江西在短期大幅度减少水资源浪费、提高水资源利用率是可能的和可行的。可见，江西节水潜力是非常之大的。

（3）节约利用，循环利用。在农业生产上，采取工程措施、生物措施、生态措施和农艺耕作措施相结合，千方百计节约水资源，提高农业生物对水资源的利用率；在工业生产中，走“循环经济”的路子，实施水资源重复利用、多次利用和再循环利用，这方面的潜力就更大。

4　大气特征

由于森林覆盖率较高（目前已达 60.05%），加上工业基础总体比较薄弱，江西省大气环境总体上也呈现良好态势，尤其是广大农村的大气环境质量均可达到“优类”或“良好”；城市大气环境质量由于受“工业化”的影响，一定程度上存在着大气污染的问题，部分城市还出现了“酸雨”问题，据2005年7月27日《江西日报》报道，2005年第二季度，全省11个城市降水pH季均值仅九江市高于5.6，其余城市均低于5.6；全省降水酸雨污染程度较上年同期略有加重。显然，“酸雨”问题应引起我们的重视，要尽早采取有效措施减少城市环境污染，逐步减轻或消除大气污染和城市“酸雨”问题。

参考文献

[1] 中华人民共和国国家统计局. 中国统计年鉴2005. 北京：中国统计出版社，2005.

[2] 《中国农业全书·江西卷》编辑委员会. 中国农业全书·江西卷. 北京：中国农业出版社，2001.

[3] 江西省实施中国21世纪议程领导小组办公室. 江西省实施中国21世纪议程行动计划. 南昌：江西科学技术出版社，2000.

[4] 赵其国，谢为民，贺湘逸，等. 江西红壤. 南昌：江西科学技术出版社，1988.

[5] 赵其国，石华，吴志东. 红黄壤地区农业资源综合发展战略与对策//红壤生态系统研究（第一集）. 北京：科学出版社，1992：1-13.

[6] 尹瑞龄. 红壤的细菌资源//红壤生态系统研究（第一集）. 北京：科学出版社，1992：189-195.

[7] 李荣方，杨荣清，史良云. 江西省水资源开发利用面临的问题及其对策. 江西水利科技，2000，26（4）：225-228.

[8] 中国环境监测总站. 中国生态环境质量评价研究. 北京：中国环境科学出版社，2004.

[9] 江西省生态环境现状调查协调组办公室. 江西省生态环境现状调查报告. 2002.

[10] 江西省林业厅. 江西湿地. 北京：中国林业出版社，2000.

[11] 吴华国，徐金鹏. 江西有条件建成我国第一个生态经济区. 瞭望，2000（2）：39-40.

[12] 林珲. 流域管理科学化的探索与实践. 南昌：江西科学技术出版社，2000.

[13] 黄国勤. 江西省冬季农业研究专辑. 江西农业大学学报，1993（增刊）.

[14] 黄国勤. 江西森林资源利用与GDP增长. 长江流域资源与环境，2004，13（增刊）：46-49.

[15] 黄国勤. 江西生态环境问题及其对GDP的影响//可持续发展：经济与环境（上册）. 上海：同济大学出版社，2005：461-470.

[16] 黄国勤. 江西修河流域生态系统研究. 江西农业大学学报（自然科学版），2002，24（6）：873-877.

[17] 黄国勤. 江西生态安全研究. 北京：中国环境科学出版社，2006.

江西生态特征研究Ⅱ
——江西生物特征*

摘　要：通过调查分析，认为江西生态系统的生物特征表现为：森林覆盖率高、生物多样性丰富、珍稀濒危生物多、生物生产潜力大四个方面。江西必须高度重视生态系统的生物多样性保护和可持续利用，以最大限度地发挥生物生产潜力和优势，走“绿色发展”之路。

关键词：生态系统　生物特征　生物多样性　可持续发展　江西

1　森林覆盖率高

森林是生态环境的主体和核心，对生态系统起着调节、控制作用。研究江西生态特征，必须分析江西森林资源建设的成就和森林覆盖率的变化，或者说，通过分析江西森林的变化，才能更好地了解江西生态的生物特征。

1.1　森林覆盖率不断提高

从表1可以看出，江西森林覆盖率从1988年的35.89%提高到现在的60.05%，净增24.16个百分点。这一方面说明，江西在开发荒山、荒坡和植树造林方面取得了巨大成就；另一方面也可以看出，由于森林植被的增加，江西生态环境也得到明显改善。

---

* 作者：黄国勤。

本文原载《发展中的江西生态经济》（中国环境科学出版社，2009年12月），第133～138页。

表 1　主要年份江西森林资源建设的成就及森林覆盖率的变化

年份	有林地面积/万 hm^2	活立木总蓄积量/亿 m^3	森林覆盖率/%
1988	588.24	2.420	35.89
1991	672.77	2.459	40.30
1994	849.06	2.460	52.00
1996	889.78	2.770	53.30
1999	950.63	2.899	59.70
2005	1 062.70	3.536	60.05

同样，由于大力开展植树造林和生态环境建设，江西各流域的森林覆盖率普遍较高（表 2），对保护和改善流域生态环境起到了十分重要的作用。

表 2　江西各流域森林覆盖率

流域名称	流域面积/万 hm^2	占全省总面积比重/%	森林覆盖率/%
赣江	833.7	49.9	63.6
抚河	177.4	10.6	53.0
信江	180.4	10.8	54.3
饶河	120.4	7.2	67.8
修河	151.9	9.1	64.4
鄱阳湖	145.3	8.7	31.8
全省	1 669.5	100.0	59.7

注：表中数据来源于江西省 1999 年森林分类区划调查资料。

1.2　江西森林覆盖率在全国位居前列

根据《中国统计年鉴（2005）》第六次全国森林资源清查（1999—2003 年）资料，江西森林覆盖率为 55.86%，仅次于福建省（62.96%），在全国名列第二（表 3）。至今，江西森林覆盖率已达到 60.05%，仍位居全国第二。

表 3　全国各地森林覆盖率比较

地　区	森林覆盖率/%	地　区	森林覆盖率/%
北京	21.26	湖北	26.77
天津	8.14	湖南	40.63
河北	17.69	广东	46.49

地　区	森林覆盖率/%	地　区	森林覆盖率/%
山西	13.29	广西	41.41
内蒙古	17.70	海南	48.87
辽宁	32.97	重庆	22.25
吉林	38.13	四川	30.27
黑龙江	39.54	贵州	23.83
上海	3.17	云南	40.77
江苏	7.54	西藏	11.31
浙江	54.41	陕西	32.55
安徽	24.03	甘肃	6.66
福建	62.96	青海	4.40
江西	55.86	宁夏	6.08
山东	13.44	新疆	2.94
河南	16.19	全国	18.21

注：本表为第六次全国森林资源清查（1999—2003 年）资料；全国总计数包括台湾和香港、澳门特别行政区。资料来源于《中国统计年鉴（2005）》（中国统计出版社，2005 年 9 月）。

2　生物多样性丰富

江西地处中亚热带湿润气候区，光、温、水等自然条件十分优越，适合多种生物的生存、繁殖和发展，因而江西已成为全国生物多样性集中分布区之一。

2.1　植物多样性

据《江西省生态环境现状调查报告》（2002 年 10 月），江西全省种子植物有 4 000 余种，裸子植物在江西自然分布有 8 科、22 属、29 种、2 变种。被子植物有 210 科、1 340 余属、4 088 种，约占全国被子植物总种数的 17%。蕨类植物 49 科、114 属、470 种，苔藓植物 563 种（含种下等级）。低等植物中的大型真菌可达 500 余种，有标本依据的就有 300 余种，其中可食用者有 100 多种。

又据《江西省实施中国 21 世纪议程行动计划》，江西现有高等植物 5 117 种，占全国种类总数的 17%，其中：裸子植物（针叶树）8 科、22 属、31 种，约占全国总种数的 15%；被子植物（阔叶树）210 科、1 340 属、4 088 种，约占全国总种数的 17%；藻类植物 56 科、158 属、500 余种；菌类植物 48 科、124 属、458 种（其中可供食用的野生大型真菌 157 种，占全国野生食用真菌总种数 620 种的

25.3%，占全省大型真菌总种数的 34.4%；药用真菌 57 种，占全国野生大型真菌总种数的 12.6%）；苔藓植物 69 科、213 属、563 种，约占全国总种数的 25%；蕨类植物 49 科、114 属、435 种。

江西有以杉、竹为主的用材林植物达 1 970 余种，其中乔木 500 多种，药用植物 2 600 多种，观赏植物 1 000 余种，木本粮食及淀粉植物 63 种，芳香植物 300 余种，野生油脂植物 150 余种；野生纤维植物 200 余种。

2.2 动物多样性

江西共有脊椎动物 845 种（亚种），占全国脊椎动物种数的 13.5%。其中哺乳类 102 种，占全国总数的 21%；鸟类 420 种，占全国的 33%；爬行类 77 种，占全国的 19%；两栖类 40 种，占全国的 15%；鱼类 203 种，占全国的 5%。此外，还有贝类 103 种，虾蟹类 24 种，已查明的浮游动物有 207 种。

根据《江西省实施中国 21 世纪议程行动计划》，全省脊椎动物 738 种，其中陆生脊椎动物 554 种，约占全国总种数的 25%。

2.3 微生物多样性

微生物是生物的一大类，包括细菌、放线菌、酵母菌、螺旋体、立克次体、支原体、衣原体、病毒、类病毒、原生动物及单细胞藻类。它们是一群形体微小、构造简单的单细胞或多细胞原核生物或真核生物，有的甚至没有细胞结构（如病毒）。微生物数量多、繁殖快，在自然界的物质转化和循环中起着重要作用。

江西气候温和，生态环境条件优越，适合各种各样的微生物生存和繁殖。由于微生物具有繁殖速度特别快的特点，且具有多种多样的生命类型，因此要准确了解江西微生物的数量和微生物的多样性实在不是一件易事。这里，笔者根据掌握的部分资料，对江西红壤中微生物尤其是细菌的种类和数量作一简要介绍。

根据中国科学院南京土壤研究所的调查和分析，江西红壤中蕴藏着丰富的微生物资源。每克表土含 706.4 万～4 449.2 万个微生物，它们每日的呼吸作用可释放出 CO_2 22～131 μg。细菌在江西各类红壤荒地中的数量随土层深度由上而下递减。荒地一经利用，细菌的数量及种群将相应地发生变化。

2.4 江西特有种多

由于得天独厚的水热条件，使许多特有植物在江西落户。全国 198 个特有属中 64 个为木本植物，江西省有 19 属，其中 11 属为单种属。江西共有木本植物 119 科，其中 56 科（占总数 47.1%）是向北延伸至赣地的热带性科。

江西特有的植物种有 60 多种。孑遗植物中，江西的“东乡野生稻”是已知分布最北的野生稻。

3　珍稀濒危生物多

3.1　江西珍稀濒危生物的种类多

江西保存的珍稀植物也较多，全国第一批公布的珍贵树种 132 种，江西有 26 种，《中国珍稀植物红皮书》列出的 354 种珍稀植物中，江西有 68 种。

江西分布的国家重点保护动物（陆生）83 种，省级重点保护动物（陆生）123 种。江西列为国家一级保护的野生动物有 20 种，国家二级保护野生动物有 68 种。

全省有昆虫约 7 100 种，其中列入国家一级重点保护的昆虫有 1 种，二级重点保护的昆虫有 5 种，省级重点保护的昆虫有 12 种。

3.2　江西十分重视珍稀濒危生物的保护

据《江西省实施中国 21 世纪议程行动计划》，至 1996 年，全省共建立自然保护区 55 处，其中国家级 1 处、省级 13 处，总面积 30 万 hm^2，接近全省国土面积的 2%。又据《中国统计年鉴（2005）》，到 2004 年，江西省共设自然保护区 128 个，面积达 83.1 万 hm^2，占全省土地面积的 5.0%，建有珍稀濒危动物繁殖场 4 个，珍稀植物引种栽培场 5 个，生态示范区建设试点地区和单位 33 个，已批准国家级生态示范区 5 个。

4　生物生产潜力大

江西地处中亚热带，光、热、水资源充足，生物生产潜力十分巨大。根据研究，全省粮食作物光温生产潜力可达 26.30 t/（hm^2·a），气候生产潜力可达 22.5～26.5 t/（hm^2·a）。赵其国等研究表明，只要各方面条件配合得好，包括土壤肥力条件、物质投入水平、高产优良品种，以及种植管理技术等各种配套措施“跟上去”，江西水稻生产的光能利用率可达到 6.16%，而目前全省水稻生产对光能的利用率只达到1.57%。可见，江西光能利用和生物生产的潜力还是很大的。

笔者曾于1991—1993年对江西冬季作物紫云英、油菜、大麦、小麦、蚕豆、豌豆等的生产潜力进行了研究，结果表明，江西冬季作物的增产潜力指数可达57.69%～71.79%。显然，江西生物生产的潜力巨大。特别是随着科学技术的进步和创新性成果的推广应用，江西生物生产的潜力还将进一步提高并逐步得到发掘，并不断转化为现实生产力。

参考文献

[1] 中华人民共和国国家统计局. 中国统计年鉴2005. 北京：中国统计出版社，2005.

[2] 《中国农业全书•江西卷》编辑委员会. 中国农业全书•江西卷. 北京：中国农业出版社，2001.

[3] 江西省实施中国21世纪议程领导小组办公室. 江西省实施中国21世纪议程行动计划. 南昌：江西科学技术出版社，2000.

[4] 赵其国，谢为民，贺湘逸，等. 江西红壤. 南昌：江西科学技术出版社，1988.

[5] 赵其国，石华，吴志东. 红黄壤地区农业资源综合发展战略与对策//红壤生态系统研究（第一集）. 北京：科学出版社，1992：1-13.

[6] 尹瑞龄. 红壤的细菌资源//红壤生态系统研究（第一集）. 北京：科学出版社，1992：189-195.

[7] 李荣方，杨荣清，史良云. 江西省水资源开发利用面临的问题及其对策. 江西水利科技，2000，26（4）：225-228.

[8] 中国环境监测总站. 中国生态环境质量评价研究. 北京：中国环境科学出版社，2004.

[9] 江西省生态环境现状调查协调组办公室. 江西省生态环境现状调查报告. 2002.

[10] 江西省林业厅. 江西湿地. 北京：中国林业出版社，2000.

[11] 吴华国，徐金鹏. 江西有条件建成我国第一个生态经济区. 瞭望，2000（2）：39-40.

[12] 林珲. 流域管理科学化的探索与实践. 南昌：江西科学技术出版社，2000.

[13] 黄国勤. 江西省冬季农业研究专辑. 江西农业大学学报，1993（增刊）.

[14] 黄国勤. 江西森林资源利用与GDP增长. 长江流域资源与环境，2004，13（增刊）：46-49.

[15] 黄国勤. 江西生态环境问题及其对GDP的影响//可持续发展：经济与环境（上册）. 上海：同济大学出版社，2005：461-470.

[16] 黄国勤. 江西修河流域生态系统研究. 江西农业大学学报（自然科学版），2002，24（6）：873-877.

[17] 黄国勤. 江西生态安全研究. 北京：中国环境科学出版社，2006.

江西生态特征研究Ⅲ

——江西生态系统特征*

摘　要：江西生态系统具有三大特征：一是结构的复杂性；二是功能的多样性；三是系统的独立性、完整性和封闭性。

关键词：生态系统　结构特征　功能特征　江西

1　结构的复杂性

江西生态系统结构的复杂性，主要体现在以下三个方面。

1.1　类型多样性

据《江西省实施中国 21 世纪议程行动计划》研究资料，江西陆地生态系统总计有 3 大类、155 个类型；其中森林生态系统有 3 个大类、70 个类型；草地生态系统有 5 个大类、74 个类型；湿地生态系统有 3 个大类、11 个类型；严格意义上的荒漠生态系统没有，但在鄱阳湖周边及赣江下游存在一些荒漠化土地。

如江西森林生态系统属于典型的中亚热带森林生态系统，其主要由以下 8 种生态系统组成：①常绿阔叶林生态系统；②落叶阔叶林生态系统；③暖性针叶林生态系统；④温性针叶林生态系统；⑤常绿、落叶阔叶混交林生态系统；⑥针、阔叶混交林生态系统；⑦竹林生态系统；⑧山顶矮林生态系统。

根据鄱阳湖区湿地生态系统的组分特征，可将其分为以下 6 种生态系统：

---

* 作者：黄国勤。

本文原载《发展中的江西生态经济》（中国环境科学出版社，2009 年 12 月）第 139～143 页。

①荒山灌丛草坡生态系统；②湖滨沙地生态系统；③湖滩草洲生态系统；④滨岸带生态系统；⑤表水层生态系统；⑥深水层生态系统。

1.2 水平成带性

这里以江西农业生态系统为例来讨论江西生态系统的水平结构即“水平成带性”问题。

（1）从农业生产大的水平分布格局来看农业生态系统的水平结构。①农作物种植区域：如水稻，全省各地均有分布，这是江西农田生态系统的主要作物之一；棉花，主要分布在长江南岸、滨湖地区和浙赣铁路沿线部分县市，其中九江市是全省最集中的棉花生产基地；甘蔗，主要集中在赣南地区及赣中的少数几个县；油菜籽，主要集中在九江地区及赣西，其他地区也有一定生产；苎麻以赣西的宜春、万载、上高分宜，赣北的瑞昌、都昌为比较集中的产区；烤烟、晒烟主要分布在赣南及广丰、广昌、黎川等县。②茶叶和水果生产：茶叶多产于赣西北和赣东北的丘陵山地；柑橘在全省大多数地方均有种植，但以赣南和赣中较集中；脐橙则最适宜于赣南种植；中华猕猴桃则多在九江地区种植。③水产养殖：比较集中在鄱阳湖地区和九江地区，全省其他地区也有一定的养殖水面。

显然，江西农业生态系统的水平分布格局可概括为：赣西北丘陵山地粮、林、畜、茶区；赣东北丘陵山地粮、林、畜、茶区；赣中东部丘陵山地粮、林、畜、水产区；赣中西部丘陵盆地粮、林、油、畜、麻区；赣南山地丘陵林、粮、蔗、柑橘区等六大区域。

（2）从农业区位看农业生态系统的水平结构。根据杜能的农业经济区位理论，江西农业生态系统的水平分布结构可划分为以下 3 个“圈”：①城郊农业生态系统圈，位置紧靠城市，是典型的，以生产蔬菜、牛奶、鲜花为主；②平原农业生态系统圈，一般地势比较平坦，离城市或城镇稍远，但交通方便，该“圈”仍以生产城市所需要的食物为主；③山区农业生态系统，位置比较偏远，交通相对不便（虽然近年有所改善），以种植粮食作物和经济作物为主，生产力比较低，农民生产不是很富裕。亟待改善农业生产条件，调整农业生产结构，促进农民增收。

1.3 垂直成层性

常绿阔叶林生态系统是我国亚热带东部地区最典型的顶级森林生态系统，在江西分布非常广泛。其结构相当明显：第一层，通常由露头树种组成，其树冠远在其余树种之上，并形成不连续的“冠层”；第二层，树种在稍低的层次上，展开形成另一个不连续的“次冠层”；第三层，是由最低的一个树木层组成的，连续而层次清楚，这是“立木层”（乔木层），其高度在20～30 m；第四层和第五层，是由灌木、幼树、高草、木质小藤植物因高低不同分成两层而组成的“下木层”（灌木层）；第六层和第七层是草本植物、地被植物，树木的幼苗因高低不同分成两层而组成地表层。此外，还有层外植被，简称“层外层”，如附生植物、寄生植物、攀缘植物等。

不仅植被分布具有“垂直成层性”的特点，就是动物在常绿阔叶林生态系统中也有明显的“垂直分层”现象。这里根据鸟类和哺乳动物的取食活动空间，将其分为以下 5 层：①树冠层，主要是一些食虫、食肉和食树叶、果实、花蜜的鸟类、蝙蝠和其他哺乳动物；②树干层，常有一些鸟类和食虫蝙蝠飞行觅食，啄木鸟则在树干上打洞，觅食树干内的虫子；③森林底层，在地面活动的哺乳动物、爬行动物，以地面植物、动物和低垂树叶为食；④地面层和地下层，在地面和地下活动的昆虫，食植、食肉和杂食的各种动物以及小型动物、微生物等。

2　功能的多样性

这里重点分析江西森林生态系统和湿地生态系统功能的多样性。

2.1　森林生态系统功能的多样性

森林生态系统是江西陆地生态系统的主体。江西森林生态系统具有生物种类多、结构复杂、物质循环快、系统稳定性高的特点，它不仅能直接为人们日常生活和工农业生产提供木材、原料和生产资料，更主要的是它在改善江西生态环境、维护全省生态平衡中发挥着重要的和不可替代的作用。

具体来说，江西森林生态系统具有以下方面的生态功能和经济功能。

（1）生态功能。①净化空气，吸收有毒、有害气体。一是可吸收污染物、阻滞粉尘、杀灭病菌和降低噪声；二是通过光合作用，固定 CO_2，同时释放 O_2，并制造光合产物。②涵养水源。森林常被称作“绿色水库”，它具有截留降水、减少径流、促进水分下渗，并可减少和抑制水分蒸发，还能改变积雪和融雪状态，以及增加降水等多种功能。③保护土壤。江西森林生态系统在保护土壤方面的功能主要有：一是可减少土壤侵蚀，全省森林每年可减少土壤侵蚀 2.48 亿 t；二是减少土壤废弃，如没有森林存在，土壤资源不仅将退化，最终还将被废弃，变成废弃地或荒漠；三是减少土壤养分损失；四是减少泥沙淤积，从而保护了江西的江、河、湖、库、塘的蓄水量，维护了生态安全。此外，江西森林生态系统还具有缩小温差、调节气候的功能等。

（2）经济功能。若将江西森林生态系统的生态功能进行"定量化""价值化"，根据江西农业大学牛德奎等研究，全省森林生态系统每年提供的服务功能相当于经济价值 1 177.531 1 亿元（表 1）。

表 1　江西森林生态系统主要服务功能的经济价值

功能类别	经济价值/（万元/a）	比例/%	备　注
净化环境	4 581 412.33	38.91	其中，包括每年吸收 SO_2 为 44 522.86 万元，吸收 HF 为 3 893.91 万元，滞尘为 4 532 995.56 万元
固定 CO_2	60 396.83	0.51	
释放 O_2	57 323.17	0.49	
涵养水源	5 856 640.27	49.73	
保持土壤	1 219 538.53	10.36	其中，包括每年减少土地废弃 1 164.80 万元，减少土壤养分损失 1 213 275.47 万元，减少土壤侵蚀和泥沙淤积 5 098.26 万元
合　计	11 775 311.13	100.00	

2.2　湿地生态系统功能的多样性

湿地生态系统是一种独特的生态系统，是地球上生产力最高的生态系统之一。湿地是"大地之肾"，是"生物的超级市场"，是人类最重要的生态环境资源之一。它不仅在维护生态平衡特别是水平衡，调节气候，降解污染，提供珍稀动物栖息地和保存生物多样性等方面起着重要的和不可替代的作用，而且还是粮食、肉类、药材、能源及多种工业原料的重要生产基地。

据《中国统计年鉴（2005）》，江西现有天然湿地 87.29 万 hm^2（其中包括河流面积 31.49 万 hm^2，湖泊面积 44.32 万 hm^2，沼泽面积 11.48 万 hm^2），人工湿地 12.59 万 hm^2，湿地总面积 99.88 万 hm^2，占全国湿地总面积的 2.60%，占江西省土地总面积的 5.99%。《江西湿地》资料显示，全省各类湿地总面积约 365.17 万 hm^2，占全省国土面积的21.87%，其中水域面积（江、湖、水库等）164.74万hm^2，约占全省国土面积的9.8%。

江西湿地生态系统具有面积大、类型多、功能强的特点。《江西湿地》将江西湿地分为淡水湿地和人工湿地两大类共23种类型，如河流生态系统、湖泊生态系统、沼泽湿地生态系统，以及水库生态系统、塘坝生态系统、水井生态系统、水渠生态系统等。

笔者曾对修河流域生态系统的功能进行了调查和分析，认为修河流域生态系统具有以下多种功能：①防洪功能；②发电功能；③灌溉功能；④生产功能；⑤净化功能；⑥旅游功能；⑦生态服务功能等。

3　系统的独立性、完整性和封闭性

从地理构造上看，江西省山、江、湖之间密切关联，构成了一个完整的、相对独立的水陆相复合生态系统。俯视江西版图，东南西三面群峦叠嶂，地势高峻，形成天然屏障，中间盆地舒缓，河流纵横，北部低洼，湖泊星罗棋布。境内大小山脉丘陵间发育形成了2 000多条细、支流，它们渐渐汇集成贯穿江西全境的赣江、抚河、信江、饶河、修河五大江河水系，这最终又在江西北部汇集，形成全国第一大淡水湖——鄱阳湖。山、江、湖之间构成了一个手掌形的生态系统。这种地理上自成体系、结构上相对完整、功能上相对独立和封闭的复合生态系统，在全国是独一无二的，在世界上也是不多见的，这对江西生态环境建设和生态经济发展十分有利，它不仅容易形成系统的生态效益和经济效益，更主要的是能有效地阻断、隔离和防止境外、省外和系统外的环境污染物质的流入、干扰和及可能造成的生态破坏。

参考文献

[1]　中华人民共和国国家统计局. 中国统计年鉴（2005）. 北京：中国统计出版社，2005.

[2]　《中国农业全书·江西卷》编辑委员会. 中国农业全书·江西卷. 北京：中国农业出版社，2001.

[3]　江西省实施中国21世纪议程领导小组办公室. 江西省实施中国21世纪议程行动计划. 南昌：江西科学技术出版社，2000.

[4] 赵其国，谢为民，贺湘逸，等. 江西红壤. 南昌：江西科学技术出版社，1988.

[5] 赵其国，石华，吴志东. 红黄壤地区农业资源综合发展战略与对策//红壤生态系统研究（第一集）. 北京：科学出版社，1992：1-13.

[6] 尹瑞龄. 红壤的细菌资源//红壤生态系统研究（第一集）. 北京：科学出版社，1992：189-195.

[7] 李荣方，杨荣清，史良云. 江西省水资源开发利用面临的问题及其对策. 江西水利科技，2000，26（4）：225-228.

[8] 中国环境监测总站. 中国生态环境质量评价研究. 北京：中国环境科学出版社，2004.

[9] 江西省生态环境现状调查协调组办公室. 江西省生态环境现状调查报告. 2002.

[10] 江西省林业厅. 江西湿地. 北京：中国林业出版社，2000.

[11] 吴华国，徐金鹏. 江西有条件建成我国第一个生态经济区. 瞭望，2000（2）：39-40.

[12] 林珲. 流域管理科学化的探索与实践. 南昌：江西科学技术出版社，2000.

[13] 黄国勤. 江西省冬季农业研究专辑. 江西农业大学学报，1993（增刊）.

[14] 黄国勤. 江西森林资源利用与 GDP 增长. 长江流域资源与环境，2004，13（增刊）：46-49.

[15] 黄国勤. 江西生态环境问题及其对 GDP 的影响//可持续发展：经济与环境（上册）. 上海：同济大学出版社，2005：461-470.

[16] 黄国勤. 江西修河流域生态系统研究. 江西农业大学学报（自然科学版），2002，24（6）：873-877.

[17] 黄国勤. 江西生态安全研究. 北京：中国环境科学出版社，2006.

江西生态特征研究Ⅳ

——江西生态环境总体特征及综合评价*

摘 要：中国环境监测总站在《中国生态环境质量评价研究》一书中，通过综合分析和评价，认为江西生态环境在全国中的排位属“优类”，但位于该类的第8位，也是最后一位；从江西各县市生态环境质量的比较来看，有2/3的县（市）生态环境质量为优类，1/3的县（市）生态环境质量为良类。随着“工业化、城市化、城镇化”步伐的日益加快，以及社会经济的快速发展，江西各级领导和有关部门必须进一步高度重视生态环境的保护，不可忽视。

关键词：生态系统 生态环境 综合评价 江西

中国环境监测总站在《中国生态环境质量评价研究》（中国环境科学出版社，2004年1月）一书中，对全国各省、自治区、直辖市的生态环境质量进行了研究和评价，它们选择的评价指标是：①生物丰度指数，指区域内生物多样性的丰贫程度；②植被覆盖指数，指评价区域内林地、草地及农田三种类型面积占区域面积的综合比；③水网密度指数，指评价区域内河流总长度、水域面积和水资源量与评价区域的面积比；④土地退化指数，指评价区域内风蚀、水蚀、重力侵蚀、冻融侵蚀和工程侵蚀的面积占评价区域总面积的比重；⑤污染负荷指数，指单位面积上承担的污染物量的强度。采用“权重法”，先计算各指标的分权重，再计算总权重，并根据计算公式：生态环境质量指数（Ecological Quality Index，EQI）=0.3×生物丰度指数+0.25×水网密度指数+0.20×植被覆盖指数＋0.15×（1−土地退化指数）+0.10×（1−污染负荷指数），计算出生态环境质量指数（EQI），最后根据EQI值的大小，将全国各地（省、自治区、直辖市和各县、市）的生态环境质量

---

* 作者：黄国勤。

本文原载《发展中的江西生态经济》（中国环境科学出版社，2009年12月）第144～149页。

分成 5 级，即优（EQI≥75）、良（EQI＝55～75）、一般（EQI＝35～55）、较差（EQI=20～35）和差（EQI＜20）。现将有关江西生态环境质量总体评价的结果简述如下。

1 江西生态环境在全国中的排位

从表 1 可以看出，全国各省（自治区、直辖市）的生态环境质量现状分成 4 类，即优类、良类、一般类和较差类，优类包括江西在内的 8 个省（自治区），它们的顺序是：琼、浙、闽、粤、滇、桂、湘、赣，江西名列该类的第 8 位，也是最后一位。其他详见表 1 所列。

表 1 全国生态环境质量排序

评价等级	省（区、市）	EQI	生物丰度指数	植被覆盖指数	水网密度指数	土地退化指数	污染负荷指数
优	海南	92.66	100.00	88.93	81.47	97.32	99.08
	浙江	87.67	80.70	100.00	80.39	92.81	94.41
	福建	86.99	83.74	98.01	75.60	90.59	97.75
	广东	86.56	82.81	95.75	74.92	95.42	95.20
	云南	81.4	96.86	96.11	44.47	86.81	89.85
	广西	80.2	83.44	90.09	53.38	96.64	93.07
	湖南	79.98	77.62	91.59	62.27	90.43	92.42
	江西	79.28	68.38	93.16	71.80	83.20	97.03
良	湖北	64.65	46.20	67.07	61.69	82.37	96.00
	贵州	62.37	65.64	61.10	40.88	82.53	78.55
	安徽	62.04	28.25	55.97	73.77	95.06	96.66
	四川	59.07	52.45	63.42	38.61	77.84	93.18
	黑龙江	56.65	37.37	78.26	25.47	90.81	98.02
	吉林	55.43	37.81	72.76	24.81	91.82	95.62
一般	上海	54.70	23.42	29.07	97.45	97.50	28.73
	江苏	53.27	10.63	33.83	80.01	97.42	86.96
	重庆	51.12	43.99	53.95	46.37	54.99	72.95
	辽宁	49.96	29.76	57.91	29.16	89.18	87.82
	北京	48.52	35.16	52.37	28.11	93.53	64.40
	天津	46.52	10.08	26.83	67.42	96.84	67.50
	山东	44.83	23.41	24.10	50.01	79.82	85.10
	河南	43.03	15.19	35.03	33.02	94.59	90.19

评价等级	省（区、市）	EQI	生物丰度指数	植被覆盖指数	水网密度指数	土地退化指数	污染负荷指数
一般	河北	41.35	23.30	37.68	21.23	88.08	83.06
	陕西	39.68	25.78	45.69	25.47	47.99	92.40
	内蒙古	36.28	24.69	50.28	9.70	44.06	97.82
	西藏	35.07	25.37	24.36	30.66	32.90	99.89
较差	青海	31.10	13.55	19.07	19.38	55.96	99.87
	山西	30.12	20.38	29.89	12.61	57.74	62.15
	甘肃	25.69	14.91	24.23	12.90	22.68	97.47
	宁夏	25.67	10.66	23.27	13.28	58.97	56.55
	新疆	20.03	8.62	14.88	10.97	12.11	99.02
全国		44.06	28.40	46.12	31.88	58.78	95.32

注：引自《中国生态环境质量评价研究》，第 31～32 页。

2 江西各县市生态环境质量的比较

表 2 显示，从整个江西省各县、市的生态环境质量来看，有 56 个县（市）生态环境质量为优类，占评价县、市总数的 67.99%，即占 2/3 以上；33 个县（市）生态环境质量为良类，占 32.01%，占近 1/3。

表 2 江西省各县（市）生态环境质量比较

评价级别	县、市名称	EQI	生物丰度指数	植被覆盖指数	水网密度指数	土地退化指数	污染负荷指数
优	资溪县	95.96	97.95	93.38	97.17	9.24	0.09
	崇义县	92.30	89.30	86.45	99.68	11.28	0.12
	井冈山市	91.68	94.36	87.13	89.54	9.49	0.14
	定南县	90.63	88.55	88.01	92.95	11.71	0.13
	安远县	89.57	85.89	85.40	93.94	11.65	0.16
	大余县	88.09	79.57	80.93	100.00	12.91	0.25
	黎川县	87.91	81.39	80.76	100.00	17.62	0.14
	婺源县	87.71	86.70	84.53	85.63	10.66	0.13
	德兴市	87.55	84.45	86.85	84.85	8.82	0.45
	宜黄县	87.43	77.84	80.30	97.96	9.78	0.08
	会昌县	86.81	78.45	77.15	100.00	14.24	0.19
	铜鼓县	86.48	96.71	74.36	75.53	8.39	0.22

评价级别	县、市名称	EQI	生物丰度指数	植被覆盖指数	水网密度指数	土地退化指数	污染负荷指数
优	全南县	86.09	79.57	81.71	90.30	11.20	0.15
	宁冈县（原）	85.69	82.50	80.40	86.33	11.24	0.34
	瑞金市	85.48	78.22	77.20	97.69	18.75	0.32
	南丰县	84.98	73.79	77.02	99.69	16.46	0.13
	乐安县	83.90	72.05	77.07	100.00	20.74	0.15
	广昌县	82.85	68.56	73.84	100.00	16.48	0.12
	靖安县	82.69	84.12	73.51	78.06	11.62	0.18
	寻乌县	82.68	75.12	74.97	89.15	14.11	0.15
	永丰县	82.66	69.60	75.81	95.47	14.70	0.47
	浮梁县	82.46	81.33	82.95	72.79	11.42	0.17
	宁都县	82.40	69.52	73.00	98.49	17.67	0.29
	龙南县	82.31	72.78	75.04	89.26	12.17	0.19
	遂川县	81.96	71.76	72.56	91.40	12.73	0.26
	铅山县	81.58	70.70	73.55	94.12	19.02	0.19
	万年县	80.55	60.52	73.99	97.53	11.69	0.37
	贵溪县	80.55	65.75	72.10	100.00	23.64	0.51
	宜丰县	80.35	81.40	64.31	77.43	8.38	0.28
	峡江县	80.30	62.99	73.04	94.83	12.63	0.20
	萍乡市	80.17	72.97	79.48	75.36	9.44	0.40
	赣　县	79.90	65.58	66.95	98.24	18.02	0.20
	信丰县	79.89	66.12	69.23	97.30	20.64	0.26
	上犹县	79.85	67.09	68.82	94.43	17.55	0.12
	于都县	79.35	63.49	68.59	98.49	20.01	0.40
	南城县	79.14	64.95	67.86	100.00	25.96	0.18
	弋阳县	79.07	65.23	68.38	96.19	21.28	0.28
	安福县	78.88	63.08	69.08	91.24	10.96	0.22
	玉山县	78.13	62.23	68.77	93.95	18.39	0.23
	崇仁县	78.08	56.43	68.77	100.00	17.13	0.33
	万安县	78.08	62.68	65.29	97.47	20.92	0.13
	莲花县	77.74	66.54	76.71	76.21	10.68	0.21
	上饶县	77.59	66.06	65.96	92.32	23.24	0.17
	吉水县	77.52	58.05	66.11	97.87	16.95	0.38
	石城县	77.25	61.27	69.14	92.57	20.56	0.17
	永新县	77.03	62.71	65.31	90.48	16.22	0.29
	万载县	76.85	71.85	62.83	76.48	9.05	0.37

评价级别	县、市名称	EQI	生物丰度指数	植被覆盖指数	水网密度指数	土地退化指数	污染负荷指数
优	泰和县	76.70	57.71	65.64	97.12	19.94	0.34
	金溪县	76.53	55.72	68.58	100.00	25.90	0.17
	袁州区	76.30	66.17	72.55	73.46	8.98	0.84
	武宁县	76.21	77.67	65.61	70.85	19.24	0.35
	分宜县	76.15	65.02	67.65	78.66	10.19	0.26
	东乡县	75.69	49.60	64.43	100.00	13.53	0.48
	奉新县	75.43	66.27	63.25	81.76	16.66	0.36
	广丰县	75.31	59.77	66.46	93.01	27.48	0.41
	新干县	75.28	48.28	61.95	100.00	10.45	0.22
良	吉安县	74.67	52.27	61.84	99.00	20.72	0.18
	兴国县	74.24	56.90	59.18	92.64	18.65	0.27
	修水县	73.56	74.98	67.29	63.44	21.43	0.33
	赣州市	72.70	51.17	55.27	100.00	23.77	1.36
	德安县	72.52	67.32	63.98	64.98	11.23	0.29
	横峰县	72.26	56.60	59.10	94.39	34.12	0.20
	乐平市	71.26	47.87	63.49	84.12	11.78	0.61
	上高县	70.74	49.14	52.92	87.81	9.86	0.63
	南康市	70.59	46.37	56.21	97.24	25.63	0.32
	余江县	69.60	37.88	55.14	100.00	18.45	0.24
	永修县	69.03	47.20	43.49	93.42	14.27	0.39
	抚州市	68.73	36.98	53.63	100.00	20.09	0.80
	彭泽县	68.55	51.69	53.68	75.74	10.73	0.21
	丰城市	68.41	37.65	55.31	92.65	13.37	1.11
	新余市	68.36	37.39	54.90	91.67	10.86	1.29
	波阳县	68.08	37.15	46.66	100.00	15.70	0.40
	高安市	67.82	36.14	48.85	98.77	16.27	0.44
	南昌市	66.46	42.55	44.96	88.91	12.46	6.50
	安义县	65.89	34.28	51.94	96.31	25.58	0.22
	九江县	65.46	35.53	39.54	92.74	8.49	0.20
	樟树市	64.03	25.62	44.32	99.63	15.72	0.69
	余干县	63.78	27.82	38.28	100.00	14.66	0.25
	瑞昌市	63.54	50.83	51.01	61.56	15.11	0.38
	都昌县	63.26	37.53	36.05	85.71	10.75	0.28
	星子县	62.22	37.49	31.72	85.99	12.26	0.25
	鹰潭市	62.01	20.19	45.47	100.00	20.47	0.68

评价级别	县、市名称	EQI	生物丰度指数	植被覆盖指数	水网密度指数	土地退化指数	污染负荷指数
良	九江市	61.69	37.98	37.05	80.60	12.84	3.36
	新建县	61.51	25.25	30.96	100.00	14.73	0.44
	上饶市	60.26	20.00	36.32	100.00	19.55	0.69
	吉安市	59.69	16.05	32.05	100.00	8.52	2.62
	进贤县	59.00	23.54	36.18	92.16	21.94	0.46
	南昌县	58.22	7.48	35.91	100.00	7.59	0.63
	湖口县	57.93	23.89	33.80	84.02	13.16	0.25

注：引自《中国生态环境质量评价研究》，第 80～82 页。

3 结语

上述结果告诉我们，江西生态环境质量总体是“优类”，在全国名列第 8，这一结果是可喜的，应该肯定。但也必须看到，江西尚有近 1/3 的县、市生态环境质量为“良类”，如不引起注意，并采取防范措施，将有可能随着“工业化、城市化、城镇化”步伐的日益加快，以及社会经济的快速发展，而出现忽视生态环境的保护现象。这一点应引起有关领导和部门的高度重视。

参考文献

[1] 中华人民共和国国家统计局. 中国统计年鉴（2005）. 北京：中国统计出版社，2005.

[2] 《中国农业全书·江西卷》编辑委员会. 中国农业全书·江西卷. 北京：中国农业出版社，2001.

[3] 江西省实施中国 21 世纪议程领导小组办公室. 江西省实施中国 21 世纪议程行动计划. 南昌：江西科学技术出版社，2000.

[4] 赵其国，谢为民，贺湘逸，等. 江西红壤. 南昌：江西科学技术出版社，1988.

[5] 赵其国，石华，吴志东. 红黄壤地区农业资源综合发展战略与对策//红壤生态系统研究（第一集）. 北京：科学出版社，1992：1-13.

[6] 尹瑞龄. 红壤的细菌资源//红壤生态系统研究(第一集). 北京：科学出版社，1992：189-195.

[7] 李荣方，杨荣清，史良云. 江西省水资源开发利用面临的问题及其对策. 江西水利科技，2000，26（4）：225-228.

[8] 中国环境监测总站. 中国生态环境质量评价研究. 北京：中国环境科学出版社，2004.

[9] 江西省生态环境现状调查协调组办公室. 江西省生态环境现状调查报告. 2002.

[10] 江西省林业厅. 江西湿地. 北京：中国林业出版社，2000.

[11] 吴华国，徐金鹏. 江西有条件建成我国第一个生态经济区. 瞭望，2000（2）：39-40.

[12] 林珲. 流域管理科学化的探索与实践. 南昌：江西科学技术出版社，2000.

[13] 黄国勤. 江西省冬季农业研究专辑. 江西农业大学学报，1993（增刊）.

[14] 黄国勤. 江西森林资源利用与 GDP 增长. 长江流域资源与环境，2004，13（增刊）：46-49.

[15] 黄国勤. 江西生态环境问题及其对 GDP 的影响//可持续发展：经济与环境（上册）. 上海：同济大学出版社，2005：461-470.

[16] 黄国勤. 江西修河流域生态系统研究. 江西农业大学学报（自然科学版），2002，24（6）：873-877.

[17] 黄国勤. 江西生态安全研究. 北京：中国环境科学出版社，2006.

江西省 1949—2004 年生态足迹演变分析*

摘　要: 生态足迹是定量研究区域可持续发展的一种重要方法。本文应用 Mathis Wackernagel 等提出的生态足迹评价方法对江西省 1949—2004 年生态足迹和生态承载力进行了计算和分析，以此来衡量江西省区域生态供给是否能满足开发和消费的需要，并定量化地研究了江西省经济发展对生态环境影响的程度。研究结果表明，1949—2004 年，江西省生态足迹逐步上升，生态承载力逐渐下降，目前人均生态足迹已超过人均生态承载力，生态赤字的出现表明当前江西省处在一种不可持续发展状态。同时探讨了江西省生态赤字产生的原因并提出了相应的解决方法。全文对维护江西生态安全、建设“绿色生态江西”、构建“和谐平安江西”具有重要现实意义和参考价值。

关键词: 生态足迹　生态承载力　可持续发展　生态安全　和谐社会　江西省

The Analysis of Jiangxi Province's Ecology Footprint Evolution Between 1949-2004

Abstract: The Ecological footprint is one of important methods to quantitatively investigate region sustainable development. With this method，the author computed and analyzed the ecological footprint and the biological capacity of Jiangxi Province between 1949-2004. And this method was applied to weigh the region ecology supplies function whether could satisfy the development and the expense need. The influence degree of the economy development on the ecological environment was studied quantitatively. The results showed that，from 1949 to 2004 year，the ecological footprint rose gradually and the biological capacity declined little by little. The per

* 作者：黄国勤、祝志辉。

本文原载《江西科学》2006 年第 24 卷第 5 期第 292～296 页、310 页。

该文于 2006 年 4 月 8 日获得江西省生态学学会优秀学术论文二等奖，并获《荣誉证书》。

capital ecological footprint has surpassed the biological capacity. The ecological deficit appearances indicated current development is not sustainable in Jiangxi Province. At the same time the reason which the ecology deficit produced were discussed and the corresponding solutions were proposed. Its important practical significance is to maintain the Jiangxi ecology security，construct “Green Ecology Jiangxi”，build “Harmonious Safe Jiangxi”.

Key Words: Ecological footprint; Biological capacity; Sustainable development; Ecological security; Harmonious society; Jiangxi Province

1　生态足迹概述

生态足迹（Ecological footprint）概念是 1992 年由 Willian Rees 和 Wackernagel 首先提出并由 Wackernagel 于 1996 年完善。生态足迹可以描述为“一只承载着人类和人类所创造的城市、工厂、……的巨脚踏在地球上留下的脚印”，可定义为“维持一个地区、国家内人类生存所需资源和吸纳人类排放废弃物所需的具有生物生产性的土地面积”。

生态足迹的计算基于两个基本事实：①人类可以确定自身消费的绝大多数资源及其产生的废弃物的数量；②这些资源和废弃物能转换成相应的生物生产面积。因此，任何已知人口（某个人、一个城市或国家）的生态足迹是生产这些人口所消费的所有资源和吸纳这些人口所产生的所有废弃物所需要的生物生产总面积（包括陆地和水域）。这既反映了人类占用的自然资本，又反映了人类消费对自然产生的影响。

生态足迹分析方法是用需求方的生态占用面积（EF）（用生态足迹概念表征，就是能够持续地提供维持一定人口生存必需的资源或用来消纳废物的、具有生物生产力的地域空间）与供给方的生态承载力（biological capacity，BC）相比较，衡量研究对象的可持续发展状况，进而探讨如何促进与实现人类与自然的协调发展。因此，生态足迹分析的实质就是衡量人类现在究竟消耗了多少资源，还剩多少资源可以用于延续人类发展。

2 生态足迹的计算

2.1 生态足迹的计算方法

2.1.1 生态足迹的计算公式

根据生态足迹模型，生态足迹为特定区域消费活动所占用的土地总量，其计算公式为：

$$EF = Nef = N\Sigma(A_{ai}) = N\Sigma(C_i / P_i)\ (i=1, 2, 3, \cdots, n) \quad (1)$$

式中，i 为消费商品投入的类型，P_i 为 i 种消费商品的平均生产能力，C_i 为 i 种商品的人均消费量，A_{ai} 为人均 i 种交易商品折算的生物生产面积（其值是未折算的生物生产面积与均衡因子的乘积），N 为人口数，ef 为人均生态足迹，EF 为总的生态足迹。

在生态足迹计算中，本文生物生产面积主要考虑以下六种类型：耕地、林地、牧草地，未利用地、水域和化石能源用地。

2.1.2 生态承载力的计算公式

生态承载力表示区域土地总供给能力，其计算公式为：

$$BC = N(bc) = N\Sigma(a_j \times r_j \times y_j)\ (j=1, 2, \cdots, 6) \quad (2)$$

式中，BC 为区域总人口的生态承载力（hm^2/人），N 为人口数，bc 为人均生态承载力（hm^2/人），a_j 为 j 类型生物生产性土地人均拥有面积，r_j 为均衡因子，y_j 为产量因子。

2.1.3 均衡因子和产量因子

在生态足迹和生态承载力的计算中，均衡因子（equivalence factor）和产量因子（yield factor）是影响计算结果的两个关键因素。其中均衡因子表示不同类型土地潜在生产力之比，刘宇辉等引用 Wackernagel 对均衡因子计算的研究成果表明，在过去 40 年中均衡因子只发生轻微调整。本文采用的均衡因子为耕地 2.8、林地 1.1、草地 0.5、未利用地 1.1、水域 0.2、化石能源用地 1.1。均衡因子为 1.1 表明研究区域生物生产面积的生物生产力是全球生态系统平均生产力的 1.1 倍，取后者为 1。均衡处理后的 6 类面积即为具有全球平均生态生产力的、可以相加的世界平均生物生产面积。产量因子是指不同国家或地区的某类生物生产面积所代表的局地产量与世界平均产量的差异。本文所采用的产量因子是张志强、徐中民等所采用的中国平均值，即耕地、林地、草地、水域、未利用地的产量因子分别为 1.66、0.91、0.19、1.00、0.91。

2.1.4 生态赤字/盈余的计算

生态赤字/盈余（Ecological Deficit/Remainder）就是生态承载力减去生态足迹的差数/余数，它反映区域的人口对自然资源的利用状况。生态赤字表明该地区的人类负荷超过了其生态容量，要满足其人口在现有生活水平下的消费需求，该地区需要从地区之外进口欠缺的资源以供应平衡生态需求，或者通过消耗自然资本存量来弥补收入供给流量的不足。这两种情况都说明地区发展模式处于相对不可持续状态，其不可持续的程度用生态赤字来衡量。相反，生态盈余表明该地区的生态容量足以支持其人类负荷，可持续程度用生态盈余来衡量。

生态赤字/盈余的计算公式为：

$$G = \mathrm{BC} - \mathrm{EF} = N \times (\mathrm{bc} - \mathrm{ef}) \quad (3)$$

式中，G 为生态赤字/盈余，EF 为生态足迹，BC 为生态承载力，N 为人口数，ef 为人均生态足迹，bc 为人均生态承载力。

2.2 历年生态足迹和生态承载力计算

依据《中国统计年鉴》（2005 年）和历年《江西统计年鉴》（1949—2005 年）的数据，按照前述方法对江西省历年生态足迹进行了计算，计算所包含的生产性土地包括农业用地、草地、水域、森林和未利用的土地，在计算生态承载力时没有扣除 12%生物多样性保护面积。同时，由于国内和国际贸易数据资料不全，建设用地生态足迹和生态承载力相同，其最终结果不对历年可持续性判断产生影响，没有列入计算范围之内。

江西省历年生态足迹和生态承载力计算结果汇总见表 1 和表 2。

表 1 江西省历年人均生态足迹计算汇总 单位：hm^2/人

年份	耕地	草地	森林	水域	能源	人均生态足迹
1949	0.322 1	0.065 8	0.024	0.012 5	0.099 31	0.523 71
1952	0.376 5	0.067 4	0.002 3	0.017 2	0.080 95	0.544 35
1962	0.310 9	0.051 1	0.004 3	0.023 5	0.088 23	0.478 03
1972	0.387 7	0.106 8	0.002 9	0.014 6	0.101 12	0.613 12
1978	0.372 4	0.087 8	0.030 9	0.012 8	0.120 1	0.624 0
1980	0.399 7	0.123 8	0.002 7	0.015 9	0.132 5	0.674 6

年份	耕地	草地	森林	水域	能源	人均生态足迹
1985	0.474 8	0.197 6	0.029 5	0.032 3	0.162 4	0.896 6
1990	0.508 9	0.315 8	0.025 2	0.056 2	0.152 5	1.058 6
1995	0.431 2	0.574 5	0.032 4	0.142 7	0.246 2	1.427 0
2000	0.423 9	0.493 2	0.045	0.211 3	0.223 8	1.397 2
2004	0.450 3	0.546 4	0.071 5	0.251 7	0.296 3	1.616 2

表 2　江西省历年人均生态承载力计算汇总　　单位：hm^2/人

年份	耕地	草地	森林	水域	未利用土地	人均生态承载力
1949	0.845 9	0.000 021 6	0.513 1	0.025 4	0.380 9	1.765 321 6
1952	0.771 6	0.000 017 1	0.419 1	0.020 2	0.302 2	1.513 117 1
1962	0.622 8	0.000 013 9	0.290 7	0.013 4	0.245 3	1.172 213 9
1972	0.413 7	0.000 010 4	0.211 4	0.012 2	0.165 4	0.802 710 4
1978	0.348 6	0.000 008 9	0.175 8	0.010 5	0.141 5	0.676 408 9
1980	0.339 3	0.000 008 7	0.163 6	0.010 2	0.137 8	0.650 908 7
1985	0.316 1	0.000 008 2	0.165 1	0.009 7	0.115 7	0.606 608 2
1990	0.288 2	0.000 007 6	0.177 3	0.008 9	0.085 1	0.559 507 6
1995	0.272 2	0.000 007 2	0.217 9	0.008 5	0.081 3	0.579 907 2
2000	0.252 4	0.000 006 9	0.250 0	0.008 1	0.072 4	0.582 906 9
2004	0.225	0.000 006 6	0.163 8	0.007 8	0.070 1	0.466 706 6

资料来源于参考文献[7，11，12]。

3　计算结果分析

3.1　江西省历年生态足迹计算结果分析

表 1 和表 2 的数据显示：1949—2004 年整整 55 年中，从总体水平上看，江西省总的生态足迹呈快速上升趋势，总的生态承载力保持在 $2\,000\times10^4\ hm^2$ 左右，增长幅度不大，生态足迹的增长速度比生态承载力快，并于 1980 年首次超过了总的生态承载力，造成了生态赤字的出现。从总量来看，1949—2004 年，江西总的生态足迹从 $688.2\times10^4\ hm^2$ 上升到 $6\,923.1\times10^4\ hm^2$，总的生态承载力从 $2\,319.6\times10^4\ hm^2$ 下降到 $1\,999.2\times10^4\ hm^2$，面积略微下降（图 1）。

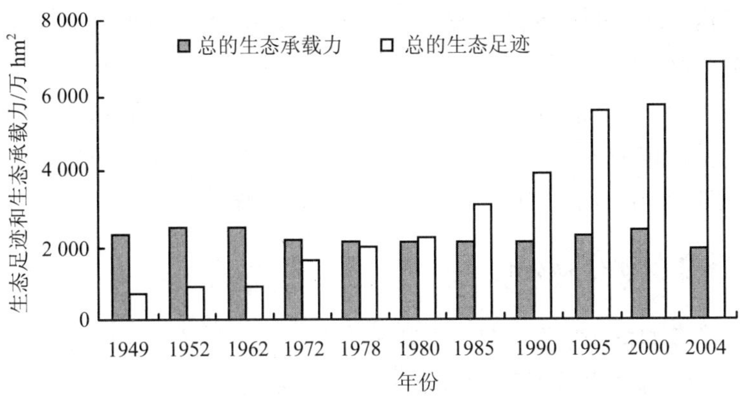

图 1　江西省历年总生态足迹和生态承载力

从人均水平来看，人均生态承载力逐年下降，而人均生态足迹则逐年上升，两者的差值越来越大，意味着江西省的生态不稳定性日渐增强。1949 年，江西省人均生态承载力是 1.765 321 6 hm^2，人均生态足迹为 0.523 71 hm^2，人均生态盈余 1.241 616 hm^2。1980 年前后，江西省人均生态足迹和人均生态承载力基本持平，分别为 0.674 6 hm^2 和 0.650 908 7 hm^2，1980 年之后，人均生态赤字开始出现，并迅速拉大差距，2000 年和 2004 年人均生态赤字分别高达 0.814 3 hm^2 和 1.149 5 hm^2（图 2）。

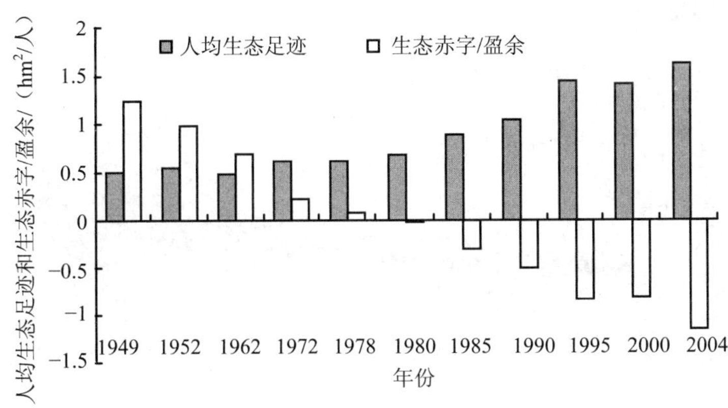

图 2　江西省历年人均生态足迹和生态赤字/盈余

生态足迹的增加表明研究区域对自然资源的利用程度加大，人口的过度膨胀和居民生活消费水平的提高是生态足迹上升的主要原因。1949—2004 年，江西省人口从 1 314×10^4 人上升到 4 284×10^4 人，其年增长速度为 2.17%，人口的过快增长抵消了技术增长带来的生态承载力的增长，从而使人均生态承载力和人均生态足迹之间的差距越来越大。总生态承载力上升过于缓慢也是出现生态赤字的重要原因，生态承载力的下降更是加剧了生态赤字的程度。

3.2 自然资源供需结构分析

从生态足迹的构成来看（图 3），耕地占整个生态足迹的比例很大。1949 年和 1980 年，耕地分别占整个足迹的 61.6%和 59.2%。20 世纪 80 年代后期开始，耕地所占的比例有所下降，2004 年耕地只占 27.9%。能源用地的比例总体变化不大，从新中国成立初期的 17.8%上升到 2004 年的 18.3%，但总量上升很快，1949 年能源用地总量仅为 130.5×10^4 hm^2，2004 年达到了 1 269.2×10^4 hm^2。同时，草地和水域占地增长很快，1949 年草地和水域的比例之和仅为 7.83%，2004 年在整个足迹中的比例为 49.4%，占生态足迹增长的 73.5%，是导致生态足迹上升的主要因素。森林用地稍有上升，在总的生态足迹中影响不是很明显。从生态承载力的构成来看，耕地和森林两类生物生产性土地占江西省土地总面积的 80.4%，再加上其高生物生产力，成为生态承载力的主要组成部分，1949 年，两者合计占人均生态承载力的 77%，2004 年上升到 83.3%。这说明了耕地和森林在保持研究区域内生态系统平衡中的重要作用。

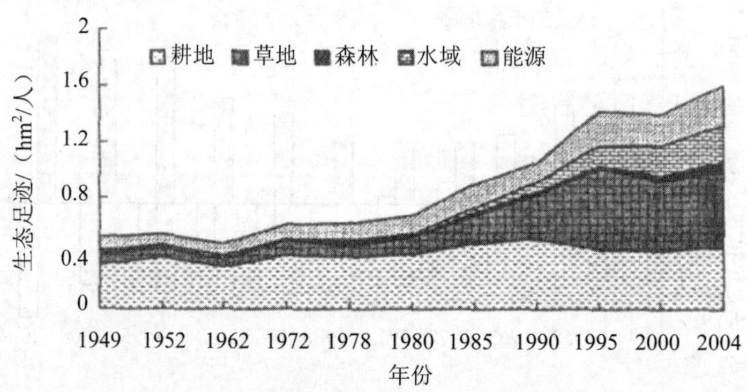

图 3 江西省历年生态足迹构成

生态足迹和生态承载力的构成变化反映了江西省对资源的利用和供给的变化，这与同时期中国国民经济生产和消费结构的变化是一致的。首先，它反映了江西产业结构的演变。第二、三产业在经济生产中的比例逐步增大，尤其是工业规模的扩大，促成了能源消耗量的大幅度增加。种植业在整个农业中的比例下降；其次，它反映了居民生活消费需求结构的变化。温饱问题得到了解决之后，对动物性食品的需求不断上升；同时随着消费水平的提高，对能源的消费也随之升高，这是居民生活水平上涨的必然结果。

3.3　生态足迹的供需平衡分析

从表 1 和表 2 可以看出，江西省生态赤字呈上升趋势，供需矛盾尖锐，表明江西生态形势严峻。1949 年人均生态供给和人均生态需求之比为 3.36∶1，2004 年这一比值为 0.28∶1，要可持续地维持现阶段人民生活水平，需要相当于 3 个江西省的国土面积才能维持正常的生态平衡。

从人均生态足迹的供需结构看，区域生态经济在生物生产性土地的供需结构和社会经济发展的需求之间，具有明显的不对称，主要表现在以下几个方面：①草地和水域供需矛盾突出，2004 年草地的生态需求为 0.546 4 hm^2，而生态供给为 0.000 006 6 hm^2；水域的供需分别为 0.007 8 hm^2 和 0.251 7 hm^2，缺口也很大；②化石能源用地供给少，如没有石油和天然气资源，这造成能源用地的生态影响由其类型的土地来承担，因而进一步加剧了生态赤字；③耕地的承载力减少和其需求进一步加大，2004 年供需分别为 0.225 hm^2 和 0.450 3 hm^2；④森林的供给一直比较大，历史上最高曾达到 1949 年人均 0.513 1 hm^2，而当年的生态需求为 0.024 hm^2，高达生态供给的 21 倍之多；2004 年生态供需分别为 0.163 8 hm^2 和 0.071 5 hm^2，生态需求只占供给的一半左右；⑤还有一定未利用的土地，其生物生产力较低。如 2004 年其生态足迹为 0.070 1 hm^2，这些土地都为宜林、宜牧的荒山和草洲（《江西统计年鉴（2005）》）。若适度改造，提高其单位面积生产能力，可以在一定程度上缓解生态赤字。

造成这一现象的客观原因是生物生产性面积的计算主要基于世界平均水平折算，其他原因如江西省的畜牧业生产并不仅仅依靠天然草场，而是通过农业内部的结构调整，通过休闲地上种植牧草，在冬季发展青饲料作物，培育人工草场，因而计算结果会出现一些误差。

3.4　资源的利用效益分析

区域生物生产面积的生产潜力的大小可以反映区域内生物生产面积利用效率

的高低。为反映区域内生物生产面积的利用效率，本文利用《江西统计年鉴》（1985年，2005年）和江西历年生态足迹计算结果，计算出江西省历年万元GDP所消耗的生态足迹。其结果为：1949年，万元GDP所消耗的生态足迹为75.7 hm^2，1980年为19.81 hm^2，2004年更是下降到了1.98 hm^2。万元GDP的生态足迹越大，表明生物产出面积的产出率越低。各年的万元GDP的生态足迹的差异反映了不同时间在利用自然资源效益方面的明显差别。从历年的万元GDP的生态足迹的值可以看出，在经济水平越发达的年代，万元GDP的生态足迹的值较小，万元GDP的消耗生态足迹的下降说明了资源利用效益的不断提高。其中的原因可以初步归结为生产技术要素在经济生产过程中的充分使用，从而减少了生产过程中资源的浪费和消耗。

4 结语

对江西省1949—2004年的生态足迹计算结果表明，由于人口的膨胀和经济规模的增长，从1980年开始江西省出现生态赤字，并迅速地增长。生态赤字的存在，说明人类的消费需求超过了自然系统的再生能力，反映了人类的生产和生活强度超过了生态系统的承载能力，区域生态系统处在人类的过度开发和利用的压力之下。由于江西省的进出口贸易量不大，因而进出口贸易对生态足迹的影响不大，因此只能通过消耗自然资本存量来弥补生态承载力的不足，所以可以认为江西省目前的发展模式处在一种不可持续的状态之中。

世界上包括中国在内有很多城市和地区都存在生态赤字，有的地区还很严重，1997年Wackernagel计算出中国的人均生态赤字为0.4 hm^2，全球的生态足迹已超过全球生态承载力的30%，从本文研究结果看，江西省也在其中。

如何减少生态赤字？结合江西省的省情，在不减少人们生活需求和不降低人们生活水平的前提下，需要从以下方面入手：①通过转变资源消耗型的经济增长模式，由“高投入、高污染、低产出”的粗放型增长方式转变为“低投入、低污染（或无污染、零污染）、高产出”的集约型发展模式，充分提高资源的利用效率，建立适应可持续发展的产业结构，运用生态经济理论指导社会经济的发展，以发展循环经济，推进绿色生产，引导绿色消费；②控制人口增长，减轻生态系统的人口负荷，建立资源节约型的社会消费体系，以减少人均生态足迹；③积极调整农业产业结构，发展高效农业，避免粗放经营和管理；④提高土地利用率，合理开发未利用的土地资源，针对江西省草地供给能力低下的情况，可以开发建立一些人工草场，以达到生态效经济效益和社会效益的统一。

生态足迹分析法是一种基于静态指标的分析方法，它只是一种关于现实情况的衡量，反映一种生态状态，计算结果不能反映未来的发展趋势。在计算生态足迹以及比较评价各个年度生态足迹时，是以假定人口、技术、物质消费水平不变为前提，使用统一的产量因子和均衡因子会使区域生态承载力出现误差。同时认为各种土地类型在空间上完全割裂，空间上是互斥，这会产生生态足迹供给计算结果偏低的系统误差。这些不可避免地存在缺陷，也是生态足迹方法需要不断完善和本文有待提高之处。

参考文献

[1] Wackernagelm，Rees W. Our ecological footprint reducing human impact on the earth[M]. New society publisher，1996.

[2] 范晓秋，姜翠玲，章亦民. 江苏省可持续发展和生态安全的生态足迹评价[J]. 河海大学学报（自然科学版），2005，33（3）：255-259.

[3] XU Zhongmin，CHENG Guodong，et al. The calculation and analysis of ecological footprint，diversity and development capacity of China [J]. Journal of Geographical Sciences，2003，13（1）：19-26.

[4] 卢洪英. 重庆市 2002 年生态足迹计算与分析[J].三峡生态与环保，2005，21（3）：10-13.

[5] 刘宇辉，彭希哲. 中国历年生态足迹计算与发展可持续评估[J]. 生态学报，2004，24（10）：2257-2262.

[6] 张志强，徐中民，陈国栋. 生态足迹的概念及计算模型[J]. 生态经济，2000，（10）：8-10.

[7] 徐日辉. 江西土地资源[M]. 南昌：江西科学技术出版社，2001.

[8] 刘宇辉. 中国 1961—2001 年人地协调度演变分析[J]. 经济地理，2005，25（2）：219-222.

[9] 张志强，徐中民. 中国西部 12 省（区市）的生态足迹[J]. 地理学报，2001，56（5）：599-609.

[10] 许信旺. 安徽省生态足迹分析[J]. 中国农学通报，2005，21（3）：277-279.

[11] 江西省统计局. 江西统计年鉴（2005）[M]. 北京：中国统计出版社，2005.

[12] 中华人民共和国统计局. 中国统计年鉴（2005）[M]. 北京：中国统计出版社，2005.

[13] 黄国勤. 江西农业[M]. 北京：新华出版社，2000.

[14] 李明月. 生态足迹分析模型假设条件的缺陷浅析[J]. 中国人口·资源与环境，2005，15（2）：129-131.

江西省生态功能区划的分区过程及结果*

摘　要： 生态功能区划是研究生态系统功能，评判生态系统分异和变化特征，提出生态恢复策略的基础。本文在综合分析江西省生态环境特点的基础上，按照生态区划的原则，以江西省80个行政单元为区划对象，建立了各级生态区单元划分的指标体系，采用定性和定量结合的方法对全省进行三级分区。定量分析使用DPS7.05分析软件，主要采用聚类分析和主成分分析法；并运用图形叠置、主导因子和专家智能集成等定性方法优化分区界线，最后使用地理信息系统软件acrviewGIS3.03成图，将江西省生态功能区划为4个生态区，13个生态亚区和45个生态功能区。研究结果对江西省维护生态安全，制定生态规划和保护生态环境具有重要参考价值。

关键词： 生态功能区划　聚类分析　江西省

Process and Results of Regionalization on the Ecological Functional Regionalization of Jiangxi Province

Abstract: Regionalization of ecological function is the basis for understanding the function of ecosystem , evaluating the differences and characteristics of ecosystem and framing countermeasures for resuming degrade ecosystem. In this paper，based on the synthetically analysis of the characteristics of ecological environments of Jiangxi Province , the 80 administrative units are consider as the regionalization objects，the principles of ecological regionalization were adopted，indices of ecological regionalization were proposed，and a comprehensive method of combing quantitative analyses and qualitative analyses were utilized for the three levels units of the whole province. The main quantitative analyses is performed on the

---

* 作者：祝志辉、黄国勤；通信作者：黄国勤。

本文原载《生态科学》2008年第27卷第2期第114～118页。

DPS7.05，it includes cluster analyses and principal component analyses; the quantitative analyses includes superimpose graphics，leading factors and intelligent determination were used to optimize the subarea borderline. Geographical information systems（arcviewGIS3.03） were taken into account to chart map. The results shows that Jiangxi Province could be ecological characterized as 4 ecoregions，13 sub-ecoregions and 45 eco-functional zones. The results of this research have a significant value to the maintenance of ecological security，ecological programming and eco-environmental protection of Jiangxi Province.

Key Words: Ecological function regionalization; Cluster analyses; Jiangxi Province

1 前言

生态区划是指在对生态系统客观认识和研究的基础上，应用生态学原理和方法，揭示出自然生态区域的相似性和差异性规律以及人类活动对生态系统干扰的规律，从而进行整合和分区，此项措施为区域资源的合理开发和保护，区域环境整治提供了科学的依据。生态区划是生态功能区划的基础。生态功能区划是根据区域生态系统类型、生态环境敏感性和生态服务功能的空间分异规律，在生态区划的基础上，将区域划分成不同生态功能区的过程。理解生态系统的本质是进行区划的基本和必要条件。我国 2002 年颁布了《生态功能区划暂行规程》，对生态功能区划做了一些原则上的规定。研究人员先后完成了《中国生态区划方案》和部分省、市和县的生态区划。贾良清等在全省生态环境现状评价、生态环境敏感性评价和生态系统服务功能重要性评价基础上，参考相关区划结果将对江西省进行了三级区划单元划分，林子瑜在遥感影像和数字高程模型分析的基础上，结合生态环境主要因子聚类分析结果，对江西省生态环境进行区划。黄国勤运用系统聚类方法对江西生态农业进行了分类及分析。但全国区划结果不能直接运用于省域生态保护和建设，以定性分析为主的专家集成法存在主观性强、不够精确的缺陷，而单纯模式定量化的区划选取指标的地理意义难以诠释。在综合了解江西省环境现状的基础上，本文以江西省域为研究对象，建立一个合理的指标体系，采用专家集成、图形叠加、系统聚类、主成分分析等定性和定量结合的方法对全省进行三级分区，较好地解决了这些问题，旨在为江西省域制定生态环境保护、生态规划及生态建设提供一个科学的依据。

2 材料与方法

2.1 研究区域概况

江西地处北纬 24°29′—30°04′，东经 113°24′—118°28′，东南西三面群山环绕，内侧丘陵广亘，中北部平原坦荡，整个地势，由外及里，自南而北，渐次向鄱阳湖倾斜，构成一个向北开口的巨大盆地。全省面积 16.69 万 km^2。全境以山地、丘陵为主，山地占全省总面积的 36%，丘陵占 42%，岗地、平原、水流面积占 22%，全省有大小河流 2 400 多条，总长约 18 400 km，大部分河流汇向鄱阳湖，再注入长江。江西气候四季变化分明。春季温暖多雨，夏季炎热温润，秋季凉爽少雨，冬季寒冷干燥。2005 年全省平均气温为 18.3℃，降水量为 1 588.7 mm，日照为 1 527.7 h。全省耕地面积 209.81 万 hm^2，林业用地面积 1 062.92 万 hm^2，活木蓄积量 3.54 亿 m^3，森林覆盖率 60.05%。江西省地下矿藏丰富，储量居全国前三位的有铜、钨、银、钽、钪、铀、铷、铯、金、伴生硫、滑石粉、石英、硅灰石等。2005 年，全省钢产量 963.20 万 t，原煤产量 1 620.80 万 t，发电量 349.27 kW・h。截至 2005 年年底，全省总人口为 4 311.24 万人，人口密度 258 人/km^2。

2.2 区划原则

区划的任务就是真实、客观而全面地反映出个区域单元的分异规律。要做到区划结果的真实可信，在区划过程中必须遵循以下原则。

（1）生态区域的分异原则

宏观生态系统是由不同生态系统相互组合、在空间上连续分布的整体。在不同的尺度区域范围内，由于环境因子（气候、地貌、地形、土壤）和生物构成的差异，因而表现出生态系统的分异。根据这些差异，就能划分出不同的生态单元。因此，生态区域的分异原则是生态区划的理论基础，也是生态区划的最基本原则。

（2）生态系统的等级性原则

等级性理论是了解生态系统空间格局的基础，它包含生态系统的结构等级和生态过程等级两方面的内容。低等级的组分在非平衡状态中可能融合到高等级的平衡状态，这是区划逐级划分和合并的基础。

（3）相似性和差异性原则

对生态系统特征、过程和服务的识别划分主要依据其相似性和差异性，生态区划正是根据其相似性和差异性加以识别和概括，然后进行区域的合并和分异，这一原则是生态区划的重要原则。

（4）可持续发展与可预测原则

区划的目的是合理评价和划分区域、促进区域可持续发展，区划要结合社会经济发展水平与定位，使其成为具有预测功能的指导性依据。

2.3　区划对象、依据及指标体系选择

指标体系是划分生态区的依据，指标的选取既要客观地反映事物的本质，又要以尽可能少的数量包含尽可能多的信息。选取不同的指标，其结果可能大大相径庭。从全省区划的可行性考虑，本研究区划对象为江西省 80 个设区市，以行政边界为准，同一个城市的市辖区合并为一个单元，本文以 2006 年《江西省统计年鉴》为主要数据来源，并从相关区划网站和江西省各县、区、市政府门户网站采集最新数据。

本研究采用 3 级分区，根据江西省的气候、地形地貌、生态系统特点、经济发展水平和人类活动规律等特征，在三级功能区划中分别采用不同的指标（表 1）。

表 1　江西省生态功能区划指标体系

区划系统	指标
生 态 区	气候条件指标：年日照时数、年均降水量、年均无霜期、年均温度、1 月均温、7 月均温 地理地貌指标：山地比例、丘陵比例、平原比例、水域比例　地理位置差异：经度和纬度
生态亚区	自然资源指标：森林覆盖率、土地面积、耕地面积、粮食产量、肉类总产量、水产品产量 社会经济指标：生产总值、工、农业产值、职工平均工资、农民人均收入
生态功能区	人类活动指标：人口密度、化肥使用量、农药使用量、地膜使用量、公路里程数

2.4　生态功能区划方法

区划的方法主要可以分为定性分区和定量分区两类。定性分区以专家集成为

主，包括单要素图叠置法、主导因素法、景观制图法等；定量分区包括多变量聚类法，多元线性判别法，模糊判别法和数字成像法。两种方法各有优缺点，二者有机结合可以使区划结果最接近实际情况。本研究采用定性分区和定量分区相结合的方法，采用专家集成确定分区指标体系，运用系统聚类的方法依次对各级指标进行数量分区，完成聚类过程，运用专家集成和主导因子方法确定各区边界，最后运用地理信息系统软件成图。数量分区和成图分别运用 dps3.01 和 areviewGIS 分析软件。

2.4.1 一级区——生态区

生态区是生态系统中相互联系的子集，根据江西省气候和地势地貌特点，选取以下两类指标：①水热气候指标（相对湿度、年降水、年日照时数）、年平均温度和灾害频次；②地理位置差异：主要是经度和纬度。利用系统聚类（标准化转换－欧氏距离－离差平方和）的方法对区划对象进行分区，综合已有的相关成果，将全省分为四个一级区。

2.4.2 二级区——生态亚区

主要选取以下两类指标：①社会经济类指标（人均生产总值、城镇职工工资、人均工业产值、人均农业产值）；②自然资源指标（森林覆盖率、土地面积、耕地面积、粮食产量、肉类总产量和水产品产量）。由于数据指标较多，各指标之间可能有信息的重叠，故先采用主成分分析之后再用系统聚类的方法对二级区进行分区。

2.4.3 三级区——生态功能区

选取反映人活动强度和干扰程度的指标，主要包括人口密度、化肥使用量、农药使用量、地膜使用量、公路里程、农业生产能力和单位面积产值，参照废水排放强度和废气排放强度指标。运用主成分分析法和系统聚类的方进行三级分区；同时，对于未参加计算的县市，再结合地形地貌、生态环境特征，通过类比法，定性地确定其归属，对三级区的聚类结果进行调整，保证县级行政区域的完整性和加强地域的联系性，以利于更好针对这些区域制定不同的生态安全战略。

根据三级指标，结合上述方法和原则，江西省生态功能区划一级区聚类分析图如图 1 所示。从图 1 可以看出，在欧氏距离为 14.53 可以将全省划分为 4 个生态区。

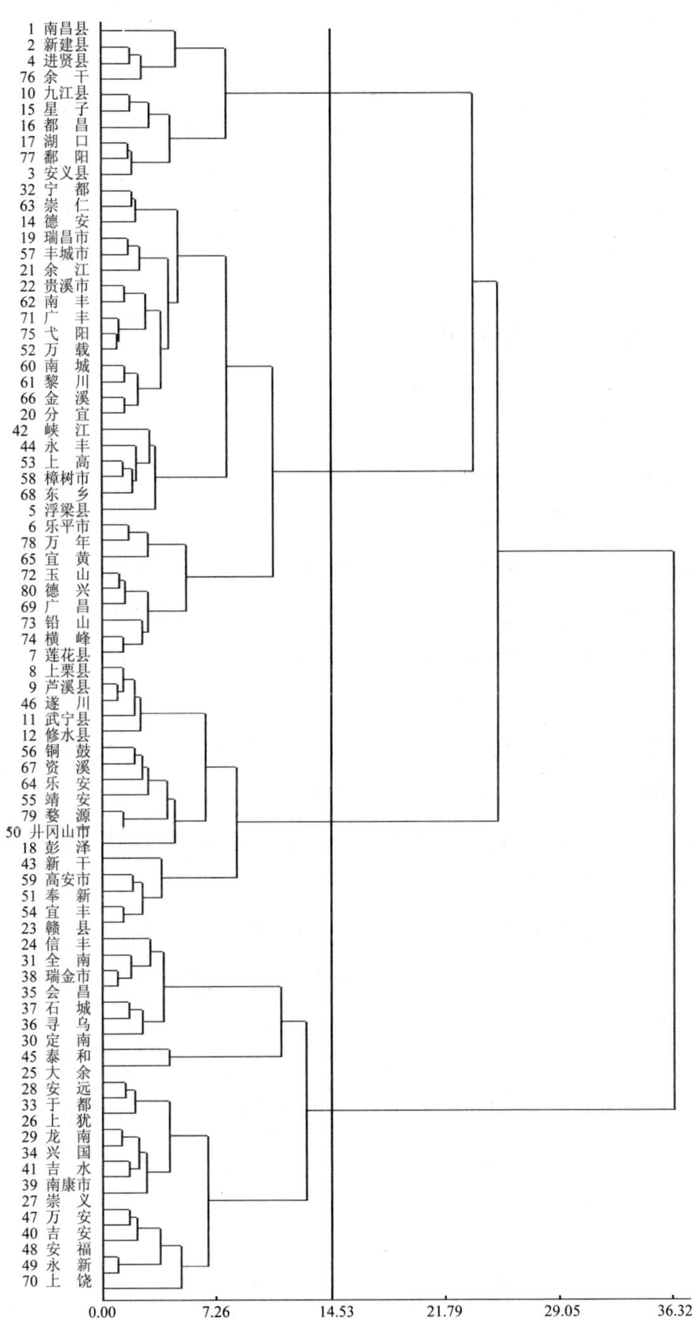

图 1　江西省生态功能区划一级区聚类

2.5 区划的命名方法

生态区域单元命名是生态区划的重要内容，是区划结果的体现方式，也是不同单元区域等级和特性的直接体现。本研究对区划分为三个等级，即一级生态区，二级生态亚区和三级生态功能区。命名时参照汪宏清等的方式，各生态单元的具体名称见彩图 1 的分区系统。

3 江西省生态功能区划结果

Ⅰ 赣北湖泊平原生态区

I_{1} 都市圈发达经济生态亚区

$\text{I}_{1\text{-}1}$ 都市核心污染敏感生态功能区

$\text{I}_{1\text{-}2}$ 都市郊区农业环境和水源水质保护生态功能区

$\text{I}_{1\text{-}3}$ 潦河中游水质保护与农业环境保护生态功能区

$\text{I}_{1\text{-}4}$ 鄱阳湖湿地生物多样性保护与渔业经济生态功能区

I_{2} 鄱阳湖北部农田与水域湿地生态亚区

$\text{I}_{2\text{-}1}$ 鄱阳湖西北部水质保护与生物多样性保护生态功能区

$\text{I}_{2\text{-}2}$ 鄱阳湖北部农业环境保护生态功能区

$\text{I}_{2\text{-}3}$ 鄱阳湖北部长河中游平原农业湿地与旅游生态功能区

I_{3} 鄱阳湖东部湿地与农业环境生态亚区

$\text{I}_{3\text{-}1}$ 鄱阳湖东北部水质保护与农业环境保护生态功能区

$\text{I}_{3\text{-}2}$ 鄱阳湖东南部平原农田与水质保护生态功能区

Ⅱ 赣中东山地丘陵生态区

II_{1} 饶河流域森林与农田生态亚区

$\text{II}_{1\text{-}1}$ 昌江乐安河上游北部水质保护与水源涵养生态功能区

$\text{II}_{1\text{-}2}$ 乐安河中上游水质保护与水源涵养生态功能区

II_{2} 信江中上游农田与森林生态亚区

$\text{II}_{2\text{-}1}$ 信江中游西部农业环境与水土保持生态功能区

$\text{II}_{2\text{-}2}$ 信江中游南部农业环境与城市敏感生态功能区

$\text{II}_{2\text{-}3}$ 信江中上游水质保护与水源涵养生态功能区

$\text{II}_{2\text{-}4}$ 信江上游东部水质保护与水源涵养生态功能区

Ⅱ$_{3}$ 抚河中上游农田水域与森林生态亚区

Ⅱ$_{3-1}$ 抚河中游丘陵平原农业环境保护与防洪分蓄洪生态功能区

Ⅱ$_{3-2}$ 白水中游西部农业环境保护与水质保护生态功能区

Ⅱ$_{3-3}$ 盱江白水中上游水源涵养与生物多样性保护生态功能区

Ⅱ$_{3-4}$ 崇仁水宜黄水上游水源涵养与水土保持生态功能区

Ⅱ$_{3-5}$ 盱江上游水质保护与水土保持生态功能区

Ⅱ$_{4}$ 赣江中下游农田与农业生态亚区

Ⅱ$_{4}$ 赣江下流平原河谷农业环境保护水土保持生态功能区

Ⅲ 赣西北山地丘陵生态区

Ⅲ$_{1}$ 修水中上游及潦河流域森林与农田生态亚区

Ⅲ$_{1-1}$ 修水中上游水源涵养及水质保护生态功能区

Ⅲ$_{1-2}$ 潦河武陵水上游水源涵养及水质保护生态功能区

Ⅲ$_{1-3}$ 锦江中游北部水土保持与水质保护生态功能区

Ⅲ$_{1-4}$ 锦江上游水源涵养与水质保护生态功能区

Ⅲ$_{2}$ 锦江袁河中上游农田与森林生态亚区

Ⅲ$_{2-1}$ 锦江中游水质保护与水土保持生态功能区

Ⅲ$_{2-2}$ 袁河中游水质保护与水土保持生态功能区

Ⅲ$_{2-3}$ 袁河上游水源涵养与水质保护生态功能区

Ⅲ$_{2-4}$ 袁河中游南部水质保护与水土保持生态功能区

Ⅲ$_{3}$ 袁水禾水上游森林与农田生态亚区

Ⅲ$_{3}$ 袁水禾水上游水源涵养与水质保护生态功能区

Ⅳ 赣中南山地丘陵盆地生态区

Ⅳ$_{1}$ 赣江中游农田与森林生态亚区

Ⅳ$_{1-1}$ 赣江中游农业环境与水质保护生态功能区

Ⅳ$_{1-2}$ 泷江禾水思江中下游农业农业环境与水质保护生态功能区

Ⅳ$_{1-3}$ 吉泰盆地东部水土保持与农业环境保护生态功能区

Ⅳ$_{1-4}$ 吉泰盆地中西部农业环境保持与水土保持生态功能区

Ⅳ$_{1-5}$ 吉泰盆地西部农业环境保护与水土保持生态功能区

Ⅳ$_{2}$ 上犹江章水贡水桃水流域森林与农田生态亚区

Ⅳ$_{2-1}$ 桃江中下游水土保护与农业环境保护生态功能区

Ⅳ$_{2-2}$ 绵水中上游水源涵养与水质保护生态功能区

$Ⅳ_{2\text{-}3}$ 平江梅江贡水中上游水质保护与水土保持生态功能区

$Ⅳ_{2\text{-}4}$ 章水中游水土保持与水质保护生态功能区

$Ⅳ_{2\text{-}5}$ 梅江上游水质保护与水源涵养生态功能区

$Ⅳ_{3}$ 桃水濂水流域森林与农田生态亚区

$Ⅳ_{3\text{-}1}$ 桃水上游水质保护与水源涵养生态功能区

$Ⅳ_{3\text{-}2}$ 桃水上游东部水质保护与水源涵养生态功能区

$Ⅳ_{3\text{-}3}$ 濂水寻乌水上游水源涵养与水质保护生态功能区

$Ⅳ_{4}$ 遂川江上游森林农田生态亚区

$Ⅳ_{4\text{-}1}$ 遂川江上游北部水土保持与水质保护生态功能区

$Ⅳ_{4\text{-}2}$ 遂川江上游南部水源涵养与生物多样性保护生态功能区

4 结论与讨论

本研究将江西省生态功能区分为 4 个生态区、13 个生态亚区和 45 个生态功能区，有如下特点：首先，在指标的选取上，综合考虑了江西省自然地理状况、气候因素、自然资源条件、社会经济条件和人类活动影响等因素，三级指标的选取自然清晰，指标覆盖面大，数据最新可靠；其次，本研究首次将经纬度列入省域的生态功能分区指标体系，符合江西省特殊的纬度地带性影响大于经度地带性的生态环境特征；再次，在区划的过程中，由于指标之间存在着一定的信息的重叠，指标体系选取显得尤为重要，本研究的三级指标体系通过专家智能集成和主成分分析方法较好地解决了这个问题；最后，采用定性和定量结合的方法保证了结果的准确性，运用地理信息系统软件成图，使结果有了较高的实用性和可操作性。同时，江西省现有 99 个设区市，由于无法获取所有行政单元的数据，舍弃部分无法获取完整数据的区域，只选取其中 80 个行政单元作为区划对象，对未列入的区域采用类比、综合判断等定性分区的方法列入各功能区域，这在一定程度上增加了分区的主观性。区划过程中尽量保持行政边界的完整性，有利于相应部门对功能区的目标管理，但是，由于某些县（市）内生态系统差异明显，适当的时候必须打破县（市）行政边界，采用定性划分的方法以保证结果的可靠性。在数量分区的过程中，某些生态功能区在地理上不连续，通过定性分析的方法把它们列入各个生态亚区，这样有利于科学的管理及分区结果的直观显示。

本研究将定性分析、定量计算和 GIS 的空间表达结合起来，结果合理清楚，有利于江西省生态保护决策的科学化、数量化和合理化，同时也可为合理利用自然资源、保护生物多样性和维护区域生态安全，以及产业结构的合理布局和优化等提供科学依据。

致谢

本文在写作过程中得到了江西农业大学2005级研究生袁芳、乐丽红、罗可，河北工业大学 2006 级网络工程专业祝志强等同学在软件使用和数据处理等方面提供的帮助，在此一并表示谢意！

参考文献

[1] 刘国华，傅伯杰. 生态区划的原则及其特征[J]. 环境科学进展，1998，6（6）：67-72.

[2] 欧阳志云. 中国生态功能区划[J]. 中国勘察设计，2007，3：70.

[3] Gerard McMahon，EdB Wiken，David A. Gauthier. TowardaScientifically Rigorous Basis for Developing Mapped Ecological Regions. Environmental Management，2004，34，supply：111-124.

[4] 国务院西部开发办领导小组办公室，国家环境保护总局. 生态功能区划暂行规程，2002.

[5] 苗鸿，王效科，欧阳志云. 中国生态环境胁迫过程区划研究[J]. 生态学报，2001，21（1）：7-13.

[6] 郑晓兴，张浩，王祥荣. 长江三峡库区（重庆段）沿江区域生态功能区划[J]. 复旦学报，2006，45（6）：732-737.

[7] 杨更，张慧利，郭建强，等. 四川省生态功能区划探讨[J]. 自然生态保护，2004，8：23-25.

[8] 傅伯杰，刘国华，陈利顶，等. 中国生态区划方案[J]. 生态学报，2001，21（1）：1-6.

[9] 汪宏清，邵先国，范志刚. 江西省生态功能区划原理与分区体系[J]. 江西科学，2006，24（4）：154-159.

[10] 林子瑜，徐金山. 江西省生态环境区划与评述[J]. 国土资源遥感，2001，2：1-7.

[11] 黄国勤，刘秀英. 江西生态农业分类研究[J]. 江西农业学报，2007，19（1）：107-111.

[12] 杨勤业，李双成. 中国生态地域划分的若干问题[J]. 生态学报，1999（5）.

[13] 江西省环保总局. 江西省环境状况公报，2005.

[14] 江西省统计局. 江西统计年鉴[M]. 北京：中国统计出版社，2006.

[15] Robert G Bailey. Ecosystem Geography[M]. Springer，USA，1995.

[16] 杜尧东，刘锦銮，毛慧琴，等. 广东省荔枝气候区划的灰色聚类分析[J]. 生物数学报，2004，19（3）：379-383.

[17] Thomas R. Loveland，James M. Merchant Ecoregions and Ecoregionalization：geographical and ecological Perspectives[J]. Environment and Management，2004，34，supply 1：1-13.

[18] 彭崑生，黄国勤. 江西生态农业[M]. 北京：中国农业出版社，2007.

[19] 江西省计划委员会，江西省农业区划委员会. 江西省综合农业区划[M]. 南昌：江西科学技术出版社，1990.

[20] 王艳. 对提高统计数据质量的几点思考[J]. 统计与决策，2004（7）：75-76.

[21] 吕红亮，杜鹏飞. 灰色系统方法在县域生态区划中的应用[J]. 城市环境与城市生态，2005，18（3）：41-43.

江西水资源特征研究*

摘　要：江西地处长江中下游南岸，是我国中部地区一个典型农业省份。江西降水丰沛，自然资源丰富，生态环境良好，对建设生态文明极为有利。本文从水量、水质、水资源分布，以及水资源开发利用潜力等方面对江西水资源特征进行了分析和探讨，得出的结论可供有关部门参考。

关键词：水资源　特征　开发利用　可持续发展

Research on the Characteristics of Water Resources in Jiangxi Province

Abstract: Jiangxi Province is located at middle and lower reaches of the Yangtze River，and is in the south bank of the River. Jiangxi is a typical agricultural province at China's central region. In Jiangxi，precipitation is rich，natural resources are abundant，and ecological environment is good，and which is extremely beneficial for the construction on ecological civilization. The paper has analysed the quantity，quality，distribution，and development potential of water resources in Jiangxi Province. The conclusion from the paper has the reference role for the relevant departments.

Key Words: Water resources；Characteristics；Development and utilization；Ssustainable development

---

* 作者：黄国勤。

本文于2008年9月17日在河南郑州召开的“第十届中国科协年会”上进行了交流，并载《科学发展与社会责任》（中国科学技术协会声像中心出版社，ISBN：978-7-88046-128-2，2008年9月）第1154～1157页。

江西地处长江中下游南岸，是我国中部地区一个典型农业省份。江西降水丰沛，自然资源丰富，生态环境良好，对建设生态文明极为有利。本文拟从水量、水质、水资源分布，以及水资源开发利用潜力等方面对江西水资源特征进行分析和探讨，以期为有关部门对全省水资源开发、利用与保护提供科学依据和必要参考。

1 水量丰富

江西地处我国南方湿润多雨地区，河流密布，雨量丰沛，水资源量相对丰富，对发展工农业生产和进行生态环境建设十分有利。

（1）河流密布。江西省内水系纵横、河流密布、交互成网，全省流域面积 10 km^{2}以上的河流有 3 740 余条，其中 100 km^{2}以上的河流有 450 余条，1 000 km^{2}以上的河流有 45 条，3 000 km^{2}以上的河流有 18 条，10 000 km^{2}以上的河流有 5 条。河流总长约 18 400 km，其中常年有水的有 160 多条，赣江是境内主川，自南向北纵贯全省，与抚河、信江、饶河、修河构成江西五大河流，源于东、南、西三面山地，汇入鄱阳湖，构成一个以鄱阳湖为中心的向心水系，注入长江。可以说，江西是一个河流密布，并以鄱阳湖为中心的比较完整的鄱阳湖流域生态系统。

（2）降水总量多。全省年均降水量 2 660 亿 m^3，平均年降水深 1 592 mm，其中约有 47%的降水为植物蒸腾、土壤和地表水体蒸发年消耗，53%的降水（约 1 416 亿 m^3）形成河川径流，即通常意义下的地表水资源。全省浅层地下水补给量 323 亿 m^3，其中平原地下水 22.4 亿 m^3，由于地表水和地下水同源于降水，二者密切联系又相互转化，扣除可以相互转化的重复水量 317 亿 m^3，则全省多年平均水资源总量约为 1 422 亿 m^3。

（3）所占比重大。江西省土地总面积为 16.69 万 km^2，占全国国土总面积的 1.74%；全省现有（2004 年）人口 4 284 万人，占全国人口总数的 3.30%（《中国统计年鉴（2005）》，中国统计出版社，2005 年 9 月）。但江西水资源总量约占全国水资源总量的 5.2%，与全国各省（直辖市、自治区）相比，总数仅次于西藏、四川、广东、云南、广西和湖南，居全国第 7 位。

（4）拥有水量多。江西人均拥有水资源量为 3 500 m^3，高于全国平均水平；单位土地面积水量 85 万 m^3/km^2，仅次于中国台湾地区、广东、福建、浙江等，居全国第 5 位。全省年用水量 219.70 亿 m^3，其中农田灌溉用水占 65.3%、林牧渔用水占 4.1%、城镇工业用水占 18.4%、农村工业用水占 4.6%、城镇生活用水占 2.6%、农村生活用水占 5.0%。

2　水质良好

（1）总体水质。江西水资源质量总的来说是良好的。据《江西省实施中国 21 世纪议程行动计划》资料，赣、抚、信、饶、修五大河流及主要支流枯水期符合饮用水标准的河段占 56.35%（评价长度为 3 188 km），符合渔业水标准的占 86.8%，符合农灌水的占 98.3%，严重污染河段约占 1.7%。

又据《江西水利科技》2000 年第 26 卷第 4 期报道，1997 年全省河流评价河长 4 002 km，丰水期Ⅰ类水占总长的 1.8%、Ⅱ类水占 52.6%、Ⅲ类水占 38.5%，污染河长占总长的 7.1%；枯水期Ⅰ类水占总长的 4.1%、Ⅱ类水占 36.6%、Ⅲ类水占 40.1%，污染河长占总长的 19.2%。

（2）"五河"水质。2003 年，江西省有关部门对江西"五河"——赣江、抚河、信江、饶河、修河的水质进行了大规模的调查和监测，其主要结果如下：

①赣江水质。2003 年赣江水系主要站点水质一般为Ⅱ～Ⅲ类。赣江水系评价河段 18 个，河长 3 188 km，其中Ⅰ～Ⅱ类水占 79.5%，Ⅲ类水占 12.6%，Ⅳ、Ⅴ类水 5.6%，劣Ⅴ类水占 3.4%。枯水期水质（相对于丰水期）较差，其中Ⅰ～Ⅱ类水占 55.9%，Ⅲ类水占 29.2%，Ⅳ、Ⅴ类水占 11.6%，劣Ⅴ类水占 3.4%。

②抚河水质。2003 年抚河水质评价河段 11 个，评价河长 788 km，其中Ⅱ类水占 93.7%，Ⅳ类水占 6.3%，丰水期与枯水期水质基本相同。

③信江水质。2003 年信江水质评价河段 8 个，河长 397 km，其中Ⅱ类水占 41.8%，Ⅲ类水占 40.1%，Ⅳ类水 9.8%，劣Ⅴ类水占 8.3%。枯水期水质较差，Ⅲ类水减少，Ⅳ类水增加。

④饶河水质。2003 年饶河水质评价河段 8 个，河长 472 km，其中Ⅱ类水占 53.0%，Ⅲ类水占 18.1%，Ⅴ类水 12.0%，劣Ⅴ类水占 16.9%。

⑤修河水质。因工业污染少和柘林水库的调节净化，修河水质为"优良"。2003 年评价河段 6 个，河长 475 km，其中Ⅰ类水占 38.5%，Ⅱ类水占 61.5%，是目前江西"五河"中水质最好的河流。

（3）鄱阳湖水质。鄱阳湖是中国最大的淡水湖，鄱阳湖水质的优劣不仅中国人、江西人十分关心，世界上许多国家或国际组织的专家也都对湖区生态环境表现出浓厚的兴趣，对鄱阳湖水质的变化极为关注。

①鄱阳湖水质监测结果。近一二十年来，江西省有关部门对鄱阳湖水质情况进行了连续监测，以便及时掌握湖区水质变化动态，为保护鄱阳湖水资源提供科学依据。

1986 年，鄱阳湖水质评价表明：氨氮平均值在赣江南支河口、康山分别超标 1.68 倍和 0.04 倍，占整个湖区测点的 10.53%，其余各测点各项目均超标。

1991 年度监测结果表明，就年平均值来讲，全湖水质指标均未超标，皆达到地面水Ⅱ类水的标准，其中昌江河口、乐安河口和波阳化肥厂为Ⅰ类水。

1992 年度监测结果表明，就全年来讲，全湖水质年平均值各项指标均未超标，皆达到地面水Ⅱ类水的标准，其中乐安河口、波阳化肥厂、龙口、信江西支口、修河口、蚌湖和湖口均为Ⅰ类水。

1993 年度，全湖水质就年平均值而论均未超标，均能达到国家地面水Ⅱ类标准，其中昌江河口、赣江南支口、都昌、诸溪河口及湖口为Ⅰ类水。

综观 1991—1993 年鄱阳湖水质监测结果，可以看出，整个鄱阳湖区水质基本符合《地面水环境质量标准》（GB 3838—88）Ⅱ类标准，水质良好。

“九五”期间的 1996—1999 年，鄱阳湖水质监测结果表明：平均有 64.2%的断面为Ⅱ类水，30.5%的断面为Ⅲ类水，超标断面（为Ⅳ类水）占 5.3%，主要出现在赣江南支口。

2000 年度水质监测结果表明：从年平均值来看，全湖Ⅱ类水有 10 个断面，占 52.6%；Ⅲ类水有 8 个断面，占 42.1%；超标有 1 个断面（为Ⅳ类水），占 5.3%，主要出现在赣江南支河口。从超标情况来看，总磷超标断面占 42.1%，挥发酚超标断面占 15.8%。

2003 年鄱阳湖监测的 4 个国控断面中，一半为Ⅳ类水，一半为Ⅴ类水，都未达到所属生态功能区的要求。

②鄱阳湖水体富营养化。若从鄱阳湖水体富营养化情况来看，其主要结果为：

1989 年，鄱阳湖富营养化评价值为 36 个单位，全年处于中营养状态，赣江南支入湖口富营养化评价值为 52 个单位，处于富营养状态，其他入湖河口为中营养状态，主湖区为贫营养状态；

1998 年 4—9 月，鄱阳湖富营养化评价值为 39 个单位，属中营养状态，比 1989 年富营养化程度有所增加；

1999 年 4—9 月，鄱阳湖富营养化评价值为 39 个单位，仍属中营养状态；

2000 年 4—9 月，鄱阳湖富营养化指数为 40 个单位，比 1999 年富营养化程度有所增加，表明鄱阳湖出现向富营养化发展的趋势。

显然，从总体上来说，鄱阳湖水质是良好的或至少是较好的，在全国大型淡水湖泊中，水质名列第一，这是肯定的。但近年来在一定程度上也出现有“富营养化”的趋势，或者说有“中营养化”的发展趋势，这应引起我们的重视。

3　分布不均，容易引发水旱灾害

江西省水资源量虽然丰富，但存在时空分布不均，年际变化和年内不同季节变幅较大，在一定程度上也影响了水资源的开发利用。其主要表现为：水资源与热量资源分布不完全同期，在很大程度上影响了作物的生长和生产潜力的发挥；4—7 月的径流占全年的 60%～70%，且多以暴雨形式出现，易酿成洪涝灾害；来水和用水为同步，7—9 月为用水高峰季节，占全年用水的 60%～70%，而来水只占全年的 20%左右。降水的分布和变化趋向，总体上是赣东大于赣西，中部小于东部，山区大于平原、盆地。

4　开发利用潜力大

江西水资源开发利用潜力大，主要表现在二个方面：

（1）改善库容，贮水潜力大。新中国成立前，江西水资源开发利用程度低，水利设施非常简陋，只有一批小型水库和塘坝、陂堰、筒车等灌溉工程和设施，蓄引提水量大致为 30 亿 m^3。新中国成立后，全省兴建了大量的水资源开发利用工程，供水工程的设计能力约为 326 亿 m^3，但由于工程老化、失修、配套不全、泥沙淤积及人类活动影响等原因，现有供水能力约为 272 亿 m^3，其中蓄水工程为 116.3 亿 m^3，引水工程 66.2 亿 m^3，提水工程为 72.3 亿 m^3，地下水工程为 9.7 亿 m^3，其他工程为 7.0 亿 m^3。今后，只有采取有效措施改善库容、增加库容，江西贮水的潜力就能进一步挖掘出来，增加贮水量，对发展工农业生产十分有利。

（2）提高利用率，节水潜力大。江西水资源相对丰富，在相当部分干部、群众中存在着“水是‘用之不尽，取之不竭’的资源”的传统观念，加上管理不严，节水措施不力，工艺水平低，致使用水浪费严重。根据江西省水文局的调查和分析，江西地表水利用率只有 16.3%，地下水利用率仅为 4.0%，大大低于全国平均水平，更低于发达国家或发达地区的平均水平；又据《江西省实施中国21世纪议程行动计划》，全省人均年综合用水量为586 m^3，一般工业万元产值用水量378 m^3，火电用水每万元产值高达15 462 m^3，均高于全国平均水平；农业灌溉渠系水有效利用系数一般在0.6以下。显然，若提高节水意识，采取有效节水措施，并加强管理，江西在短期大幅度减少水资源浪费、提高水资源利用率是可能的和可行的。可见，江西节水潜力是非常之大的。

（3）节约利用，循环利用。在农业生产上，采取工程措施、生物措施、生态措施和农艺耕作措施相结合，千方百计节约水资源，提高农业生物对水资源的利用率；在工业生产中，走“循环经济”的路子，实施水资源重复利用、多次利用和再循环利用，这方面的潜力就更大。

参考文献

[1] 彭崑生. 江西生态（第一卷）. 南昌：江西人民出版社，2007.

[2] 赵其国，黄国勤，钱海燕. 鄱阳湖生态环境与可持续发展. 土壤学报，2007，44(2)：318-326.

[3] 黄国勤. 江西生态安全研究. 北京：中国环境科学出版社，2006.

[4] 黄国勤. 江西农业. 北京：新华出版社，2000.

江西生物质资源概况*

摘　要：本文简述了江西生物质资源的种类、数量及分布，为今后开发利用江西生物质资源提供了参考依据。

关键词：生物质资源　可持续发展　开发利用　江西

1　前言

生物质（Biomass）主要是指任何可再生的或可循环的有机物质（不包括多年生长的用材林），包括专用的能源作物与能源林木，粮食作物和饲料作物残留物，树木和木材废弃物及残留物，各种水生植物、草、残留物、纤维和动物废弃物、城市垃圾和其他废弃物。按美国能源部的定义，生物质一般不包括为人类提供食品的农作物、家养动物以及常规木材生产。

地球上蕴藏着丰富的生物质资源。据专家估算，全世界每年通过光合作用产生的生物质就有 2 000 亿 t。目前，来自生物质资源的能量约占全球消耗能量的14%。根据国际能源机构的资料报道，如果每年生物质储存的能量被全部利用，它所提供的能量约为全球能量年消耗总量的 10 倍。

我国的生物质资源也十分丰富，若能利用其中的一半，就相当于找到了一个年产 5 000 万 t 的大庆油田。目前，生物质资源在中国主要包括能源生物资源（能源/化工专用动植物和藻类）和农业废弃物。能源生物资源主要是指能源农业、能源林业种质资源，包括现有种质资源的挖掘、保护和开发及专用品种的培育；同时，也包括利用高效能源植物进行的规模化、商品化的生物质原料生产。这里的

---

* 作者：黄国勤。

本文原载《可持续发展研究》2009 年第 1 期，第 52～54 页。

农业废弃物包括四大类：一是植物类废弃物，即农业生产、林业生产过程中产生的残余物；二是动物类废弃物，即牧、渔业生产过程中产生的残余物；三是加工类废弃物，农、林、牧、渔业生产过程中产生的残余物；四是农村城镇生活垃圾等。

江西地处我国中亚热带湿润气候区，光、热、水资源丰富，自然条件优越，生态环境优美。江西生物质资源具有种类多、数量足、分布广的特点。据调查，江西生物质资源主要包括能源植物（能源作物、能源林木、水生植物）、农林业废弃物、城市垃圾、生活污泥、有机废水和人畜粪便等。由于资料所限，这里仅讨论能源作物、能源林木、农作物秸秆、畜禽粪便和城市垃圾等的种类、数量及分布，以期为开发利用江西生物质资源提供必要参考和有益资料。

2 江西能源作物

以提供制取燃烧原料或提供燃料油为目的的栽培植物统称为能源作物。由于以能源作物为原料制取的燃料油有很多优点，燃烧后比矿物能源对环境污染少，是一种低硫燃料，而且不增加二氧化碳的排放量，比核能使用安全，比风能、地热能使用广泛，可进行降解等，因而成为国际上开发的热点，并被称为“绿色能源”。

江西的能源作物主要有以下 4 类：①以制取酒精为目的的一年生作物，如玉米、甘蔗、甘薯、马铃薯等；②以生产燃料油（如生物柴油、烃类物质）为目的的植物，如油菜、大豆、花生、棉花等。2004 年欧盟以低芥酸菜油为原料，制取生物柴油约 160 万 t，占欧盟同期柴油生产总量的 80%；美国也有生物柴油的小规模生产。我国已有 4～5 家企业生产生物柴油，年生产能力达 5 万 t 左右。生产柴油是“绿色油田”，具有可持续性。目前，我国油菜种植面积 1.2 亿亩（1 亩=667 m^2），菜子含油平均 41%。可以说，在我国利用油菜发展生物柴油具有独特优势和广阔发展前景；③用于直接燃烧的植物；④可供厌氧发酵的藻类或其他植物。

根据《江西统计年鉴》资料，2005 年江西全省玉米种植面积为 16.51×10^3hm^2（24.77 万亩），单位播种面积产量平均为 3 786 kg/hm^2，玉米总产量为 6.25 万 t；2005 年甘蔗种植面积 17.7×10^3hm^2（历史上种植面积最大的年份是 1992 年，达 50.4×10^3hm^2），总产量为 78.314 7 t（1992 年达历史最高，为 256.142 6 t）；薯类

（包括甘薯和马铃薯）面积 2004 年种植面积为 128.60×10^3hm^2，2005 年 129.84×10^3hm^2，总产量（按折粮计算）2004 年 57.41 万 t，2005 年 59.06 万 t。油菜种植面积曾于 1995—1997 年连续三年超过 100 万 hm^2（1995 年最高，达 105.70 万 hm^2），目前只有 56.62 万 hm^2（2004 年）、57.70 万 hm^2（2005 年），油菜子产量也由 1995 年历史最高产量 69.023 9 万 t 下降为 2004 年的 40.088 7 万 t、2005 年的 41.681 4 万 t；大豆种植面积 2004 年为 101.46×10^3hm^2，2005 年 98.91×10^3hm^2，2004 年总产量为 17.76 万 t，2005 年为 17.90 万 t；花生种植面积发展快，1978 年全省种植面积只有 46.2×10^3hm^2，1992 年首次超过 100×10^3hm^2，达 117.9×10^3hm^2，之后一直维持在这水平之上，2001 年达历史最高，种植面积为 183.4×10^3hm^2，2005 年 135.1×10^3hm^2，从产量来看，1978 年花生产量只有 51 686 t，2005 年达 316 617 t，净增 5 倍；棉花种植面积 1978 年全省达 114.3×10^3hm^2，1994 年达 163.3×10^3hm^2，2005 年下降为 63.9×10^3hm^2，总产量 1978 年 34 796 t，1994 年达 174 714 t，2005 年下降为 87 196 t。

从能源作物的分布来看，玉米、甘薯、大豆、花生以全省旱地尤其是红壤旱地种植为主；甘蔗主要分布在赣南各县（市），且多种植于稻田或菜地；油菜（江西主要是冬季油菜）在全省各地均有种植，稻田旱地各占约 1/2，且以九江地区的油菜产量较高，2005 年九江全市油菜平均单位面积产量为 1 214 kg/hm^2，比全省平均水平（1 017 kg/hm^2）要高；棉花主要分布在赣北的九江各县（市），此外，宜春、新余的棉花种植面积也较大；马铃薯主要在城市郊区的稻田、旱地或菜地种植较多。

3　江西能源林木

江西自然生态条件优越，林木资源十分丰富，其中有相当部分属于能源林木。根据生物质资源能源利用的产品类型，可将生物质资源的能源林木分为：①生物电能林木；②生物燃料油林木。其中，生物燃料油林木又可分为三类：一是生物柴油林木，籽实能直接用于提炼生物柴油的木本植物；二是生物汽油树种，可作为提取汽油的原料；三是生物乙醇林木，果实含有丰富的淀粉，主要用于制取乙醇。

根据调查，江西现有的可供开发的能源林木主要有：

（1）生物电能林木。江西发展生物电能林木首推树种有南酸枣、马尾松、湿地松、桉树等，据测定，速生的桉树，每年产量可达 30～50 t/hm^2。

（2）生物燃料油林木。一是生物柴油林木，如油茶、乌桕树等，在江西各地均有分布，目前，江西全省油茶林面积达 83.3 万 hm^2，年产茶油 4 000 万 kg；二是生物汽油林木，主要有油桐和乌桕；三是生物乙醇林木，主要以壳斗科树种为主，如苦槠（*Castanopsis sclerophylla*）、板栗等，其坚果淀粉含量大于 30%以上，在江西广泛分布。

4 江西农作物秸秆

农作物秸秆是一种很好的清洁可再生能源。1 t 含水量在 14%以下的秸秆或 2 t 新鲜秸秆，其燃烧热值相当于 1 t 标准煤。江西农作物秸秆资源的种类、数量和分布具有以下三个特点。

一是种类多。江西地处中亚热带湿润地区，光、热、水资源充足，适应多种农作物种植和生长。因此，江西农作物秸秆资源具有种类多的特点。如禾谷类作物秸秆有稻草、麦秆、玉米秆、谷子（粟）秸秆、高粱秸秆等；豆类作物秸秆有大豆秆、绿豆秆、蚕豆秆、豌豆秆、豇豆秆；薯类作物秸秆有甘薯藤、马铃薯藤；油料作物秸秆有花生秸秆、油菜秸秆、芝麻秸秆等；麻类作物秸秆有苎麻秆、红麻秆、黄麻秆、大麻秆、亚麻秆；还有棉花、甘蔗、烟叶、瓜果等多种农作物的秸秆。其农作物秸秆种类总数至少在 30～50 种。

二是数量大。据笔者依据《江西统计年鉴》推算，江西省年稻草数量为 155 亿 kg，麦秆 0.75 亿 kg，薯藤 2.7 亿 kg，大豆秆 1.3 亿 kg，花生秆 1.38 亿 kg，油菜秆 1.28 亿 kg 等。全省年秸秆总量为 159.75 亿 kg，在南方 15 个省（区、市）中名列前茅。

三是分布广。农作物秸秆资源在全省各地均有分布，可以说，凡有农业的地方，就有农作物种植，就分布有农作物资源。如稻草资源多分布在全省平原、丘陵稻区；红壤旱地多分布着旱作物秸秆资源，如玉米秆、甘薯藤、花生秆、大豆秆等；甘蔗秆多集中在赣南各地；棉花秸秆、油菜秸秆等在赣北的九江各县分布较多。

5　江西畜禽粪便资源

近年来，全省规模化养殖发展很快。据江西省畜牧局报表统计，2003 年生猪出栏数为 2 204 万头，存栏数为 1 441 万头；肉牛出栏数为 114 万头，存栏数为 350 万头；鸡出笼数为 14 922 万羽，存笼数为 10 389 万羽；鸭出笼数为 6 003 万羽，存笼数为 2 556 万羽；鹅出笼数为 1 895 万羽，存笼数为 794 万羽。2004 年猪、牛、鸡、鸭规模化畜禽养殖场总数分别为 1 140 个、223 个、677 个和 555 个。全年畜禽粪尿产生量约为 9 278 万 t，较 2000 年增加了 3 084.65 万 t，增长了 49.8%。

2004 年全省生猪出栏数为 2 115.70 万头，存栏数 1 421.30 万头；肉牛出栏数为 90.04 万头，牛年末存栏头数 366.39 万头；家禽（包括鸡、鸭等）出笼数 33 791.1 万羽，年末存笼数 19 166.4 万羽。200 年全省生猪出栏数为 2 333.14 万头，存栏数 1 485.37 万头；肉牛出栏数为 101.43 万头，牛年末存栏头数 371.87 万头；家禽（包括鸡、鸭等）出笼数 36 558.2 万羽，年末存笼数 18 498.9 万羽。可以推算，全省年畜禽粪尿产生总量超过 1 亿 t，这是项巨大的生物质资源。

由于对畜禽养殖污染防治措施不到位和资金不足等原因，大部分规模化畜禽养殖场的污水排放并未达到国家标准，有的根本没有排污措施。有的畜禽养殖场选址不合理，直接建在公路、城镇和居民生活区附近，造成有机污染日益严重。例如南昌县八一乡涂埠村是县重点养猪村，2004 年养殖母猪 1 066 头、商品猪 43 000 头，养猪收入占全村人均收入的 85%。该村没有任何排污设施，也没有采取有效的治污措施，生猪排泄物、冲栏污水排放量大、有机质浓度高，随意排入沟渠、池塘，已造成严重的土壤、水体、大气污染。不久的将来，该村的土壤将不再适宜种植农作物，地下水也不再能饮用。

若能将上述生物质资源利用起来，将畜禽粪便入沼气池产生沼气，沼气用于生活能源（照明、烧饭），沼液、沼渣用于喂猪、养鱼和作肥料施于水稻田、蔬菜田和种果树，既利用了资源，又保护了环境，还增加了效益，一举多得。

6　江西城市垃圾资源

城市垃圾主要包括城市生活垃圾、城市粪便和城市工业“三废”排放量等。

（1）城市生活垃圾。2000 年江西省城市生活垃圾清运量为 197 万 t，2001 年为 213 万 t，2002 年 205 万 t，2003 年 237 万 t，2004 年 259 万 t，2005 年达 264 万 t，2005 年比 2000 年增加 34%。目前，城市生活垃圾利用率、无害化率都很低。2005 年全省城市生活垃无害化率只有 48.87%。

（2）城市粪便。江西城市粪便清运量 2000 年为 16 万 t，2001 年 23 万 t，2002 年 17 万 t，2003 年 20 万 t，2004 年 20 万 t，2005 年达 21 万 t，2005 年比 2000 年增加 31%以上。2005 年城市粪便处理率为 82.71%，比 2002 年还下降了近 10 个百分点。

（3）城市工业“三废”排放量。全省工业废水排放量 1990 年为 77 123 万 t，1995 年为 66 880 万 t，2000 年 42 083 万 t，2004 年 54 949 万 t，2005 年为 53 972 万 t。全省工业废气排放量 1990 年为 1 659 亿 m^3，1995 年为 2 396 亿 m^3，2000 年 2 220 亿 m^3，2004 年 3 972 亿 m^3，2005 年达 4 378 亿 m^3，2005 年比 1990 年增长 1.64 倍。工业固体废物产生量 1990 年全省为 3 199.00 万 t，1995 年为 3 669.00 万 t，2000 年 4 814.97 万 t，2004 年 6 524.26 万 t，2005 年达 7 006.71 万 t，2005 年比 1990 年增加 1.19 倍。但江西工业固体废物综合利用率很低，2000 年综合利用率为 14.64%，2004 年为 25.3%，2005 年也只有 27.10%。

7 结语

由上看出，江西生物质资源具有种类多、分布广、数量丰富、开发利用潜力大的特点。随着社会经济的不断向前发展和能源形势的日益严峻，有计划地开发利用生物质是必然趋势。江西应根据不断变化的国际、国内形势，结合具体“省情”，尽早制定出《江西省近中期生物质能源开发利用规划》，这不仅对促进经济社会全面、协调、可持续发展，实现经济发展与生态环境“双赢”具有重要的现实意义，而且对实现科学发展、和谐发展具有长远战略意义。

江西省信江流域生态系统可持续发展研究*

摘　要：信江是江西省“五大河流”之一，位居第三。信江流域生态系统的可持续发展，直接关系到该地区各市县经济社会的可持续发展，且对江西全省经济社会的全面、协调和可持续发展影响甚大。本文在调查研究的基础上，指出目前信江流域生态系统可持续发展面临着生态破坏、水土流失、环境污染、自然灾害及经济贫困等一系列问题。为促进21世纪新阶段信江流域生态系统的可持续发展，作者提出应发展生态工业、推广生态农业、倡导生态旅游、搞好生态治理、加快生态建设等对策。

关键词：生态系统　生态建设　生态工业　生态农业　生态旅游　生态治理　可持续发展　信江流域

Sustainable Development of Xinjiang River Watershed Ecosystem in Jiangxi Province

Abstract: Xinjiang River is the third most important river in Jiangxi Province. Sustainable development of Xinjiang River watershed ecosystem not only directly relate to sustainable socio-economic development of the counties through which the river flows，but also the comprehensive，coordinated and sustainable socio-economic development of entire Jiangxi Province. On the basis of the study，the paper indicates that sustainable development of Xinjiang River watershed ecosystem faces a series of challenges，e.g.，ecological degradation，soil erosion，environmental pollution，natural disaster and impoverishment. To stimulate sustainable development of Xinjiang River watershed ecosystem in the new century，the author advances

---

* 作者：黄国勤。

本文于2007年8月11—13日在新疆石河子召开的“第13届全国农业生态学学术研讨会”上进行宣读，并载《中国生态农业学报》2008年第16卷第4期，第981～966页。

several countermeasures，including: development of ecological industry，extension of ecological agriculture， advocating and promoting ecotourism， enhancing ecological management and speeding up ecological construction.

Key Words: Ecosystem; Ecological construction; Ecological industry; Ecological agriculture; Ecotourism; Ecological treatment; Sustainable development; Xinjiang River watershed

1 信江流域生态系统概况

信江是江西省“五大河流”（赣江、抚河、信江、饶河、修河）之一。信江流域位于鄱阳湖流域东北部的南半部（北半部为饶河流域），自河源（玉山县与德兴市交界的信源山南侧）至余干瑞洪干流全长 359 km，全流域集水面积为 17 599 km^2，河长大于 30 km 的干、支流有 36 条，集水面积大于 10 km^2 的河流有 310 余条；至梅港水文站河长 329 km，集水面积 15 535 km^2；白塔河为信江最大支流，主河长 145 km，集水面积 2 838 km^2。

信江发源于怀玉山与武夷山之间的谷地，上游穿越山地丘陵，中游流经红色盆地，下游奔流于滨湖平原。信江流域范围涉及上饶市所辖的上饶、弋阳、横峰、铅山、玉山、广丰等县（市），鹰潭市及其所辖的月湖区、余江县和贵溪市，以及抚州市的资溪县。按所涉及的行政区范围面积为 14 886 km^2，占全省国土总面积的 8.92%，在江西“五大河流”中居第三位。

信江流域气候湿润，降水丰富，年降水量最高可达 2 978 mm（资溪县）。土壤类型多样，流域的东部属赣东山地丘陵区，有红壤、紫色土、黄棕壤、水稻土；西部属赣中丘陵平原区，有红壤、石灰土、水稻土区。土地资源以山地丘陵为主，占全流域面积的 60%，其中山地占 44%，低丘岗地和平原占 40%（其中平原仅占 2.4%）。

2005 年信江流域人口有 460.48 万人，占江西省人口总数的 10.68%。其中，农业人口为 362.88 万人，占信江流域人口总数的 78.81%，占全省农业人口总数的 11.42%。耕地面积为 16.303 0 万 hm^2，占全省耕地总面积（209.807 6 万 hm^2）的 7.77%，其中水田面积为 15.049 1 万 hm^2，占流域耕地面积的 92.32%。全年全流域粮食总产量达 148.025 6 万 t，占全省粮食总产量的 7.98%，其中稻谷总产量为 138.941 6 万 t，占流域粮食总产量的 93.86%。2005 年信江流域生产总值达 368.618 9

亿元（按当年价格），占全省当年生产总值的 9.09%。可见，信江流域生态系统的可持续发展在全省经济和社会可持续发展中占有重要地位。

2　信江流域生态系统现状及存在的问题

2.1　生态破坏

（1）森林破坏。由于对森林资源的“过度”需求和“不适度”消费，以及不合理的开发利用，已导致信江流域森林破坏非常严重。据调查，信江流域森林破坏的主要形式包括乱砍滥伐；重采轻育，采育失调，采育失衡；矿山开发，森林被毁；不合理的农业开发，如毁林种果、陡坡垦殖、开山造田；工业建设，如修铁路、造公路、建工厂、搞“工业园区”；炼山造林；森林火灾等。以上活动均不同程度地对森林资源产生破坏，造成森林覆盖率降低。目前，信江流域林地面积只有 82.3 万 hm^2，占全省有林地面积的 9.4%；活立木蓄积量 2 816 万 m^3，占全省活立木蓄积量的 8.0%；森林覆盖率仅为 56.0%，不仅低于全省平均值 60.05%，也低于“五大河流”中的赣江流域（63.0%）、修河流域（62.2%）和饶河流域（61.6%），只比抚河流域森林覆盖率（52.8%）高。

（2）山体破坏。由于开山修路、挖山采矿、采石、采砂以及“切坡建房”，信江流域许多山体已遭受严重破坏，不仅改变了原有的地形、地貌，破坏了山地风景景观，更严重的是由此引发多种地质灾害，如采矿区崩塌、地面塌陷、沉降、地裂缝、滑坡、泥石流等。据统计，近 10 年来，江西省因矿山开发，破坏植被地貌面积达 538.4 km^2，其中相当部分发生在信江流域。

（3）耕地破坏。耕地破坏源于下列原因：一是工业建设破坏耕地，工业化、城市化、城镇化，导致大量“圈地运动”，致使大片良田丧失；二是农业“发展”破坏耕地，实行家庭联产承包责任制，各家各户分别经营耕地，导致耕地“小块化”“破碎化”，耕地实际使用面积减少、质量下降；三是自然灾害损坏耕地，江西省 20 世纪 80—90 年代，每年因灾废弃耕地 1 292 hm^2，其中 1992 年一年废弃耕地 1 547 hm^2。2005 年江西全省因灾毁坏耕地面积高达 9.7 万 hm^2。其中，10%左右发生在信江流域各地。

2.2 水土流失

1996 年信江流域水土流失面积达 4 356.06 km^2，占江西省当年水土流失总面积（35 224.09 km^2）的 12.37%。由于大力推广水土保持措施，并积极进行水土流失治理，近几年来信江流域水土流失面积总体呈下降趋势，但至 2000 年该流域仍有水土流失面积 4 117.89 km^2（其中，轻度流失面积 1 138.98 km^2，中度流失面积 1 325.48 km^2，强度流失面积 1 303.89 km^2，极强度流失面积 287.39 km^2，剧烈流失面积 62.15 km^2），比 1996 年减少 5.47%，仍占当年全省水土流失总面积（33 472.19 km^2）的 12.30%，占流域土地总面积的 24.74%，这一比例在全省及“五大河流”中均居第一。

由于水土流失，信江多年平均输沙量为 261.1 万 t，占全省年输沙量（2 126.0 万 t）的 12.28%，占入湖（鄱阳湖）沙量的 14.34%，输沙模数 168 kg/km^2，居“五大河流”之冠。多年的水土流失，已造成信江西支最大淤高达 2.5 m，严重影响了河道的蓄洪、行洪能力，给工农业生产和人民生活带来极大不便。

2.3 环境污染

（1）大气污染。首先，大气污染程度如何，往往集中表现为降水 pH 值的高低和酸雨频率的大小。据对江西省气象局 13 年（1991—2003 年）的资料分析，信江流域降雨的 pH 值平均为 4.792 5，比全省降雨的平均 pH 值（4.943 1）低 0.150 6 个单位，表明信江流域的酸雨强度超过了全省平均水平。其次，从城市空气质量等级来看，鹰潭市为三级，降尘超标。

（2）土壤污染。土壤是各种污染物的最终目的地，世界上 90%的污染物最终都滞留在土壤内。土壤污染物的种类大致包括以下几类：一是化学污染物，如无机污染物 Hg、Cd、Pb、As 等重金属等，以及化肥、农药等化学制品的残留物和工业“三废”等产生的有机污染物；二是生物污染物，如各种“垃圾”“废物”携带的各种病原菌和病毒等；三是放射性污染物，主要来自核爆炸的大气散落物，工业、科研和医疗机构产生的液体或固体放射性废弃物，它们释放出来的放射性物质进入土壤，能在土壤中积累，形成潜在威胁。信江流域土壤污染的特点一是面积大，江西省目前受到工业污染的耕地面积达 32.7 万 hm^2（占全省耕地总面积的 14.2%），其中至少有 10%左右属于信江流域各市、县；二是污染源多，如工业“三废”污染、农业自身污染（包括化肥污染、农药污染、农膜污染、作物秸秆、畜禽粪便、污水灌溉等）和生活垃圾污染等；三是危害重，由土壤污染造成的危害和损失是多方面的，如引起农作物减产甚至失收，引发纠纷甚至造成社会不稳定，还有可能造成重大经济损失和人员伤亡等。

（3）水质污染。据取样分析，1998 年信江水质达标率只有 46.2%，1999 年仍只有 46.2%，2000 年提高，也只有 76.9%，2001 年达到 84.6%。近年信江水质达标率有所提高，但仍有相当部分的水质未达到“合格标准”。2003 年信江水质评价河段 8 个，河长 397 km，其中Ⅱ类水占 41.8%，Ⅲ类水占 40.1%，Ⅳ类水占 9.8%，劣Ⅴ类水占 8.3%。枯水期水质较差，Ⅲ类水减少，Ⅳ类水增加。据调查，信江河流存在的主要污染因子有高锰酸盐、氨氮、石油类、挥发酚等。

2.4　自然灾害

（1）洪涝灾害。信江流域洪涝灾害具有频率高、强度大、危害严重的特点。这里列举 2005—2006 年信江流域部分地区洪涝灾害的发生情况。

①2005 年 5 月 4 日 18 时 20 分至 30 分，余江县遭受雷雨大风、冰雹袭击，全县 14 个自然村受灾，500 余户不同程度受损，54 幢房屋倒塌，死亡 2 人，轻伤 5 人，4 000 余幢房屋不同程度受损，造成直接经济损失 900 万元。

②2006 年 5 月 25—26 日，贵溪市出现大暴雨天气，降雨量 174.9 mm，造成部分农田受淹，部分地区内涝严重，因灾死亡 1 人，冲毁小山塘 1 座，因降水引发山体滑坡 1 处，损坏房屋 1 间；铅山县遭受大暴雨大气袭击，降雨量 179 mm，造成该县农作物受灾面积 4 000 hm^2，成灾面积 3 000 hm^2，受灾人口 7.2 万人，直接经济损失 1 200 万元；上饶县普降暴雨，受灾人口 5 万人，200 hm^2 农作物受灾，50 hm^2 绝收，倒房 26 间，直接经济损失 100 万元，因暴雨造成山体滑坡，30 人受灾，农作物受损 15 hm^2，绝收 5 hm^2，倒塌房屋 8 间，直接经济损失 40 万元。

③2006 年 6 月 3—8 日，受稳定的中低层切变影响，江西全省出现连续暴雨天气。6 月 3 日 8 时—8 日 20 时，上饶、鹰潭等全省 60 个县市雨量超过 100 mm，其中 14 个县市雨量超过 200 mm，以资溪县 359 mm 为最大。这次大暴雨造成铅山县受灾人口 6.96 万人，农作物受灾面积 4 338 hm^2，直接经济损失 2 080 万元。6 月 4 日，上饶县雨量 106.5 mm，23 个乡镇受灾，受灾人口 5 万人，农作物受灾面积 260 hm^2，其中 50 hm^2 绝收，毁坏耕地面积 80 hm^2，倒塌房屋间数 18 间，其中倒塌居民住房间数 5 间，倒塌居民住房户数 3 户，损坏房屋间数 20 间，直接经

济损失 500 万元，其中农业经济损失 80 万元。6 月 7 日，鹰潭全市受灾乡镇 39 个，受灾人口共 16.94 万人，倒塌房屋 2 000 间，农作物受灾面积 1.747 万 hm^2，农作物成灾面积 1.03 万 hm^2，农作物绝收面积 0.439 万 hm^2，减收粮食 8.177 万 t，水产养殖损失面积 1 188 hm^2，损失水产品产量 2 212 t，停产工矿业 19 个，毁坏公路 13.9 km，损坏输电线 7.55 km，损坏通讯线路 5 km，直接经济损失 1.93 亿元，其中农林牧渔业直接经济总损失 0.99 亿元。

④2006 年 6 月 10—11 日，江西省局部地区出现强对流天气，弋阳、余江、横峰等县市局部地区遭受雷雨大风、强降水和冰雹等强对流天气袭击，其中 6 月 10 日 20 时弋阳县最大风速达 24 m/s，弋阳县受灾人口 6.726 5 万人，受灾面积 608 hm^2，直接经济损失 328 万元。

⑤2006 年 6 月 13—14 日，受中低层切变影响，上饶、鹰潭等地普降大雨到暴雨，其中 6 月 13 日 8 时至 14 日 8 时，浙赣铁路沿线有 22 个县市出现暴雨，4 个县市出现大暴雨天气。6 月 13 日 8 时至 15 日 14 时全省平均雨量达 49 mm，鹰潭、贵溪等 8 市县雨量超过 100 mm，以贵溪 146 mm 为最大。6 月 13 日 20 时至 14 日 20 时，弋阳县 24 h 雨量达 113 mm，受灾人口 8.9 万人，农作物受灾面积 5 870 hm^2，绝收面积 64 hm^2，倒塌房屋 148 间，直接经济损失 1 096 万元，其中农业直接经济损失 876 万元；上饶县城降雨量 69 mm，受灾人口 13 万人，伤病人口 260 人，农作物受灾面积 480 hm^2，其中绝收面积 120 hm^2，毁坏耕地面积 260 hm^2，倒塌房屋 82 间，其中民房 66 间，损坏房屋 123 间，直接经济损失 450 万元，其中农业经济损失 160 万元；鹰潭市月湖区受灾人口 1.8 万人，直接经济损失 312 万元；贵溪市普降暴雨，部分农田出现内涝，蔬菜、瓜果被淹，全市 21 个乡镇受灾，受灾人口 7.95 万人，倒塌房屋 6 间，农作物受灾面积 4 100 hm^2，农作物成灾面积 3 100 hm^2，绝收面积 2 500 hm^2，死亡牲畜 9 头，水产养殖损失 800 t，停工企业 10 个，公路中断 3 条，毁坏路基 1.2 km，损坏输电线路 300 m、通讯线路 200 m，损坏水库 8 座，损坏堤坊 4 处、900 m，损坏护岸 34 处，损坏水闸 11 座，冲毁塘坝 19 座，损坏灌溉设施 16 处，损坏水电站 3 座，直接经济损失 4 700 万元，其中农业直接经济损失 2 300 万元。

⑥2006 年 8 月 11 日，因 8 号台风“桑美”影响，铅山、横峰、玉山、广丰、上饶以及鄱阳、余干等 7 个县受灾，受灾人口 51.6 万人，紧急转移安置受灾群众 2.36 万人，倒塌房屋 527 间，其中绝收面积 106 hm^2，直接经济损失 4 676 万元，其中农业经济损失 2 562 万元。8 月 11 日 1 时至 8 时，铅山县篁碧乡大岩站降雨

160 mm，篁碧站降雨 118 mm，天柱山乡岭站降雨 104 mm，受灾人口 27 万人，紧急转移安置受灾群众 2.36 万人，倒塌居民住房 307 间，损坏房屋 568 间。

（2）地质灾害。由强降雨导致洪涝灾害，并引发滑坡、泥石流等地质灾害，这在信江流域非常普遍。如 2005 年 6 月 19 日上午 8 时 20 分，资溪县资溪至马头山白米龙段公路因强降水造成路基滑坡长约 30 m，致使公路被毁，山体滑坡泥土被水冲至铁路后，导致鹰厦铁路中断运行近 10 h，马头山镇还冲毁桥梁 2 座。2005 年 6 月 20 日下午 4 时左右，弋阳县叠山镇慈竹村委会罗排村出现一处山体滑坡险情，裂缝最宽处接近 50 cm，总长度约 300 m，造成 1 栋民房后墙倒塌，全村 11 户、43 人的生命和财产安全受到威胁。2006 年 6 月 17 日 12—14 时，弋阳县 2 h 雨量 103 mm，两次出现强降水，造成该县的志敏新村山体滑坡，危及 6 家居民，压倒房屋 3 间，并导致城市交通道路积水。

（3）其他灾害。信江流域各市县的雷电灾害也很普遍，给人民群众的生命和财产造成严重影响。2005 年 7 月 14 日，弋阳县出现强雷电天气，造成全县损坏变压器 9 台、JB 柜 3 台、电脑 4 台、通信载波机 1 台，导致 10 kV 开关柜及电缆头、11 万 V 变电站线路断路，致使老县城区停电 4 h 左右，弋阳广播电视台有线电视损失较严重，全县 100 余台电视机遭雷击损坏，全县经济损失约 60 万元。2006 年 5 月 19 日 15 时开始，贵溪市出现大风、强雷电和短时强降水天气，受大风影响，在浙赣铁路贵溪至河潭区间，鹰潭供电泉雄线高压线铁塔倒塌，造成 11 万 V 输变线路压在铁路上，浙赣铁路 15 时 20 分左右至 19 时 46 分中断。据统计，全市受灾人口 18 万人，农作物受灾面积 1 600 hm^2，倒塌房屋 29 户 58 间，损坏房屋 2 000 间，另外有两处塔吊倒塌，造成 2 人受伤，直接经济损失 1 190 万元，其中农业直接经济损失 720 万元。2006 年 6 月 26 日 18 时 10 分，弋阳县遭受雷击灾害，死亡 1 人。

2.5　经济贫困

2005 年信江流域各县（市）农民人均年纯收入只有 2 994.33 元，比全省农民人均年纯收入平均值 3 266 元低 271.67 元，其中农民人均年纯收入最低的横峰县只有 1 474 元、上饶县 1 541 元，不及全省平均值的一半。

3 发展对策

3.1 发展生态工业

生态工业是模拟生态系统的功能，建立起相当于生态系统的“生产者、消费者、还原者”的工业生态链，以低消耗、低污染（或无污染）、工业发展与生态环境协调为目标的工业。工业结构生态化，就是通过法律、行政、经济等手段，把工业系统的结构规划成“资源生产”“加工生产”“还原生产”三大工业部分构成的工业生态链。其中，资源生产部门相当于生态系统的初级生产者，主要承担不可更新资源、可更新资源的生产和永续资源的开发利用，并以可更新的永续资源逐渐取代不可更新资源为目标，为工业生产提供初级原料和能源；加工生产部门相当于生态系统的消费者，以生产过程无浪费、无污染为目标，将资源生产部门提供的初级资源加工转换成满足人类生产生活需要的工业品；还原生产部门将各副产品再资源化，或无害化处理，或转化为新的工业品。

信江流域生态系统的可持续发展，必须建立在大力发展生态工业的基础之上。这里以贵溪市为例说明信江流域发展生态工业的思路与对策。贵溪市是信江流域典型的工业市，驻有中央、省属10多家大中型企业。有中国300强工业企业之一的江西铜业集团公司；有亚洲最大、世界排名第十位、中国现代化程度最高的铜冶炼厂———贵溪冶炼厂，阴极铜产量达40万t，享誉“中国铜都”之称；有装机容量50万kW的华东电网主力电厂———贵溪电厂，2004年11月已开工建设投资27亿元、装机容量60万kW的二期工程；有全国四大磷胺厂之一，年产24万t复合化肥厂；有银锌储量“华东之最”的银矿及国家大型建筑企业首钢四建，中国有色十五冶等。全市地方工业迅速崛起。按照“五高”要求规划建设了10 km^2 贵溪市工业园，已投产企业35家，形成了铜材、光电子、建材、化工、医药食品五大支柱产业。其中，南方照明公司、竹辉公司被列入国家高新技术产业企业，一批名、优、特、高、精、新产品打入国际市场。

贵溪市必须走“生态工业”之路。一是要优化工业结构，建立节能降耗、资源节约型和环境友好型新型工业生态系统；二是要做到污染物质的“零排放”，即将污染物质的排放量降到最低程度；三是要实行“废物”再生利用、循环利用，走“循环经济”之路；四是要实行“清洁生产”，全程监控“环境质量”；五是坚持技术创新，提高工业生态系统“生产”的科技含量，尤其要将现代高新技术应用到生态工业的各个领域和各个环节等。

3.2　推广生态农业

（1）调整农业结构。一是品种调优，农业上要改变过去劣质稻和退化品种“当家做主”的局面，要使全流域水稻品种优良率达90%以上，其他作物品种优良率达80%以上，在畜禽养殖上也要广泛引进和推广优质品种；二是结构调强，流域各市、县、乡（镇）、村，要根据各自的资源特点和产业优势，合理调整农、林、牧、副、渔各业，使产业结构优化，系统功能增强；三是提高效益，通过优良品种和优化结构，使信江流域农业生态系统的功能和效益有较大提高。

（2）发展避洪农业。信江流域洪涝灾害比较严重，推广生态农业的重点之一应是大力发展避洪农业。在信江流域低洼易涝农田发展避洪农业应采取以下措施：改三熟为两熟，改传统“绿肥-早稻-晚稻”“油菜-早稻-晚稻”三熟种植模式为“油菜-晚稻（或一季稻）”“冬季蔬菜（如芥菜、大蒜、马铃薯等）-晚稻（或一季稻）”等两熟种植模式，可有效避开每年5—6月份的洪涝灾害；改水稻为“经济作物”，将信江流域传统的低洼稻田改种水生经济作物，如茭白、荸荠、菱、慈姑、芡实、莼菜等，可起到稳产、增收的效果；改种植为养殖，将传统种植水稻或其他农作物的低洼农田改为发展养殖业，用于养鱼或发展其他水生生物，既可避免“水灾”，又可增加经济效益，有利于农民增收。

（3）实行农牧结合。建立农牧结合的高效农业生态系统是推广生态农业的重要内容。信江流域是江西省传统的农牧业生产区，农牧结合有一定的基础，但从提升整个农业生态系统效益的角度考虑，还应进一步加强该地区的农牧结合。首先，要扩种饲料作物，建立“粮食作物-经济作物-饲料作物”三元种植结构，使饲料作物占有一定的面积和比例，这是农牧结合的基础和前提；其次，要扩大养殖规模，不能只局限于“户户都养猪，一家养一头（或2～3头）”这样的小规模生产，要根据市场行情及其变化趋势，扩大养殖的种类和数量，以规模求效益、以效益促发展；最后，要畜禽粪便还田，有条件的地方，要逐步推行“饲-猪（或牛、鸡、鸭等畜禽）-沼-果（稻、菜、果、鱼等）”生态农业模式，该模式可成倍提高农业生态系统的资源转换利用效率和生态经济效益，是一种高效的农业可持续发展模式。

3.3 倡导生态旅游

信江流域旅游资源具有资源丰富、特色明显和开发潜力大的特点。位于鹰潭市区南郊 20 km 处的龙虎山，是中国道教发祥地，素有“神仙都会”“洞天福地”之美誉，整个景区 200 km^2。龙虎山源远流长的道教文化，独具特色的碧水丹山和历史悠久、出土文物丰富的古崖墓群构成了龙虎山自然景观和人文景观的“三绝”。龙虎山是我国典型的丹霞地貌风景，景区有 99 峰、24 岩、108 处自然和人文景观，20 多处神井丹池和流泉飞瀑。位于弋阳县南信江南岸，西距鹰潭 35 km 的圭峰，地处三清山、龙虎山和武夷山之间，有“天然盆景”誉称。圭峰原名龟峰，因山石相叠如龟而得名。圭峰共有 36 峰、8 大景观。山峰多为平地凸拔而起，有形有色，在方圆几里之内，一山一水，一草一木都像经过精心设计。此外，信江流域上饶市中部的三清山，雄奇峻秀，尘绝人寰，素有“江南第一仙峰”的美誉；上饶市婺源县自然植被保存完好，存有大量古树、古溶洞、古建筑、古文物，山青水碧，小桥流水，一派恬静的田园风光，游人誉为“中国最美的农村”，被列为中国南方唯一的文化旅游示范县等。

近年来，信江流域旅游业发展迅速，对该地区经济与社会的可持续发展起到了积极作用。但不容否认，对旅游资源的“过度”开发利用，以及“保护”与“恢复”不力，已对资源的可持续利用及经济的可持续发展产生了不利影响。为此，从促进信江流域生态系统可持续发展的角度出发，应大力提倡生态旅游，并采取以下具体对策和措施：一是确定旅游容量。任何一个旅游生态系统，其旅游资源的种类、数量、质量及其生物多样性都是“有限”的，具有“有限性”。这就必然要求在接待游客的“量”方面有所限制，即任何旅游景点，都应确定旅游人数的“最佳范围”，并按照这一范围设计操作程序，确保游客人数“不超标”。二是限制车辆“上山”。总体而言，我国公车、私车数量逐年增加，必然导致利用节假日“上山”旅游的车辆有增无减，车辆排出的废气给旅游景点带来的空气污染已越来越严重，并且车辆太多，不仅造成道路拥挤、交通堵塞，还对道路造成破坏，由此引发的交通事故增加。因此，加强旅游景点车辆管理，并采取必要措施限制车辆“上山”是必然趋势。事实上，江西庐山等旅游景点已启用“专用车”负责游客在山上的接送和旅游，方便了游客，节省了资源，还保护了旅游点的生态环境，一举多得。三是保护景点环境。要建立景点“建设”的认证和审批制度，不得随意建房、做旅馆、修公路、建花园等；对游客的“旅游行为”要有约束和限制，对不符合“环保要求”的行为要出台相应的教育和处罚措施，真正使每位游客热爱大自然、爱护大自然、保护大自然、建设大自然。四是加强生态教育。不仅要对旅客进行生态环境保护方面的教育，还要对旅游景点的居民及工作人员进行环境意识、生态知识、生态素质等方面的教育，真正使每个人都懂生态、爱环保，真正把信江流域的生态旅游落到实处。

3.4　搞好生态治理

信江流域生态系统可持续发展，首先，必须十分重视对流域生态环境进行综合治理。对于污染型企业，要坚决实行“关、停、并、转”；对于污染“超标”的企业，必须限期整顿；对于已污染、已破坏的生态环境，要采取坚决措施，予以恢复和治理，决不留“死角”。其次，要实行生态减灾。信江流域生态减灾应采取以下措施：一是防灾，千方百计防止流域一切自然灾害和人为灾害的发生；二是避灾，采取有效措施，从“时”“空”两个方面，避免灾害的发生及其可能给人民生命和财产造成的不利影响，如在农业生产上发展“避洪农业”就是一项行之有效的措施；三是抗灾，一旦灾害发生了，就应毫不犹豫地群策群力抗击灾害；四是救灾，对于受灾区人民，要伸出援助之手，进行全力救助；五是灾后恢复与重建，在国家和地方政府的关怀和帮助下，使灾区人民尽快恢复生产、重建家园。此外，从长远来说，信江流域应建立流域灾害的“预警系统”及“防灾减灾体系”，这是确保该地区“大灾变小灾、小灾变无灾”的重要保证。

3.5　加快生态建设

加快信江流域生态建设的步伐，一是要进一步开展全民植树造林活动，不断提高信江流域地区的森林覆盖率，这是改善生态环境、实现可持续发展的重要之举和有力保证；二是重修、重建各种水利设施，包括水库、水坝、水沟（排洪沟、灌溉沟）以及圩堤等，同时要注意加强维护，确保正常运转、长久运转。只有综合采取上述对策和措施，才能确保信江流域生态系统的可持续发展。

参考文献

[1]　《江西省情汇要》编辑委员会. 江西省情汇要[M]. 南昌：江西人民出版社，1985.

[2]　董鸿彪. 漫话信江[J]. 企业经济，1986（8）：54-55.

[3] 江西省统计局，国家统计局江西调查总队. 江西统计年鉴[M]. 北京：中国统计出版社，2006.

[4] 江西省减灾委员会办公室. 江西省自然灾害公报[R]. 2005.

[5] 江西省减灾委员会办公室. 江西省自然灾害公报[R]. 2006.

[6] 黄国勤. 江西生态安全研究[M]. 北京：中国环境科学出版社，2006.

[7] 黄国勤. 江西农业[M]. 北京：新华出版社，2000.

[8] 黄国勤. 江西修河流域生态系统研究[J]. 江西农业大学学报（自然科学版），2002，24（6）：873-877.

中 篇

生态环境保护

江西省水土流失的现状、问题及对策*

摘　要：江西省水土流失面积大，严重破坏了生态环境，导致河床和水库淤积，并造成水土资源的大量流失。本文在介绍江西省水土流失现状的基础上，分析治理水土流失中所存在的问题，并提出了今后防治水土流失的对策和措施。

关键词：水土流失　现状　问题　对策　江西

The Present Situations, Problems and Countermeasures of Soil Erosion in Jiangxi Province

Abstract: The soil erosion area is big in Jiangxi Province that destroys the ecological environment seriously, which leads to sedimentation on riverbed and reservoir. It also leads to great loss of soil resources. Based on the present situations of soil erosion in Jiangxi Province, the problems which exist in controlling the soil erosion are analyzed and the countermeasures to prevent and control the soil erosion in the future are put forward.

Key Words: soil erosion; present situations; problems; countermeasures; Jiangxi Province

---

* 作者：俞伟强、黄国勤；通信作者：黄国勤。

本文于 2006 年 11 月 16—17 日在南昌召开的“第十一届海峡两岸水土保持学术研讨会”上交流，并入选《第十一届海峡两岸水土保持学术研讨会论文集》（江西省科学技术协会、中国科学院、水利部水土保持研究所、台湾中兴大学等，2006 年 11 月）第 131～134 页；后经修改、完善，载《水土保持研究》2006 年第 13 卷第 5 期，第 151～153 页。

1 前言

江西省位于长江中下游南岸，全省土地总面积 16.69 万 km^2，地势南高北低，东、南、西三面环山，由周边向中心缓慢倾斜，形成以鄱阳湖区为底部的向北开口的盆地。该省属中亚热带湿润季风气候区，年均降水量 1 610 mm。受季风气候影响，年内降水分布不均，4—6 月降水量可占全年降水量的 42%～53%。省内共有大小河流 2 400 多条，除部分地方的水系进入东江源头外，其余均流入鄱阳湖，经鄱阳湖调蓄后于湖口注入长江，形成较为完整的鄱阳湖水系。

同时，江西又是我国南方水土流失严重的省份之一。水土流失造成的危害主要体现在：一是破坏了生态环境，制约着全省经济社会的可持续发展。全省 42 个水土流失严重的县（市、区）中，有 35 个是贫困县，其中国家贫困县就有 21 个。二是淤塞江河湖库，加剧了洪涝灾害。新中国成立以来，全省赣江上游各主要支流河床高 0.5～2.1 m，下游淤高 1 m；抚河下游最大淤高达 4.57 m，信江下游淤高 2.5 m。由于泥沙淤积严重、河床抬高，导致在流量相同的情况下，水位明显抬升，致使近几年来，江西各主要河段连续出现“小流量，高水位，多险情”，防洪形势日趋严峻。三是水土流失使本来就十分宝贵的水土资源大量流失，加剧了人口与土地资源的矛盾。

为了更有效地防治水土流失，促进江西社会经济的可持续发展，为构建社会主义和谐社会作出贡献，本文拟在对江西省水土流失的现状及存在的问题进行分析的基础上，提出若干对策和措施，供有关方面参考。

2 江西省水土流失的现状

2.1 水土流失面积及流失量

根据 1997 年卫星遥测资料，全省现有水土流失面积 352 万 hm^2，占土地总面积的 21%，占山地面积的 35%。其中，轻度流失面积 123 万 hm^2，中度流失面积 104 万 hm^2，强度及其以上流失面积 125 万 hm^2。全省年土壤侵蚀总量达 1.65 亿 t。另据 2000 年卫星遥感调查，江西省水土流失面积有 335 万 hm^2，占土地总面积的 20.1%，占山地总面积的 33.3%。水土流失分布在全省 99 个县（市、区）中，流失面积在 50 万亩（3.33 万 hm^2）以上的县、市有 42 个，其中 100 万亩（6.67 万 hm^2）以上县（市）有 15 个，主要集中在赣江、抚河、信江、饶河、修河五河上中游地区。全省尚有崩岗群 4.5 万多处，侵蚀面积有 290 万 hm^2。

2.2 水土流失类型及分布

江西省水土流失类型主要有水蚀、风蚀和重力侵蚀三种。其中水蚀面积占流失面积的 90%以上；风蚀面积相对较小，主要发生在鄱阳湖地区及五河下游两岸的 1.75 万 hm^2 沙丘地区；重力侵蚀一般发生在花岗岩侵蚀山区及河湖岸边，滑坡和泥石流在山丘也常有发生。

江西省水土流失面积最大的是其南部的赣州地区，有 93.8 万 hm^2 之多；其次是抚州地区 49.2 万 hm^2；吉安地区 48.8 万 hm^2 和上饶地区 48.7 万 hm^2。若按流域来分，以赣江流域为主，尤其是上游赣江流域；其次是抚河、信江；再次是修河、饶河。若按岩性来分，主要集中在赣南和赣西北的花岗岩侵蚀区。在这一地区，土壤侵蚀量最大，危害最烈，仅赣州地区强烈流失面积达 38.2 万 hm^2，约占全省强烈流失面积的 1/3。治理难度大，生态环境恢复十分困难；其次是吉泰盆地和沿浙赣铁路两侧的第四纪红土，这与人为不合理经营有关，主要是农民顺坡耕作的习惯尚未从根本上改变，从而造成水土流失；再次是紫色页岩、红砂岩侵蚀区，其治理难度不亚于花岗岩侵蚀区。

2.3 水土流失发展趋势

江西曾是一个山清水秀、林茂粮丰的鱼米之乡。王勃在《滕王阁序》中称赞江西是“物华天宝、人杰地灵”。然而到现在，“天生丽质”的这块土地并没有给这里带来应有的繁荣。究其原因，水土流失是制约当地经济发展的一大障碍。据调查，全省水土流失面积 20 世纪 50 年代初为 1.1 万 km^2，60 年代为 1.8 万 km^2，70 年代为 2.4 万 km^2，80 年代初是 3.4 万 km^2，80 年代末已达 4.6 万 km^2，90 年代略有下降，但仍有 3.5 万 km^2。

造成这种局面的主要原因是人口迅速膨胀。人们为了满足衣食住行的需要，到大自然中过度索取，再加上不合理经营等，到现在仍有一些地方存在着“一方治理，多方破坏”，以及“先破坏，后治理”的现象。有资料表明，江西省水土流失发展最快的时期是从 20 世纪 70 年代中期到 80 年代末。当时农村实行家庭联产承包责任制，分田、分山到户，有些农民怕政策又变，分了山后，先把大树砍了建房或出售，造成森林植被迅速减少，水土流失面积迅速增加。

进入20世纪90年代以来，水土流失迅速扩大的趋势一定程度上得到遏制。其主要表现在以下几个方面：一是政府对水土保持工作高度重视，加大了投入，激发了水土保持工作者的热情；二是人们对水土保持工作有了认识，治理水土流失的积极性得到了提高；三是水土保持科技含量提高，治理成效显著，农民生活能源结构发生了变化，农村中用电、煤、沼气等比例提高，减轻了对生物能源的索取；四是随着市场经济的形成，青壮年进城打工，减少了农村生活用能，这为恢复森林植被提供了一个休养生息的机会。所以，近10年来水土流失面积迅速下降。但目前的任务仍十分艰巨，如按每年治理20万 hm^2 计算，全省现有水土流失还需治理20年。

3 江西在治理水土流失方面取得的成就及存在的问题

3.1 成就显著

针对江西省水土流失的现状，江西省采取了有效的水土保持措施。总体上来说，江西的水土保持工作可谓源远流长，而真正大规模、大范围开展水土保持工作始于1951年，当时在素有“南方红色沙漠”之称的兴国县划定了40 hm^2 水土流失地作为治理试验区，进行了水土保持工程措施和生物措施的试验研究。经过几年的探索，水土保持工作逐步扩大，并得到健康、稳定的发展。据统计，全省累计治理水土流失面积205万 hm^2，减少土壤流失量4.5亿t，营造水保林157.5万 hm^2，经济果木林16.8万 hm^2，种植牧草2.6万 hm^2，修建水平梯田、山边沟等10多万 hm^2。到目前为止，全省已综合治理小流域549条，完成高标准重点治理面积22.67万 hm^2，综合治理小流域的人均收粮比治理前增加120 kg以上，年人均收入增加300～500元，小流域经济效益达2.4亿元。

通过治理，水土流失区的生态环境得到明显改善。不但土壤流失量大幅度减少，而且土壤有机质含量也提高了。水土流失区的植被覆盖率也大幅度上升，地表温度变化幅度减少，土壤含养含水能力增加，作物有效灌溉面积扩大，复种指数提高了很多。

通过治理，水土流失区的经济得到进一步发展。近年来，在上级主管部门的正确领导下，全省在开展水土保持工作中，明确把治理水土流失与群众脱贫致富结合起来，把工程措施、生物措施和耕作措施结合起来，把生态效益、社会效益和经济效益结合起来。尤其是在重点治理区，根据山丘区的特点，以小流域为中心，以科技为依托，以市场为导向，做到了“治理一方水土，发展一方经济，致富一方群众”，始终把群众利益放在首位，实行开发性治理，收到了良好的效果。如赣州地区在水土流失区实行开发性治理后，形成了各具特色的脐橙、柑橘、甜柏等各种水果生产基地，仅此一项每年人均增收 201 元；此外，还有宜春地区的猕猴桃生产基地、九江地区的板栗生产基地等果业基地，不仅对促进水土保持工作具有积极效果，而且对“水保经济”的形成和发展具有重要作用。目前，信丰县建立了水土保持经济试点基地，把水土保持与种植业、养殖业和加工业有效地结合起来，“齐抓共管”，极大地调动了群众治理水土流失的积极性，使水土保持工作跃上了一个新的台阶。

3.2　问题不少

尽管全省在水土流失治理和水土保持方面取得了一定成绩，却仍然存在着一些问题。总的来看，存在着以下几个方面的问题：第一，尽管各种试点很多，但全省缺乏一个总的统一协调，进行分门别类的系统研究，并出现了一些重复研究；第二，局部地区在治理水土流失时单纯强调生态效益，群众得不到实惠，积极性调动不起来，未能妥善处理好生态效益与经济效益、治理与开发的关系，水土流失治理工作进展缓慢，成效不是太显著；第三，研究方法陈旧落后，定性分析较多，与国际甚至国内的研究水平尚有较大差距。

4　江西今后防治水土流失的对策和措施

为了更有效地保持和合理利用水土资源，促进社会、经济、环境的协调发展，实现可持续发展的战略。江西省水土保持的发展方向应是：坚持《水土保持法》提出的“预防为主、全面规划、综合防治、因地制宜、加强管理、注重效益”的水土保持工作方针，采取预防监督、规划治理、巩固成果“三步走”的战略措施，以实现红土地山川秀美的宏伟蓝图。

4.1　突出综合治理与系统开发，促进生态、经济和社会效益统一

以赣、抚、信、饶、修五河流域为骨干，以小流域为单元，山、水、田、林、

路和草统一规划，工程措施、林草措施、保土耕作措施一起上，实行综合、科学、集中连片治理，坚持因地制宜，分类实施。水土流失中强度地区，采取沟坡兼治、乔灌草相配置，工程与生物措施相结合的办法；轻度流失区，采取补植和封禁治理相结合，同时，要依靠生态系统的自我修复能力，恢复植被，加快治理步伐。积极调整水土流失治理的思路，在综合治理基础上，加大小型水利水土保持工程建设，加强林草建设和封禁管护力度。注重水土保持生态示范工程建设，使生态效益、经济效益和社会效益相统一。要加强水土保持项目管理，做好水土保持项目前期工作，积极推行水土保持项目负责制、技术责任制、科技人员承包制。积极推行水土保持项目法人责任制、合同制，因地制宜地推行工程招标投标制和建设监理制，建立新的建设管理机制。

4.2 科学规划，精心实施，综合治理现有水土流失

水土保持是生态环境建设的主体，是改善农业生产条件和生态环境的根本性举措。江西省是我国南方水土流失较为严重的省份之一。水土流失面积大，流失类型复杂多样，流失强度大，治理任务重，难度大，因此不可能一蹴而就，也不可能同时铺开。这就必须对全省的水土保持生态环境建设作出长期而全面的规划。由于各地方水土流失的特点互有差异，治理措施互不相同，加上各地方治理水土流失的积极性有高低之分，经济实力有强弱之分，治理工作有难易和深浅之分，因此总体规划要体现“突出重点、兼顾一般、统筹安排”的原则。各地要在全省总体规划的指导下，因地制宜，制订符合本地实际的水土保持规划。经当地政府批准，由人民代表大会通过，以立法的形式确定下来，列入当地经济和社会发展计划，一级做给一级看，一任接着一任干，坚持不懈，力争 15 年初见成效，30 年大见成效。

4.3 巩固治理成果，提高防治质量

巩固治理成果应该从三个方面着手：一要加强预防管护和监测监控力度，避免在生产经营和开发利用过程中出现新的水土流失；二要对那些通过治理后效益不高，长期保留价值不大的残次林进行改造，对已退化的果树加以改良提高其品种质量和抗御自然灾害的能力；三要坚持实施科技兴水保的战略，重视科学技术的作用，积极组织开展新技术特别是水土保持应用技术的研究，大力推广现有实用科技成果，培养水土保持方面人才，提高水土流失防治的科技含量。

4.4　加强预防保护，促进监督执法

坚持预防为主，保护优先的原则，进一步加大预防保护和监督执法力度。加强对重点工程治理成果的管护，进一步加强水土保持监督执法的法规体系和执法体系建设，加强水土流失预防监测网络建设，定期向社会发布有关水土流失状况的公告。重视水土保持队伍正规化、规范化建设，加大队伍培训力度，建立一支通法律、懂政策、敢抓敢管、能碰硬的执法队伍，提高执法水平。进一步规范执法程序，做到程序合法和权限合法，做到执法必严，违法必究。

4.5　提高全民水土保持意识，促进全社会共同努力防治水土流失

要做到这一点，首先要加强法制宣传力度，提高广大民众对水土保持工作的认识。《中华人民共和国水土保持法》的颁布实施为依法防治水土流失提供了法律依据。各行各业都必须依法办事，为治理水土流失，建设秀美山川，实现防灾减灾和可持续发展贡献自己的力量。其次要坚决杜绝“一方治理，多方破坏”“先破坏，后治理”的现象再度发生。江西省水利厅 2004 年公布的遥感数据显示，江西全省水土流失面积已由 20 世纪 80 年代末的 4.62 万 km^2 减少到现在的 3.35 万 km^2，累计治理水土流失面积 1.2 万 km^2。而现在水土流失面积不仅没有比新中国成立初期减少，相反却增加了 2 倍多。究其原因，就是“一方治理，多方破坏”“治理赶不上破坏”的被动局面仍未从根本上扭转。每个部门、每个单位都应严格执行“谁造成水土流失，谁负责治理”的规定。对于有可能造成水土流失的开发建设项目，坚决实行同时设计，同时施工，同时投产使用的“三同时”制度，实行规范化管理，消除产生新的水土流失根源。尤其是在江西省经济相对落后，人民群众承受自然灾害能力有限的情况下，更应把水土流失灾害减少到最低限度，为人民群众尽快脱贫致富创造条件。

4.6　要提高科技含量，把防治水土流失与人民群众脱贫致富紧密结合起来

重视和加强科研与生产相结合新机制的建设，充分发挥科研人员的技术优势。一是紧密结合当前水土保持工作实践，针对水土保持工作中的一些难点，如崩岗的治理、水土保持优良植物的选育、水土流失监测技术和手段进行应用研究。二是选准科研课题主攻方面，在 21 世纪江西水土保持生态建设的发展战略问题、南方水土保持不同侵蚀区综合治理优化模式、适应于江西省或南方水土流失预报的

参数或模型等方面要有重大进展，为生产实践服务。三是抓好现有水土保持科技成果及新技术、新成果的推广应用。“南方花岗岩剧烈侵蚀区治理模式研究”成果、“猪—沼—果”工程的推广力度要进一步加大，要加强新技术、新成果的应用，提高水土流失综合治理成效。四是加强科技队伍的建设、培训工作，积极引进和吸引水土保持科技人才，加强水土保持的科研协作与交流。五是加强水土保持信息化建设，以信息化促进水土保持生态建设现代化。

参考文献

[1] 江西省统计局. 江西统计年鉴[M]. 北京：中国统计出版社，2001.

[2] 左长清. 江西省水土保持工作现状与战略措施[J]. 江西水利科技，1999，25（4）：199-203.

[3] 张连俊，褚贵发. 浅议林地产生侵蚀的原因及防治对策[J]. 中国水土保持情报，2005（2）：47-48.

[4] 管日顺. 江西水土流失对防洪的影响及防治对策[J]. 中国水土保持，2001（10）：21-22.

[5] 赵安，周方鑫. 对江西省水土保持工作的今后努力方向的设想[J]. 上饶师范学院学报，1998，18（3）：66-69.

[6] 丁在天，刘萍. 水土流失现状与对策[J]. 吉林水利，2005（9）：58-59.

[7] 郭远明. 江西水土流失治理面积突破 1.2 万平方公里[EB/OL]. 新华网，2004-11-20.

江西土地荒漠化现状及其危害*

摘　要：土地荒漠化位居当今世界面临的十大生态环境问题之首，对世界经济社会的发展危害甚大。我国是世界上荒漠化面积大、分布广、受荒漠化危害最严重的国家之一。

江西是我国南方重要省份之一，地处长江中下游南岸。由于自然因素和人为活动原因，江西土地荒漠化问题日趋突出，对江西经济社会发展和生态文明建设极为不利。

江西土地荒漠化主要有 4 种类型：①土地沙化。江西省土地沙化面积已达 13.33 万 hm^2，占全省国土面积的 0.78%。②土地石化。江西赣东北（余江、东乡、贵溪、玉山、上饶等县）、赣南等丘陵山区随处可见大块或小块的“石化”土地面积，在这些已“石化”的土地上，寸土不生、寸草不长，呈现“光溜溜、光秃秃”的一片。③红色沙漠。江西省红壤丘陵面积占土地总面积的 65%。由于红壤地区植被覆盖率低，加上江西降水量大且时空分布不均，极易由于产生大雨、暴雨而引发土壤侵蚀，造成严重的水土流失，使红壤表层受到冲刷，从而导致“红色一片，寸草不见”，成为名副其实的“不毛之地”“红色沙漠”。④土壤退化。江西土壤退化包括土层变薄、土壤养分下降、土壤结构变差和土壤污染加重 4 种形式。

江西土地沙漠化产生的主要危害有：一是使土地质量变劣，耕地面积变小；二是使土地生物生产力下降，生物多样性降低；三是淤积江河湖库，恶化生态环境；四是经济效益降低，贫困人口增多；五是制约经济社会发展，危及生态文明建设。

本文针对江西土地荒漠化现状及其产生的危害，提出必需的对策与措施是：一是要提高认识；二是要改善生态环境；三是要制定法律法规；四是要增加投入。

关键词：土地荒漠化　分布　危害　生态环境　可持续发展　江西

---

* 作者：黄国勤。

本文于 2009 年 7 月 19—22 日在北京召开的“中国生态学学会第八届全国会员代表大会暨学术年会”上进行了交流，并载《生态科学发展与生态文明建设——中国生态学学会第八届全国会员代表大会暨学术年会论文摘要集》（中国生态学学会，2009 年 7 月）第 98 页；后经修改、补充、完善，分别载《可持续发展研究》（内部刊物）2009 年第 2 期第 51～53 页、《发展中的江西生态经济》（中国环境科学出版社，2009 年 12 月）第 175～180 页。

1 前言

土地荒漠化被认为是地球的“皮肤病”或“溃疡病”，在当今世界面临的十大生态环境问题中，土地荒漠化位居之首。土地荒漠化对世界经济社会的发展危害甚大。据《新华网》2008年6月18日报道，目前，全球有110多个国家、共10亿多人正遭受土地荒漠化的威胁，其中1.35亿人面临流离失所的危险。全球每年因土地荒漠化造成的经济损失超过420亿美元。

我国是世界上荒漠化面积大、分布广、受荒漠化危害最严重的国家之一。全国荒漠化土地总面积达263.62万km^2，占国土面积的1/3，全国每年荒漠化净扩展面积已超过1 000万亩，仅沙化土地每年就净增369万亩。土地荒漠化正威胁着我国18亿亩耕地“红线”。据有关部门统计，全国每年因土地荒漠化危害造成的直接经济损失达540亿元，间接损失达2 889亿元。全国有近4亿的人口正在遭受土地荒漠化的危害。可以说，土地荒漠化已成为21世纪我国经济社会可持续发展的一大制约因素。

党的十七大报告提出了“建设生态文明”的重大战略任务。为贯彻落实党的十七大精神，加快生态文明建设，推进我国经济社会又好又快发展，必须高度重视土地荒漠化的研究和治理。本文拟以江西省为例，探讨土地荒漠化面临的问题及应采取的对策，以期为促进生态文明建设、加快全省经济社会发展作出积极贡献。

2 土地荒漠化的现状

江西土地荒漠化主要有以下四种类型：一是土地沙化；二是土地石化；三是红色沙漠；四是土壤退化。其中，沙化、石化和红色沙漠是土壤退化的最终结果，或者说，如土壤退化得不到控制和治理，必然愈演愈烈，并最终变成沙化、石化和红色沙漠。

2.1 土地沙化

由于对土地资源的“过度”开发和不合理使用，加上不良的气候条件，江西已出现严重的土地沙化问题。据1993年统计，全省直接受风沙危害的耕地达3.77万hm^2、草地2.24万hm^2、村庄1 930个、铁路45 km、公路874 km、水渠 1 063 km，年经济损失达 2.1 亿元。

研究表明（见《华东铀矿地质》2001 年第 1 期，第 37～49 页），江西省土地沙化面积已达 13.33 万 hm^2，占全省国土面积的 0.78%。土地沙化发生的市县有 52 个，沙化面积从 40～8 893 hm^2，其中沙化面积大于 3 000 hm^2 的市县有 14 个，分别是鄱阳县、彭泽县、兴国县、宁都县、临川县、九江县、修水县、新建县、南昌县、丰城县、泰和县、余干县、赣县、于都县等，合计沙化面积 90 667 hm^2，占全省沙化面积的 68%。上述县市大致集中在两片区域：一是环鄱阳湖区；二是赣中南兴国县及其周边县市。

近 20 年来，江西的土地沙化问题有增无减，且有日趋“恶化”的趋势。这里以鄱阳湖区为例来说明问题的严重性。根据江西省气象科学研究所“鄱阳湖区土地利用现状遥感调查”资料，1988 年鄱阳湖区土地沙化面积为 1.86 万 hm^2，1995 年增加到 2.34 万 hm^2，20 世纪末至 21 世纪初，已达 3.33 万 hm^2 以上。又据遥感调查（见《环境污染与防治》网络版，2004 年第 2 期），鄱阳湖区现有沙化土地面积 3.89 万 hm^2，其中固定沙丘 0.67 万 hm^2，半固定沙丘 1.36 万 hm^2，流动沙丘 0.85 万 hm^2，沙改田 1.0 万 hm^2，沙化面积占湖区面积的 2.2%以上，占江西全省沙化面积的 30%以上。鄱阳湖风化流沙每年还以 3～5 m 速度向群众居住地和生产区推进，更为严重的是流沙冲进鄱阳湖，淤塞水道，抬高河床，严重影响鄱阳湖的泄洪和航道的畅通。

2.2 土地石化

土地石化是我国南方热带、亚热带湿润地区普遍存在的主要问题，其对农、林、牧生产的危害不亚于我国北方温带、暖温带干旱、半干旱地区土地沙化问题。“南石（化）、北沙（化）”是破坏我国土地（土壤）资源，影响农业发展的主要障碍之一。据有关资料统计，四川省共有裸岩石化土地面积 3.56 万 km^2，占全省面积的 6%。在南方的云南、贵州、湖南等省均分布有较大面积的“石化”土地。江西省至今尚无裸岩石化土地面积的完整统计资料，但在赣东北（余江、东乡、贵溪、玉山、上饶等县）、赣南等丘陵山区随处可见大块或小块的“石化”土地面积，在这些已“石化”的土地上，寸土不生、寸草不长，呈现“光溜溜、光秃秃”的一片（当地群众甚至把它当做“晒谷场”）。

2.3 红色沙漠

江西省红壤丘陵面积占土地总面积的65%。由于红壤地区植被覆盖率低，加上江西降水量大且时空分布不均，极易由于产生大雨、暴雨而引发土壤侵蚀，造成严重的水土流失，使红壤表层受到冲刷，从而导致“红色一片，寸草不见”，成为名副其实的“不毛之地”“红色沙漠”。

江西是我国南方水土流失最严重的地区之一，而赣南地区（现赣州市）又是江西水土流失最严重的地区之一。赣州市现有水土流失面积 8 663.42 km^2，占全市土地面积的21.98%，素有江南“红色沙漠”之称。“兴国要亡国，宁都要迁都”就是历史上（20世纪80年代中、后期）水土流失严重的真实写照。

据《江西生态》（江西人民出版社 2007 年版）记载，江西省水土流失面积 20 世纪50年代初为1.1万km^2，60年代增加到1.8万km^2，70年代2.4万km^2，80年代初增至3.4万km^2，80年代末达到最高4.62万km^2，90年代中期降至3.52万km^2，2000年再降为3.35万km^2。由此不难看出，江西“红色沙漠”的面积随水土流失的面积而出现“波动”，现总体呈现下降趋势。

2.4 土壤退化

土地（土壤）荒漠化的最终出现是从土壤退化开始的。江西土地的沙化、石化和“红色沙漠”的出现，归根结底是从土壤退化开始的，从这个意义上来说，土壤退化是土地（土壤）荒漠化的最初形式。

江西土壤退化有以下几种形式与具体表现：

（1）土层变薄。据不完全统计，全省年土壤侵蚀总量达1.65亿t，相当于0.83万hm^{2}耕地失去20 cm厚的耕作层。事实上，由于每年的土壤侵蚀及由此造成的水土流失，导致江西大量土层变薄，这是有目共睹的。据有关测定，鄱阳湖区农田耕作层厚度已普遍减少2～3 cm。

（2）养分下降。土壤退化必然导致土壤养分含量降低，从而出现土壤养分贫瘠化。据《江西农业》（新华出版社2000年版）记载，江西耕地土壤中，有26%缺乏有机质，5.2%缺乏全氮，57.32%缺乏碱解氮，59.40%缺乏全磷，32.75%缺乏速效磷，26.6%缺乏全钾，37.76%缺乏速效钾，还有相当部分耕地缺乏微量元素。

（3）结构变差。本来，江西红壤结构就存在诸多“缺陷”，如酸、瘦、黏、板、蚀等，由于土壤退化，则更加使其结构变差，变得更酸、更板，尤其是稻田次生潜育化更加严重等。

（4）污染加重。据调查，江西农田土壤污染主要来源于两个方面。一是由于工业污染造成的。江西省目前受到工业污染的耕地面积达 32.7 万 hm^2，占耕地总面积的 14.2%。仅赣州市大余县，直接受工业“三废”所排放的重金属污染的耕地就达 5 498.7 hm^2，占该县耕地总面积的 44.1%。二是由于污水灌溉引起的。2000 年全省污水灌溉面积达 48 206.06 万 hm^2，占当年全省耕地面积的 1.6%，其中由污水灌溉引起严重污染的农田达 4 620.86 万 hm^2。

3　土地沙漠化的危害

土地荒漠化不仅给江西生态环境带来严重危害，而且对全省经济社会的发展造成多方面的不利影响。概括地讲，江西土地荒漠化的主要危害表现在以下几方面。

3.1　土地质量变劣，耕地面积变小

土地荒漠化的过程，实质上是土地（土壤）质量变劣的过程。江西土地荒漠化的几种类型中，无论是沙化、石化、红色沙漠或是土壤退化，都是土地（土壤）质量由“优→劣”、由“生长植物→不长植物”（寸草不长）、由“有较深厚土层→较浅薄土层”（有的甚至出现无任何土层）的过程。

耕地是农业生产的基本资料，是土地中的“精华”所在。耕地一般只占土地总面积中的一小部分，如江西耕地面积只占江西国土总面积的 20%。土地荒漠化导致土地质量变劣，势必造成耕地质量下降、耕地面积减少。可以说，土地荒漠化是造成江西人均占有耕地面积越来越少的重要原因之一。

3.2　生物生产力下降，生物多样性降低

土地荒漠化，土地质量变劣，必然导致土地生物生产力下降，甚至最终“绝收”“寸草不长”。

土地荒漠化不仅造成土地生物生产力下降，更严重的是造成生物多样性降低，甚至造成有些物种“灭绝”“绝种”。从这一意义上来说，土地荒漠化产生的生态后果是极其严重的，无怪乎将土地荒漠化列为当今世界面临的十大生态环境问题之首。

3.3 淤积江河湖库，恶化生态环境

土地荒漠化，大量水土流失，淤积江河湖库必然、恶化整个生态环境。据调查资料，近 50 年来，江西赣江上游各主要支流河床淤高了 0.5～2.1 m，下游尾闾淤高 1 m，抚河下游最大淤高达 4.57 m，信江下游淤高 2.5 m。全省 9 000 多座水库，因泥沙淤积年减少库容 1 000 多万 m^2，相当于每年损失一个中型水库。

鄱阳湖年均入湖泥沙量达 2 419.8 万 t，湖内淤积 1 209.8 万 t。因此，严重影响了江湖行洪蓄洪能力，导致汛期“小流量，高水位；小洪水，大灾情”的现象频频出现。

3.4 经济效益降低，贫困人口增多

据有关资料，全国每年因荒漠化危害造成的直接经济损失达 540 亿元，间接损失达 2 889 亿元。根据调查，江西土地荒漠化严重的地区，往往也是经济贫困地区。由于土地荒漠化，造成土地贫瘠，“土不长物、土不生金”，甚至“寸土不存、寸草不长”，即“土地荒漠化严重→水土流失严重→经济贫困加重”。

江西水土流失面积在 3.33 万 hm^2 以上的 42 个县（市、区）中，有 35 个是贫困县。全省 21 个国家贫困县中，有 19 个县水土流失面积在 3.33 万 hm^2 以上，其中 12 个县市超过 6.67 万 hm^2。根据《江西省统计年鉴 2004 年》分析，全省 9 个水土流失面积超百万亩的县市，2003 年人均 GDP 仅为 3 313.79 元/人，仅为全省平均值 6 687.20 元/人的 50%；人均财政收入仅为 240.58 元/人，仅为全省平均值 671.83 元/人的 36%；人均粮食产量仅为 277.1 kg/人，比全省平均水平 340.91 kg/人低 63.81 kg/人；农民人均纯收入仅为 1 625.69 元/人，比全省平均水平 2 457.53 元/人低 831.84 元/人。

3.5 制约经济社会发展，危及生态文明建设

土地荒漠化，导致生态环境恶化、经济发展受损，严重制约着当今全省经济社会的向前发展。尤其是生态环境的恶化，导致人与自然矛盾加剧，人与自然难以“和谐相处”，对构建和谐社会、建设生态文明极为不利。

4 结语

当前，江西一方面在加快工业化、城市化发展步伐，如处理不当，有可能加剧土地荒漠化，这是治理江西土地荒漠化面临的最大挑战；另一方面，江西各地又大力实施省委、省政府提出的“生态立省、绿色发展”战略，这又是治理土地荒漠化、改善江西生态环境的大好时机。应该说，治理江西土地荒漠化的机遇与挑战同时并存。

为此，针对江西土地荒漠化现状及其产生的危害，必须采取若干对策与措施。一是要提高认识。要通过加强宣传和教育，使各级干部和广大群众充分认识江西土地荒漠化的严重性、危害性及治理的紧迫性；二是要改善生态环境。要广泛开展植树造林活动，要多种树，并加强管理，做到种一棵、活一棵、成一棵，日复一日、年复一年，必将从根本提高江西土地的森林覆盖率，改善江西生态环境；三是要制定法律法规。从完善相关的规章制度和制定适宜的法律法规“入手”，抓江西土地荒漠化的治理，从“源头”上遏制江西土地荒漠化发展的势头；四是要增加投入。江西各地要逐年增加对土地荒漠化治理的物质和资金投入。只有这样，江西土地荒漠化的治理才能落到实处，才能见成效。

参考文献

[1] 彭崑生. 江西生态（第1～6卷）. 南昌：江西人民出版社，2007.

[2] 刘宜柏，王晓鸿，黄国勤. 生态经济与生态江西. 北京：中国农业出版社，2005.

[3] 黄国勤. 江西生态安全研究. 北京：中国环境科学出版社，2006.

[4] 黄国勤. 江西农业灾害规律. 北京：中国农业出版社，2001.

[5] 黄国勤. 江西农业. 北京：新华出版社，2000.

[6] 黄国勤. 生态文明及其若干特征. 可持续发展研究，2008（1）：52-54.

[7] 黄国勤，汪建新，贺文赞，等. 人与自然和谐发展——江西省婺源县的经验与启示. 中国井冈山干部学院学报，2008，1（5）：87-94.

[8] 黄国勤. 江西省生态安全面临的问题和生态建设对策. 安全与环境学报，2006，6（2）：67-74.

江西省生物入侵的现状、危害及对策*

摘　要：近年来，江西省生物入侵现象日益严重，严重威胁着当地的生物多样性和生态安全。据此，在研究分析江西生物入侵现状、特点及危害的基础上，结合江西实际，提出了具体的控制对策。研究结果认为，江西生物入侵已呈现出传入的途径增加、频率加快、入侵的生物种类增多且分布区域扩大，入侵的潜在威胁不断增大等发展态势，严重威胁当地的生态安全和人民的身体健康，并造成了巨大的经济损失。要有效防治生物入侵现象，应坚持"预防为主、防治结合"的原则，强化生态安全保护意识，建立健全法律、法规，建立生物引进风险评价制度，加强协调和管理，加快对入侵生物的综合治理。

关键词：生物入侵　生态安全　危害　对策

The Status Quo，Harm And Countermeasure of Biology Invasion in Jiangxi Province

Abstract: This years，biology invasion threaten the biology diversity and ecosystem balance more and more badly in Jiangxi province.Hence，based on the status quo，harm and characteristics of biology invasion in Jiangxi province，we make comprehensive control measurement combining with the reality of Jiangxi province.The results indicate that biology invasion in Jiangxi province trend to have more route，increase the frequency，breed，the infection area，and the potential intimidate.This threaten local ecosystem balance and human healthy，and cause tremendous economic lose.To control biology invasion effectively，we should adhere to the principle: to prevent combined with controlling，intensify consciousness of protecting ecosystem balance，

* 作者：黄国勤、黄秋萍。

本文原载《气象与减灾研究》2006 年第 29 卷第 1 期，第 51～55 页。

establish laws and rules, set up risk evaluation regulation on importing biology, reinforce to manage and correspond and accelerate overall administer the invaded biology.

Key Words: Biology invasion; Ecosystem balance; Harm; Measurement

1　生物入侵概述

生物入侵现象自古就存在，发展到近代更为频繁，特别是近年来国际交往和贸易的日益增多，旅游业的蓬勃发展，交通工具的发达便捷，使得海洋、山脉、河流和沙漠等天然屏障的阻隔作用越来越小，越来越多的物种正在借助人类活动跨越屏障，生物入侵变得更加容易成功。据不完全统计，目前入侵我国的外来物种有 400 多种，其中危害较大的有 100 余种。在世界自然保护联盟公布的全球 100 种最具威胁的外来物种中，我国就有 50 余种。

生物入侵，也称外来物种入侵，是指外源生物（包括微生物、植物、动物）被引入本土，种群迅速蔓延失控，造成土著种类濒临灭绝，并引发其他危害的现象。它分为传入、定居和扩散几个阶段。

近年来，外来生物入侵一般通过三种途径：一是人为引进后演化成入侵物种，即有意识引进。由于引种评价制度不完善，对外来物种的研究和认识水平有限，有些外来入侵物种当初是作为有益物种引进的，结果造成了无法挽回的损失；二是随贸易、运输、旅游等活动传入，即无意识引进。如外来入侵生物可随国际贸易、动植物引种、旅游者携带物和人类交通工具等途径无意中带入；三是自身扩散传播，即自然入侵。物种随风、雨、河流和自身移动从原产地进入另一地域。如稻水象甲可以随季风、灯光迁飞及随水流自然扩散。紫茎泽兰可通过周边地区风力、水流自然传入。据分析，我国目前已有的外来入侵有害物种中，半数以上是人为因素造成的。

某些生物在原产地危害并不严重，传入新区后却能迅速蔓延成灾，主要有以下几方面的原因：

（1）入侵种具有强大的繁殖特性、生态适应性和竞争力。如豚草开花时每株可产生 7 万～10 万粒成熟的种子，它们随风飘扬，四处乱飞，人们的鞋底、衣服、车轮以及河水中都可能带着豚草的草籽。而且，这种草籽即使是落地 30～40 年仍然具有生命力，并能在干旱贫瘠的荒坡、隙地、墙头、岩坎、石缝里生长，对环境有着极强的适应能力。豚草能在一地很快形成单种优势群落，导致原有植物群落的衰退和消亡。一片草场一旦有了豚草，阳光、水分、肥料就都是它的了，什么草也争不过它；它进入果林，果林的生长速度明显减慢；进入稻田，水稻当年就要减产。

（2）传入地适宜的气候和环境条件。如水葫芦在江西省许多地方泛滥成灾，主要原因是江西省的气候适宜水葫芦的生长，加上近年来工业化进程加快，水体富营养化加剧，给了水葫芦丰富的营养。另外，河水流速缓慢，也有利于水葫芦的生长。

（3）传入地缺乏自然控制机制。加拿大一枝黄花在原产地不会造成大的影响，在原产地，与它共存的植物的根系分泌物可以抑制一枝黄花根系对磷的吸收并且抑制其生长。但在入侵地，其他植物的生长反而被一枝黄花根系的分泌物所抑制。

（4）传入地生态系统脆弱，或出现生态位空缺。在生态系统内，有一些或某个生态位不能发挥正常生态功能，或生态位出现空缺，造成生态系统稳定性降低，增加了外来物种入侵的机会，侵入后很快融入生态系统内，补充生态系统的空缺，由于没有或竞争较弱，入侵物种会很快发展起来。

（5）人类活动助长了种群扩散。20 世纪 50—60 年代，全国大力提倡推广种植“三水饲料”水葫芦、水花生、水浮莲，并研究了许多高产措施，江西省各县、乡也相继引种，这样便人为地促进了它们的扩散。

2 江西生物入侵的现状及特点

江西是一个生物多样性丰富的省份，目前生物入侵日趋突出，由此引发的生物灾害越来越严重。有效防范生物入侵，保护生物多样性，确保江西经济和社会的安全以及人民健康，已经成为江西生态安全面临的一个重要的课题。

江西位于北回归线附近、长江中下游南岸，东邻浙江、福建，南连广东，西靠湖南，北毗湖北、安徽而共接长江，为长江三角洲、珠江三角洲和闽南三角地区的腹地。全省气候温暖，日照充足，雨量充沛，无霜期长，为亚热带湿润气候，十分有利于农作物生长。全省以赣江及鄱阳湖航线为水运主通道，连通抚、信、饶、修等 62 条通航河流，现有内河港口码头泊位 1 188 个 39 679 m，基本形成了大中小结合、内外沟通的港口群体；全省现有京九铁路，已建成昌九、昌樟、温厚、九景等多条高速公路；现有 4 个民用航空港，开通了至北京、上海、香港地区等地的几十条航线。

江西优越的地理位置、良好的气候环境和发达的交通为生物入侵提供了便利，近年来江西生物入侵呈现以下发展态势。

2.1　传入的途径增加

随着江西省对外开放程度的加强，有害生物除了随出入境人员和货物传入外，国际邮件也成为外来有害生物入侵的重要途径之一。近年来，入境国际邮件、快件性质发生了很大变化。过去邮寄物主要以信件和生活用品为主，现在已由“生活型”转变为“生产型”，邮寄生产材料和动植物新产品的越来越多。许多 IT 企业为实现小批量快速化的要求，通过快件方式进口生产原材料。有的单位在引进动植物及其产品、植物种子、动物精液等小批量物品时，也采取国际快件的方式，由于这些邮寄物品绝大多数未经检验检疫处理，也没有按法律规定报经国家有关部门审批，因此，进境邮件、快件中，夹带违禁物品和有害生物呈倍增态势。

2.2　传入的频率加快

江西出入境检验检疫部门多次从出入境旅客、货物当中检测出松材线虫、橘小实蝇、辣椒实蝇等外来的有害生物。如 2000 年 4 月，赣州检验检疫局在从某国进口稀土原料的木托盘中发现松材线幼虫。2001 年 4 月，九江出入境检验检疫部门从美国、日本等国进口的设备包装中截获大量国际公认的特大毁灭性病害松材线虫；2001 年 9 月，昌北机场从入境人员携带水果中截获对柑橘、西瓜等 250 多种水果有极大危害的橘小实蝇等；2001 年 12 月上饶出入境检验检疫局在对一批进口的纺纱设备实施检验时发现，木质仓装中带有大量活体拟松材线虫、滑刃线虫和小松线虫等国家禁止入境的检疫对象；2002 年 10 月，检疫人员从一名到泰国旅游的旅客携带的行李中，首次截获国家法律规定禁止入境的二类有害生物——辣椒实蝇；2003 年 7 月，九江出入境检验检疫部门在进口泰国橡胶轮胎木质包装中截获双翅长蠹和双钩异翅长蠹。其中，双钩异翅长蠹是我国禁止入境的二类有害生物，也是九江出入境检验检疫部门首次截获这类生物。

随着中国出入境人员和货物的大量增加，有害生物入侵的形势也越来越严峻，江西出入境检验检疫部门截获入境有害生物的次数有增加的趋势。2001 年以前检验检疫出有害生物年均一般为 20～30 次；2001 年截获入境的有害生物 46 批次；2002 年截获入境有害生物 150 余种次。1999 年至 2003 年 9 月，江西出入境检验检疫局先后在入境人员携带物、进口货物和包装材料中截获各种外来有害生物271批、189种。2004年江西出入境检验检疫局在入境人员携带的行李和入境货物中，共截获入境有害生物49批79种。

2.3 入侵的生物种类增多，分布区域扩大

在入侵我国的400多种外来物种中，已有不少物种侵入江西，而且在全省的分布区域越来越广。

入侵江西的植物物种除豚草、水葫芦、空心莲子草之外，还有马缨丹、土人参、望江南、野胡萝卜、飞扬草、加拿大一枝黄花等植物，如果更广泛加以调查，可能品种还不止这些。豚草于20世纪30年代，随着侵华日军的马料进入九江口岸，起初仅分布在南浔线一带，后来由北向南蔓延，遍布全省。豚草不仅已落户江西，而且数量相当大。在九江、新余、抚州、景德镇、鹰潭等大部分地区，尤其是铁路和公路的两旁，有40%～60%的地区几乎全部被豚草覆盖，而在南昌，无论是郊外还是城内，豚草也正在大片地蚕食土地；空心莲子草又名水花生，是我国第一批最具危害的16个外来入侵物种之一，产自南美洲，主要生活在平原滨湖地区，于50年代作为饲料引入江西，其生命力强，适应性广，生长繁殖迅速，现已广泛分布于全省各地，造成了相当程度的生态破坏和生物污染；号称“植物杀手”的外来物种“加拿大一枝黄花”已入侵南昌、鹰潭等地；马缨丹原产热带美洲，是作为观赏植物引入的，土人参、望江南是作为药用植物引种的，现在都成了入侵生物，在田间路边疯长。

入侵的动物物种也越来越多。如永修县云山集团种植湿地松2 500 hm^2，自从1996年首次发现一种外来害虫——萧氏松茎象危害，到2002年下半年，受害面积达800 hm^2，其中重度危害面积270 hm^2；20世纪80年代日本龟蜡蚧无意中随甘蔗被带到了萍乡，此后，这种害虫密密麻麻地爬满了法国梧桐，吃树汁，使树干慢慢萎缩甚至枯死。从1986年开始，法国梧桐从萍乡境内全面退出；2002年，“食人鲳”被确认进入江西，目前仍在公园、水族馆等养殖、展示并在市场上销售。

2.4 入侵的潜在威胁不断增大

在江西省周边省份发生的入侵物种对江西已经构成包围之势，随时都有可能入侵江西省。如浙江的日本松干蚧距江西省边界不到100 km；有松树“癌症”之称的松材线虫病，在全省周边省份发生；广东的松突圆蚧距江西省边界 60 km；

正在广东大面积泛滥的“植物杀手”薇甘菊也有可能踏进江西；已占领西南大部分地区，被称为“魔鬼毒草”的有害植物——紫茎泽兰，正在觊觎赣鄱大地。

3　生物入侵对江西造成的危害

外来物种入侵带来的直接后果是对人类社会、经济的危害。另外，外来生物通过改变生态系统造成一系列水土、气候等不良影响，继而产生的间接经济损失更加巨大。要彻底根除这些入侵物种极为困难，而且用于控制其危害、扩散蔓延的代价极大，费用极为昂贵。

3.1　造成巨大的经济损失

许多入侵物种都会给人类造成巨大的经济损失。如20世纪80年代中期，江西省鄱阳湖区从澳大利亚引进澳洲龙虾，目的是以观赏为主。此后，鄱阳湖澳洲龙虾大面积暴发，1998年鄱阳湖发大水以后，龙虾到处安家，港汊、池塘、田间、阴沟、下水道随处可见。自从来了澳洲龙虾之后，过去湖区生长茂盛的虾须草、海带草、湖菱草，几乎看不见了，直接危害鄱阳湖草食鱼类觅食。澳洲龙虾喜欢穴居，在田埂边沟处打洞，造成农田漏水。澳洲龙虾吃掉鄱阳湖的草之后纷纷搬家到沿湖农田，致使整片整片的农作物折腰枯萎；萧氏松茎象以幼虫蛀入树干基部取食韧皮部，树木受害后轻则流脂，严重影响生长，重则整株死亡。每年造成永修县云山集团经济损失折合人民币达192万元。其对生态环境所造成的破坏更是无法估量，并且其危害范围、程度及所造成损失正以相当高的比率逐年递增。

江西省尚未有入侵物种给农林牧渔业造成危害的具体数据，但每年由于水葫芦、空心莲子草、豚草等入侵物种造成的农林牧渔业的减产以及用于防治的费用是可观的；在林业生产中，松肖氏松茎象、湿地松褐斑病、奈李细菌性穿孔病，已到了难以控制的地步。

3.2　威胁生态安全

生物多样性是可持续发展的物质基础之一，如果生物多样性丧失，人类的生存就会发生危机。外来物种入侵大大地威胁着生物多样性。在自然界长期演变过程中，生物与其天敌相互制约，各自的种群被限制在特定的区域内生存，当一种生物传入新区之后，由于缺乏足够的生物阻力，极易扩散蔓延，形成单优群落，与本土物种竞争生存空间与食物，造成本土物种数量减少乃至灭绝，进而影响本土生态系统的结构和功能，打破原有生态系统平衡，对当地生态系统产生不利影响。“加拿大一枝黄花”在江西的南昌、鹰潭等地都已有发现，这种植物入侵后第一年长出几株或几簇，第二、三年即连成片，抑制其他植物的生长，能迅速形成单生优势，使那些地带的土著种难以立足生存，生物多样性丧失，并破坏入侵地的植被生态平衡。

3.3 危害人类健康

许多入侵生物是人类的病原或病原的传播媒介，一旦它们入侵成功，可能会造成大范围的疾病流行，严重影响人类的健康和生存。如紫茎泽兰全株有毒性，人接触后会头晕眼花；飞扬草全株有毒，有致泻作用；再如，豚草开花时会产生大量的呈黄色雾状的花粉，人一旦吸入，会出现咳嗽、流涕、全身发痒、头痛、胸闷、呼吸困难等症状，严重的还会诱发肺气肿和哮喘。豚草花粉还是人类变态反应症的主要致病源之一，空气中飘浮的大量豚草花粉会引起过敏体质者患枯草热病，世界上每年都有约1%的人群产生不同程度的不良反应。江西医学院第一附属医院，每年收诊 2 000 多花粉过敏者，其中近半数是豚草花粉引起的。此外，为了将有害外来物种控制在疫区之内，并将危害减少到最低程度，有时不得不大量使用农药，结果造成了对环境的污染。环境中残留农药对人体健康构成威胁。

4 控制生物入侵的相关对策

在外来物种入侵的防治上，应坚持“预防为主、防治结合”的原则。为此，江西省应按照国家的法律、法规，结合全省的实际情况制定各种有关规章制度，积极开展生物入侵的防范工作，并采取切实措施，以维护生态安全。

4.1 建立生物引进风险评价制度

一个外来物种要经过合法的途径进入我国，必须经过提出申请、审批、多次隔离检疫、现场检查等多个环节。通过这种严格的检验检疫程序，病原体及有毒有害物质进入我国的可能性就非常小。但像食人鱼、大米草、水葫芦等这类只有放到生态环境中才会显示其危害性的物种引进时只要没有病虫害，很容易通过检验而进入国门。因此，亟待建立引入物种生态风险评价制度。

江西省应成立外来有害生物风险分析评估专家组，以建立健全江西省外来生物风险分析评估机制。对外来物种的引进都应当开展风险评价，对该物种的生长、繁殖、生存环境条件、引进的数量、用途、所要进入的环境、在食物链中的位置、危害程度、控制危害的费用等方面进行综合评价。评价中不仅要考虑直接后果，如动物感染、发病和造成的损失等，还要考虑间接后果，如危害因素监测和控制费用、补偿费用、潜在的贸易损失以及对环境的不利影响等。通过风险评价，采取不同的降低风险的管理措施，防止外来有害生物的传入，保证正常品种资源的引进。

4.2　建立健全法律、法规

我国目前还没有针对外来入侵物种的专项法律法规或条例，只有相关的法律或条款见于《中华人民共和国进出境动植物检疫法》《中华人民共和国植物检疫条例》《中华人民共和国动物防疫法》《中华人民共和国国境卫生检疫法》《中华人民共和国家畜家禽防疫条例》《陆生野生动物保护实施条例》和《中华人民共和国海洋环境保护法》中。而且我国现行的动植物、卫生检疫法规，是针对性检疫，只对已知的特定有害生物进行检疫；农业法、森林法、种子法、渔业法、环境保护法等相关法规，也未明确涉及外来生物入侵的防范。外来生物入侵危害野生生物和生态环境的问题，还没有引起足够的重视。在我国的生态环境和生物多样性面临严峻考验的今天，建立完善的法律体系防治生物入侵是十分紧迫而必要的。

4.3　加强协调和管理，加快对已入侵生物的综合治理

由于外来入侵生物威胁到社会的方方面面，仅靠某一个或几个部门是不够的，应成立包括江西出入境检验检疫、农业、林业、环保、海关、司法、教育、科研等主管部门在内的统一管理协调委员会，共同管理外来入侵物种，并加强省际及国际合作。委员会的职责范围包括分析研究国内外外来有害生物疫情及其对江西省的影响，分析研究江西省外来有害生物传入现状及发展态势，开展防止外来有害生物普查，尽快编制外来物种的入赣名录，研究已入侵生物防治办法，提出有关防范、控制和杀灭的政策、措施与具体工作，审定外来生物物种引进项目等。

4.4　加强生态安全保护意识

一些外来有害物种能够进入江西省并大范围流传，与人们生态安全意识淡薄、

缺乏生物入侵概念、盲目引进物种有一定关系。因此，一方面要加强宣传，提高全民狙击生物入侵的意识，有关宣传部门要宣传外来生物入侵的危害和防范措施，提高公众的防范意识。提醒入境旅客不要随便将生物带进来，更不要随便将外来生物释放到自然环境中去，如果确有必要带进外来生物，必须征得有关部门同意。另一方面，要将生物入侵问题纳入教育体系，在中小学生物课程中增加生物入侵及防治的相关知识，进行生态安全的启蒙及普及教育。

参考文献

[1] 徐海根，强胜，等. 中国外来入侵物种的分布与传入路径分析[J]. 生物多样性，2004，12（6）：626-638.

[2] 杜江江，张树兴. 云南省外来生物入侵现状及对策研究[J]. 中国地质大学学报，2005，5（3）：81-84.

[3] 郭传友，王中生，等. 外来种入侵与生态安全[J]. 南京林业大学学报：自然科学版，2003，27（2）：73-78.

[4] 高增祥，季荣，等. 外来种入侵的过程、机理和预测[J]. 生态学报，2003，23（3）：559-570.

[5] 华崇钊，徐鲁，等. 采取切实可行措施防止外来农业植物有害生物传入[J]. 中国植保导刊，2004（1）：38-40.

[6] 何锐. 有害生物入侵——一个尴尬而沉重的话题[J]. 云南林业，2004，25（2）：31-32.

[7] 马冰. 生物入侵与生物安全. 生物学与社会[J]. 2004（3）：56-57.

[8] 王泰祥，张军英. 我国生物入侵及其防治对策[J]. 甘肃环境研究与监测，2003，16（4）：383-385.

江西省土壤重金属污染研究 I
——总体特征*

摘　要：环境污染是世界面临的“五大危机”之一。土壤重金属污染是环境污染中的一种。研究和治理土壤重金属污染，对于防治环境污染，维护生态安全，促进经济社会全面、协调和可持续发展具有重要的现实意义和长远的战略意义。笔者在调查研究的基础上，对江西省土壤重金属污染的总体特征进行了研究，认为江西全省土壤重金属污染具有以下五方面特征：①含量高。江西省土壤重金属含量总体偏高，往往超过土壤背景值几倍甚至几十倍；②污染面积广。根据有关资料，江西省受到工业污染的耕地面积达 32.7 万 hm^2，占总耕地面积的 14.2%；③区域性强。江西省不同区域土壤重金属污染程度由大至小的排列顺序大致为：矿区（矿山开发引起）>厂区（包括工厂、企业等）>郊区>农区（包括旱作农业区和稻作农业区）；④危害性大。由土壤重金属污染造成的危害和不利影响是非常之大的，概括起来主要包括：一是造成生态破坏，环境质量下降；二是影响作物生长，造成产量下降；三是污染产品品质，影响食品安全；四是威胁人类健康，容易诱发多种疾病，如癌症等不治之症或疑难杂症；五是造成经济损失，甚至阻碍地方经济发展等。据有关资料，江西省每年因土壤重金属污染而减产粮食 80 多万 t，另外直接被重金属污染的粮食也多达 10 万 t，二者合计共造成年经济缺失至少 2 亿元。可见，土壤重金属污染造成的经济损失不可小视。⑤存在加重趋势。

关键词：土壤重金属　环境污染　农业可持续发展　江西省

---

* 作者：黄国勤。

本文于 2011 年 8 月 18—19 日在新疆召开的“中国环境科学学会 2011 年学术年会”上进行了交流，并载《中国环境科学学会学术年会论文集 2011 第二卷》（中国环境科学出版社，2011 年 11 月）第 1731～1736 页。

1 前言

重金属主要是指密度大于 5.0 g/cm^3 的金属元素，包括铜（Cu）、锌（Zn）、镍（Ni）、铅（Pb）、铬（Cr）、镉（Cd）、汞（Hg）、砷（As）、铁（Fe）、锰（Mn）、钼（Mo）、钴（Co）等，其中 As 是一种准金属，由于其化学性质和环境行为与重金属的相似性而列入重金属范畴，Fe、Mn、Mo 等也只有在特定条件下才表现毒害作用，因而一般情况下对前 8 种重金属（Cu、Zn、Ni、Pb、Cr、Cd、Hg、As）所带来的土壤污染关注和研究相对较多，其中当前最引起人类关注的是 Hg、Cd、Pb、Cr、As，人们通常称之为“五毒”。

重金属是构成地壳的元素，在地球上的水循环和生物地球化学循环等作用下，广泛分布于各个生态系统的环境之中、生物之中。土壤作为地球上的重要物质组成，作为生态系统的重要组成部分和不可或缺的环境要素，亦广泛分布着各种重金属元素，且每种重金属元素都在土壤生态系统乃至整个地球生态系统中发挥着各自应有的作用。然而，由于自然因素和人为作用等多方面的原因，土壤中往往会出现某一种或某几种甚至是同时多种重金属元素含量超过正常范畴（超过自然背景含量），即出现“超标现象”，进而影响土壤生态系统的正常结构与功能，并进一步影响到人类的生产与生活，对经济社会的发展造成不利影响甚至是严重危害，这就是所谓的“土壤重金属污染”。

土壤重金属污染作为环境污染中的一种，具有隐蔽性强、危害性大、难以修复的特点，因而越来越受到国际上的重视，并已成为国内外土壤生态学、农业生态学、污染生态学和环境保护科学等学科研究的重点、热点和难点。

我国是土壤重金属污染比较严重的国家之一，尤其是近年来经济快速发展，由此带来的土壤重金属污染问题，越来越成为经济发展和环境保护面临的突出问题。据赵其国等研究，我国受农药、重金属等污染的土壤面积达到上千万公顷，其中矿区污染土壤达 200 万 hm^2，石油污染土壤约 500 万 hm^2，固体废弃物污染土壤约 5 万 hm^2。据农业部进行的全国灌区调查，在 140 万 hm^2 的污水灌区中，遭受重金属污染的土地面积占污水灌区面积的 64.8%，其中轻度污染的占 46.7%、中度污染的占 9.7%、严重污染的占 8.4%。土壤重金属污染不仅影响农作物产量和品质，而且还可通过食物链危及人类健康。因此，研究土壤重金属污染的基本规律并积极寻求有效对策，已成为当务之急。

江西省是我国中部地区的一个典型农业省份，地处中亚热带湿润气候区，位于长江中下游南岸，24°29′14″—30°04′41″N，113°34′36″—118°28′58″E，土地面积16.69 万 km^2，占全国土地总面积的 1.74%，2009 年全省耕地面积 281.976 8 万 hm^2，总人口为 4 432.158 1 万。新中国成立以来，特别是改革开放 30 多年来，江西经济社会发展取得巨大成就。

然而，在经济快速发展的同时，由于对资源开发，尤其是对矿产资源开发的速度加快甚至是“过度”，加上农业上“过量”施用各种化学制品（如化肥、农药等）等多方面的原因，江西环境污染，特别是土壤重金属污染已经成为越来越突出的生态环境问题，如不引起重视并采取必要措施，势必影响江西经济社会的长远发展，对构建社会主义和谐社会和全面建设小康社会产生不利影响，对建设“鄱阳湖生态经济区”、保护鄱阳湖“一湖清水”产生不利影响。

基于此，笔者拟在大量调查研究的基础上，结合已有研究资料，对江西省土壤重金属污染的若干特征进行了分析，以期为推进“建设鄱阳湖生态经济区”国家战略的实施、为永葆鄱阳湖“一湖清水”提供科学依据和实践参考，从而为实现江西经济社会与生态环境的协调发展作出积极贡献。

2　土壤重金属背景值

为研究江西土壤重金属污染特征，首先必须了解土壤重金属背景值。所谓土壤环境背景值，是指土壤在其自然成土过程中所形成的物理化学特征值，是在不受或少受人类活动影响条件下，土壤本身的基本化学组成和结构特征，是受时空条件制约的相对概念。“七五”国家科技攻关项目全国土壤环境背景值研究分题《江西省土壤环境背景值研究报告》，对江西省土壤环境背景值及影响因素进行了研究，该研究的部分相关结果列于表 1。

由表 1 可以看出，江西省土壤背景值与全国相比有明显的特点，亲铁元素一般低于全国平均含量，亲硫元素则高于全国平均含量。具体表现在 Cu、Zn 与我国平均背景值相近，而 Pb、Cd、Hg、As、V、F 偏高，Ni、Cr、Co、Mn 偏低。

1985—1989 年，江西省农业厅完成了《江西红壤元素背景值研究》（表 2），采集土壤样点遍及全省 55 个县（市）的 6 种不同母质发育的红壤，共有 424 个样点、844 个样品、14 个剖面，覆盖面广，代表性强，可比性好。

表 1 江西省部分地区土壤中重金属背景值 单位：mg/kg

元素	江西省表土	湖南省表土	全国表土	世界土壤中值	地壳丰度
Cu	20.80	26.00	20.00	30.00	55.00
Pb	32.10	27.00	23.60	12.00	12.50
Zn	69.00	94.00	67.70	9.00	70.00
Cd	0.100	0.10	0.07	0.35	0.20
Ni	19.00	32.00	24.90	50.00	75.00
Cr	48.00	68.00	53.90	70.00	100.00
Hg	0.08	0.10	0.04	0.06	0.08
As	10.40	14.00	9.20	6.00	1.80
Co	9.75	14.00	11.60	8.00	25.00
V	83.40	105.00	76.80	90.00	135.00
Mn	259.00	459.00	540.00	1 000.00	950.00
F	407.00	608.00	440.00	200.00	625.00

表 2 江西省土壤环境质量评价标准 单位：mg/kg

元素	不分土类		红壤		水稻土	
	平均值	背景值范围	平均值	背景值范围	平均值	背景值范围
Cu	20.80	8.40～44.80	20.10	0.05～40.40	22.20	10.30～48.00
Pb	32.10	12.80～80.00	31.80	20.70～72.70	27.80	10.40～73.80
Zn	69.00	35.80～121.00	64.00	28.10～146.00	70.40	31.70～156.00
Cd	0.10	0.02～0.55	0.06	0.01～0.38	0.15	0.04～0.51
Ni	19.00	6.80～41.00	15.40	3.80～62.10	23.40	0.82～46.00
Cr	48.00	17.30～80.00	36.30	10.20～129.00	51.10	19.20～136.00
Hg	0.08	0.02～0.30	0.07	0.03～0.17	0.10	0.03～0.41
As	10.40	3.90～37.20	13.20	3.69～47.10	7.33	2.24～24.00
Co	9.75	4.90～21.80	9.42	2.78～31.90	10.30	1.96～18.70
V	89.35	41.80～149.00	108.00	49.10～159.00	78.50	45.30～109.00
Mn	258.00	64.70～1 035.00	241.00	56.30～1 034.00	220.00	66.40～728.00
F	407.00	285.00～978.00	417.00	181.00～961.00	479.00	248.00～926.00

3 全省土壤重金属污染总体特征

近年来，江西省有关部门、单位和广大科技人员对江西省土壤重金属污染状况进行了大量调查和分析，取得了一系列科学数据和研究成果。综合已有研究资料，可以发现全省土壤重金属污染总体上存在以下特征。

3.1　含量高

江西省土壤重金属含量总体偏高，往往超过土壤背景值几倍甚至几十倍。据《江西土壤》资料，赣州市大余县土壤重金属污染十分严重，农田土壤中 Cd、Pb、Cu、Zn、As 分别超过污染起始值的 3.78 倍、3.04 倍、2.95 倍、1.16 倍和 8.66 倍；在所检出的 62 个样品中以 Cu、Cd 和 As 的超标率最高，尤以 As、Cd 的污染为甚，其中有 13 个样品达到重度污染标准，占样品总数的 29%，这也是该县之所以出现“镉米”的根本原因所在。

据江西省农业环境监测站刘亚菲（1999）调查，江西典型农业区土壤中总 Cu 含量最高达 5 mg/kg，超标 9 倍；钨矿污染区土壤中，Cd 含量为 0.612 mg/kg，超标 2 倍，As 含量为 145 mg/kg，超标 4.8 倍；造纸工厂（或企业）污染区土壤中，Hg 含量为 0.82 mg/kg，超标 1.6 倍。

2004 年江西省农业环境监测站又对全省优势水稻区域土壤环境质量进行了监测，结果（表 3）表明：①全省 Cd 污染最重，样本超标率 3.7%，最大超标 64 倍以上；②全省 As 污染超标率 3.7%，最大超标 4 倍；③全省 Cu 污染超标率 3.7%，最大超标 10 倍；④全省 Hg 污染超标率 1.5%，最大超标 2 倍；⑤全省 Pb 污染超标率 0.1%，最大超标 0.2 倍；⑥全省 Zn 污染超标率 0.3%，最大超标 0.07 倍。

表 3　全省优势水稻区域土壤环境质量监测结果

元素	含量范围/（mg/kg）	平均值/（mg/kg）	超标数/个	超标率/%	样本数/个	最大超标倍数/倍
Cu	5.00～671.00	24.70	38	3.8	1 000	10.10
Zn	10.60～547.50	61.80	3	0.3	1 000	0.07
Pb	10.20～309.1	35.70	1	0.1	1 000	0.20
Cr	9.4～154.60	48.60	0	0.0	1 000	0.00
Cd	0.01～19.67	0.15	37	3.7	1 000	64.60
Ni	3.40～39.20	16.60	0	0.0	1 000	0.00
As	0.30～121.60	10.10	37	3.7	1 000	3.80
Hg	0.01～0.89	0.10	18	1.5	1 000	2.10

3.2　污染面广

根据有关资料，江西省受到工业污染的耕地面积达 32.7 万 hm^2，占总耕地面积的 14.2%。2000—2005 年，江西省农科院绿色食品环境检测中心对全省 211 个无公害农产品、绿色食品原料生产、加工基地进行了土壤环境监测，961 个土壤监测点中，其土壤 pH 值小于 6.5 的样点 958 个，土壤各点污染物监测平均值占绿色食品土壤各项污染物浓度限值的 24.6%～66.0%（表 4）。又据江西省农科院土壤肥料与资源环境研究所魏林根等（2008）对全省 49 个县的部分农田及山地土壤环境监测，江西省土壤重金属污染范围非常之广，几乎每个县都存在土壤重金属污染问题，只是程度不同、污染元素不一而已。

表 4　江西省土壤重金属污染限值及测定值　单位：mg/kg

元素	土壤污染限值	实测值	平均值	平均值占极限值比例/%
Hg	0.250	0.008～0.264	0.069	27.60
Cd	0.300	0.050～0.390	0.198	66.00
Pb	50.000	3.000～85.800	25.000	51.00
As	20.000	0.770～29.200	12.300	61.50
Cr	120.000	10.800～109.600	58.400	48.70
Cu	50.000	4.500～56.800	26.300	52.60

根据调查，江西省污染区的土壤重金属污染物超标率大大超过一般农区（表 5）；江西省污染区土壤重金属的主要污染物为 Cd、Cu、As、Pb 和 Zn；一般农区土壤重金属的主要污染物则是 Hg（表 6）。

表 5　江西省一般农区与污染区土壤重金属污染物超标率比较

项　目	一般农区	污染区
超标样本/个	33	67
样本超标率/%	6.0	14.9
一项超标/%	88.0	76.0
二项超标/%	6.0	12.0
三项超标/%	6.0	12.0

表 6　江西省土壤重金属污染物超标率调查

元素	超标样点数/个	一般农区超标率/%	污染区超标率/%
Cd	37	30	70
Cu	38	13	87
As	37	30	70
Hg	15	73	27
Pb	1	0	100
Zn	3	33	67

3.3　区域性强

造成江西土壤重金属污染的最主要、最直接原因是矿山开发所引起的工业“三废”的大量排放（当然，农业面源污染和生活垃圾排放等也都是造成土壤重金属污染的重要原因）。江西矿产资源丰富，矿山开发从未停止过且因经济社会快速发展而愈演愈烈。由于江西矿产资源分布具有明显的区域性特点，这就必然造成江西土壤重金属污染的分布具有很强的区域性。

江西矿产资源集中分布区域及建设开发区可大致划分为以下五大区域：赣南钨矿、稀土矿开发区，赣西北铜金矿开采区，萍乡、丰城煤、铁、盐采区，赣东北铜业及多金属开发区，以及景德镇煤矿、瓷土矿开发区。显然，各个区域矿产资源种类不同，开采、开发之后产生的尾矿和“三废”的种类、数量也不同，由此造成的土壤重金属污染则明显带有区域特征。如赣南钨矿、稀土矿开发区，即在赣南广泛分布着钨矿、稀土矿，且由于这些矿山的开发，造成赣南土壤重金属中 Mo 和 Cd 的含量特别高，并由此造成人畜 Mo 中毒和形成“镉（Cd）米区”，危害极大。据对赣南 315 个农田样点测定，土壤中 Cd 含量平均达到 2.46 mg/kg，有的达到 5 mg/kg，最大值可达 30 mg/kg，大余县有“世界钨都”之称，钨矿的开采给国家的国防事业和社会经济发展做出了巨大贡献，但同时开采带来的矿产废弃物也给当地环境、人身安全和社会经济发展造成了严重的危害。据测定，大余县稻田土壤中 Cd 含量平均达到 1.49 mg/kg，并由此形成了 1 万亩左右面积的“镉米区”，该县也因此成为全国 Cd 污染最严重的县之一。

同样，在赣东北铜业及多金属开发区，则集中分布着 Cu、Cd、Pb、Zn、As 等多种重金属元素，并由此造成该地区的土壤重金属污染。

如从江西省不同区域土壤重金属污染的总体状况来看，土壤重金属污染程度由大至小的排列顺序大致为：矿区（矿山开发引起）＞厂区（包括工厂、企业等）＞郊区＞农区（包括旱作农业区和稻作农业区），有关这部分内容将在下面有关内容中予以论述。

3.4 危害性大

由土壤重金属污染造成的危害和不利影响是非常之大的，概括起来主要包括：一是造成生态破坏，环境质量下降；二是影响作物生长，造成产量下降；三是污染产品品质，影响食品安全；四是威胁人类健康，容易诱发多种疾病，如癌症等不治之症或疑难杂症；五是造成经济损失，甚至阻碍地方经济发展等。

据《北京晨报》（2006 年 7 月 19 日）报道，全国每年因重金属污染的粮食达 1 200 万 t，造成的直接经济损失超过 200 亿元。据《江西土壤》记载，赣州地区大余县“三废”污染土壤十分严重，排放出大量的 Cd、Pb 等重金属，直接污染农田面积达 82 481 亩（5 498.73 hm^2），占该县耕地总面积的 44.1%。这个县的水稻因矿毒而发生“坐蔸”，平均每亩（666.7 m^2）损失稻谷 71.5 kg，每年损失稻谷总产量 591 万 kg，全县因食用“镉米”“镉水”遭受毒害的人口达 10 多万人。

据《中国新闻网》（2010 年 5 月 14 日）报道，江西贵溪冶炼厂曾经因为废渣处理不当，造成附近的耕地遭受不同程度的重金属污染，有的地方土壤 Cr 含量超标 30 倍，造成当地水稻减产，甚至造成土壤沙化，由污染形成的“铬（Cr）米”，严重影响当地居民的身体健康。

永平铜矿是江西省铜业公司的骨干企业，是我国第二大铜矿。由该铜矿产生的污水废渣，污染了铅山县永平镇的山林和水田，污染面积达 4 600 余亩（306.67 hm^2），严重影响了该镇 8 000 多户居民的生产和生活。2010 年 1 月 27—28 日，我们实地考察了永平铜矿周边土地（土壤）污染情况，明显看到大片耕地荒芜，有的山头被剥成“光头”，尾矿废渣堆积如山，给当地生态环境造成难以弥补的“严重后果”。当地百姓强烈要求加大治理力度，还青山绿水。

据有关资料，江西省每年因土壤重金属污染而减产粮食 80 多万 t，另外直接被重金属污染的粮食也多达 10 万 t，二者合计共造成年经济缺失至少 2 亿元。可见，土壤重金属污染造成的经济损失不可小视。

3.5 存在加重趋势

据中国科学院南京土壤研究所赵其国院士等研究，20 世纪 50 年代之前，江西几乎不存在土壤重金属污染问题，综合污染指数为 0；50—70 年代，江西土壤重金属综合污染指数为 0.18；到了 70—90 年代，全省土壤重金属综合污染指数达到 6.29。显然，随着时间推移江西土壤重金属污染问题越来越突出。

可以预料，今后随着国内外竞争的加剧，江西经济社会发展速度必将进一步加快，由此带来的矿山开发、资源消耗、农业化学品投入等必将有增无减，工业“三废”的排放量与日俱增，这些都将造成土壤重金属污染的进一步加剧，将有可能表现在土壤重金属含量进一步提高、超标率居高不下，超标范围不断扩展，造成的危害更加严重，以及由土壤重金属污染带来的生态风险将进一步加大等。不言而喻，防治土壤重金属污染的形势将十分严峻。对此，我们必须要有清醒的认识，并尽早做好应对策略。

参考文献

[1] 赵其国，骆永明，滕应，等. 当前国内外环境保护形势及其研究进展. 土壤学报，2009，46（6）：1146-1154.

[2] 仝瑞建，刘雪琴，王颖. 农田土壤重金属污染及防治研究进展. 广东农业科学，2010（9）：208-210，223.

[3] 赵其国，黄国勤，钱海燕. 生态农业与食品安全. 土壤学报，2007，44（6）：1127-1134.

[4] 黄国勤. 江西生态安全研究. 北京：中国环境科学出版社，2006.

[5] 黄国勤. 鄱阳湖生态环境保护与资源开发利用研究. 北京：中国环境科学出版社，2010.

[6] 彭崑生. 江西生态（1～6 卷）. 南昌：江西人民出版社，2007.

[7] 江西省土地利用管理局，江西省土壤普查办公室. 江西土壤. 北京：中国农业科技出版社，1991.

[8] 刘亚菲. 江西省耕地资源农业环境保护现状与对策. 当代生态农业，1999（3）：106-107.

[9] 刘娅菲. 江西省优势水稻区域环境质量现状评价与污染防治对策. 农业环境与发展，2005（4）：35-38.

[10] 苏全平，范芳，徐昌旭，等. 江西省发展绿色食品的条件及优势，江西农业学报，2007，19（1）：140-143.

[11] 魏林根，李建国，刘光荣，等. 江西土壤环境质量与绿色食品可持续发展，江西农业学报，2008，20（1）：159-162.

[12] 刘立群. 赣南土壤镉污染的防治途径. 资源开发与市场，1990，6（2）：100-102.

[13] 戴梅芳，彭远明，张清. 江西省土壤污染分析和防治. 江西能源，2007（4）：133-125.

[14] 赵其国，等. 中国东部红壤地区土壤退化的时空变化、机理及调控. 北京：科学出版社，2002.

江西省土壤重金属污染研究 II
——区域分布*

摘　要：土壤重金属污染问题已引起各方面关注。国务院正式批复了由环保部制定的《重金属污染综合防治“十二五”规划》。土壤重金属污染的研究与治理将成为“十二五”期间我国各地环保工作的重点之一。江西是我国南方土壤重金属污染比较典型的水稻产区之一。笔者在广泛查阅有关研究资料的基础上，从矿区、厂区、郊区、稻区、湖区等不同区域，对江西省土壤重金属污染的区域分布进行了分析，并初步得出：其污染程度（由重到轻排列）依次为：矿区＞厂区＞郊区＞稻区＞湖区。这一结果对江西各地土壤重金属污染的治理具有一定的参考价值。

关键词：土壤重金属污染　区域分布　治理　江西省

土壤重金属污染问题已引起各方面关注。国务院正式批复了由环保部制定的《重金属污染综合防治“十二五”规划》（民主与法制时报，2011 年 3 月 1 日）。江西省是我国南方土壤重金属污染比较典型的水稻产区之一。笔者在对江西省土壤重金属污染总体特征进行研究的基础上，拟根据有关资料，对全省土壤重金属污染的区域分布进行分析，以便各地对土壤重金属污染的防治进行分类指导、分区修复。

---

* 作者：黄国勤。

本文于 2011 年 7 月 28—31 日在宁夏银川召开的“第 15 届中国农业生态学学术研讨会”上进行了交流，并载《农业生态安全与西部生态农业建设——第 15 届中国农业生态学学术研讨会论文集》（中国生态学学会农业生态专业委员会等，2011 年 7 月）第 135～143 页。

1　矿区土壤重金属污染状况

江西矿产资源种类多样、储量丰富，据《江西生态》资料，截至2005年年底，江西已发现各种有用矿产169种（以亚矿种计），矿产地5 000余处。其中，探明有资源储量的109种，已列入江西省矿产资源储量表的矿产96种；矿产地1 352处，包括大型产地123处、中型产地268处、小型产地961处。对我国国民经济建设具有较大影响的45种主要矿产中，江西有36种。新中国成立以来，江西根据国家经济建设的总体部署以及全省经济发展的要求，不断加大了对矿产资源的开发和利用，对于实现国家和地方经济社会的又好又快发展起到了十分重要的作用。

然而，不容否定，在对矿产资源进行开发和利用的同时，对区域生态环境产生的负面影响也是不可避免的。这里，拟重点分析德兴铜矿在发展的同时对周边生态环境，特别是对土壤重金属污染造成的不利影响。

德兴铜矿地处江西省上饶德兴市境内，位于怀玉山脉孔雀山下，北纬28°38′—29°16′，东经117°22′—118°23′。德兴铜矿拥有"中国铜都"称号，是亚洲最大的露天铜矿，也是中国第一、世界第二的露天铜矿。德兴铜矿拥有丰富可靠的资源，铜金属储量占全国第一位，矿藏特点是储量大而集中，埋藏浅，剥采比小，矿石可选性好，综合利用元素多。1956年开始普查勘探，发现有两个大型斑岩铜矿区，并伴生有钼、硫、金、银等元素。1958年5月成立德兴铜矿。1965年建成北山矿，地下开采；1971年建成南山矿，露天开采。经过50多年的努力，目前已形成日处理矿石10万t的生产规模，达产达标。主要生产铜精矿、硫精矿、电积铜等。矿山2003年产铜12万余t，约占全国铜产量的1/4；同时年产黄金5 t多，白银20 t以上，也是中国第一大伴生金矿和伴生银矿。德兴铜矿发展前景广阔。

然而，如上所述，德兴铜矿在扩大规模、促进发展的同时，一方面为国家和地方经济建设作出了贡献；另一方面也给区域生态环境造成不利影响，尤其是造成严重的土壤重金属污染。

周东美等（2002）调查分析了德兴铜矿区土壤重金属污染状况，得出：德兴2号尾矿砂重金属含量为Zn 18.90 mg/kg、Cu 2 524.00 mg/kg、Pb 11.20 mg/kg、Cd 0.10 mg/kg；德兴铜矿区花生地土壤重金属含量为Zn 55.00 mg/kg、Cu 381.00 mg/kg、Pb 20.50 mg/kg、Cd 0.065 mg/kg；矿区早稻田土壤重金属含量为Zn 79.00 mg/kg、Cu 333.00 mg/kg、Pb 21.10 mg/kg、Cd 0.11 mg/kg。由此认为，

德兴铜矿区周围土壤以铜（Cu）污染为主，Zn 有部分超标情况。

2004 年 4 月 4—30 日，成都理工大学陈翠华等在德兴铜矿矿区周围的乐平、洺口、太白司等地进行重点采样，系统采集土壤样品 919 个，经分析得出（表 1、表 2）：受矿山开采的影响，该区域土壤中存在不同程度的 As、Cd、Zn 和 Cu 重金属污染；污染区域主要分布在德兴铜钼和铅锌矿区、乐安河下游乐平附近的煤矿区以及南部电化学附近；在所测定的各种重金属中，以 Cd 和 Cu 的总体污染程度最高。

表 1　德兴铜矿矿区周围土壤重金属元素测试数据的统计分析结果

元素名称	最小值/（mg/kg）	最大值/（mg/kg）	均值/（mg/kg）	标准差
As	1.790	899.000	16.553	39.908
Hg	0.034	4.980	0.105	0.183
Cd	0.043	8.330	0.275	0.413
Cr	10.000	666.000	73.000	37.000
Zn	25.000	18 500.000	112.000	613.000
Cu	6.000	1 825.000	60.000	114.000
Pb	16.000	1 312.000	51.000	69.000

表 2　德兴铜矿矿区周围土壤重金属污染指数的统计分析结果

元素名称	最小值	最大值	均值	标准差
As	0.119	30.967	0.978	1.442
Hg	0.227	5.900	0.642	0.325
Cd	0.215	13.471	1.234	0.910
Cr	0.111	4.773	0.796	0.283
Zn	0.250	63.000	0.935	2.097
Cu	0.171	7.071	1.215	0.715
Pb	0.451	6.248	1.013	0.332
内梅罗指数	0.511	45.459	1.443	1.818

东华理工大学朱志军等（2007）对德兴矿区土壤重金属污染进行了调查分析与综合评价。采集乐安河流域德兴地段土样共 21 个，对 7 种土壤重金属元素进行测定与分析，测定结果如下：Pb 29.6～397.0 mg/kg、Zn 28.8～396.0 mg/kg、Cr 38.2～114.0 mg/kg、Cu 12.5～1 027.0 mg/kg、As 8.01～295.0 mg/kg、Hg 0.024～0.50 mg/kg、Cd 0.042～1.45 mg/kg；各元素单项污染指数为：Pb 2.48、Zn 2.07、

Cr 1.41、Cu 12.76、As 3.49、Hg 2.02、Cd 3.43；各元素综合污染指数：Pb 8.87、Zn 4.29、Cr 2.02、Cu 36.89、As 14.22、Hg 4.45、Cd 9.80。可以看出，矿区开采对德兴地区环境污染是极其严重的，几乎所有的铜矿区、铅锌矿区、煤矿区，以及乐安河中下游地区都存在不同程度重金属污染，尤其是德兴矿山及其周边地区土壤重金属污染范围广、污染程度严重。

2 厂区土壤重金属污染状况

2.1 贵溪冶炼厂厂区周边土壤重金属污染状况

贵溪冶炼厂位于江西省贵溪市东北部约 4 km 处，是国家“六五”计划的重点工程，是我国第一座采用世界先进的闪速炼铜技术的工厂，是我国最大的现代化炼铜工厂。该厂在为全国、全省经济建设和社会发展作出积极贡献的同时，也带来了严重的环境污染，尤其是造成厂区周边农田土壤重金属的污染。

该厂由点源和面源向空气中排放的主要是 SO_2 和粉尘，废水中排放的主要污染物为 Cu、Pb、Zn、As 等重金属元素。为研究和了解该厂对周边生态环境造成的不利影响，中国科学院南京土壤研究所孙华、张桃林等，于 2000 年 9 月对位于该厂周边的贵溪市滨江乡太岩村苏门村小组直接受到贵溪冶炼厂废渣场排水污染的水田进行取样调查，以便正确评价该厂废渣污水对水田土壤重金属污染状况。调查结果表明，由贵溪冶炼厂的废渣场排水排放引起的土壤重金属污染已相当严重，特别是 Cu 的污染，在废渣场正下方的 H_1 样区，土壤 Cu 含量是所选基本无污染 H_0 区的 8.68 倍，更是背景值的 33.2 倍，沿污灌方向污染状况有所降低，但即便是下游的 H_6 样区，土壤中的 Cu 含量仍是 H_0 区的 2.44 倍、背景值的 9.33 倍。Pb 污染也呈现基本类似的规律，H_1 的含量是 H_0 区的 19.0 倍，是背景值的 22.7 倍，而中下游的 H_4、H_5、H_6 区的 Pb 含量已接近背景值，说明 Pb 污染主要发生在污灌渠的上游，由于土壤的吸附截留作用，中下游的 Pb 污染状况明显改善。Cd、As、Mo、Mn、Zn 均呈现基本类似的规律。综合该研究结果认为，贵溪冶炼厂废渣场污水灌溉水田的土壤重金属污染元素含量一般以污灌渠上游为高，下游为低，其中土壤 Cu 和 Cd 含量全部超标，是贵溪冶炼厂厂区周边水田土壤主要污染的重金属元素。

2000 年 9 月，南京师范大学孙华等对位于贵溪冶炼厂厂区东北角（属贵溪市滨江乡太岩村其桥村民组）的蔬菜地（以种植蔬菜为主）土壤重金属污染状况进行取样调查分析。该蔬菜地均在距冶炼厂 300 m 范围内，面积约为 1.5 hm^2，主要种植蔬菜、甘薯等作物。取样分析结果表明，由贵溪冶炼厂的废渣、污水排放等引起的土壤污染已相当严重，特别是 Cu 的污染。在所选样区中，土壤 Cu 含量是对照组（CK）的 5.82～9.10 倍，全部大大超过 GB 15618—1995 中规定的蔬菜地土壤最高允许含铜量（50 mg/kg），说明该区域土壤已受到极为严重的 Cu 污染；土壤 Cd 的含量比 CK 均有不同程度的增加，也全部超过标准；而土壤 Pb 的含量则仅比 CK 略有增加，并且均低于土壤环境质量二级标准；Cr、Mo、Mn、Zn 均呈现基本类似的规律。以上分析可知，所选蔬菜地样区的重金属元素含量一般均比对照区高，其中 Cu、Cd 含量全部超标，属该区的主要污染元素。

胡宁静等（2004）调查了贵溪冶炼厂周围农田土壤重金属元素的纵向分布规律，并利用连续浸提法分析主要污染元素的化学形态，结果表明，土壤 Cu、Zn、Cd、Pb 的非残渣态含量远远高于未污染土壤，污染元素的生物可利用性高；同时采用多指标生态评价体系，铜矿冶炼厂周围农田土壤重金属污染进行综合的潜在生态风险评价。根据风险指标体系和空间分异规律，将冶炼厂周围农田分成三种生态风险功能区：①多种重金属生态风险突出型，特别是 Cd，风险程度极高。主要是离废渣场很近的水稻土；②多种重金属较高生态风险综合型，主要是距离贵溪冶炼厂很近的一些水稻土，反映了大气飘尘的尘降以及冶炼厂废水渗漏而引起的重金属污染；③多种金属中度生态风险综合型，因污染物迁移能力随距离增加而减弱，土壤自净能力相对增强，土壤中重金属的潜在生态风险有所降低。土壤中重金属污染的潜在风险最高的元素是 Cd，其次是 Cu 和 As。反映了冶炼厂废渣和废水大量排放的结果，同时也反映了重金属元素 Cd 的生态毒性大于其他元素。

2004 年 9 月，江西师范大学龙安华等对地处贵溪冶炼厂周边的贵溪市滨江乡水泉村和竹山村村民组容易受到冶炼厂废水污染的水田进行取样调查。调查结果表明，水田土壤 Cu 污染非常严重，其含量是当地背景值的 6.17～11.7 倍，Cd、As 污染也非常严重，Cd 含量是背景值的 3.02～3.41 倍，As 含量是背景值的 2.34～6.73 倍，而其他重金属元素均在背景值附近浮动。即与其当地土壤重金属环境背景值相比，所测 5 种重金属的平均值分别超过背景值的 0.86 倍（Pb）至 9.38 倍（Cu）。根据其超出背景值的倍数分析，得出贵溪冶炼厂周边农田土壤重金属含量顺序为：Cu（9.38 倍）＞As（4.67 倍）＞Cd（2.34 倍）＞Zn（1.03 倍）＞Pb（0.86 倍）。根据 GB 15618—1995 的规定，该农田土壤污染物的最高允许浓度指标值应执行二级标准。不难看出，农田土壤 Cu 的含量均超标 1 倍以上，而水泉村竟超标 3 倍；土壤 Cd 的含量也均严重超标，超标竟都在 7 倍以上；其他重金属元素虽未超过国家二级标准，但大多数已超过当地土壤背景值。再进一步对该村农田土壤重金属环境质量进行评价，可知：该区域土壤重金属污染处于重度污染状态，水泉村和竹山村农田都受到非常严重的污染，单项综合污染指数以 Cu 和 Cd 为重度污染，多因子综合污染指数值都处于重度污染等级；在 5 种重金属污染元素中，Cu、As、Cd 是冶炼厂周边农田土壤主要污染元素；农田土壤生态系统重金属污染呈复合污染的趋势。

2.2　南昌市城市工业区土壤重金属污染状况

2006 年 6—10 月，江西农业大学朱美英选取南昌市城市工业区 13 个样点（包括顶城食品公司、南昌钢铁厂、江西氨厂、江东机床厂、亚洲啤酒厂、华威食品公司、江西水泥厂、江西造币厂、南昌市发电厂、江南化工厂、江西棉纺织印染厂、南昌石油化工厂、南昌 TCL 工业园）进行采样，分析土壤中 Cu、Zn、Pb、Cd、Cr 5 种重金属元素含量，分析结果如表 3 所示。

表 3　南昌市城市工业区土壤重金属含量　单位：mg/kg

序号	样点名称	Cu	Zn	Pb	Cd	Cr
1	顶城食品公司	64.92	28.33	40.88	0.95	16.02
2	南昌钢铁厂	93.23	130.18	272.34	2.70	75.68
3	江西氨厂	104.42	130.12	88.01	1.23	44.95
4	江东机床厂	278.18	378.24	204.67	1.42	48.57
5	亚洲啤酒厂	30.08	69.82	48.16	0.86	19.64
6	华威食品公司	43.65	211.32	55.34	0.19	8.67
7	江西水泥厂	179.07	169.62	95.72	1.25	34.25
8	江西造币厂	45.31	92.85	68.12	0.53	17.92
9	南昌市发电厂	68.81	105.37	142.23	1.14	96.25
10	江南化工厂	51.36	129.59	50.68	0.75	20.41
11	江西棉纺织印染厂	47.51	185.58	64.38	1.13	54.62
12	南昌石油化工厂	29.83	271.29	45.88	2.08	57.92
13	南昌 TCL 工业园	173.04	123.94	199.06	1.98	163.57
平均值		93.03	155.87	105.81	1.25	50.65
背景值		24.50	70.14	34.84	0.16	64.24
超标率/%		100.00	84.62	100.00	100.00	23.08

从表 3 可知，南昌市城市工业区 13 个样点的土壤重金属含量平均为 Cu 93.03 mg/kg、Zn 155.87 mg/kg、Pb 105.81 mg/kg、Cd 1.25 mg/kg、Cr 50.65，其中土壤中 Cu、Pb、Cd 含量全部超标，Zn 84.62%超标，Cr 23.08%超标。表明南昌市城市工业区土壤重金属污染是严重的。

2.3 南昌市不同企业周边土壤重金属污染状况

南昌航空大学钟桂芳等（2009）调查和分析了南昌市电镀、钢铁、化工三行业 4 个不同企业（南昌市市西某化工厂、市北某钢铁厂 1、市东某钢铁厂 2、市南某电镀厂）周边 1 km 范围的土壤重金属 Cu、Zn、Pb、Cd 的含量。结果表明，①4 个不同企业周边均存在不同程度的土壤重金属污染，即在研究区域内大部分土壤已受到一定程度的重金属污染；②行业污染程度为：电镀厂的污染最重，钢铁厂次之，化工厂污染最轻；③在土壤重金属 Cu、Zn、Pb、Cd 元素污染程度上，Cd＞Zn＞Cu，即 Cd 污染最严重，Pb 污染尚不存在。据测定，土壤 Cd 污染程度最高，总超标率达 45.8%，最大超标倍数达 62 倍以上。

3 郊区土壤重金属污染状况

城市郊区由于地处城市边缘，一方面要直接接纳来自城市工厂、企业排出的“三废”（废气、废液、废渣）和城市居民排放的生活垃圾，势必影响郊区生态环境质量；另一方面，郊区经济较为发达，农业集约化程度高，施用的人工投入品（化肥、农药、农膜、土壤改良剂、植物生长调节剂、畜禽饲养添加剂等）往往较多，这就必然导致郊区土壤环境污染，尤其是土壤重金属污染。张桃林等利用 GPS 进行样点定位，于 2003 年 2 月在南昌市郊区采集土样 62 个，并测定分析土壤中重金属 Pb、Cr、Cd、Cu、Zn、Ni、As、Hg 的含量，结果发现：①南昌市郊区测试样点的土壤重金属测定值均高于背景值，且 72.73%的样点重金属含量超过江西省表土重金属土壤背景值；②南昌市郊区土壤以 Hg 为主要重金属污染物，22 个样点中 Hg、Cu、Cd、Ni 污染点分别占 50.00%、22.73%、31.82%和 4.55%；③按照综合污染指数（$P_{综}$，即内罗梅指数）＜0.7 为安全级别，0.7～1 为警戒级，1～2 为轻度污染级，2～3 为中度污染，＞3 为重污染的标准，南昌市郊区土壤综合污染指数（1.73）已达到了轻度污染级。

江西农业大学朱美英于 2006 年分析了南昌市郊区（蔬菜地）土壤重金属污染

状况（表 4、表 5），从表 4 可以看出，郊区土壤重金属污染是比较严重的。若按照南昌地区土壤重金属背景值 Cu 24.5 mg/kg、Zn 70.14 mg/kg、Pb 34.84 mg/kg、Cd 0.16 mg/kg、Cr 64.24 mg/kg 进行比较，则可知南昌市郊区（蔬菜地）土壤重金属 Cu、Zn、Pb、Cd 的含量均超标，只有土壤 Cr 含量暂未超标。

表 4 南昌市郊区（蔬菜地）土壤重金属全量统计结果

元素名称	范围/（mg/kg）	平均值/（mg/kg）	标准差	变异系数/%
Cu	19.68～66.54	35.82	12.93	36.12
Zn	21.59～140.72	74.08	35.08	47.35
Pb	21.39～53.08	35.51	9.03	25.44
Cd	0.06～0.76	0.32	0.24	74.27
Cr	7.69～33.5	18.48	8.41	45.50

表 5 南昌市郊区（蔬菜地）土壤重金属有效态含量统计结果

元素名称	范围/（mg/kg）	平均值/（mg/kg）	标准差	变异系数/%
Cu	0.24～8.42	3.79	2.61	68.94
Zn	0.64～23.58	9.03	8.30	92.00
Pb	1.34～6.04	3.82	1.39	36.44
Cd	0.01～0.21	0.07	0.06	79.58
Cr	0.12～1.30	0.49	0.45	92.43

4 稻区土壤重金属污染状况

江西是我国南方重要水稻生产区，2009 年全省水稻种植面积达 328.21 万 hm^2，占农作物总播种面积的 61.05%，占粮食作物总面积的 91.05%。由于矿山开采、工业“三废”、生活垃圾等多方面的原因，江西稻区同样存在土壤重金属污染问题。据江西省农业环境监测站 2004 年对全省优势水稻生产布局规划区域的永修、泰和、丰城、南昌、于都、乐平、贵溪 7 个县（市）采样分析，各县均存在土壤重金属污染问题（表 6）：①永修、丰城、南昌、泰和 4 县（市）土壤环境质量好。存在零星的 Hg、Cd、As 重金属污染，但污染程度较轻、范围较小。土壤质量综合评价结果为良好，属清洁级；②乐平、贵溪 2 市，总体土壤环境质量较好，局部由于其周边环境影响，存在一定程度的 Cu、Cd、As 污染超标，其中 Cu 最高超标 5.7 倍，Cd 最高超标 6.6 倍，As 最高超标 3.8 倍，污染面积达 517 hm^2；③于都县局部地区由于受钨矿开采的影响，土壤环境质量存在轻度污染，该县局部地区 Cd 和 As 污染超标严重，特别是铁山垅镇 2 个样点，Cd 的最高超标倍数分别达到 64 倍和 44 倍。

表6 江西稻区永修等 7 县（市）土壤重金属含量超标情况

项目	永修县	南昌县	丰城市	泰和县	于都县	乐平市	贵溪市
Cu	3/3.3	0	1/3.5	1/1.1	7/10	13/5.7	13/3.5
Zn	1/0.07	0	0	0	2/1.7	0	0
Pb	0	0	0	0	1/0.2	0	0
Cr	0	0	0	0	0	0	0
Cd	0	5/0.65	0	6/2.1	10/64	8/2.8	8/6.6
Ni	0	0	0	0	0	0	0
As	4/0.59	0	1/0.4	6/0.6	11/2.9	11/3.8	4/1.4
Hg	3/1.97	4/1.0	0	4/0.2	0	1/0.3	3/1.6
一级超标	9	9	2	9	5	31	15
二级超标	1			1	3	2	3
三级超标	1			1	6		2
超标个数	11	9	2	11	14	33	20
超标率/%	11	6	3.4	7.3	9.3	22	13

注：“/”左边为超标数，右边为最大超标倍数。

5 湖区土壤重金属污染状况

鄱阳湖是江西人民的“母亲湖”，是中国最大的淡水湖，是世界生命湖泊网中的重要成员。“湖区”，是鄱阳湖及其区域的简称，但在实际工作中，“湖区”往往具有不同含义和范围。一般地，“湖区”可视具体情况分为以下几个层次(或范围)：一是鄱阳湖，即主要是指鄱阳湖湖体本身，当然，不同季节鄱阳湖的大小、范围是不一样的，且往往相差较大，有所谓的“洪水一片、干旱一线”之说。二是鄱阳湖区，指鄱阳湖的水域、湖滩洲地，分别隶属于沿湖 11 个县市（南昌、新建、进贤、余干、鄱阳、都昌、湖口、星子、德安、永修，以及九江市的市区）。为此，这 11 个县市行政疆域的总称为鄱阳湖区。三是鄱阳湖地区，其范围除鄱阳湖区 11 个县市外，还增加了其外围毗邻的 14 个县市，共计 25 个县市（即彭泽、湖口、都昌、九江县、星子、瑞昌、德安、永修、鄱阳、乐平、万年、余干、余江、临川、东乡、抚州市、丰城、清江、高安、安义、进贤、南昌、新建、南昌市市区、九江市市区）。四是鄱阳湖及周边经济区，则是指九江市的庐山区、浔阳区、九江县、湖口县、彭泽县、德安县、星子县、永修县、都昌县，南昌市的东湖区、西湖区、青云谱区、湾里区、青山湖区、南昌县、新建县、进贤县、安义县，抚州市的临川区、东乡县，上饶市的鄱阳县、余干县、万年县，景德镇市的乐平市，鹰潭市的余江县，宜春市的丰城市、高安市、樟树市和奉新县 29 个县（市、区）。五是鄱阳湖生态经济区，系包括南昌、景德镇、鹰潭 3 市，以及九江、新余、抚州、宜春、上饶、吉安市的部分县（市、区），共 38 个县（市、区），即南昌县、新建县、进贤县、安义县，共青城、九江县、彭泽县、德安县、星子县、永修县、湖口县、都昌县、武宁县，鄱阳县、余干县、万年县，东乡县，浮梁县，余江县，新干县，瑞昌市，丰城市、樟树市、高安市，乐平市，贵溪市，东湖区、西湖区、青云谱区、湾里区、青山湖区，浔阳区、庐山区，珠山区、昌江区，月湖区，临川区，渝水区。鄱阳湖生态经济区 38 个县（市、区），连同鄱阳湖全部湖体在内，总面积为 5.12 万 km^2，占江西省国土面积的 30%，人口占江西省的 50%，经济总量占江西省的 60%。为简化研究，这里着重从鄱阳湖、鄱阳湖区、鄱阳湖地区、鄱阳湖及周边经济区所涉及的范围出发，研究其土壤重金属分布及其污染状况。

5.1　湖底土壤重金属污染状况

江西省水利厅鄱阳湖水文分局吕兰军于 1992 年 5 月 16 日—6 月 20 日、1993 年 1 月 7 日—2 月 5 日，即鄱阳湖平水期和枯水期采集湖底沉积物，分析其重金属含量，结果表明，这些湖底沉积物中的 Cu、Zn、Pb 等重金属含量高于鄱阳湖的背景值，说明鄱阳湖湖底已存在一定的重金属污染。

5.2　湖滩湿地土壤重金属污染状况

2003 年 7 月、10 月，2004 年 2 月、5 月，弓晓峰等对鄱阳湖湖体东部（包括鄱阳饶河、鄱阳湖龙口、星子渔民村、星子冬枯山、鄱阳湖南矶山、南矶山候鸟保护区、南矶山乡政府）湖滩湿地土壤重金属含量进行了取样分析，测定结果为土壤中 Cu 含量为 22.7～253.8 mg/kg，Zn 含量 119.8～368.3 mg/kg，Pb 含量 56.31～124.60 mg/kg，Cd 含量 0.105～5.063 mg/kg，与中国土壤背景值（Cu 35 mg/kg、Zn 100 mg/kg、Pb 35 mg/kg、Cd 0.20 mg/kg）标准相比，均高于国家对自然保护区土壤中重金属的最高限量，表明这些地方土壤重金属积累已经达到污染的程度。

5.3 湖区农田土壤重金属污染状况

1983—1988 年，在国家计委、国家科委等国家有关部委的大力支持下，江西省进行了首次大规模、大范围的“鄱阳湖综合考察和治理研究”，取得了多方面的丰硕成果，该研究成果于 1990 年获得国家科技进步二等奖。其中《鄱阳湖研究》（上海科学技术出版社 1988 年版）就是该次考察取得的重要成果之一。据《鄱阳湖研究》对湖区农田土壤重金属污染状况的研究（表 7），在鄱阳湖区 19 761.5 km^2 的范围内，清洁土壤约占总面积的 1.57%，尚清洁土壤比例最大，约占 74.34%；起始污染的土壤次之，约占 20.44%；显著污染的土壤约占 3.43%；严重污染的土壤也存在，约占 0.22%。

表 7 鄱阳湖区农田土壤重金属含量 单位：ppm

重金属元素名称	范围	平均值
Cu	10.0～37.3	18.70
Pb	7.2～37.0	17.67
Zn	20.5～107.0	59.49
Cd	0.005～0.340	0.13
As	3.6～26.7	10.12
Hg	0.02～0.80	0.10
Cr	29～95	63.20
F	210～768	428

5.4 湖区周边土壤重金属污染状况

由江西省地质调查研究院承担的江西省政府与国土资源部合作项目《江西省鄱阳湖及周边经济区农业地质调查》（2004—2010 年），通过对区域土壤重金属含量的大量调查，并依据《土壤环境质量标准》（GB 15618—1995）要求，对项目评价区表层土壤中 As、Cd、Hg、Cu、Cr、Pb、Zn、Ni 等重金属元素环境污染程度进行单因子评价（表 8），评价结果表明，表层土壤受重金属污染程度有限，污染区分布范围仅占评价区面积的 1.86%，主要污染指标有 Cd、Hg、Cu、Ni 等重金属元素。

表 8　鄱阳湖及周边经济区表层土壤单因子环境质量评价表

指标	样本数/件	Ⅰ类土壤		Ⅱ类土壤		Ⅲ类土壤		劣Ⅲ类土壤	
		样本数/件	百分率/%	样本数/件	百分率%	样本数/（件）	百分率/%	样本数/件	百分率/%
Cd	8 843	6 929	78.36	1 408	15.92	482	5.45	24	0.27
Hg	8 843	7 822	88.45	883	9.99	127	1.44	11	0.12
As	8 843	8 092	91.51	644	7.28	11	0.12	96	1.09
Cu	8 843	8 171	92.40	578	6.54	91	1.03	3	0.03
Pb	8 843	6 729	76.10	2 111	23.87	3	0.03	0	0.00
Cr	8 843	8 173	92.43	668	7.55	2	0.02	0	0.00
Zn	8 843	7 996	90.42	835	9.44	12	0.14	0	0.00
Ni	8 843	8 702	98.40	62	0.71	78	0.88	1	0.01

表层土壤中 Cd 含量达到或超过土壤环境质量标准限值只占总样本数的 5.72%，为其他污染元素样本数总和的 1.16 倍，Cd 污染区主要分布在彭泽至湖口东南部、滨湖平原区、乐平市涌山地区、万年县和信江、袁水河谷局部地区，特别是滨湖平原区；表层土壤中 Hg 含量等于或大于土壤环境质量标准限值的样本数只占总样本数的 1.56%，主要分布在南昌市、樟树市和高安鸡公岭等局部地区；受 Cu 污染的表层土壤主要集中在乐安河、昌江水系三角洲平原区及乐平市涌山、东乡枫林、丰城徐山等局部地区；受 Ni 污染土壤的空间分布十分有限，主要见于饶河三角洲平原的局部地区。

为揭示土壤中 Hg 的分布规律及污染状况，江西省地质矿产局鄢新华等（2005）对南昌—樟树地区土壤中 Hg 的含量及分布进行了调查分析，结果表明：调查区内 Hg 污染区主要分布于高安市鸡公岭及南昌市、樟树市、高安市区等地，污染警戒区面积 462 km^2，轻污染区面积 243 km^2，中污染区面积 18 km^2，重污染区面积 33 km^2，分别占调查区总面积的 5.37%、2.83%、0.21%、0.38%。鸡公岭地区 Hg 污染尤为突出，Hg 含量普遍大于 $1\,000\times10^{-9}$，最高达 $7\,589\times10^{-9}$，Hg 重污染面积达 32 km^2；南昌市污染区 Hg 含量一般为 300×10^{-9}～600×10^{-9}，最高为 906×10^{-9}，轻污染面积达 90 km^2，局部达中污染程度，该污染具有明显向东南郊区扩散的趋势，在向塘—幽兰一带存在大面积的 Hg 污染警戒区；樟树市污染区 Hg 最高含量为 554×10^{-9}，轻污染面积达 55 km^2。由此可以认为，调查区土壤 Hg 环境质量总体尚可，但局部污染较严重。

6 综合比较

根据实地调查和观察，并结合上述资料分析，笔者对江西省不同区域土壤重金属污染状况进行综合比较和初步判断，大致可以看出其污染程度（由重到轻排列）依次为：矿区＞厂区＞郊区＞稻区＞湖区。当然，要了解其原因与机理，还有待作进一步深入的研究。

参考文献

[1] 彭崑生. 江西生态（1～6卷）. 南昌：江西人民出版社，2007.

[2] 周东美，王玉军，郝秀珍，等. 铜矿区重金属污染分异规律初步研究. 农业环境保护，2002，21（3）：225-227.

[3] 陈翠华，倪师军，何彬彬，等. 基于污染指数法和GIS技术评价江西德兴矿区土壤重金属污染. 吉林大学学报（地球科学版），2008，38（1）：105-111.

[4] 朱志军，聂逢君，胡青华. 江西省德兴矿区土壤重金属污染的综合评价分析. 东华理工学院学报，2007，30（4）：332-336.

[5] 孙华，张桃林，孙波. 江西省贵溪市污灌水田重金属污染状况评价研究. 农业环境保护，2001，20（6）：405-407.

[6] 孙华，孙波，张桃林. 江西省贵溪冶炼厂周围蔬菜地重金属污染状况评价研究. 农业环境科学学报，2003，22（1）：70-72.

[7] 胡宁静，李泽琴，黄朋，等. 江西贵溪冶炼厂重金属环境污染特征及生态风险评价. 地理科学进展，2004，19（增刊）：468-471.

[8] 龙安华，刘建军，倪才英，等. 贵溪冶炼厂周边农田土壤重金属污染特性及评价. 土壤通报，2006，37（6）：1212-1216.

[9] 钟桂芳，史蓉蓉，丁园，等. 南昌市不同企业周边重金属污染调查及评价. 江西科学，2009，27（1）：149-152.

[10] 张桃林，潘剑君，刘绍贵，等. 集约农业利用下红壤地区土壤肥力与环境质量变化及调控——江西省南昌市郊区和余江县案例研究. 土壤学报，2007，44（4）：584-591.

[11] 江西省统计局，国家统计局江西调查总队. 江西统计年鉴2010，北京：中国统计出版社，2010.

[12] 刘娅菲. 江西省优势水稻区域环境质量现状评价与污染防治对策. 农业环境与发展，2005（4）：35-38.

[13] 吕兰军. 鄱阳湖重金属污染现状调查与分析. 人民长江，1994，25（4）：32-38.

[14] 弓晓峰，黄志中，张静，等. 鄱阳湖湿地土壤中 Cu Zn Pb Cd 形态研究. 农业环境科学学报，2006，25（2）：388-392.

[15] 《鄱阳湖研究》编委会. 鄱阳湖研究. 上海：上海科学技术出版社，1988.

[16] 鄢新华，张铁林，毛大发，等. 江西南昌—樟树地区土壤 Hg 污染现状评价. 物探与化探，2005，29（5）：455-458.

江西省土壤重金属污染研究Ⅲ
——不同类型和深度土壤重金属污染状况*

摘 要：土壤重金属污染及其造成的危害已引起广泛重视。江西是我国南方土壤重金属污染比较严重的地区之一。笔者在广泛查阅文献资料和调查研究的基础上，分析了江西省不同类型土壤重金属污染状况，并初步得出全省不同类型土壤重金属污染状况由轻到重可排列为：红壤旱地＜稻田土壤＜菜地土壤＜园地土壤＜城市土壤＜水体底泥。作者还分析了不同土壤深度重金属含量及其垂直分布状况。最后，作者认为：江西土壤重金属污染是严重的；造成江西土壤重金属污染的原因是多方面的；治理江西土壤重金属污染是有效的，只要采取适当措施，其效果是显著的；从今后经济社会发展来看，必须增强土壤重金属污染研究和治理的紧迫性；只要各方面重视，并综合采取多种对策和措施，治理土壤重金属污染的前景将是广阔的。

关键词：土壤重金属污染 不同类型土壤 不同土壤深度 江西省

土壤重金属污染及其造成的危害已引起全国上下的高度重视。国务院正式批复了由环保部制定的《重金属污染综合防治“十二五”规划》（民主与法制时报，2011 年 3 月 1 日）。土壤重金属污染问题的研究将成为“十二五”期间的重点之一。江西是我国南方土壤重金属污染比较严重的地区之一。作者在广泛查阅有关文献资料的基础上，结合实地调查观察，拟对江西省不同类型和不同深度的土壤重金属污染进行分析，以期为全省防治土壤重金属污染提供科学依据。

---

* 作者：黄国勤。

本文于 2015 年 8 月 6—7 日在深圳召开的“中国环境科学学会 2015 年学术年会”上进行了交流，并载《中国环境科学学会 2015 年学术年会论文集》[中国学术期刊（光盘版）电子杂志社有限公司出版，ISBN：978-7-900292-78-0]第 4308～4316 页。

1 不同类型土壤的重金属污染状况

作者拟将全省土壤分成红壤旱地、稻田土壤、菜地土壤、园地土壤、城市土壤、水体底泥 6 种类型，分别分析其土壤重金属污染状况。

1.1 红壤旱地

红壤旱地是江西省的重要农业土壤资源。根据有关研究，江西红壤旱地同样存在土壤重金属污染问题。张桃林等于 2003 年对地处赣东北的余江县红壤丘陵旱地土壤重金属含量进行分析，结果表明，红壤旱地土壤重金属 Pb、Cd、Cu、Zn、As、Hg 的平均含量均大于江西省表土重金属土壤背景值，且 50%样点超过江西省表土背景值。熊又升、何圆球等（2006）测定分析了鹰潭地区红壤旱地土壤重金属含量（表 1），得出：鹰潭市余江县、月湖区 52.9%的红壤旱地样点属清洁，受到 6 种重金属（Hg、Cd、As、Cr、Cu、Pb）轻度污染的样点占 29.4%～41.2%。

表 1 鹰潭地区红壤旱地土壤重金属污染指标评价

重金属元素名称	Ⅰ级	Ⅱ级	Ⅲ级	Ⅳ级
Hg	100.0			
Cd	64.7	29.4	5.9	
As	64.7	29.4	5.9	
Cr	52.9	41.2	5.9	
Cu	58.8	41.2		
Pb	58.8	41.2		

注：Ⅰ级，清洁（$P\leqslant 1.0$）点数/%；Ⅱ级，轻污染（$1.0<P\leqslant 2.0$）点数/%；Ⅲ级，中污染（$2.0<P\leqslant 3.0$）点数/%；Ⅳ级，重污染（$P>3.0$）点数/%。这里，P 为污染指数。

1.2 稻田土壤

据江西省卫生防疫站等对大余、德兴、乐平 3 县（市）238 份稻田土壤样品 Cd 含量分析（表 2），结果表明，大余县稻田土壤 Cd 含量已达到甚至超过污染水平（一般认为，土壤 Cd 含量超过 1.00 mg/kg 即为 Cd 污染），德兴接近污染水平。

表 2　江西大余、德兴、乐平 3 县（市）稻田土壤 Cd 含量

县（市）	样品数/份	范围/（mg/kg）	平均值/（mg/kg）	标准差
大余	80	0.41～2.78	1.49	0.34
德兴	92	0.32～1.40	0.74	0.13
乐平	46	0.19～0.83	0.46	0.11
对照（CK）	20	0.32～1.12	0.68	0.23

据《江西土壤》记载，江西省大余县有 5 498.73 hm^2（82 481 亩）稻田直接受到 Cd、Pb 等重金属元素的污染，占该县耕地总面积的 44.1%。由于受到重金属的严重污染，该县已形成了 670 hm^2 的“镉米区”（稻米中镉含量严重超标，不能食用）。大余县农田（主要是稻田）土壤重金属污染状况详见表 3。

表 3　大余县农田土壤重金属污染状况

重金属	浓度范围/（mg/kg）	平均值/（mg/kg）	污染起始值（Xa）	超 Xa 的倍数	占总样品的比重/%		
					＞Xa	轻度污染	重度污染
Cu	7.40～717.25	90.88	30.79	2.95	66.13	50.00	16.20
Zn	20.34～323.06	87.94	75.99	1.16	35.50	20.90	14.52
Ni	12.68～47.74	28.49	41.84	0.68	3.23	32.30	
Pb	11.24～25.63	130.18	42.89	3.04	40.32	35.48	4.84
Cd	0.04～5.05	0.89	0.24	3.73	61.31	32.26	29.00
As	8～440	145.06	16.74	8.66	62.50	12.50	50.00

江西农业大学生态科学研究中心于 2005—2007 年对江西农业大学科技园长年种植“绿肥—早稻—晚稻”的双季稻田（28°46′4.47″N、115°55′2.04″E）土壤重金属含量进行了测定（表 4），结果表明：①稻田土壤中的 As 含量平均为 8.57 mg/kg，比南昌市土壤重金属背景值 7.99 mg/kg 高，最大值高出 18.8%；②在 95%的置信区间内，Cd 含量也高于背景值，是背景值的 1.3 倍；③稻田土壤中 Pb 和 Cu 含量的最大值也略高于背景值，分别超出 3.4%、0.3%；④稻田土壤中 Cr 和 Hg 的含量略低于背景值。以上表明，Cd 和 As 是稻田土壤重金属污染的主要元素，应予以重点关注。

表 4　江西农业大学科技园双季稻田土壤重金属含量特征值统计

重金属元素	浓度范围/（mg/kg）	平均值/（mg/kg）	标准差	变异系数/%	95%的置信区间	背景值/（mg/kg）
Cr	45.19～54.25	50.20	3.371	6.7	46.01～54.38	64.25
As	7.31～9.06	8.57	0.734	8.6	7.66～9.49	7.99
Cu	23.21～23.52	23.82	0.618	2.6	23.057～24.590	24.50
Pb	29.14～34.83	32.76	2.637	8.1	29.49～36.04	34.84
Hg	0.04～0.07	0.05	0.011	20.4	0.042～0.070	0.07
Cd	0.12～0.31	0.21	0.076	36.2	0.155～0.263	0.16

注：土壤背景值：引自刑新丽等所测南昌市郊区土壤重金属含量平均值作为背景值。

1.3　菜地土壤

江西农业大学朱美英等于 2005 年对南昌市扬子洲乡蔬菜基地的土壤重金属含量进行采样分析。结果表明，扬子洲乡蔬菜生产基地的土壤重金属含量平均为Cu 33.86 mg/kg、Zn 111.85 mg/kg、Cd 0.24 mg/kg、Pb 52.51 mg/kg、Cr 55.26 mg/kg、Ni 20.24 mg/kg。该区土壤中的 6 种元素都高于土壤背景值，部分土壤已受到 Cd 的轻度污染，部分土壤 Cu、Zn 为警戒级，其他元素为安全级。综合污染指数顺序为：Cd＞Cu＞Zn＞Ni＞Pb。

又据近年对南昌县蒋巷蔬菜基地土壤重金属含量的调查，该蔬菜基地土壤中Cu含量范围为20.65～28.91 mg/kg、平均值为24.35 mg/kg，Zn含量范围为100.23～135.48 mg/kg、平均值为 120.25 mg/kg，Pb 含量范围为 5.23～8.70 mg/kg、平均值为 7.01 mg/kg，Cd 含量范围为 0.024～0.160 mg/kg、平均值为 0.110 mg/kg。总体上看，该蔬菜基地还未受到土壤重金属的污染，但也要“防患于未然”，绝不可掉以轻心、麻痹大意。江西省农科院徐昌旭等对南昌市郊区蔬菜地土壤重金属污染进行了分析与评价，得出该市郊区蔬菜地土壤污染指数为 0.40～0.79，有的已达警戒等级，应引起重视。

江西省地质调查研究院左祖发等（2006）对江西某蔬菜基地土壤重金属污染状况进行了调查分析，结果发现：该蔬菜基地表层土（耕作土层）中 Cd、Hg、Pb 存在明显的“积聚现象”。局部地段土壤中已超出了农业部颁发的无公害蔬菜产地以及绿色食品产地土壤环境质量标准，成了“不安全生产区”。若以安全区、警戒区、轻污染区、中污染区、重污染区等档次划分土壤质量层次，则区内 Cd

轻污染区达 10 km^2，警戒区 12 km^2；Hg 中污染区 1 km^2，轻污染区 3.6 km^2；Pb 轻污染区 1.2 km^2，警戒区 14 km^2。由此看出，该蔬菜基地土壤具有明显的重金属污染现象，土壤中 Cd、Hg、Pb 含量均达到污染程度。研究还发现，蔬菜基地内土壤重金属含量本底值并不高，重金属的污染积累主要与人类生产活动有关（可能源于长期不合理的施肥与喷药）。

1.4 园地土壤

2009 年，江西省有园地面积 42.536 7 万 hm^2，其中茶园 5.082 1 万 hm^2，果园面积 37.454 6 万 hm^2。提高茶叶、水果产量，并不断改善产品品质，是江西农业今后发展的方向。要提高产量、改善品质，首先必须提升园地土壤质量。而防治和减少园地土壤污染，尤其是重金属污染，对于提升园地土壤质量至关重要。

关于江西园地土壤重金属污染问题，有关专家已作了一些研究。江西省农科院徐昌旭等（2006）研究得出，全省果园土壤污染综合评价指数为 0.50～0.84，部分果园 Cd、Pb 单项评价指数超过 0.9，接近预警；赣南茶园 Hg 和 Cd 含量偏高，部分达到污染标准。

江西省农科院李祖章等于 2000 年对南丰蜜橘生产环境进行了调查，测定了橘园土壤中 0～20 cm 土层中 Cu、Fe、Mn、Zn 等部分重金属元素的含量（表 5），从中可以看出（并与当地背景值比较），南丰蜜橘园土壤重金属含量均未达到污染程度，如 Zn 的有效态含量还处于亏缺临界值边缘，生产上还要求每年施入一定量的 Zn 肥，方能确保增产增收。

表 5 南丰蜜橘园 0～20 cm 土层中部分土壤重金属元素的含量（2000 年）

采样点	Cu/（mg/kg）	Fe/（mg/kg）	Mn/（mg/kg）	Zn/（mg/kg）
样点 1	13.1	163.5	15.8	4.5
样点 2	29.6	122.8	47.3	6.3
样点 3	17.6	231.5	28.7	6.6
样点 4	5.4	182.5	22.5	5.3
样点 5	6.2	72.9	29.2	2.6
样点 6	1.4	52.6	18.8	1.9
样点 7（试验园）	4.7	22.0	11.8	2.7
样点 8（新植园）	2.3	24.3	21.7	2.3

1.5 城市土壤

朱美英于2006年6—10月到南昌市城市内的49个样点采集城市土样，经过分析和统计（表6），得出：①南昌市土壤表层中，这5种重金属均有不同程度的污染，其中Cd污染最为严重，其次是Cu、Pb、Zn，最后是Cr。②用单因子评价南昌市五个功能区（工业区、商业区、生活区、农业区和旅游区）的土壤污染情况，可得到五个功能区重金属污染程度由重到轻的顺序为：Cu，工业区＞生活区＞农业区＞旅游区＞商业区；Zn，工业区＞商业区＞生活区＞农业区＞旅游区；Pb，工业区＞商业区＞生活区＞旅游区＞农业区；Cd，工业区＞生活区＞商业区＞农业区＞旅游区；Cr，工业区＞商业区＞生活区＞旅游区＞农业区。③从各功能区土壤重金属污染综合评价来看，工业区最为严重，旅游区、生活区和商业区次之，农业区的污染最轻。④相关分析表明，城市土壤中全Cu、全Cd、全Pb和全Cr这4种重金属元素之间存在着复合污染的迹象，南昌市工业区土壤Cu-Pb、Cr-Pb、Cr-Cd、Cd-Pb金属元素对之间均有显著的相关性；农业区土壤Cr-Cu金属元素对之间有极显著的相关性；商业区土壤中Cr-Cd金属元素对之间有极显著的相关性。⑤相关分析还表明，城市土壤中Cu、Zn、Pb、Cr、Cd的含量与有效态含量之间均呈显著或极显著的正相关。

表6　南昌市城市土壤重金属全量统计结果

重金属名　称	范围/（mg/kg）	平均值/（mg/kg）	标准差	变异系数/%	背景值/（mg/kg）
Cu	16.75～278.18	51.33	45.92	89.11	24.5
Zn	21.59～378.24	106.38	62.72	48.05	70.14
Pb	15.37～320.07	71.61	66.21	92.46	34.84
Cd	0.06～2.70	0.70	0.54	77.65	0.16
Cr	7.69～163.57	30.90	26.58	86.04	64.24

1.6 水体底泥

吕兰军于1992—1993年多次赴鄱阳湖及其水系采集水体底泥样品，分析其重金属含量，以探明铜矿及金属矿床的开发是否会造成鄱阳湖水体及底泥（湖底沉积物）的重金属污染。分析结果表明，由于德兴、永平、武山铜矿开发产生的含重金属酸性废水排入的影响，河口有乐安河口、信江东支河口、鄱阳（波阳）；湖区有龙口、棠荫、湖口等区域的 Cu、Zn、Pb 在底质中的含量为全湖（鄱阳湖）几个高值区，其中 Cu、Zn、Pb 的含量是鄱阳湖背景值的几倍甚至几十倍。

江西师范大学鄱阳湖生态环境与资源研究教育部重点实验室简敏菲等（2005）对鄱阳湖饶河入湖段底泥中重金属含量及污染特性进行了研究，结果表明：鄱阳湖饶河入湖段底泥中重金属含量及污染特性与土壤或底泥中的 pH 值负相关，pH 值越低，土壤（底泥）中的重金属含量就越高；且各元素之间呈现出一定的相关性，即 Cu、Zn、Pb 三种元素之间呈极显著正相关，这表明在鄱阳湖饶河入湖段呈现出重金属复合污染的趋势，应引起重视。

成都理工大学陈翠华等（2008）在江西德兴地区 4 800 km^2 范围内，系统采集水系沉积物（水体底泥）样品 330 个，采用 X 荧光光谱法、等离子原子发射光谱法等现代测试技术，分析了土壤和水系沉积物中重金属（As、Hg、Cd、Cr、Zn、Cu、Pb）的含量。样品中重金属含量变化范围为 As 3.070～1 109.000 mg/kg、Hg 0.015～5.430 mg/kg、Cd 0.035～13.500 mg/kg、Cr 7～236 mg/kg、Zn 22～1 770 mg/kg、Cu 5～4 390 mg/kg、Pb 15～1 685 mg/kg。通过对样品的重金属元素含量统计分析和绘制等值线图，发现该区域水系沉积物中存在不同程度的 As、Hg、Cd、Zn、Cu 和 Pb 重金属污染。污染区域主要分布在德兴铅锌和铜钼矿区德兴河下游至乐安河交汇处、德兴河与大坞河周边地区、西北部分煤矿区。

为探讨鄱阳湖底泥中 Cr、As 和 Hg 的污染情况，为建设鄱阳湖生态经济区提供指导与参考，江西省有色地质测试研究院张晖（2010）应用 ICP-AES 测定方法，对鄱阳湖底泥中 Cr、As 和 Hg 的含量进行了测定，并采用地质累积指数法对其进行评价，实验及分析结果表明：鄱阳湖底泥除修水入湖口、饶河入湖口和湖口（长江）三点的 Cr 有轻度污染外，其余各地 Cr、As 和 Hg 的污染等级为清洁。

综合以上分析，可以看出，江西省不同类型土壤重金属污染状况由轻至重可排列为：红壤旱地＜稻田土壤＜菜地土壤＜园地土壤＜城市土壤＜水体底泥。

2 不同深度土壤的重金属污染状况

不同深度土壤重金属的含量和垂直分布状况，除与成土母质、地质风化作用和土壤的成土过程有关外，还与元素自身的迁移能力、土壤因素如土壤有机质含量、阳离子交换量、黏粒含量、铁锰氧化物含量、pH、Eh 等，以及工农业活动有关。有关不同深度土壤中重金属的含量和分布，国内外已进行大量研究。这里，作者根据掌握的有关资料，对江西省典型区域不同深度土壤重金属的垂直分布状况进行分析。

2.1　稻田土壤重金属的垂直分布

中国科学院南京土壤研究所孙波等（2006）以江西铜冶炼厂区域的贵溪市滨江乡稻田为例研究了 Cu、Cd 重金属在不同深度的分布规律（表 7），得出：第一，无论是 Cu、Cd，表层（上层）土壤的重金属含量明显高于下层，说明二者均具有“表聚性”；第二，将二者进行进一步比较，可以看出，稻田土壤中 Cu 污染的“表聚性”比 Cd 更明显，而 Cd 在土壤剖面中的迁移性则明显高于 Cu 的迁移性。

表 7　贵溪市滨江乡稻田土壤剖面中 Cu、Cd 含量分布　　单位：mg/kg

元素	土层深度/cm	最小值	最大值	平均值	中值
Cu	0～15	40.600	565.000	167.900	138.200
	15～40	3.160	53.700	12.000	9.490
	40～60	3.070	19.600	8.780	8.200
Cd	0～15	0.360	2.850	1.280	1.200
	15～40	0.186	2.310	0.900	0.860
	40～60	0.100	2.160	0.814	0.751

2.2　园地土壤重金属的垂直分布

江西省农科院李祖章等于 2000 年对南丰蜜橘园 8 个样点，分 0～20 cm、20～40 cm、40～60 cm 共 3 个不同深度土层的土壤重金属含量进行测定，综合整理该测定结果（表 8），可以看出，第一层（土壤表层，0～20 cm，耕作层）与第二层（20～40 cm）、第三层（40～60 cm）相比，重金属含量显著偏高，表明土壤重金属有“富集表层”的现象，这主要与农业耕作和施肥等有关；第二层与第三层相比，“差距”明显缩小，但总体上是上层（第二层）土壤重金属含量高于下层（第三层），只是 Mn 稍有例外。

表8　南丰蜜橘园不同深度土壤重金属含量的垂直分布状况（2000 年）　单位：mg/kg

土层深度/cm	Cu	Fe	Mn	Zn
0～20	10.037 5	109.012 5	24.475 0	4.025 0
20～40	2.587 5	83.187 5	17.762 5	2.275 0
40～60	1.925 0	58.275 0	18.237 5	1.900 0

2.3　水体底泥土壤重金属的垂直分布

为研究河底不同层次土壤重金属含量的分布及污染状况，江西农业大学高小琴等于 2005 年 3 月分三层（上层，0～15 cm；中层，15～30 cm；下层，30～45 cm）采集乐安河兰村洲段水体底泥土样，分析测定了土壤重金属 Cu、Zn、Cd、Pb 的含量（表 9），结果表明：河底底泥中，Cu 含量的分布规律为上层＞下层＞中层；Zn 含量的分布规律为下层＞上层＞中层；Cd 含量的分布规律为中层＞上层＞下层，但上层与下层相差不大，很接近；Pb 含量的分布规律为下层＞上层＞中层。

表 9　乐安河兰村洲段河底垂直方向土壤重金属元素浓度　单位：mg/kg

河泥深度	Cu	Zn	Cd	Pb
上层（0～15 cm）	313.8	80.3	1.6	21.9
中层（15～30 cm）	127.2	64.8	2.2	12.3
下层（30～45 cm）	211.0	111.1	1.5	57.0

南昌航空大学胡利娜等于 2006 年 10 月底（此时正值鄱阳湖遭遇百年不遇的干旱季节），采用“临水垂直插管法”，用助推式柱状土壤采样器垂直插入鄱阳湖湖底底泥，进行分段采样，每段 2 cm，采样地点位于都昌县与永修县吴城镇交界区域（116°03′05″E、29°18′45″N），共采集样品 69 个。利用微波消解——ICP-AES 分析体系对柱状样中不同深度的样品，进行 Cu、Pb、Cr 等重金属含量的测定，结果显示：柱状 DW 采样点泥样中重金属浓度大小依次是 Mn＞Pb＞Cr＞Cu＞Ni，其含量随深度变化呈锯齿状多峰分布特征，且锯齿形状很相似，由深至浅总体有上升的趋势。Cu、Mn 含量随年代变化也呈锯齿状分布，Cu 含量 1964 年最高（125.115 mg/kg），Mn 含量 1990 年最高（1 165.119 mg/kg），分别是背景值的 5.1 倍、3.5 倍。

2.4　污染地区重金属的垂直分布

鄢新华等研究表明，南昌—樟树地区土壤重金属 Hg 的污染比较严重，Hg 污染区主要分布于高安市鸡公岭及南昌市、樟树市、高安市区等地。进一步研究 Hg 污染的成因及垂直分布规律，发现：与深层土壤（50～200 cm）相比，表层土壤（0～50 cm）Hg 含量明显偏高，这种现象是区域性的、连续性的，并在成矿作用显著地段及人口与厂、矿密集的城市更明显，表明区内表层土壤对 Hg 具有明显的吸附固定作用，Hg 污染源是广泛存在的，污染成因是多方面的。

从上述结果可以看出江西省不同深度土壤重金属污染状况为（污染由重至轻排列）：表层＞中层＞下层＞底层。

3　结语

3.1　污染的严重性

由上分析可知，江西省土壤重金属污染是非常严重的，表现为土壤中重金属含量高，超标重；污染面广，分布广泛；区域性强，特色明显；危害重、损失大。尤其是进入 21 世纪以来，江西经济社会发展速度进一步加快，对矿山开采、资源开发、能源利用的强度加大，再加上“过量”使用农用化学制品，以及生活垃圾大量堆积和“无序”管理等，客观上增大了土壤重金属污染的“污染源”，如重视不够、处理不当、管理不善，必然将进一步加剧全省土壤重金属污染。对土壤重金属污染的严重性及面临的严峻形势必须要有清醒认识。

3.2　原因的多样性

造成江西省土壤重金属污染的原因是多方面的。第一，矿山开采，产生大量尾砂和“三废”是造成土壤重金属污染最直接、最主要的原因。如江西省 1999 年有矿山企业 6 580 余个，年产矿石 1.49 亿 t，累积废石量 12.85 亿 t，尾砂约 11.53 亿 t，这是导致土壤重金属污染的重要“源”。第二，工业“三废”。除矿山开采产生大量尾砂和“三废”之外，各类工厂、企业，如造纸厂、印刷厂、制药厂、机械厂等，每年均产生大量废气、废液、废渣等，直接污染土壤。2009 年江西省工业废水排放总量为 63 047 万 t，比 2000 年增加 49.82%；工业废气排放总量 8 286 亿 m^3，是 2000 年的 3.73 倍；工业固体废物产生量 8 898.18 万 t，比 2000 年增加 84.80%。工业“三废”的增加，直接导致土壤重金属污染的加重。第三，农用化学制品的投入，也是造成土壤重金属污染的又一重要原因之一。1990 年江西省农用化肥施用量（实物量）285.6 万 t，2009 年为 410.1 万 t，后者比前者增加 43.59%。第四，生活垃圾等，不经再使用、再处理而直接排入农田，也容易导致土壤重金属污染。第五，法律、法规和制度不健全，以及执法不严、有法不依等，都将是使土壤重金属污染愈演愈烈的重要原因所在。

3.3 治理的有效性

应该说，治理江西省土壤重金属污染的途径和方法是多样的、有效的。江西农业大学赵振纪等于 1987—1988 年通过田间试验，证明使用抑制剂（如施用石灰、硫黄、风化煤粉等）对防治水稻土铜污染具有明显作用；钱海燕等通过试验得出，一是在铜、锌污染的土壤上种植黑麦草，黑麦草对铜、锌有极好的忍耐能力，而且随着时间的延长而增强，同时黑麦草对铜、锌有较好的富集能力。因此，黑麦草可用于锌矿复绿，黑麦草对铜、锌污染土壤具有很好的修复作用；二是在受到铜、锌污染的土壤上，同时增施钙镁磷肥和石灰，不仅仅可减轻土壤重金属铜、锌对作物的毒害，而且可逐步消除土壤中铜、锌污染的危害，起到对污染土壤的修复作用、改良作用。此外，通过轮作和合理的间、混、套作，以及筛选适宜的“吸污植物（生物）”等均对治理土壤重金属污染具有显著作用和明显成效。

3.4 研究的紧迫性

自改革开放以来，特别是 20 世纪 90 年代以来，由于经济快速发展，对矿产能源资源的开发、利用、消耗等日益加快，导致土壤重金属污染愈演愈烈，已成为经济社会发展和生态环境保护中的突出问题，亟待研究对策并进行有效治理。因此，进一步加强对土壤重金属污染规律的研究，积极寻求有效对策和措施，研发土壤重金属污染治理技术，已成为当务之急。各级领导和部门，必须高度重视并采取行之有效的举措和实际行动，科技人员理应积极投入到该项研究工作之中，力争早出成果、快出成果、出大成果、出“有用”成果，为从根本上防治土壤重金属污染作出积极贡献。

3.5 前景的广阔性

综上所述，研究和治理土壤重金属污染是国家的需要、全省的需要，是经济发展的需要，是改善、优化生态环境的需要，是保障人民健康、构建社会主义和谐社会的需要。因此，各级领导重视、有关部门支持，广大科技人员积极努力投入到该项利国利民的工作之中。可以说，研究和治理土壤重金属污染的前景十分广阔。

参考文献

[1] 张桃林，潘剑君，刘绍贵，等. 集约农业利用下红壤地区土壤肥力与环境质量变化及调控——江西省南昌市郊区和余江县案例研究[J]. 土壤学报，2007，44（4）：584-591.

[2] 熊又升，何圆球，王兴祥，等. 小尺度区域红壤重金属含量背景值及其环境质量评价[J]. 华中农业大学学报，2006，25（5）：524-529.

[3] 江西省卫生防疫站，江西省上饶赣州地区卫生防疫站，江西省大余德兴乐平卫生防疫站. 江西省大余等三县外环境中镉污染状况的探讨[J]. 环境与健康杂志，1985，2（5）：22-23.

[4] 江西省土地利用管理局，江西省土壤普查办公室. 江西土壤[M]. 北京：中国农业科技出版社，1991.

[5] 刑新丽，周爱国，梁合诚，等. 南昌市土壤环境质量评价[J]. 贵州地质，2005，22（3）：171-175.

[6] 朱美英，罗运阔，卢志红，等. 南昌市郊蔬菜基地土壤重金属含量及分析[J]. 安徽农业科学，2007，35（18）：5500-5501.

[7] 朱美英，罗运阔，赵小敏，等. 南昌市近郊蔬菜基地土壤和蔬菜中重金属污染状况调查与评价[J]. 江西农业大学学报，2005，27（5）：781-784.

[8] 左祖发，毛大发，熊胜珊. 江西某蔬菜基地土壤重金属污染现状[J]. 物探与化探，2006，30（6）：558-561.

[9] 李祖章，刘光荣，袁福生，等. 南丰蜜橘生产环境状况调查研究[J]，江西农业学报，2005，17（1）：1-6.

[10] 吕兰军. 鄱阳湖重金属污染现状调查与分析[J]. 人民长江，1994，25（4）：32-38.

[11] 简敏菲，游海，倪才英. 鄱阳湖饶河入湖段底泥中重金属的污染特性[J]. 江西师范大学学报（自然科学版），2005，29（4）：363-366.

[12] 陈翠华，倪师军，何彬彬，等. 江西德兴矿集区水系沉积物重金属污染分析[J]. 长江流域资源与环境，2008，17（5）：766-769.

[13] 张晖. 鄱阳湖底泥中 Cr、As 和 Hg 含量研究[J]，江西化工，2010（2）：63-65.

[14] 孙波，曹尧东. 丘陵区水稻土 Cu、Cd 污染的空间变异与影响因子[J]. 农业环境科学学报，2006，25（4）：922-928.

[15] 高小琴，赖发英，牛德奎，等. 乐安河兰村洲段土壤重金属污染状况分析[J]. 安徽农业科学，2006，34（20）：5309-5310.

[16] 胡利娜，刘小真，周文斌，等. 鄱阳湖水域 DW 采样点底泥重金属垂直污染分析[J]. 环境科学与技术，2009，32（6）：108-111.

[17] 鄢新华，张铁林，毛大发，等. 江西南昌—樟树地区土壤 Hg 污染现状评价[J]. 物探与化探，2005，29（5）：455-458.

[18] 彭崑生. 江西生态（1～6 卷）[M]. 南昌：江西人民出版社，2007.

[19] 江西省统计局，国家统计局江西调查总队. 江西统计年鉴 2010. 北京：中国统计出版社，2010.

[20] 赵振纪，姚益云，张宁珍，等. 水稻土铜污染防治措施研究[J]. 江西农业大学学报，1990，12（4）：53-58.

[21] 钱海燕，王兴祥，蒋佩兰，等. 黑麦草连茬对铜、锌污染土壤的耐性及其修复作用[J]. 江西农业大学学报，2004，26（5）：801-804.

[22] 钱海燕，王兴祥，黄国勤，等. 钙镁磷肥和石灰对受 Cu、Zn 污染的菜园土壤的改良作用[J]. 农业环境科学学报，2007，26（1）：235-239.

[23] 黄国勤. 江西生态安全研究[M]. 北京：中国环境科学出版社，2006.

江西省贵溪市大气污染特征及变化趋势分析*

摘　要：本文以 2000—2004 年大气例行监测数据为依据，分析了贵溪市大气污染特征和影响大气质量的主要污染物及其变化趋势。结果表明：贵溪市的大气污染基本维持在一定水平；市区的大气污染以发电厂最严重，其次是下李；春季和冬季是贵溪市大气污染较为严重的季节。基于以上结果，提出了解决贵溪市大气环境污染问题的相应对策和措施。

关键词：大气污染物　浓度变化　污染源　江西省贵溪市

Analysis on the Characteristics and the Change Trend of Atmosphere Pollution in Guixi，Jiangxi Province

Abstract: Based on the routine monitoring data about atmosphere quality of Guixi city in year 2000-2004，the polluted characteristics and the major pollutants that affect the atmosphere quality in Guixi of Jiangxi Province were analysed，and their change trend. The results show that present air pollution is maintained at a certain level. The air pollution of Guixi power plant is the severest pollution，the next is Xiali; Spring and winter are the most polluted seasons in all year in Guixi. Based on those results above，measures to solve environmental problems were introduced.

Key Words: atmospheric pollutant; concentration change trend; pollution source; Guixi City of Jiangxi Province

---

* 作者：姚珍、黄国勤；通信作者：黄国勤。

本文原载《中国可持续发展论坛（3）》（黑龙江教育出版社，2007 年 11 月）第 419～425 页。

贵溪市地处江西省东北部，信江中游。属丘陵地貌，雨季集中，四季气候变化明显，主导风向为东北风，全年平均风力 2.3 m/s，平均气温 18.2℃，年均降雨量 1 832.5 mm，全市行政区域面积 2 480 km^2，55 万人口，城区人口 12 万。城市坐落在信江河畔，是新兴的工业基地，也是江西省的主要工业城市之一。近年来，由于人口增加、工业发展，大气污染物大量排放，造成环境空气质量严重下降，不仅对生态环境造成不利影响，而且对社会经济发展、人们的生活质量和身心健康等产生消极效果。目前，影响贵溪市最主要的大气污染物是 TSP、PM_{10} 和 SO_2，冬季、春季和秋季是一年中三个主要污染季节。本文拟通过对贵溪市大气环境状况进行定量化研究与定性分析，并结合生态学原理，针对贵溪市城市化、工业化进程中出现的主要大气环境污染问题，找出其原因和症结，并进一步提出治理对策，以期改善贵溪市大气环境质量，促进全市社会经济的可持续发展。

1 实验监测方法

1.1 监测布点

受条件制约，SO_2、NO_2、PM_{10} 沿用“五日法”采样，即一年四次（1 月、4 月、7 月、10 月各采样一次），每次连续五天，每天四个时段 6：30—7：30、10：00—11：00、14：00—15：00、18：00—19：00。并同步测定风向、风速、温度、湿度、气压等气象参数。根据点位优化的原则，确定的对照点和监测点为如下：

取样点 1　　贵冶取水口
取样点 2　　化肥厂办公楼
取样点 3　　发电厂生活区
取样点 4　　下李

1.2 样品采集及其方法

大气环境质量监测项目主要有 SO_2、NO_x、TSP、降尘，为满足监测分析方法检测要求，故针对不同监测物质采取相应的采样分析方法（表 1）。

表 1　大气各监测指标采样及分析方法

项　目	采　样			分　析	
	时间/min	流量/（min/L）	方法	分析方法	检出限
SO_2	40	0.5	甲醛缓冲溶液吸收	盐酸副玫瑰苯胺比色法	0.003 mg/m^3
NO_2	40	0.3	盐酸萘乙二胺溶液吸收	盐酸萘乙二胺比色法	0.008 mg/m^3
TSP	60	120	滤膜捕集	重量法	天平感量 0.1 mg
PM_{10}	—	—	集尘缸收集	重量法	天平感量 0.1 mg

2　主要大气污染物浓度变化特征分析

2.1　主要大气污染物的浓度分布特征

贵溪市大气污染物主要是 TSP、SO_2 和 NO_2，各自年平均浓度值分别为：0.108 mg/m^3、0.036 1 mg/m^3、0.036 3 mg/m^3。根据实验布点情况将其划分为四个功能区，从四个功能区的监测结果看，贵溪市的大气环境质量基本达到国家二级标准，由表 2 可看出，发电厂监测点的检测项目浓度值较其他功能区要偏高，其平均污染指数达到 100.8，化肥厂次之 72.4，冶炼厂取水口最小为 54.2。而从各项检测项目的比标值来看，每个功能区的最显著的值分别为：贵冶取水口 SO_2 为 0.367，化肥厂 SO_2 为 0.577，发电厂 TSP 为 0.991，下李 SO_2 为 0.557。虽然发电厂的最显著的比标值项目为 TSP，但是其 SO_2 的比标值也高达 0.991，因此我们可以看出贵溪市的主要污染物为 SO_2 和 TSP。

表 2　江西省贵溪市范围各监测点浓度分布　单位：mg/m^3

监测点位名称	平均污染指数	检测项目	浓度范围	年平均浓度	比标值
贵冶厂取水口	54.2	TSP	0.032～0.128	0.067 8	0.339
		SO_2	0.017～0.026	0.022	0.367
		NO_2	0.017～0.046	0.027 8	0.348

监测点位名称	平均污染指数	检测项目	浓度范围	年平均浓度	比标值
化肥厂	72.4	TSP	0.042～0.143	0.073 4	0.367
		SO_2	0.024～0.050	0.034 6	0.577
		NO_2	0.022 5～0.054	0.030 7	0.384
发电厂	100.8	SO_2	0.048～0.067	0.054 2	0.903
		NO_2	0.033～0.145	0.059	0.738
		TSP	0.048～0.160	0.090 4	0.452
下 李	71.4	SO_2	0.029～0.045	0.033 4	0.557
		NO_2	0.030～0.089	0.027 8	0.348
		TSP	0.121～0.226	0.094 8	0.486

注：其中比标值是以国家大气环境质量二级标准为基准值。

2.2 大气污染物浓度的季节性变化趋势

贵溪市 SO_2、NO_2 和 TSP 的浓度的季节变化特征分别如图 1、图 2、图 3 所示。从图中可以看出，贵溪市的大气污染物均有较为明显的季节变化特征，发电厂的各项监测指标值都较同监测点位要高，可见其为造成贵溪市大气污染的主要污染源。而且各监测点全年当中，污染程度是冬季＞秋季＞夏季＞春季，即存在冬季和秋季空气污染较严重，到夏季污染减轻的规律。从各项空气污染物浓度的季节变化规律看，SO_2 是冬季＞秋季＞春季＞夏季；NO_2 是冬季＞夏季＞秋季＞夏季；TSP 是秋季＞冬季＞春季＞夏季。这与贵溪市空气污染以煤烟型污染为主要特征、能源消耗的时空分布及污染气候特点相符合。

从图 1 可以看出，发电厂的 SO_2 季浓度变化幅度最大，达 0.03 mg/m³（浓度范围为 0.056～0.026 mg/m³）。季浓度变化幅度最小的是贵冶取水口，为 0.008 mg/m³。根据图 2 和图 3 可看出 NO_2 和 TSP 的浓度变化幅度最大的为下李 0.012 4 m/m³、贵冶取水口 0.068 mg/m³。从单项指标看来，贵溪市主要污染物为 SO_2 和 TSP，从图 1 中也可以反映出来，造成这些污染的与贵溪发电厂燃煤发电有很大关系，TSP 浓度秋冬季节较高，春季次之，这可能与秋冬季雨水较少，气候干燥，刮风时容易将地表的土壤颗粒和微尘卷起有关。

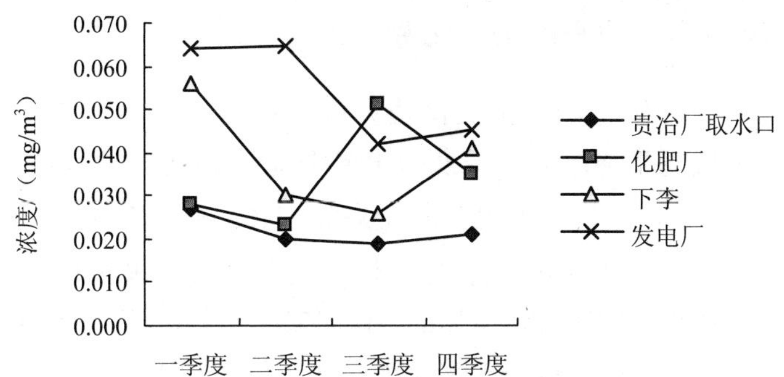

图 1　江西省贵溪市各监测点 SO_2 浓度季节变化特征

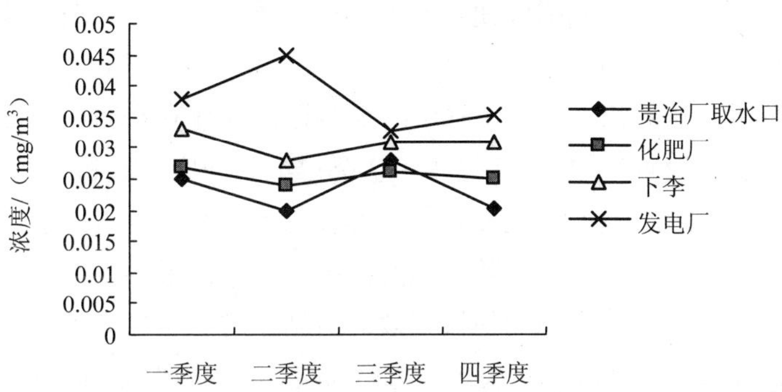

图 2　江西省贵溪市各监测点 NO_2 浓度季节变化特征

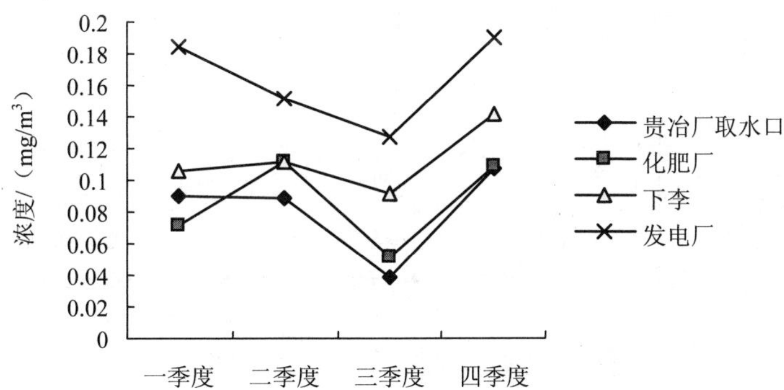

图 3　江西省贵溪市各监测点 TSP 浓度季节变化特征

2.3 大气污染物浓度的年际变化趋势

从主要污染物各年平均浓度变化趋势可以看出（图 4）：SO_2 平均浓度从 2000—2003 年呈缓慢下降趋势，而 2004 年突然增大到 0.042 mg/m^3，这与贵溪火力发电厂发电量增大，燃煤量大增有很大关系。NO_2 平均浓度呈平稳变化略有下降，2000 年为最高值 0.033 mg/m^3，SO_2 和 NO_2 年平均浓度符合国家环境空气质量二级标准；而 TSP 浓度则有较明显的下降。TSP 平均浓度 2000 年和 2001 年略高，2002 年开始下降，但均达到国家二级标准；灰尘自然沉降量呈下降趋势。这与贵溪市加快城市建设步伐，铺设了水泥、沥青路面有很大关系。根据 2000—2004 年的监测有关资料，尽管能源消耗逐年增加，污染物和汽车尾气排放量也相应增加，但由于有效的烟尘控制措施使全市大气环境质量多年保持在国家环境标准二级水平。

从以上分析不难看出：第一，SO_2 和 NO_2 浓度变化存在明显的反复性，这与发电厂等大型企业废气排放、生产等排污状况得不到彻底控制和治理有很大关系。第二，PM_{10} 值变化在相对稳定的基础上呈缓慢上升态势，这是由于近年机动车辆增多，机动车尾气排放未得到有效控制的结果。第三，近年来，贵溪市为改善大气环境质量状况，实施了一系列积极有效的措施，进一步加大了治理了主要工业污染源的废气排放，控制市区二次扬尘污染力度，坚决取缔超标生产的工业企业，使贵溪市城区大气环境质量得到了明显改善。虽然主要大气污染物的浓度变化存在反复，但大气污染程度得到了一定的缓解。这与贵溪市近几年下大力气抓小型燃煤锅炉的整治、对烟尘超标排放进行治理密切相关。

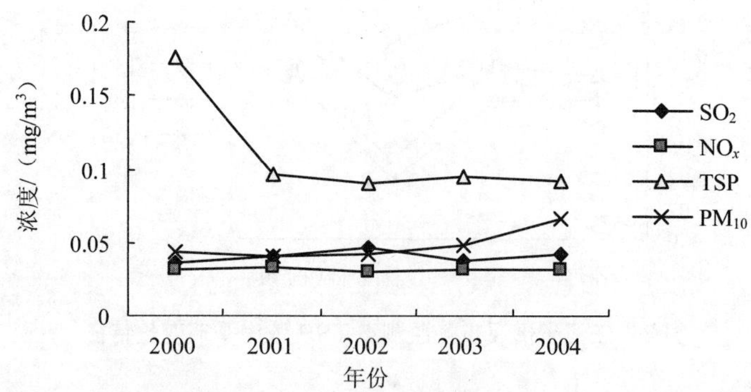

图 4 江西省贵溪市 2000—2004 年主要大气污染物浓度年际变化趋势

3 贵溪市大气污染原因分析

3.1 工业污染源的影响

贵溪市工业污染源的种类繁多，成分复杂，排放方式各异，本次调查主要针对 2004 年贵溪市主要污染企业，包括废气排放量及烟尘、SO_2的排放量。如表 3 所示，发电厂废气、SO_2、烟尘排放量占各自监测项目总排放量的 55.2%、61.3%、96.2%；冶炼厂次之为 33.7%，35.9%、1%。显而易见，贵溪市主要的大气污染企业为发电厂、冶炼厂。

根据 2004 年各企业的大气污染物排放量，利用污染物评价标准及其评价模式，计算出污染物的等标污染负荷，确定主要污染源和污染物的等标污染负荷比。模式如下：

某污染源在区域中污染负荷比 K_n：

$$K_n = \frac{P_n}{\sum P_n} \times 100\% \tag{1}$$

$$P_n = \sum_{i=1}^{n} P_i (i = 1,2,3,\cdots,n) \tag{2}$$

$$P_i = Q_i \big/ C_{o_i} \tag{3}$$

式中，K_n为某污染源在区域中污染负荷比；n 为区域中污染源的个数；P_n为某污染源的等标污染负荷（a • m^3）$^{-1}$；P_i为 i 污染物的等标污染负荷（a • m^3）$^{-1}$；Q_i为 i 污染物的年排放量 t/a；C_{o_i}为 i 污染物的评价标准，mg/m^3。

某污染物在区域中污染负荷比：

$$Q_n = \frac{Q_i}{\sum P_n} \times 100\% \tag{4}$$

$$Q_i = \sum_{i=1}^{n} P_i (i = 1,2,3,\cdots,k) \tag{5}$$

式中，Q_i为区域中某污染物的等标污染负荷（a • m^3）$^{-1}$。

根据模式，分别计算了贵溪市各企业污染源的等标污染负荷。由表 3 中 6 家重点企业排放的废气中污染物的数量和浓度数据可见，造成贵溪大气污染工业污染源主要是贵溪发电厂，等标负荷比为 83.41%，其次为冶炼厂，等标污染负荷比为 13.95%，化肥厂的等标污染负荷比为 1.62%，三元化工厂为 0.35%。此次主要监测污染物是烟尘和 SO_2，其等标污染负荷比分别为 63.16%、36.84%。工业污染源类型以烟尘污染为主，贵溪发电厂及对环境中烟尘污染占极重份额为 96.29%。

表 3 江西省贵溪市主要企业大气污染源污染物排放表（2004 年）

企业名称	废气量/（m^3/a）	SO_2 排放量/（t/a）	烟尘排放量/（t/a）	SO_2 等标污染负荷比/%	烟尘等标污染负荷/%	负荷比/%
发电厂	1 711 537	20 561.432	11 524.752	61.34	96.29	83.41
冶炼厂	1 046 197	12 044.02	135.5	35.93	1.13	13.95
化肥厂	230 972	625.425	176.509	1.87	1.47	1.62
三元化工厂	17 169	25	61	0.07	0.51	0.35
新世纪水泥公司	78 900	165.28	50.703	0.49	0.42	0.45
海利农药厂	16 989	97.39	20.645	0.30	0.17	0.22
合计	3 101 764	33 518.547	11 969.109	36.84	63.16	

3.2 气候和城市发展因素的影响

（1）气候的影响。贵溪市属亚热带季风性湿润型气候，潮湿、高温而且四季分明。太阳光强和水蒸气浓度对 SO_2 的转化起到重要的作用，太阳光强的增加会使 OH^- 等大气自由基浓度升高加速 SO_2 和 NO_2 氧化为易溶于水的酸性污染物，降雨时溶于雨水形成酸雨，从而加重了大气污染的程度。

（2）城市布局的影响。贵溪市功能区布局的不合理，以及人口过度集中，建筑物过度密集在气象、地形因素的作用下，更加剧了污染。此外诸多较大型的城市建设频繁，造成空气中降尘、烟尘等污染物含量剧增。

（3）交通运输业的影响。除工业污染源的排放污染外，近年来，贵溪市交通运输业发展迅猛，机动车拥有量逐年上升。机动车尾气污染问题严重，使空气污染日趋严重，造成市区 NO_2 浓度的超标。

（4）环境管理力度不够的影响。企业生产产生的粉尘、烟尘超标严重，虽经限期治理，但达到排放标准仍有反弹，致使企业仍超标排放。

4　结果与讨论

（1）2000—2004 年，贵溪市的大气环境质量基本达到国家空气质量标准二级水平，从 5 年的变化趋势来看，SO_2 和 NO_2 浓度变化存在明显的反复性，总体大气环境质量呈现波动型略有下降的趋势。

（2）贵溪市区大气污染呈现以春、冬两季节最为严重，到夏季污染减轻的规律。SO_2 是贵溪市大气污染的主要污染物，其次是 TSP。SO_2、NO_2 和 TSP 浓度分布以发电厂监测点最高，其次是下李监测点。

（3）发电厂是贵溪市的主要大气污染源，污染物的排放量占全市 50%以上。应对其严格执行大气污染物排放许可证制度，对大气污染物实行总量控制。治理工艺尾气排放，确保烟尘、粉尘等污染物达标排放。

（4）为了从根本上解决贵溪市的大气污染问题，还需进一步加强环境管理，加大环保执法力度，尽快调整不合理的工业布局与能源结构，严格控制环境污染；加紧实施工业污染源脱硫、除尘工程，加强机动车尾气排放的检查，严格控制新的污染产生，对大气污染治理项目实行限期目标；同时要加快城市绿化建设进度，提高绿化覆盖率，改善生态环境质量。

参考文献

[1] 罗春晖，杨媛．长沙市大气污染现状及变化特征研究[J]．湖南有色金属，2004，20（1）：35 37.

[2] 马雁军，崔劲松，等．1987—2002 年辽宁中部城市群大气污染物变化特征分析[J]．高原气象，2005，24（3）：428-435.

[3] 宋艳玲，郑水红，等．2000—2002 年北京市城市大气污染特征分析[J]．应用气象学报，2005，16（增刊）：116-122.

[4] 郭良才，李红英，等．嘉峪关市环境空气质量现状及防治对策[J]．环境研究及监测，2005，18（1）：45-47.

[5] 王陆军，廖晓芬．宝鸡市大气环境质量分析与综合评价[J]．干旱区资源与环境，2005，19（1）：140-143.

[6] 国家环境保护局，中国环境科学院．城市大气污染物总量控制方法手册[M]．北京：中国环境科学出版社，1991.

[7] 江西省统计局．江西统计年鉴[M]．北京：中国统计出版社，2004.

[8] 国家环境保护总局监督管理司．中国环境影响评价[M]．北京：化学工业出版社，2001.

发展低碳经济　开发清洁能源

——江西省“推动小水电健康有序发展”专题调研报告*

发展低碳经济，开发清洁能源，是应对全球气候变化、缓解能源紧张、促进经济社会全面协调可持续发展的必然选择。小水电是一种典型的清洁能源，越来越受到广泛重视。江西省是我国中部地区经济欠发达省份，资源丰富，但能源相对不足。为推进低碳经济发展，缓解能源资源不足的矛盾，江西省积极探索清洁能源的开发利用，尤其是作为一种典型的清洁能源的小水电资源，已引起省委、省政府的高度重视。

为推进全省小水电健康有序发展，2010 年 8 月 23—27 日，时任江西省政协领导率省政协人资环委、民盟江西省委会、省水利厅联合组成的调研组，先后赴九江市修水县、武宁县和抚州市黎川县、宜黄县开展专题调研。现将该次调研的主要内容及取得的成果整理如下，供有关方面参考。

1　江西省小水电资源概况及开发利用成效

江西省河流众多，水量充沛，水能资源较丰富。全省水能理论蕴藏量 684.56 万 kW，技术可开发量 633 万 kW，其中小水电资源（指单站装机 5 万 kW 以下的水电站）技术可开发量 422.85 万 kW，占全省水能技术可开发量的 67%。自 2000 年至今，国家进行投资体制改革，大量民营资本进入小水电开发市场，小水电开发市场空前繁荣。截至 2009 年年底，江西省已建成小水电站近 4 000 座，装机容量 258.85 万 kW，年发电量 63.09 亿 kW • h，占全省销售电量的 10%。

---

* 作者：推动江西省小水电健康有序发展专题调研组（刘晓庄、陈双溪、龚林儿、任江南、文林、于龙江、王光熙、帅斌、黄国勤）；通信作者：黄国勤（执笔人）。

本文原载《可持续发展研究》2011 年第 3 期第 27～29 页。

修水县水资源丰富。平水年地表水总量37.4亿m^3，已利用的有2.67亿m^3，利用率为7.14%。与全国12%比，利用率低。修水县地下水资源受气候、岩性、构造、地貌等多种因素控制，富水性极不均一，主要由大气降水补给。全县总量为4.78亿m^3，已利用1 563.5万m^3，利用率为3.27%。地下热水资源丰富。如白岭温泉有三处，水温40℃以上，总出流量1.656 L/s，渣津司前株树下温泉，水温21.5℃，出流量20.268 L/s；黄沙汤桥温泉，水温62℃，出流量3 L/s。全县境内河流众多，水能资源非常丰富，理论蕴藏量达39万kW，可开发量为20万kW，占理论蕴藏量51.28%。水能分布以山口水、东津水最多。

武宁县水能资源十分丰富，水能理论蕴藏量14.66万kW，技术可开发量11.649万kW，已开发量为10.016万kW。近年来，在县委、县政府的高度重视下，该县水电事业获得了快速发展。截至2010年9月，全县已建成水电站99座，总容量82 200 kW，设计年平均发电量29 670万kW·h，水电企业每年可实现利税4 220多万元，带动了农民致富，保护了生态环境，为促进全县经济社会可持续发展作出了积极贡献。

黎川县水资源丰富，可开发利用的山地水面达70万亩，水能蕴藏量2.57万kW，尚待开发的水能有1.9多万kW。目前，黎川县建成投产的水电站达40座，装机容量达26 375 kW，年发电量达4 384万kW·h，产值达1 076万元。近年来，该县出台了一系列优惠政策，积极引进客商投资开发小水电。目前，该县客商兴建的水电站有17座。与此同时，该县还注重对已建水电站进行增容扩量，提高水电站的发电能力。龙头寨水电站过去的装机容量只有5 100 kW，为科学利用水能，该县在龙头寨水库旁小竹水系开发了小竹水电站，并将尾水引入水库，扩大集雨面积10 km^2，另外还在龙头寨水库上游兴建岩泉水电站，使龙头寨水电站的年发电量增加了730万kW·h。2009年，该县引进的15个小水电项目中，有5个完成了技术改造，实现了增容扩量。生机勃勃的小水电产业，给黎川工业提供了丰富的电能，有力地推动了陶瓷、农林产品加工、服装制鞋和化工建材等产业的发展。

宜黄县位于江西省东部，抚州市南部，东西宽约40 km，南北长约85 km，是武夷山脉向抚河平原的过渡地带，地势南高北低，东南西三面环山，属地有宜水、黄水、曹水、梨水、兰水五条水系。县内山环水绕，景色秀美，水资源极为丰富，开发潜力大。该县把资源优势转化为水电产业优势和经济发展优势，科学规划，发展清洁能源，形成了“以林涵水，以水发电，以电兴工”的生态循环经济。该县水能蕴藏量 11.78 万 kW，小水电可开发量 7.9 万 kW，占蕴藏量的 67%。2002 年以来，通过招商引资，小水电建设迅速发展，并成为宜黄一项新兴产业，吸纳民间资本达 3.2 亿元，新建、扩建小水电站 69 座，总装机容量 3.9 万 kW。目前，该县有小水电站 97 座，总装机容量达 5.1 万 kW，年发电量可达 1.48 亿 kW·h，已成为江西省小水电大县。

2 当前全省小水电资源开发存在的主要问题

2.1 管理缺位，机构不健全

江西省在水能资源管理和小水电站运行监管方面，既没有制定地方行政法规，也没有确立监管主体；2009 年的省级机构改革，明确了省水利厅“小水电行业监管”的职责，目前全省的市、县两级小水电监管职能仍未理顺，有的监管职能虽然理顺了，但没有设置和配备专门的小水电管理机构、编制、人员和经费，小水电监管难度大。近两年江西省连续发生 3 起小水电安全事故，虽然主要责任在业主，但与监管不到位有着直接关系。

2.2 无序开发，建设不规范

由于 2000 年机构改革后的小水电监管缺位，水能资源无序开发，出现大量“无立项、无设计、无监管、无验收”的违规小水电站，不仅浪费水能资源，而且危及人民生命财产安全；建设行为不规范，缺乏科学规划，压低工程造价，减少安全性投入，工程质量未达标，埋下质量隐患；技术设备落后，甚至 20 世纪 60—70 年代的设备仍在继续使用；过度开发，一个个电站形成一道道屏障，河流层层被阻，破坏生态环境，甚至影响防洪公共安全。

2.3 定价机制不科学，供需地位不平等

目前小水电实行“一站一价”的上网电价审批制度，电价由供电企业与物价主管部门协议商定，小水电没有主动话语权，一站一价，从每度 0.25～0.63 元，实际最低执行电价为遂川县的每度 0.19 元，上网电价高于每度 0.40 元的小水电站基本为原电力系统分出或仍隶属于电力系统的国有小水电站，有的县上网电价竟然有 39 种之多，全省小水电加权平均上网电价在每度 0.27 元左右，无论是否具

备调峰能力，均低于火电等其他电价。由于上网电价形成机制不科学，使小水电的发展不能形成优势，造成了小水电之间的不公平待遇，掠夺了水能资源的价值和当地政府、当地人民的利益，阻碍小水电的健康发展。

所有小水电站发电量只能销售给同一家企业，这造成了在输电线路建设、线损计量、资金结算、上网电量等问题上都由电网一家一言而定，小水电站根本无商业谈判资格。而《可再生能源法》第十四条规定："电网企业应当与依法取得行政许可或者报送备案的可再生能源发电企业签订并网协议，全额收购其电网覆盖范围内可再生能源并网发电项目的上网电量，并为可再生能源发电提供上网服务。"江西省新建水电站输电线路建设投资均由小水电业主负责，甚至产权还需归于电网，如武宁县下坊、于都县跃洲水电站，电价上网与返供差距较大，部分小水电站在枯水期需从电网购电，而电价却按工业用电价格结算，按月按时电量互抵政策未能执行。

2.4　扶持政策不兑现，资源占有不付费

小水电属清洁可再生能源，国家鼓励和支持利用可再生能源和清洁能源发电，将可再生能源的开发利用列为能源发展的优先领域。国家针对风能等颁发了一系列扶持政策，如风力发电设备制造商符合其规定条件的，按 500 元/kW 的标准予以补助，整机制造企业及关键零部件商各得 50%。而同是清洁可再生能源的小水电却没有分文补贴。

水能资源是水资源的重要组成部分，属于国家所有，国家对其实行有偿使用制度，通过有偿出让水能资源开发权，建立公平、公正、公开的水电开发市场。但江西省目前还未建立全省统一的水能资源开发权的有偿出让制度及合理的补偿机制。2000 年前后，大部分市、县政府均将水能资源作为招商引资的优势条件，不仅无偿交付给客商开发，而且提供更多的诸如审批、移民征地补偿等优惠政策，甚至出现侵占农民权益，政府仅获得小部分利税收益的现象，这难免掺杂了人情等因素，甚至成为了腐败滋生的土壤。

2.5　站地关系不协调，电站经营不理想

目前江西省农村水电站经营情况大概为三分天下，即 1/3 微利运营，1/3 保本经营，1/3 亏损坚持。一方面，部分水电站建设时，只考虑经济利益的最大化，河道裁弯取直，未采取必要的工程措施和调度手段，造成河流断流，既破坏生态，

又影响当地农民生活、灌溉用水，水事纷争不断；另一方面，一些地方农民不讲科学，认为洪涝灾害与水电站建设有关，即使水电站建设时已按技术规范和政策文件对征地移民补偿到位，且遭遇超标准洪水，电站灾损十分惨重，但仍冲击电站厂房，要求赔偿。此类情况在重灾区的黎川县尤其突出。

随着建材价格、征地补偿标准、运行管理费用、银行贷款利率及税率的不断提高，小水电的单位单瓦造价已从 20 世纪末的 3 000 元左右提高到现在的 8 000 多元，低水头单位千瓦投资更是突破万元，而上网电价的增幅 10 年来不到 30%，不少新建电站回报率甚至不及银行存款利率；部分地区 80 年代国家投资和集体修建的水电站大都没有办理移民征地补偿手续，采用以电补地等政策，长期无偿负担附近居民用电或补贴电费，电站产权不明晰。如修水县郭家滩水电站，因负担附近居民用电，2009 年被县供电公司扣去电量 101 万度。

3 推进江西小水电健康有序发展的对策与建议

针对存在的上述问题，为推进江西小水电健康有序发展，特提出如下对策与建议。

3.1 建立健全法规，完善监管体系

要明确小水电管理机构。尽快制订颁发《农村小水电建设管理条例》及其相应的地方性配套文件，以法规的形式明确小水电站安全生产责任主体和监管主体，明确各有关部门的监管职责，设置责权统一的行政管理机构，在新一轮的市、县政府机构改革中，各级政府应理顺小水电监管体制，落实编制、人员和经费；建立对小水电基本建设程序及审批许可制度，使小水电步入法制管理的正常轨道；严格农村水电项目初步设计、工程质量、下闸蓄水、竣工验收等关键环节的监管，制定农村水电站安全管理年检的办法、完备的检测方法和检测程序，开展农村水电站安全管理年检工作，通过年检制度，确保江西省农村水电站安全运行。

3.2 制定科学规划，优化电站布局

要按照流域梯级开发与统一调度的原则，科学规划、合理选址、强化环评、有偿出让、规范建设、严格验收，促进山区流域水资源的合理开发利用，实现小水电社会经济综合效益和生态资源效益的最大化。

3.3　运用市场杠杆，理顺电价体系

针对江西省小水电行业经营环境和经济效益不佳等问题，政府要开展上网电价、直供区建设等政策性调研，根据《电力法》“同网同质同价”的规定，遵循市场经济规律，建立与完善科学合理的小水电上网价格体系，制定小水电上网最低保护价，最终实现市场定价、同网同质同价、优质优价的目标；允许小水电借网向附近工业企业或城镇直接供电，通过市场竞争，促进企业减少亏损实现盈利，推动小水电的产业升级和良性发展。

3.4　严格行政审批，强化质量监管

要组织工程技术人员和专业人员，做好流域规划、水资源利用、蓄洪防汛、水土生态保护，以及环境修复、移民安置等论证工作，严格执行工程建设标准，实施项目审批和建设过程的质量监管，加强施工现场的监督与检查，增加安全性投入，切实保证施工质量。

3.5　消除安全隐患，保护自然环境

要认真开展对违规小水电和年久失修的陈旧小水电的清理整顿工作，对要求整改的，明确整改内容和整改期限，按照规定进行整改；对存在重大安全隐患和容易造成生态破坏的，应该彻底清理，并且做好善后工作，防止自然灾害的发生。

3.6　明晰产权责任，解决利益纠纷

要通过政策引导和股份合作，建立现代企业制度，按照建设资本投入、土地资源权属、水资源和森林资源保护等因素，进一步明晰产权和利益分配关系，统筹兼顾各方利益，切实解决好小水电发电用水和群众生产生活用水的矛盾，避免发生群体性上访和冲突事件，维护社会的和谐稳定。

3.7　增设资源税种，建立补偿机制

建议尽快出台《江西省水能资源开发利用管理办法》，尽快制定鼓励小水电开发政策，实行水能资源开发权有偿出让制度，规范江西省水能资源开发市场，建立健全科学、合理的水电开发补偿机制，保障江西省水能资源科学、有序地开发利用；根据清洁发展机制的要求，增加生态资源税种，并参照风电、太阳能电的

价格，向国家申请补贴，增收的各种资金专门用于对山区植树造林、水土保持等生态建设工作的经济补偿；加大省级财政对民生水电建设的投资力度，按要求解决小水电代燃料、水电农村电气化县建设的配套资金，安排一定资金用于老水电站除险加固和技术改造，保障民生水电建设顺利进行；国家在安排资金时，应充分考虑和关照到部分具有农田灌溉、防洪保安等公益性功能的小水电站所。

3.8 加大技改力度，提高发电效能

要积极应用新技术、新工艺、新材料、新设备，加快对现有老电站的技术更新和改造，提高建设标准和自动化程度，采用微机监控，实现电站智能化管理；以培训为依托，提高业务人员的专业技术水平和管理水平，电站职工应享受同类企业职工技术培训同等待遇，以增强企业竞争能力。

3.9 整合现有资源，组建行业协会

要通过改革改制的办法，把各自分散的小水电企业，优化整合成如水电开发公司、境内流域水电站等不同形式规模的企业；通过整合，充分挖掘流域内的发电效能，把小企业做大做强；积极组建省、市、县农村水电行业协会，以中介组织为平台，发挥自我约束、反映诉求、沟通联系等桥梁纽带作用；延伸水电企业协调、管理或处理相关事务的功能，协助政府部门制定、推广全省农村水电行业技术标准；组织实施水电站安全管理年检工作，加强对农村水电行业技术交流和培训的指导工作，推动农村水电事业的健康有序发展。

发挥生态优势 做大绿色产业*

摘 要：江西省地处长江中下游南岸，光、热、水资源丰富，自然条件良好，生态优势明显，既是我国南方的重要“农业大省”，又是“生态大省”。本文在简要分析了江西丰富的绿色资源和明显的生态优势的基础上，认为江西生态优势尚未转化为绿色产业优势。为此，作者提出了做大、做强江西绿色产业的对策与措施：①加强宣传；②加大投入；③强化监管；④完善法规；⑤重视科研；⑥强调合作。

关键词：生态优势 绿色产业 江西省

1 江西绿色资源丰富，生态优势明显

江西省地处长江中下游南岸，光、热、水资源丰富，自然条件良好，生态优势明显，既是我国南方的重要“农业大省”，又是“生态大省”。作为“生态人省”，江西绿色资源丰富，生态优势明显。

（1）森林覆盖率高。目前，江西省森林覆盖率已达到 63.1%，名列全国第 1 位。

（2）水质好。全省地表水监测断面水质达标率达到 80.7%。鄱阳湖是全国最大的淡水湖，是全国“五大淡水湖泊”中至今唯一没有“富营养化”的，鄱阳湖仍然保留着“一湖清水”。

（3）空气质量优。江西省 11 个设区城市环境空气质量全部达到国家Ⅱ级标准。

（4）城市“绿色率”高。全省设区市城市建成区绿地率为 43.2%，绿色覆盖

---

* 作者：黄国勤。

本文于 2013 年 10 月 17—19 日在南昌召开的“中国生态学学会第九届全国会员代表大会暨 2013 年学术年会.”上进行了交流，并载《面向国家需求 促进生态学科发展——中国生态学学会第九届全国会员代表大会暨 2013 年学术年会论文摘要集》（中国生态学学会等，2013 年 10 月）第 67～68 页。

率 46.62%，均列全国第 1 位；人均公园绿地面积 13.04 m^2，列全国第 7 位。

2 生态优势尚未转化为绿色产业优势

目前，江西生态优势并未转化为经济优势、产业优势。江西是全国的“生态大省”，但同时也是“经济小省”“经济弱省”，江西仍属全国经济欠发达地区之一。事实上，近年来江西已开发、上市和具有一定“知名度”“叫得响”的绿色产品品牌也不少，如奉新“碧云”有机大米、万年贡米、婺源“大彰山”有机茶、遂川“狗牯脑”有机茶树、南丰蜜橘、赣南脐橙等。据有关资料（江西省农业厅，2013 年 6 月 7 日），全省新认证无公害农产品 242 个、绿色（有机）食品 40 个，农产品地理标志 5 个，全省“三品（无公害农产品、绿色农产品、有机农产品）一标”农产品累计达 2 002 个，其中无公害农产品 1 213 个、绿色（有机）农产品 733 个、农产品地理标志 56 个。可以说，在全国名列前茅。

然而，江西绿色资源优势至今并未转化为绿色产业优势，其突出表现在：①规模不大，尽管都有一定规模，但远远未达到“大规模”“特大规模”“超大规模”；②品牌不强，尽管都是名牌、品牌，有一定知名度，但在全国、全世界真正“叫得响”的国际一流品牌实在太少；③结构不合理，不能满足“不断变化”着的市场需求；④效益不佳，远未达到应该达到的“预期效益”。

造成江西绿色资源优势未能转化为经济优势、绿色产业优势的原因是多方面，如①认识不足，没有充分认识到大力发展绿色产业的必要性、重要性和紧迫性；②领导不力，各级领导只是疲于应付“日常工作”，没有把主要精力用于思考和推动绿色产业的发展上；③科技不强，江西科技总体在全国处于中下游水平，因而在绿色产业的新产品研发上科技力量也不可能很强，甚至是薄弱的；④合作不够，江西绿色产业的企业多、品牌多，但都不大、不强，其根源是：谁都想当“老大”，想唱“主角”，结果却是谁都成不了“老大”、唱不了“主角”，最终影响全省绿色产业发展；⑤制度不健全，缺乏一整套科学、合理、完善的法律、法规和相关制度。

3 做大做强江西绿色产业的对策与措施

今后，要做大、做强江西绿色产业，变生态优势为经济优势、绿色产业优势，必须采取相应对策和措施：

（1）加强宣传。要通过宣传，一是提高全省广大干部和群众对发展绿色产业的认识，增强紧迫感；二是提高江西绿色产业在全国、全世界的知名度，提升影响力。

（2）加大投入。要在资金、人力、物力等各方面加大对发展绿色产业的投入，包括新产品研发、人员培训、场房建设等。

（3）强化监管。对全省绿色产业的发展要实行全程监管、全面引导，该管的管、该罚的罚，不留“人情”、不留“死角”，一管到底。

（4）完善法规。要根据国内外变化的新形势，研究新情况，解决新问题，完善新法规，真正做到以“法”保障江西绿色产业的健康、持续和快速发展。

（5）重视科研。“科学技术是第一生产力。”要使江西绿色产业走在全国、全世界前列，必须首先使江西绿色产业科技有一个大发展、超常规发展。要在课题研究、人才使用、产品研发、成果推广等方面有新思路、新动作、新发展。

（6）强调合作。要使江西绿色产业在全国、全世界有影响，能占“一席之地”，必须发挥团队合作精神。“谁都想当老大”，结果必然是“谁都成不了老大”；“谁都想唱主角”，结果“谁都唱不了主角”。要整合全省力量，有重点、有侧重，分期、分批，推出若干个“全国第一”“世界一流”的绿色新产品，一步一步，稳扎稳打，定能使江西绿色产业在一个大发展，定能将江西生态优势转化为绿色产业优势。

论江西绿色食品产业的发展*

摘　要："绿色食品产业"是江西省委、省政府于2009年12月确定的"全省十大战略性新兴产业"之一。目前，江西各地正在采取各种积极有效措施，推进全省绿色食品产业的向前发展。本文概括和总结了江西绿色食品产业发展的条件和优势、现状和成就、经验和做法等；剖析了江西绿色食品产业发展面临的问题及应采取的对策和措施，对促进当前及今后全省绿色食品产业的又好又快发展具有积极意义。

关键词：绿色食品产业　可持续发展　江西

根据国家关于加快战略性新兴产业发展的有关精神，江西省委、省政府于2009年12月正式确定并立即发布实施《江西省十大战略性新兴产业规划》。其中，"绿色食品产业"是十大战略性新兴产业之一。按照规划要求，全省各地正在采取各种有效措施，积极推进绿色食品产业的向前发展。

本文拟对江西绿色食品产业发展的若干有关问题进行探讨，以期为加快全省绿色食品产业的向前发展作出积极贡献。

1　江西绿色食品产业发展的条件和优势

1.1　自然条件优越

从地理构造上看，江西东、南、西三面群山环绕，地势高峻，中间盆地舒缓，

---

* 作者：黄国勤。

本文于2010年11月26—27日在南昌召开的"2010年促进中部崛起专家论坛——发展低碳经济与建设鄱阳湖生态经济区专题论坛"上进行了交流，并载《2010年促进中部崛起专家论坛——发展低碳经济与建设鄱阳湖生态经济区专题论坛论文集》（江西省科协、江西农业大学、江西省生态经济学会，2010年10月）第163～169页、《低碳经济理论与实践》（中国环境科学出版社，2011年4月）第256～264页。

北部低洼，湖泊星罗棋布，贯穿江西全境的赣、抚、信、饶、修五大江河水系汇集于北部，形成我国第一大淡水湖——鄱阳湖，构成一个相对独立的水系和水陆相间的地理生态大系统，可以阻断、防止外来污染，为绿色食品生产提供了天然屏障。

1.2　生态环境良好

江西省气候温暖，土壤肥沃，水足林茂，山高湖大，森林覆盖率达60.05%，居全国第二位。自20世纪90年代以来，江西提出“生态立省、绿色发展”的发展战略，对生态环境的保护和环境污染的治理十分重视，关闭了一些有污染的工厂和企业，工业“三废”排放和大气污染相对较轻，有的边远县工业起步较晚，环境的污染源也较少。鄱阳湖是目前全国唯一污染程度较轻的大湖，几大山脉毗邻地区污染更轻，水质多为国家二、三级标准。1999年制定了《江西省生态环境建设规划》，为全省绿色食品生产提供了良好的环境支持。

1.3　区位优势突出

江西省是地处长江三角洲和珠江三角洲最近的经济腹地，无论以港、澳为窗口，还是以上海为龙头，江西都可以“近水楼台先得月”。江西作为过渡地带，连接全国大动脉的纵横交通已经贯通，“承东启西，沟通南北”的战略地位开始凸显。

1.4　农业优势明显

江西省农业生产历史悠久，很多传统农业技术可以直接运用于生态食品的生产。一些地区，特别是山区、边远贫困地区的农民，很少使用或不使用化肥和农药。这些地区，相对比较容易转换成生态农业生产基地。另外，江西农业发展水平在全国排位较前，主要农产品在10位左右。江西省有机茶叶、绿色大米、绿色猪肉、无公害蔬菜、特色水果、地方家禽、特种水产在国内外具有竞争优势。

1.5　后发的优势

江西是经济社会发展相对比较落后的农业省份。为加快发展，实现在“中部地区崛起”，江西可以学习先进省份或发达地区已经积累起来的知识、技术、管理与市场经验等，可以少走或不走弯路，而通过“捷径”来缩短差距，充分发挥“后发优势”，从而“迎头赶上去”。

2 江西绿色食品产业发展的现状和成就

江西依托独特的地理结构（相对独立、完整和封闭的生态单元）和良好的生态环境（森林覆盖率高、水质优良），大力开发绿色食品产业。新中国成立以来，特别是改革开放30多年来，江西绿色食品产业发展取得了巨大成就。突出表现如下述。

2.1 面积大

目前，江西绿色农业生产基地面积达513万亩，全省耕地面积的“绿化率”超过10%，进入全国先进行列。江西有23个县的25个生产基地成为全国绿色食品原料标准化生产基地，占全国总数的1/8。在2008年农业部、中国绿色食品协会公布的创建全国绿色农业名单中，江西省有7个设区市35个县、市（区、场）达500万人1 000万亩面积，列入创建计划，全国绿色食品原料标准化基地个数全国第一，全国绿色农业示范区个数全国第一，全国绿色农业示范基地个数全国第一。江西现已成为全国主要的绿色大米生产基地。

2.2 种类多

近年来，江西省利用优越的自然生态条件和产业优势，积极推进绿色农业产业化经营，大力开发各种绿色产品，现已形成包括大米、生猪、水产、水禽、水果、茶叶、油茶、毛竹、中药材、蔬菜等数量巨大、种类繁多的绿色农产品。据有关部门统计，江西绿色食品数量已连续8年保持两成以上的增速。截至2007年年底，绿色食品产品数量达916个，比上年增加205个，继续位居全国前列。

又据《中国江西网》（2009年10月31日）报道，据最新统计数字显示，目前江西省绿色食品（包括有机食品、绿色有机生产资料等）总数已达1 362个，绿色食品总数跻身全国八强，有机食品产品连续六年居全国第一。

2.3 厂家多

目前，全省绿色食品国家级农业产业化龙头企业达到10家，比上年增加了4家，省级龙头产业化企业达到91家，比上年增长38%。在全省农业产业化“双十双百双千”名单中，绿色食品企业占“双十”企业总数的70%，占“双百”总数的39%。“绿色”已成为江西农字号企业的流行色。

目前，全省绿色食品（包括有机产品）和绿色有机生资企业达480家，环境监测面积达到4 300万亩。

2.4　效益好

绿色食品产业的发展，大大提高了农业的经济效益和社会效益，促进了农民增收，深受广大农民欢迎。据调查，在“绿色”龙头企业的带动下，江西从事绿色农业、生产绿色食品的农户超过百万户，与从事传统农业相比，每年每户平均增收1 260元。

2.5　环境改善

绿色食品产业的发展，对改善江西生态环境起到十分重要的作用。首先是减少水土流失。如江西兴国县原是江西乃至我国南方水土流失比较严重的地区之一，近几十年来大力发展生态农业、生产绿色食品，森林覆盖率提高，水土流失得到有效遏制，整个农业生态环境得到根本改善，并受到有关领导和国内外专家及联合国官员的充分肯定。

其次是提高森林覆盖率。由于发展绿色食品产业，江西各地大力推广“沼气生态农业模式”，有效地解决了江西广大农村的能源问题，使森林资源得到保护，从而提高了森林覆盖率。2005年，江西省森林覆盖率首次突破60%，达60.05%，位居全国第二。

最后是优化了农村生态环境。绿色食品产业的发展，促进了资源的“再生利用”“多次利用”“重复利用”和“循环利用”，不仅节约了资源，而且改善了环境，使农村昔日“脏、乱、差”的面貌得到了根本改观。目前，江西广大农村正呈现出社会主义新农村的美好景象。

3　江西绿色食品产业发展的经验与做法

近年来，在江西省委、省政府的正确领导和高度重视下，全省遵循“大力发展以绿色食品为主的食品工业”的思路，按照“品种特色化、基地规模化、生产标准化、经营产业化、投入科技化”的“五化”要求，积极推进绿色食品产业的向前发展。

3.1 深化认识，统筹规划

江西省绿色食品办公室邀请知名专家学者到赣参加江西绿色食品高峰论坛，开办讲座，开阔视野，提高认识。2001 年江西省委、省政府成立了以研究绿色食品为主要内容的课题组，省政府决策咨询委员会成立了绿色食品产业发展研究课题组，为省委、省政府形成大力发展以绿色食品为主的食品加工业战略举措提供了依据。2002 年，省政府组织召开了全省绿色（有机）食品工作会议。这次会议明确了江西省绿色食品发展的方向和目标。会后，省政府颁布了《江西省绿色食品产业发展实施方案》，为全省“十五”期间绿色食品的发展指明了方向。2005 年 9 月 13 日，江西省发展绿色食品领导小组工作会议在省政府办公厅举行。会议根据新时期、新任务的要求，确立了“把基地建好，把资源配优，把规模扩大，把市场拓宽，把品牌做强，努力把绿色食品培育成全省‘对接长珠闽，融入全球化’的支柱产业和主导产业”的指导思想。

3.2 强化监管，规范市场和生产行为

一手抓发展、一手抓规范是江西省绿色食品始终坚持的一项原则，是该省绿色食品健康发展的重要保障。近年来，该省“绿办”（绿色农业办公室）每年都联合省工商局、省技术监督局、省食品卫生监督局等执法单位开展绿色（有机）食品市场清理整顿活动，采取日常监管和专项整治相结合的方式，对假冒伪劣产品予以坚决打击，绝不姑息，有效地维护了绿色食品市场的良好秩序。这些活动不仅倡导了绿色经营理念，普及了绿色消费知识，而且强化了生产和经营者绿色品牌保护意识、全面质量管理意识、规范用标和市场监管意识。通过一系列活动，强化了监管，净化了绿色食品队伍，提高了队伍素质，对企业贯彻绿色食品标准，推行规范化生产起到了强烈的警示作用，增强了绿色食品企业规范化、标准化生产的自觉性。

3.3 加强交流与协作，增强发展活力

2004 年，泰国有机农业考察团一行 10 人到江西省进行有机农业考察交流，达到了增进交流，加深友谊的目的。同年，应江西省绿办邀请，荷兰合作银行驻北京总代表一行到该省进行绿色食品项目考察，建立了合作机制。几年来，黑龙江、江苏、辽宁、吉林、贵州、广东等 20 多个省市到江西省进行考察和交流。同

时江西省也于2004年3月组团赴黑龙江、吉林、辽宁等省进行学习考察，增强了发展的紧迫感和责任感。2005年6月6日，联合国亚太地区“绿色食品有机产品发展与农民增收和扶贫开发”国际研讨会在江西南昌召开。此次研讨会加强了国际发展绿色食品的经验交流，打造了沟通平台，增进了亚太地区绿色食品与扶贫开发领域同行的友谊。大会在加强政府引导、强化市场监管、加强交流与合作、加大宣传力度等方面达成共识；并形成了项目支持、加强培训、开放市场、科技共享、推广赣南模式等12条决议。其中江西省提出的政府设立绿色食品与农业扶贫项目基金、大力推荐绿色食品生产方式及推广“赣南模式”等三条建议均被写入联合国亚太会议专题大会的最后决议中。

3.4　构建商贸平台，开拓国际国内市场

构建绿色食品商贸平台，积极开拓国际国内市场是加快发展绿色食品的重要环节。该省成功地组织了全省绿色（有机）食品企业参加了中国绿色食品2000年昆明、2002年福建和2004年上海三届博览会和首届中国农产品交易会，并举办了赣产绿色食品推介会，取得了显著的成效，每次都有新的亮点，新的收获。大彰山茶、金色阳光脐橙、洪门鸡蛋等一大批绿色食品由此走进沿海城市，走进国际市场，很好地提升了赣产绿色食品的形象，扩大了产品影响力；该省组织了全省绿色有机食品企业参加了2004年、2005年福冈新食品·食材商谈会及第29、30届东京国际食品·饮料展等一系列国内外展销会、博览会，邀请了日本客商到赣进行贸易洽谈，促成了黑芝麻、水煮笋、食用菌的出口；在上海商贸委、广东绿办、辽宁绿办的大力支持下，江西省组织全省绿色食品企业与上海、广东、辽宁有关商家进行了对口洽谈，促成了江西一批企业迈进沿海和东北市场。2005年，该省还邀请了欧食多国际贸易（上海）有限公司执行董事来赣考察，商洽合作（出口）和项目投资，为江西的绿色（有机）食品走出江西、走向国际市场搭建平台。

3.5　协调各方，通力合作

按照“政府推动，企业运作，市场引导”的要求，江西省把发展绿色（有机）食品列入了政府议事日程，形成合力推动绿色（有机）食品事业发展的良好局面。上饶市、九江市政府把发展绿色（有机）食品纳入了对下级政府目标考评体系，增强责任感和紧迫感。南昌、上饶、吉安、抚州、新余、赣州落实了开发绿色（有机）食品的奖励政策，极大地调动了企业发展绿色（有机）食品的积极性。江西

省发改委、科技厅、山江湖办、扶贫办、经贸委、林业厅、农业开发办、技术监督局、工商局、检验检疫局、食品药品监督局在计划、科研、扶贫项目、农业开发项目、出口、油茶林改造、建标、市场监管等方面予以了绿色（有机）食品重点扶持。省农业综合开发办下达了《关于开展综合开发项目支持绿色食品与发展情况调查摸底工作的通知》，省农业开发基金的70%投入绿色、有机食品生产基地，绿色食品已成为农业开发投资的热点。

3.6 加强队伍建设，强化服务意识

江西省“绿办”为适应绿色食品发展需要，提高认证质量和效率，建立了《绿色食品认证程序》《绿色食品认证考核办法》；为提高行政管理水平，建立了《绿色食品文件管理规定》；为提高信息化服务水平，与山江湖办联合创办了山江湖之声绿色（有机）食品专版、江西绿色（有机）食品网及绿色（有机）食品简报，不断向社会反映绿色（有机）食品发展的新情况、新观点、新思路。为了扩大社会对绿色（有机）食品的认识，省绿办全体同志把宣传绿色（有机）食品作为分内工作，积极撰写论著，反映最新发展动态方面的报道上百篇。为了提高企业绿色食品理念，传播绿色食品文化，坚持绿色食品认证到哪里，绿色食品知识就普及到哪里。迄今为止，江西省已累计培训人员上万人。同时，全省各级绿色食品管理机构把宣传绿色食品知识、推广绿色食品生产技术与农业技术、“3·15”活动、“三下乡”活动等有机地结合起来，组织编印了数万份的《绿色食品知识手册》免费分发给成千上万的农民和广大消费者，调动了广大企业和农户开发绿色食品的积极性。同时各级绿色食品管理机构还联合农业技术推广部门积极引导企业与基地联姻，提供技术支持。

4 江西绿色食品产业发展面临的问题

尽管近年来绿色食品产业发展取得显著成绩，但仍面临以下主要几个问题：

4.1 资源紧缺

资源日益紧缺，约束因素越来越大，这是江西发展现代农业必须面对的问题。从耕地资源看，江西人均耕地只有1亩左右，低于全国平均1.41亩的水平。近年来还出现大量减少的情况，2005年比2000年全省耕地面积减少了8%，且耕地质

量总体偏低，高产田只占30%左右；从水资源看，不仅存在严重的季节性和区域性缺水问题，而且农业用水的利用效率普遍偏低，水资源平均利用率只有40%～45%。随着工业化和城镇化进程加快以及人口增长，耕地减少和水资源紧缺对农业生产的约束趋势不可逆转。

4.2 环境污染

环境污染是生态环境中面临的重大问题之一。根据统计，由于环境污染，中国每年有17.8万人死亡；由于空气污染，中国人每年损失740万个工作日。世界银行估计，环境污染给中国经济带来的损失，相当于中国GDP的3.5%～8%。

随着国民经济建设的发展及农业现代化速度的加快，以大中城市为中心的工矿企业和乡镇企业迅速崛起，工业排放的废液、废气、废渣，即“三废”的数量增加，污染了大气、土壤、水体和农作物乃至农产品，且受污染的范围越来越大，污染物的含量越来越高，严重影响了人、畜健康，危及全省人民的生产、生活和生存——这对发展现代农业、生产绿色安全的农产品是极为不利的。

据调查，赣州地区大余县“三废”污染十分严重，排放出大量的镉、铅等重金属，直接污染的农田达5 498.73 hm^2，占该县总耕地面积的44.10%，全县水稻因矿毒发生“坐蔸”，每年损失稻谷591万kg，平均损失1 072.5 kg/hm^2，因食用镉米、镉水遭受毒害的人口达10万多人。

4.3 灾害频繁

江西是自然灾害比较严重的农业省份。根据调查和分析，江西自然灾害的发生发展具有如下特点：①受灾面积大。据分析，一般年份全省洪涝灾害面积为50万～60万hm^2，重灾年份可达100万～150万hm^2。②成灾率高。江西水、旱灾害的成灾率一般为50%～60%，最高可达70%以上。③季节性强。洪涝大多发生在春夏季，干旱多为伏秋旱。④发生频率高。如水灾频率为“三年两涝”，旱灾为“五年三旱”。⑤损失大。江西每年因洪涝灾害造成的粮食损失平均占粮食总产量的约18%；因干旱造成粮食损失为粮食总产量的6%；由病、虫害造成的粮食损失年均为1%～2%，棉花损失为5%～10%。如2003年为例：当年全省发生洪涝受灾面积59.50万hm^2，成灾面积38.00万hm^2，受灾人口1 046.00万人，死亡人口28万人，倒塌房屋4.39万间，直接经济总损失35.40亿元。

4.4 基础薄弱

一是经济基础薄弱。江西是我国中部地区经济欠发达的农业省份，经济基础总体比较薄弱。由于现代农业多属“高投入、高效益”的农业类型，因此，经济基础薄弱对江西发展现代农业带来一定的不利影响。

二是基础设施薄弱。江西农业基础设施薄弱，农业生产的现代化装备水平偏低。从农田基础设施看，现有的农田水利工程大多老化失修，设施不配套，主灌区建筑物的完好率不足40%，配套率不足70%，难以发挥应有的作用，极大地影响着农业综合生产能力的提高。

4.5 规模偏小

土地经营规模偏小，规模效益较差，这是全国，特别是南方各省（区、市）面临的现实问题，江西表现得尤其突出。

实行家庭联产承包责任制后，集体土地由农户分散经营，使土地经营规模缩小。据调查，江西有88.1%的农户，耕地经营规模在0.6 hm^2以下，其中经营规模在0.2 hm^2以下的占29.19%。农业用地经营规模小，不仅难以使农民走上专业化、规模化的现代农业之路，而且形成小规模生产与大市场的矛盾，使农民无法获得规模经营效益。

4.6 农业科技投入少，产品科技含量低

由于经济欠发达，江西的农业科技投入总体不足，有的县、乡农技部门根本没有资金用来进行农技推广。目前江西省农业科技人员仅有 4.5 万人，占全省科技人员总数的5.7%，与农业发展速度和农业经济规模极不相称；农业科研投入占农业产值的0.1%，不仅远低于国外2%的比例，也低于全国平均0.2%的水平；农村人口具备基本科学素养的比例为1.03%，仅为城镇的25%。由此导致全省科学技术在农业结构调整中的适用率仅为30%，农产品科技含量不高。

以上这些问题的存在，都不同程度地对江西绿色食品产业今后的发展带来不利影响，为此亟待采取相应对策和措施。

5 新世纪新阶段江西绿色食品产业发展的对策和措施

据《大江网》(2010 年 2 月 5 日)报道，江西已确立包括“绿色食品”在内的十大战略性新兴产业（包括光伏、风能核电、新能源汽车和动力电池、航空制造、半导体照明、金属新材料、非金属新材料、生物、绿色食品、文化及创意等)。国际金融危机之后，各国、各地都在加强培育与壮大战略性新兴产业，不但视其为立足当前、应对危机、调整结构、转变发展方式的有力手段，更是面向未来、着眼长远、支撑和引领经济社会全面协调可持续发展的重大战略选择。江西省委、省政府高度重视战略性新兴产业规划的制订，早在 2009 年年初，省发改委便牵头着手调研、论证，在广泛听取各地、各部门意见的基础上，历时 10 个多月，制订了十大战略性新兴产业规划初稿。在经过多次修改后，获得省政府常务会议及省委常委会通过。2009 年 12 月 29 日，省政府正式下发各地、各部门实行。这是全国第一个出台的省级战略性新兴产业规划，得到了国家发改委等国家部委的充分肯定。由此看出，江西绿色食品产业的发展前景十分广阔。

为推进新世纪、新阶段江西绿色食品产业的又好又快发展，应采取以下对策和措施。

5.1 进一步提高对绿色食品产业的认识

应该说，绿色食品产业在江西得以较快发展，与全省人民对绿色食品和绿色食品产业的重要性的认识是分不开的。为促进江西绿色食品产业更快发展，还应进一步加强对绿色食品产业的宣传，进一步提高全省人民对绿色食品重要性和发展绿色食品产业必要性的认识。

应该看到，进入 21 世纪，随着环保意识的提高，人们崇尚自然、追求健康已成为时尚。生产绿色食品是人类重视保护生态环境、合理利用自然资源、发展可持续农业的必然选择，是社会文明进步和经济发展的必然产物，也是人们生活水平提高和消费观念改变的必然结果。与此相适应，绿色食品备受青睐，并成为消费的主导潮流。

江西应抓住当前建设鄱阳湖生态经济区上升为国家战略这一千载难逢的历史机遇，以建设鄱阳湖生态经济区为“引擎”，积极推进全省绿色食品产业发展。

5.2 加大政策性引导和增加投入

近年来，江西省各级政府在生态农业县、生态示范区及绿色食品基地建设与发展上投入了大量的财力和人力，但未与产品开发战略紧密结合，产品的规模化、产业化水平都很低。生态食品的生产对技术、管理及周围环境的要求很高，其投入的劳动力、技术、认证、营销成本也比一般食品要高得多，而且在当前的条件下江西省农民尚不能自发地生产生态食品。有些区域的政府和企业财力又十分有限，许多企业还没有外贸进出口权，并受到国内出口配额和许可证的限制。为此，政府应加大对生态食品产业发展支持的力度，采取一定的政策性补贴措施和税收优惠政策，支持、帮助与鼓励生态食品产业的发展。

江西发展绿色食品有着得天独厚的资源优势和生态优势，但面临的困难不容忽视，困难的核心在资金、项目和技术。因此，政府应把这一产业作为全省经济结构调整的重点来抓。比如，邀请国内有关专家来江西考察论证，科学制订全省生态食品产业发展的规划。要确保资金的投入。农业是弱质产业，参照国内外一些农业发达国家和地区的做法，应当给予财政扶持。政府应紧紧抓住发展生态食品这一朝阳产业，发挥好本地的地缘优势、资源优势，使其成为解决农业增效、农民增收的重要途径。

5.3 加快开发步伐，扩大总量规模

提高市场供给能力，是当前生态食品开发面临的基本任务。各市、县要根据实际情况，重点抓好基地建设、企业培育、产品开发和市场开拓。

（1）基地建设。各地要规划布局和重点建设一批原料和产品基地。基地建设要坚持因地制宜，采取多样化形式，实行标准化管理、产业化经营，并做好技术推广、生产资料供应和产品销售等服务工作。

（2）企业培育。要注重培育壮大现有的生态食品企业，吸引上市公司、农业产业化龙头企业和大中型食品加工、商贸企业参与产品开发和经营，重点引导和发挥龙头企业的示范带动作用。

（3）产品和高科技开发。要以名特优产品、无公害产品和具有出口优势产品为重点，提倡规模经营。加强安全高效的肥料、农药、兽药、饲料添加剂、食品添加剂等生态食品生产资料的开发、推广和使用工作。对传统技术进行研究和改造，并利用现有的高新生物技术，开展新型生态技术的攻关。在研究开发和新技

术应用、推广方面要积极开展工作。

（4）市场开拓。要加强生态食品流通和市场培育工作，吸引和鼓励各类企业经营生态食品，多种形式、多种渠道投入批发市场、配送中心、超市和专卖店的建设。我们在开拓国内市场的基础上，不断拓宽营销渠道，积极参与国际市场竞争。现阶段江西省生态食品的生产还远远不能满足市场的需求。如果我们能抓住机遇，发挥自身优势，克服存在的问题，在保证生态食品质量的基础上，开发出更多市场急需的生态食品种类，江西省生态食品在国内市场所占的份额就能够逐步提高。

5.4 加强标志管理，维护绿色食品的质量信誉

根据绿色食品特定的生产要求，制订绿色食品质量标准及生产操作规程，开展对绿色食品生产资料的认证和推荐工作。在绿色食品产品申报审批管理工作上，进一步规范、细化管理文本。加强标志保护与防伪打假工作，实施绿色食品防伪标签的印制和使用计划。强化企业标准化生产和规范化管理的意识，维护绿色食品品牌的市场形象，增强社会信任度。总之，绿色食品工作要坚持“统一规范，统一标准，统一标志，统一形象”。

参考文献

[1] 彭崑生. 江西生态农业[M]. 北京：中国农业出版社，2007.

[2] 刘宜柏，王晓鸿，黄国勤. 生态经济与生态江西[M]. 北京：中国农业出版社，2005.

[3] 黄国勤. 有机农业：理论、模式与技术[M]. 北京：中国农业出版社，2008.

[4] 黄国勤. 江西生态安全研究[M]. 北京：中国环境科学出版社，2006.

[5] 黄国勤. 发展中的江西生态经济[M]. 北京：中国环境科学出版社，2009.

江西省万载县绿色食品发展的现状、问题及对策研究*

摘　要：绿色食品是无污染的安全、优质、营养类食品，不仅符合现阶段人们对于食品的客观要求同时也是将社会、经济、生态效益三者统筹起来的有效手段，对于解决环境污染、食品安全以及农民节本增收意义重大。

2009年12月，江西省委、省政府确定绿色食品产业为“十大战略性新兴产业”之一。万载县作为江西省率先发展绿色食品的县（市）之一，经过10多年的发展，逐步探索出一条欠发达地区发展绿色食品的新路子，积累了宝贵的经验。但同时也存在一系列的问题，如何在今后的发展中扬长避短，不断提高农产品质量安全，提升区域农业的规模和质量竞争力，是目前万载县必须面对的问题。

本文以万载县绿色食品发展的现状、问题及对策研究为题，第一，阐述了绿色食品兴起的背景、研究的意义以及国内外研究现状；第二，介绍了绿色食品的一些基本理论，如绿色食品的概念、特征、分类、标志、有机食品和无公害食品的异同等。根据万载县的实际情况以生态经济理论、市场经济理论、农业可持续发展理论和清洁生产理论作为绿色食品的理论研究基础。第三，从万载县现有的自然条件和经济社会情况出发，提出万载县发展绿色食品的基础和条件。第四，在对万载县绿色食品发展历程进行概括和总结的基础上，系统分析了其发展现状，从宣传规划、产品数量、企业现状、基地建设、农民组织化程度等方面进行了数量分析，并得出了相应的结论。第五，在对大量的数据、资料、调查进行统计、分析的基础上，深刻剖析万载县绿色食品发展存在的资金不足、市场体系不健全、品牌知名度不高等问题，提出了加强宣传力度，营造绿色食品发展的良好氛围；加强绿色食品的监管；加大对

---

* 作者：江梦微、黄国勤。

本文系第一作者于2012年5月完成的江西农业大学农业科技组织与服务专业全日制农业推广硕士学位论文的主要内容，是在导师黄国勤教授指导下完成的。

绿色食品政策资金的支持力度；转变政府工作方式；建设高标准原料生产基地等推进万载县绿色食品产业发展的有力措施。

关键词：绿色食品 问题 对策 万载县

The Present Situation，Problems and the Measures for the Development of green Food in Wanzai County of Jiangxi Province

Abstract: Green food is pollution-free safe，high-quality and nutritious foods，not only conform the objective requirement of people for food in the new stage and the new century but also an effective means to combine society economic，ecological benefit as a whole and also have great significance for the environmental pollution solution，food safety and increase farmers' income . In December 2009，Jiangxi province committee and government，to determine green food industry is one of the "10 big strategic emerging industries" . Wanzai is one of the earliest counties to explore the green food industry over the whole Jiangxi province. With more than 10 year's development，it has explored a new way to developing the green food of the underdeveloped region and accumulated a great deal of valuable experience. But it also has a series of problems. Such as how to foster strengths and circumvent weaknesses in the future development，improve the quality and safety of agricultural products constantly and promoting the regional agricultural scale and quality competition，is the problem of Wanzai have to face.

This paper's study topic is "the present situation problems and the measures for the development of green food of Wanzai County" . First of all，expounded the background of the rise of green food，the significance，the study and research situation from our country and outside；secondly，introduced the basic theory of green food，such as the concept the characteristics，classification，marks of green food and the similarities and differences between organic food and pollution-free food. According to the actual situation of Wanzai County，application the theory of ecological economy，market economic theory，the sustainable use theory and cleaner production theory as the theoretical instruction. Thirdly，based on existing natural conditions and economic and social situation of Wanzai County，raise the basis and conditions to develop the green food in Wanzai County. Fourthly，it has arranged and analyzed the aspects on planning，product amount，its status quo of enterprise，base building，the farmers' organizational degree on the base of a brief summary of the historical development and present situation of Wanzai County and draws the conclusion. Finally，on the basis of a lot of data，material，investigation of statistics，it has deep analyzed the existing development problems of Wanzai County such as capital insufficiency，not perfect market system，brand awareness act. This paper proposes strengthening measures to promote the development of green food in Wanzai County，as follows，build the good atmosphere to develop green food，strengthen the supervision of the green food，increase policy and capital support of green food，transformation of government work way，construction the high standard raw materials production base.

Key Words: Green food; Problem; Countermeasure; Wanzai County

1 综述

1.1 选题的背景及意义

1.1.1 选题的背景

以常规农业为代表的农业发展模式使得世界农业取得了前所未有的成就，进一步推动了世界经济的发展，与此同时，世界农业的发展也引发了诸多问题，如自然资源耗竭，生态环境恶化等。面对积重难返、日趋严峻的生态危机，人类开始反思认为非持续的食品消费和生产模式是全球生态环境被破坏的主要原因。因此，重新思考食品生产的本质和目的，建立绿色食品消费模式，是解决当前严峻的生态问题、实现人类社会可持续发展的重要保障。改革开放 30 年以来，中国经济以年均 9.590%的速度腾飞，人们的食物消费也由追求数量向数量与质量并重，不仅要吃得饱还要吃得好、吃的有营养。近年来，食品安全问题屡见不鲜，2004 年的阜阳奶粉事件、2005 年的苏丹红风波以及 2008 年的三聚氰胺、2012 年的“注胶虾”等事件，消费者越来越关注食品的安全问题，绿色消费正在形成消费热点，绿色食品经济必将成为 21 世纪的食品经济发展模式。

我国加入 WTO 后，一方面农产品出口面临着前所未有的机遇；另一方面对农产品质量问题提出了新挑战，与环境保护相关的“绿色”标志逐步成为一种新的非关税贸易壁垒。开发绿色食品正是我国农产品及其加工品在技术标准和贸易准则与国际直接接轨的表现。为了与国际接轨适应时代和现实的需要，自 20 世纪

90 年代以来，我国政府从可持续发展的战略高度积极倡导发展绿色食品。开发绿色食品是我国农业和农村发展的需要，是解决食品安全的重要途径，是对农产品品质的提升，开创了一个新的产业。

1.1.2　选题的意义

在新的社会经济条件下，大力发展绿色食品，对于提高农产品食品质量安全，提升区域农业的竞争力，增加农民收入和进一步促进我国经济的可持续发展，以及加快和谐社会的建设都具有重大战略意义。环境和资源是人类赖以生存和发展的物质基础，中国人均资源占有量少，人口压力大，我国农业发展必将面临三大挑战：一是如何提高农产品的市场竞争力和经济效益；二是如何满足人们对农产品数量增长和质量改善的迫切需求；三是如何遏制自然资源过量消耗和生态环境日益恶化的趋势。目前，绿色食品工作是农产品质量安全工作的一个重要组成部分，正发挥着积极的带动作用，绿色食品品牌已经成为我国安全优质农产品的精品形象。大力发展绿色食品是“入世”以后提高我国农产品的国际竞争力，走向国际市场一个重要手段，也是建设和谐社会的必然要求。我国在绿色食品发展的特点、概念、模式等方面已经取得了一定的进展，我国绿色食品尚处于发展阶段，提出符合我国国情的对策措施以促进绿色食品的发展，是实现绿色食品健康发展的重要理论基础。现在涉及绿色食品发展的对策措施集中在资金、技术、政策等国家层面的比较多，绿色食品的健康发展离不开国家、相关集体、个人的共同努力，只有上下一心形成合力，才能促进绿色食品的快速发展。基于以上认识，作者认为有必要深入农村做调查，取得第一手资料，了解农村绿色食品生产的真实发展状况、透析绿色食品发展中存在的问题，根据万载县的具体情况从多角度、多层面提出解决对策。以小示大，用农村小系统的循环助推绿色食品大系统的发展。所以，对万载县绿色食品发展的研究体现现代农业的发展方向，顺应市场的变化发展。

1.2　国内外研究现状综述

1.2.1　国外研究综述

绿色食品起源于中国，是我国独创提出的概念。国外市场上的优质、安全、无污染、营养类食品，包括有机食品，生态食品、自然食品等。在国外，有关绿色食品方面的研究可以追溯到 20 世纪初期。1908 年，美国威斯康星大学的 EH. King 教授发表的《四千年农民》一书中最早涉及有机食品这一概念，书中指出中国两千多年传统农业善于利用时间和空间来提高土地的利用率。如以豆科植物为中心的合理轮作施用秸秆、人畜粪肥、河泥等有机肥料等多个方面值得各国借鉴。英国的微生物学家 A. Howard 于 1915 年，通过研究证实了耕作中使用有机质可以创造有利于真菌活动土壤环境，而过度施用化肥则抑制了真菌的活动，并于 1941 年出版了《农业圣典》一书。1938 年美国人 J. I. Rodale 开办 Rodale 有机农场，标志着有机农业进入了研究试验时期。1942 年 Rodale 出版了《有机园艺和有机农业》一书。1950 年日本的祖冈田茂吉提出了自然农业理论，是指在在良好的自然环境和生态平衡的条件下，按照自然本身的规律实施农作，提倡建立一个无污染和可持续的农业生态系统。1970 年，美国密苏里大学土壤学家 W. Albreche 提出生态农业理论，主张利用人力、畜力进行农作，采取生物手段预防病虫害和清除杂草，还要尽量避免使用化肥，以此提高农产品品质。以国际有机农业运动联盟（IFOAM）成立为标志，1972 年国际有机农业进入了一个新的发展时期。该联盟制定了全球范围内有机农业组织都必须遵守的标准和守则使得各国有机农业组织的生产方式得到了统一。20 世纪 90 年代，许多西方国家相继建立了国家（或地区）的绿色食品标准，绿色食品的生产体系已经形成。同时，世界各国对绿色农业发展的关注也与日俱增。国外绿色食品的认证体系和标准体系已日趋成熟和完善。与此同时，很多国家成立了专门的认证机构，推动了全球绿色食品的发展。

1.2.2 国内研究综述

从 1990 年我国正式宣布开始发展绿色食品以来，我国绿色食品经历了由小到大、由弱到强的发展阶段。20 世纪 80 年代初开始建设的具有中国特色的“生态农业”，该生产方式强调农业经济发展、农产品质的提高和农业生态环境保护相互协调。1990 年正式提出开发绿色食品，中国绿色食品发展中心负责实施。但当时仅停留在政策制定阶段，相应的技术标准和发展措施还处于探索阶段。1993 年中国绿色食品发展中心制订了绿色食品的技术标准和认证管理办法。伴随着绿色食品在国内的发展，理论界自 1990 年开始了对绿色食品的研究，刘连馥于 1998 年出版的《绿色食品导论》，是国内第一部绿色食品理论著作，书中系统地阐述了绿色食品发展的基本理论，包括绿色食品概念、技术、标准、管理、战略等，奠定了我国绿色食品研究的理论基础。1998 年姚立新提出：我国绿色食品产业的发展方向是实现绿色食品的产业化、社会化和国际化，其中的核心和关键是产业化。2000 年张敏又提出：我国的绿色食品认证制度与国际上的绿色食品标准尚存很大差异，为此，应从政策法规、认证体系等方面采取相应发展对策。2000 年熊文提出了绿色营销的理念，认为绿色营销是绿色食品发展的动力，绿色食品市场开拓问题受到了重视。2001 年，吴志华、胡学军认为，我国绿色食品消费起步晚，发展快，正向产业化、社会化、国际化方向加快推进，应从强化农业可持续发展角度入手，为绿色食品产业的发展提供有力的支撑和保障。2001 年，尹世杰教授出版《消费力经济学》，提出了生态化体系的内涵就是农业生态化、工业生态化等，为满足生态需要需建立配套的绿色食品开发体系和营销网络，大力开拓绿色市场。2005 年，马爱国在全国绿色食品工作会议上的报告，系统分析了中国绿色食品产业的发展现状和存在的问题，着重强调了绿色食品认证与管理统一的重要性，在规模发展的基础上突出品牌优势，科学调整产业结构，全面实现可持续发展。1990 年至今，绿色食品的理论研究取得了不少有价值的成果，主要集中在以下几方面：绿色食品与可持续发展、绿色食品发展的意义、绿色食品产业化、影响绿色消费的因素、绿色食品市场营销等问题。

（1）发展绿色食品的意义研究。比较共同的观点：发展绿色食品是解决环境污染与资源紧缺的有效途径；是实现食品安全的有力保障；是可持续发展的必由之路；是发展现代农业，提高食品产业国际竞争力的必然选择。

（2）绿色食品产业发展研究。理论界普遍认为，目前我国绿色食品产业已经初具规模，绿色食品产业发展的社会经济现状和政策环境也很好，仍有巨大的发展潜力（王德章，2003）；也有一些学者对绿色食品产业化发展问题进行了探索，并提出了绿色食品产业发展集群发展问题，认为培育和发展产业集群，是提高地方产业竞争优势，保持绿色食品产业可持续发展的有力保障（赵新勇，2005）。

（3）绿色食品市场营销研究。共同的观点：国内绿色食品的发展速度较快，但绿色食品的销售市场不健全，市场营销和策划方面也存在不足，没有专门的企业负责绿色食品的营销。一些学者根据中国绿色食品发展的阶段性特征，探讨了如何培育绿色食品专营市场、建立绿色食品营销体系的问题。

（4）绿色食品消费者影响因素研究。理论界普遍认为影响消费者行为的因素有消费者购买抉择、绿色消费观念、绿色消费影响等。张小霞通过对上海市消费者的实证调查了解消费者的年龄、收入、学历等因素，对其对绿色大米的购买行为有着显著的影响；盛丽颖等（2007）的调查也说明了影响绿色食品消费选择的因素，主要包括收入水平、对绿色食品的了解程度、价格因素等。

综上所述，虽然世界对绿色食品的研究从最初的理论形态至今已超过百年，但中国绿色食品产业起步较晚，从提出至今也不过二十几年时间，其间，绿色食品技术标准研究取得了较大进展、绿色食品基地建设、管理模式等日趋完善，但理论研究缺乏系统性。区域性的绿色食品产业发展的理论研究更是没有形成体系。所以，对万载县绿色食品发展实践进行深入研究，制定综合的系统发展理论，是推动万载县绿色食品产业发展的必然要求。

1.3 研究的方法和技术路线

1.3.1 研究方法

第一，文献资料法。利用江西农业大学图书馆和中国知网数字图书馆进行电子期刊的检索。收集国内外相关的研究成果为本文的研究积累素材。同时，查阅年鉴、万载县县志以及万载县统计局及其他相关业务单位进行数据资料的搜集和整理。

第二，问卷调查法。通过实地考察、问卷调查等方法获得相应的实证数据资料，应用统计学方法从万载县绿色食品产品数量、产品结构、企业现状、基地建设、营销市场等方面进行了数据统计分析，从而分析和总结出万载县绿色食品发展中所存在的一些显现的和潜在的制约因素。

第三，理论分析和政策研究相结合的方法。将国家、各地市以及万载县出台的关于绿色食品产业发展的指导性文件和政策和绿色食品相关的基础性理论进行研究，提出符合国情地情的绿色食品发展对策。

1.3.2 技术路线

本研究的技术路线如图 1 所示。

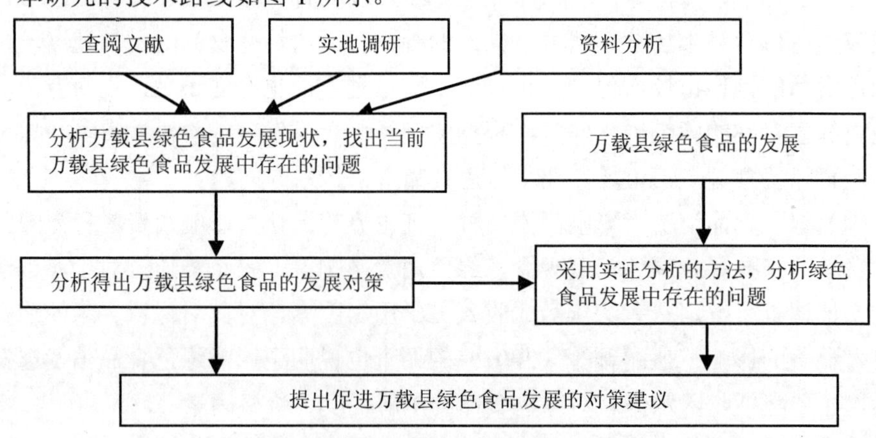

图 1 万载县绿色食品发展研究技术路线

2　绿色食品研究的理论依据

2.1　绿色食品概述

中国绿色食品认证管理体系提出绿色食品的概念内涵：只有遵循可持续发展原则，按照特定生产方式生产且获得专门机构的许可、认定，使用绿色食品标志的安全、营养、优质无污染的食品才是绿色食品。按照“特定的生产方式”，是指绿色食品在生产、加工过程中严格按照绿色食品的标准，限制或禁用使用化肥、农药、添加剂等有害于人体健康和生态平衡的物质，并实施从“土地到餐桌”的全程质量监控。

绿色食品是对“无污染”食品的一种形象的表述而不能简单地理解为“绿颜色”的食品。绿色是生命和活力的象征，而食品是人类生存不可或缺的物质，因此，绿色食品是对安全、优质、无污染的食品的统称。人们通常将与生命、环境、资源相关的事物都冠以“绿色”，良好的自然资源和生态环境是绿色食品生产的基本条件，因此将其定为绿色食品。

2.1.1　绿色食品的特征

绿色食品与普通食品相比有下面三个显著特征。

（1）强调产品出自最佳环境。绿色食品不是仅仅强调在生产过程中禁止使用化学合成物质，而且要求绿色食品的原料产地具有良好的生态环境，对原料产地及其周围的生态环境影响因子进行严格监测，判定其是否具备绿色食品生产的基础条件。这样既可以保证绿色食品生产原料和初级产品的质量，又有利于加强当地的生态保护，这样就将食品产业和农业发展建立在环境和资源可持续利用的基础上。

（2）对产品实行全程质量控制。绿色食品生产实施“从土地到餐桌”的全程质量控制，而不是简单地对最终产品的有害成分含量和卫生指标进行测定，从而在农业和食品生产领域树立了全新的质量观。通过产前环节的环境监测和原料检测，产中环节具体生产、加工操作规程的落实，以及产后环节产品质量、卫生指标、包装、贮运、销售控制，确保绿色食品的整体产品质量，并提高整个生产过程的技术含量。

（3）对产品依法实行标志管理。绿色食品标志是一个注册商标，受《中华人民共和国商标法》保护，属知识产权范畴。同时政府设置专门机构管理绿色食品标志，这是一种将法律手段和技术手段结合起来的管理行为和生产组织，不属于民间自发的保护行为。通过对绿色食品实行规范、统一的标志管理将绿色食品的生产行为纳入法律监管的轨道。

2.1.2 绿色食品的标志及分类

2.1.2.1 绿色食品的标志

绿色食品的标志包括“绿色食品”中文、绿色食品英文（Green Food）和绿色食品的标志图形。图形最外是一圆环，含义是保护；环内上方是太阳，表示绿色之源、生命之源；下方有两片叶，象征绿色植物和无污染；中间是蓓蕾，表示绿色食品方兴未艾，生机无限。整个图案基色为绿色，象征着生命、农业和环保。绿色食品标志提醒人们必须保护环境，才能让绿色常驻，农业可持续发展。A 级绿色食品底色为绿色，标志与字体为白色；AA 级绿色食品底色为白色，标志与字体为绿色。由“绿色食品”中文字、绿色食品英文字“Green Food”和绿色食品标志图形三者相互组合为四种形式，注册在九大类食品上，并扩展到肥料等绿色食品相关产品上。绿色食品标志是由中国绿色食品发展中心在国家工商行政管理局正式注明的质量证明商标，兼有质量认证和商标管理意义，其使用权受《中华人民共和国商标法》的保护。任何生产和经营单位要使用绿色食品标志，必须在当地的主管机构申请认证注册（图 2）。

图 2 绿色食品的标志

2.1.2.2 绿色食品的分类

绿色食品分为 AA 级、A 级管理。其共同点是产品生产地符合生态环境质量规定的标准，其不同点如表 1 所示。

表 1 AA 级绿色食品与 A 级绿色食品的不同点

内容	AA 级绿色食品	A 级绿色食品
产品环境质量标准	产地的各项环境指标不得超过国家标准	采用综合污染指数法，产地的各项环境指标的综合污染指数均不得超过 I
生产操作规程及标准要求	严禁在生产过程中使用有毒合成肥料、化学农药、化学添加剂	在生产过程中允许限量地使用限定的一些化学合成物质
产品标准	其产品标准应达到或优于国家、部门或地方标准	采用农业部的行业标准 NY/T 268—95 至 NY/T 292—95
产品包装标志	除具绿色食品标志外，其底色为白色，图案和字体为绿色，并有绿色食品发展中心审批的产品批号	图案为 AA 级，其底色为绿色，图案和字体为白色，并有中国绿色食品发展中心审批的产品批号

资料来源：朱佳萍，黑龙江省绿色食品发展对策研究[D]. 中国农业科学院，2007：8-9.

2.1.3 绿色食品、有机食品、无公害食品的区别和联系

有机农业是一种完全不用农药、化肥、畜禽饲料添加剂、生长调节剂等人工合成物质，也不使用基因工程生物及其产物的生产方式，其核心是恢复和建立良性循环的农业生态系统，以实现农业的可持续发展。有机食品是一种无污染、纯天然、高品位的食品，并受到国际社会的普遍认可。绿色食品包含着有机食品和可持续农产品的特征。我国将绿色食品分为 A 级和 AA 级两个级别。A 级绿色食品是 AA 级绿色食品和无公害食品的过渡产品。绿色食品是符合世界先进的农业发展潮流并从中国国情出发的富有中国特色的可持续农业产品。无公害食品具有可持续农业产品、有机食品、绿色食品的特征；绿色食品、有机食品和无公害食品三者都是以安全、环保、健康为目标的可持续食品。它们有很多相同的地方，也有一些明显的区别。有机食品、绿色食品和无公害食品的异同见表 2。

表2 有机食品、绿色食品、无公害农产品主要异同点比较

		有机食品	绿色食品	无公害食品
相同点		1. 都要求产地生态环境好、无污染	2. 都是安全食品	
不同点	投入物方面	不用人工合成的化肥、农药、生长调节剂和饲料添加剂	允许使用限定的化肥合成生产资料，对使用数量和使用次数有一定的限制	严格按照规定使用农业投入品，禁止使用国家禁用、淘汰的农业投入品
	基因工程方面	禁止使用转基因种子、种苗及一切基因工程技术和产品	不准使用转基因技术	无限制
	生产体系方面	要求建立有机农业生产技术体系，并且从常规农业到有机农业转换期一般需要3～5年	可以沿用常规农业生产体系，没有转换期的要求	与常规农业生产体系基本相同，没有转化期的要求
	品质口味方面	大多数有机食品口味好、营养物质全面、含有干物质	口味营养成分稍好于常规食品	口味营养成分与常规食品基本无差别
	有害物质残留方面	无化学农药残留（低于仪器的检出限）有机食品中的农药残留量低于普通食品的国家标准的20倍以上，可视为符合有机食品标准	大多数有害物质残留量要求与普通食品基本相同，但有部分指标严于国家标准	农药等有害物质允许残留量与常规食品国家标准基本相同，但更强调安全指标
	认证方面	属于自愿认证，有多家认证机构需国家认监委批准，国家环保总局为行业主管部门	属自愿认证，只有绿色食品发展中心一家认证机构	省级农业行政主管部门负责组织实施本辖区内无公害农产品产地的认证工作，将来有可能成为强制性认证
	有效期	一年	二年	三年

资料来源：丁俊杰. 河南省有机农业发展现状、问题及对策[D]. 河南农业大学，2007：6-7.

2.2 绿色食品的理论基础

绿色食品发展将农学、生态学、环境科学、营养学、卫生学等多种学科的原理用到食品的生产、加工、储运、销售及相关的教育、科研等环节，从而形成一套比较完整的理论体系。生态学和经济学是绿色食品发展的基础。

2.2.1 生态经济理论

农业经济生态系统是农业生态系统和农业经济系统的统一体。一个区域的生

态系统构成是农业经济系统的自然基础，而经济系统又会反过来作用于生态系统，农业生产配置要适应不同地区农业生态系统的不同要求，要利于生物物种的持续利用和农业生态系统的动态平衡。同时要根据市场和社会的要求，尽量利用各种动植物的生长习性和时空差，积极进行多效益、多层次的农业立体布局，不断提高生态效益、社会效益和经济效益。因此，只有用农业生态经济理论的观点来组织农业生产，实现农业资源优化配置，才能实现经济与生态的“双赢”，这对于绿色食品生产来说尤为重要。

2.2.2　市场经济理论

市场经济要求一切生产经营活动要遵循市场经济理论，运用市场价值规律、供求规律、竞争规律、价格信号等，提高绿色食品生产经营的生机、活力和效率，优化资源配置和生产要素组合，实行适应市场要素的产业化经营。

2.2.3　比较优势理论

比较优势理论产生于18世纪中期，经过大卫·李嘉图、亚当·斯密、赫克·歇尔等学者的不断充实，于20世纪30年代发展成为一套完整的政策和理论体系。其主要观点：一是各个国家或地区在环境、资源禀赋等条件上存在着差异，这种差异决定了各个地区或国家在不同商品上有着不同的效率，即比较优势；二是各个地区或国家并不需要生产自己全部需要的物品，应充分利用其较充裕的生产资源来生产具有比较优势的产品；三是各个地区或国家根据自身需要交换各自具有比较优势的商品，可以加快当地经济发展速度；四是在充分发挥比较优势的基础上，在全国甚至全球范围内可以实现专业化的生产以及合理的分工与协作，最终形成井然有序的生产格局。在比较优势理论的指导下，中国绿色食品产业可以充分发挥在劳动力、自然资源等方面的比较优势，优化资源配置，形成区域性主导产业带，以提高绿色食品在国内外市场上的竞争力，缩小与发达国家之间的差距。

2.2.4　农业可持续发展理论

可持续发展强调经济的发展不应以牺牲环境为代价，合理充分地利用资源同时注重生态环境的保护。以经济可持续发展为前提，以农民利益为核心，以社会全面进步为目标。改变传统的以大量消耗资源和破坏环境为代价的农业发展方式，转向经济、社会与资源、环境相互协调、持续发展的道路，建立和完善持续农业和农村发展的市场运行机制和技术体系，形成“种养加、贸工农、农科教”相结合的格局（周兴河，2000）。绿色食品开发以生态农业建设为基础，以产品为载体，将可持续发展的思想和原则贯穿到农业生产和食品加工全过程，引导生产行为和消费观念朝着可持续方向转变，不仅产生较好的经济效益，而且也取得了良好的生态效益和社会效益，实现资源、人口、经济和环境的协调发展。清洁生产是对从原料到产品的工业生产全过程进行综合污染防治和控制，以实现“废物最小量化”的一种新的“源头削减”战略。

2.2.5 清洁生产理论

清洁生产改变了工业污染“末端治理”的传统模式，合理、有效地使用原材料和能源，降低生产成本，减少工业污染的产生和排放。清洁生产已经成为世界各国实施可持续发展战略的主要措施和实现可持续发展的优先领域。其核心是从源头抓起，预防为主，实现经济效益和环境效益的统一。企业是实施清洁生产的主体，要按照“增效、降耗、节能、减污”的清洁生产目标，把实施清洁生产与强化企业管理相结合、与技术改造相结合、与资源节约和综合利用相结合、与建立现代企业制度相结合，把开展清洁生产作为实现污染物达标排放和完成污染物排放总量控制指标的重要手段。

3 万载县发展绿色食品的基础及条件

3.1 优美的自然生态环境

万载县是一个以低山、丘陵为主的农业县，属亚热带湿润气候，年平均气温在14.7～17.4℃，年降水量1 600 mm左右，年平均日照时数为1 693.2 h。万载境内地貌多样，峡谷相间。地形为南、北、西三面高山环绕，东部较为低平，其间山环水抱、物产丰饶，生态环境十分优美，空气环境质量满足国家规定的大气环境质量一级标准，生态环境优良。丘陵占总面积的50%，山地占40%，平原占10%。其中森林面积11万hm^2，森林覆盖率达65%，境内海拔800 m以上山峰36座，大小河流被称为“三江两河十八水”，有38个省级自然保护区。无论地表水、地下水还是水能蕴藏量均较丰富，水质达到Ⅰ类水标准，地下水可直接饮用。全县植被种类繁多。动植物生长条件优越，气候温暖、四季分明、雨量充沛、无污染等得天独厚的自然环境条件，具有发展绿色食品的先天优势。

3.2 扎实的农业基础

万载是一个以粮油为主的山区农业县，是国家商品粮基地县，全国绿色食品原料（水稻）标准化基地县，全国优质粮工程县，全国优质油菜生产基地县，是全省 36 个粮食主产县之一，全省油菜主产区，全省绿色食品十强县之一。红薯中草药生产优势县、特色蔬菜百合生产基地县、江南最大的有机食品生产基地等称号。全县养殖品种齐全，畜牧业产值占农业总产值的 30%左右，猪、牛、羊、兔、鸡、鸭、鹅等饲养历史悠久。在食用种质资源方面，有许多品种享誉全国。

“十一五”期间，万载县政府以农业结构战略性调整为主线，突出促进农民增收这一中心任务，稳定农村政策，稳步推进农村改革，大力发展扶持农业产业化经营，提高农业综合生产能力，实现农业发展由单纯增产战略向增产增效战略的转变，农业呈现出新的发展势头。农业综合生产能力稳步提高。2010 年全县农业总产值 209 540 万元，按可比价格计算，比上年增长 7.7%。全年粮食播种面积 68.8 万亩，比上年增长 1.3%，其中稻谷播种面积 59.2 万亩。农业生产条件进一步改善。2010 年农村有效灌溉面积 18 760 亩，基本农田保护率 89%。农业机械总动力为 30 万 kW，农村用电量为 6 589 万 kW • h。

3.3　先进的技术条件

发展现代农业需要强有力的科技支撑。截至 2010 年，万载县拥有各类专业技术人员 4 598 人，其中高级职称 1 855 人。完成各类科研项目 7 项，组织实施升级以上科技计划 15 项，省级重点新产品 8 项，转化科技成果 10 项。农业综合实验基地和农业科技示范园 3 个。同时，该区有职业学校 4 所，2009 年在校学生 3 575 人，每年输送毕业生近千人，可以为万载现代有机农业发展不断提供大批操作型、技能型的劳动者。近年来，万载县与省内外科研院所建立了广泛的交流与合作。先后与中国农科院、华南农大、上海交大、南昌大学、江西省农科院、宜春学院等科研院校建立长期合作关系，从而推动了万载农业生产的稳步发展。

3.4　优越的区位条件

万载县位于江西省西北部。东经 113°59'—11436，北纬 27°59′—28°27′。东至上高县，南接袁州区，西北连铜鼓县，东北与宜丰县接壤，西和湖南省浏阳市毗邻。居锦江上游，九岭山脉之南，武功山之北。320 国道和湘赣芳万两条省道贯通全境，离沪瑞高速公路 26 km，距正在筹建的宜春机场 26 km，离浙赣铁路 36 km，距省会南昌约 170 km，离宜春市约 36 km。交通便利，地理位置较为优越，农产品运输渠道顺畅。

3.5 良好的社会经济条件

绿色食品的技术和生产手段不同于常规农业产品，获得绿色食品标志必须要经过好几年的转换期，在转换期内，产量降低，原有的市场又难以利用，开发前几年农户的经济效益并不高。因此，发展绿色食品不仅需要良好的生态环境还需要一定的社会经济条件的支撑。

近年来，万载的国民经济持续快速增长。2010 年，全县实现生产总值（GDP）575 972 万元，按可比价格计算，比上年增长 14.3%，其中：第一产业增加值 111 490 万元，第二产业增加值 320 894 万元，第三产业增加值 143 588 万元，按可比价格计算，分别比上年增长 0.4%、19.9%、13.4%。产业结构进一步优化，三次产业的比重由上年的 22.5∶50.9∶26.6 调整为 19.4∶55.7∶24.9。年人均 GDP 达到 11 393 元（图 3）。

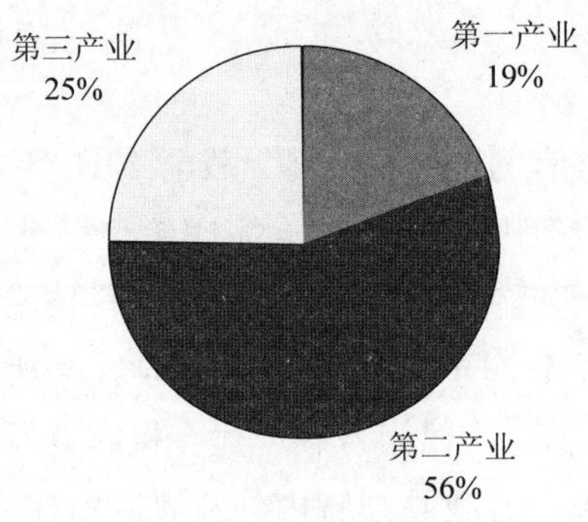

图 3　2010 年万载县三产业所占比例

财政收入超 2 000 万元的乡镇达七个（康乐街办、黄茅镇、株潭镇、双桥镇、三兴镇、鹅峰乡、马步乡）。财政总支出 130 939 万元，增长 20.8%。为发展绿色食品奠定了坚实的物质基础（表 3）。

表 3　2010 年万载县国民经济主要指标

指标	单位	2009 年	2010 年	2010 年比 2009 年增长/%
一、农业				
1．农业总产值	万元	194 559	209 540	7.7
种植业产值	万元	88 061	92 200	4.7
林业产值	万元	23 300	23 463	0.7
牧业产值	万元	66 244	76 644	15.7
渔业产值	万元	15 364	15 533	1.1
二、工业				
1．全部工业总产值	亿元	104	124.0	19.3
2．主要工业产品产量				
烟花鞭炮	万箱	715	1 100	53.85
塑料制品	t	20 169	41 891	107.7
胶合板	m^3	44 172	56 452	27.80
供电量	万 kW・h	25 895	28 073	8.41
水泥	万 t	5.8	4.8	−20.32
三、贸易				
社会消费品零售总额	万元	150 682	179 161	18.9
四、财政				
财政总收入	万元	50 681	65 276.8	28.8
五、科学技术				
国有企事业单位专业技术人员	人	7 700	7 720	0.26
六、人民生活				
农村居民人均消费支出	元	545.69	3 356	−8.78
农民人均纯收入	元	4 404	4 928	11.9

资料来源：万载县统计局。

4　万载县绿色食品发展的历程与现状

4.1　我国绿色食品的发展

1990 年 5 月 15 日，中国正式宣布开始发展绿色食品。我国绿色食品实业经历了以下的发展过程：明确绿色食品的概念阶段，建立绿色食品管理体系和生产体系的基础建设阶段；组织绿色食品工程建设系统实施阶段；全面推进社会化、产业化、市场化、国际化阶段。

绿色食品在我国发展按照主导方式和主要目标分，大致经历了三个重要阶段：起步阶段（1990—1993 年），1990 年，我国绿色食品工程率先在农垦系统正式实施，在此后的三年中，全国绿色食品工程的主要工作是完成管理体系、标准体系、法律法规建设等一系列基础工作。主要包括：在农业部和全国省级农垦管理部门设立绿色食品专门机构；在原有的农垦系统产品质量检测机构的基础上，建立了绿色食品产品质量检测系统；规范了相应的技术标准；颁布了《绿色食品标志管理办法》等有关法律规定；对绿色食品标志也获得商标注册；加入了“有机农业运动国际联盟”组织。快速发展阶段（1994—1996 年），是我国绿色食品事业向全社会推进的加速发展阶段。在这一阶段内，我国绿色食品基础性工作基本完成，进入了绿色食品事业快速发展阶段，其间产品开发规模迅速扩大，并呈现五大特点：绿色食品产品数量连续两年高增长；绿色食品农业种植规模迅速扩大；绿色食品产量迅速增加，产品增长速度超过产品个数的增长；产品结构与城乡居民日常消费趋近；县域开发快速展开。全国许多县（市）依托本地资源，在全县范围内组织绿色食品开发和建立绿色食品生产基地，使绿色食品开发成为县域经济发展富有特色和活力的增长点。全面推进阶段（1997 年至今），是我国绿色食品事业向市场化、社会化、国际化全面推进的阶段。全国各地方政府和部门高度重视绿色食品的发展；绿色食品获得了广大消费者的一致认可，市场需求旺盛；新闻媒体争相报道、宣传绿色食品；国内学者对于绿色食品的理论研究也日益重视。

经过近 20 年的发展，截至 2009 年年底绿色食品产品数目从 1990 年年底的 127 种发展到 2009 年年底的 15 707 种，取得绿色食品标志的企业达到 6 003 家。扩展到粮油、蔬菜、果品、蛋奶、畜禽、水海产品、饮料和酒类领域（图 4）。绿色食品产量占全国同类产品总量的比重进一步提高，如粮油、蔬菜、茶叶、水果、水产品、肉类等。绿色食品 2008 年出口额达 23.2 亿美元，占农产品出口总额的 5.6%，年销售额达 3 162 亿元（图 5）。

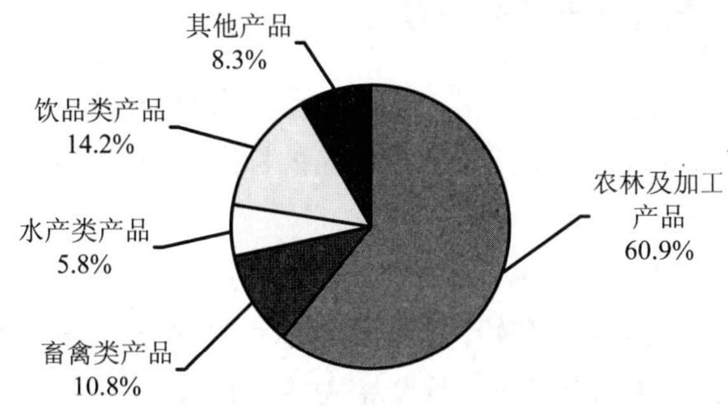

图 4　2010 年绿色食品产品结构（按产品类别）

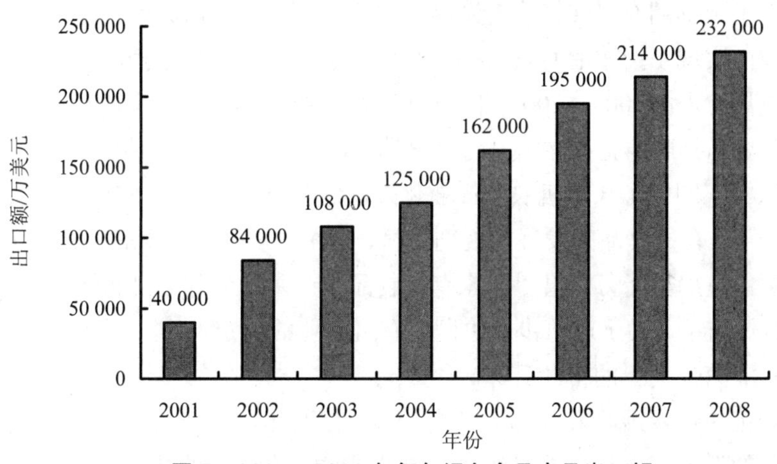

图 5　2001—2008 年每年绿色食品产品出口额

中绿华夏有机食品认证中心有机食品认证企业总数达到 1 003 家，产品总数达到 4 955 个。在国家认监委和中国绿色食品发展中心分别组织的产品质量抽检中，绿色农产品合格率均达到 98.5%。目前，中国的绿色食品组织管理也日益标准化和体系化，绿色食品专营市场建设已初见成效。北京、广州、上海等大中城市相继组建了绿色食品流通渠道和专业营销点，其在质量、技术、品牌、价格上具有明显优势市场的覆盖率和占有率也越来越高，很多绿色食品已成功地进入了日本、欧洲、美国等国家和地区的市场。

4.2 万载县绿色食品发展的历程

绿色食品的概念是我国首创，绿色食品分为两个级别：A 级和 AA 级，我国的 AA 级绿色食品达到了国际上有机食品的标准。万载县绿色食品的发展分为三个阶段。

（1）探索起步阶段（1999—2003 年）。为拓展农民增收的新路子，探索现代农业的新模式，从 1999 年开始，万载县组织引导农民发展有机农业，在发展有机农业的过程中，农业综合开发始终紧密对接，跟踪服务，积极为产业发展搭桥铺路，使一个系统复杂的新兴产业得到快速健康发展。1999 年，万载县利用自身生态优势，按照国际生产有机食品的标准要求，在茭湖乡开始了有机农业生产并建设生态有机食品示范园区，拉开了发展有机农业的序幕。至 2003 年，茭湖乡全乡范围内实现了土壤的有机转换，茭湖乡仅销往欧盟的有机蔬菜就已超过 1 000 t，在全乡范围内实现了土壤的有机转换并且建立了有机产品质量控制体系。

（2）发展阶段（2003—2007 年）。在茭湖有机农业取得初步成功经验的基础上，万载县委和县政府把 “生态立县、有机富民” 作为万载县的发展战略，与此同时，组织专家制定了《有机农业产业化发展总体规划（2003—2007）》，在茭湖的示范带动下，有机食品的发展扩展到高村、岭东、赤兴、仙源等山区乡镇。2005 年，国家环保总局授予万载县“国家有机食品生产基地”称号。2006 年，万载县委、县政府做出了《关于进一步加快发展有机农业的决定》，进一步提出了“打造江南有机农业第一县”的奋斗目标。

（3）规范快速发展阶段（2007 年至今）。近几年，万载县委、县政府高度重视有机农业的发展，有机农业已经成为万载县调整农业产业结构、增加财政收入和农民增收的一项支柱产业。首先，有机农业的管理走上专业化和规范化的轨道。专门成立了由县领导担任组长的有机农业产业化工作领导小组，下设有机农业办公室，专门负责全县有机农业资料的收集、协调、指导、监督和服务工作。并在各级乡镇也成立了有机农业工作领导小组，增设了有机办，加强了对有机农业工作的领导。其次，绿色食品生产基地的建设也如火如荼地展开。目前，万载县正在全力建设三兴现代农业示范区，在北部山区建设有机农产品基地，南部丘陵区域建设绿色农产品生产基地，重点打造有机农产品物流园。万载现代农业示范区已建成 10 个有机水稻、有机果蔬、有机百合基地，全县 18 个系列 160 多个品种进入国际市场。如今，有机农业已成为万载农民增收的重要渠道，与常规农业相比，有机农业项目区农民人均增收超过 400 元，全县上下发展有机农业的积极性日益高涨，有机农业的理念逐步深入人心。

4.3　万载县绿色食品发展现状

万载绿色食品产业经过 12 年的努力，取得了长足的发展，为新时期绿色食品的进一步发展奠定了良好的基础。1999 年至今，万载每年认证与有效使用绿色食品标志企业、产品和出口创汇额逐年递增，成果喜人（表 4）。

表 4　2005—2010 年万载县绿色食品产业发展情况

年份	认证产品数/个	认证龙头企业数/个	认证土地面积/万亩	乡镇数/个	出口创汇/万美元	平均增收/元
2005	23	4	5	6	320	320
2006	29	6	21.8	9	523	360
2007	31	7	23.6	9	1 568	380
2008	36	8	25.4	11	3 386	400
2009	38	9	26.7	11	3 555	480
2010	38	11	37.1	11	5 500	551

资料来源：《万载县志》和《万载县统计资料》（万载县统计局编）。

4.3.1　宣传规划工作有序展开

万载从 1999 年就开始发展有机农业。那时人们对于有机食品几乎没什么概念，开始时农民很不理解，万载县委、县政府却对此高度重视，认为万载具有发展绿色农业得天独厚的条件。发展绿色食品是把经济落后的劣势转化为优势的唯一途径，是调整农业产业结构、农民增收与财政增长和改善生态环境的一把利剑。首先，加强了对内宣传。在发展有机农业的过程中，万载县通过有机农业宣传长廊、出版等各种形式以及各种舆论工具如电视、广播、报纸、网络来宣传和发动群众参与到绿色农业中来，使广大干部群众深刻地认识到绿色农业有着广阔的发展前景。为了让外界也能认识到万载绿色食品的优良品质，开拓国内外市场，万载县政府通过发放宣传光盘、画册加大宣传力度，积极组织参加中国—宜春月亮文化节经贸活动周和全国绿色食品博览会等活动，充分展示万载绿色食品特色品牌，扩大了万载有机农业的对外影响。为确保有机农业健康、有序、稳步发展，万载县采取了先规划设计，后稳步推进的办法。项目伊始，各乡镇就因地制宜地提出了《有机农业发展公约》，后来又多次组织相关工作人员参加ECOCERT举办的绿色食品培训班，并定期在县、乡两级举办“绿色农产品加工”技能培训班，培训围绕有机农产品加工新技术等内容进行，以“课堂讲授+电影教学+现场操作”的方式分四期开展培训活动，参加培训的干部群众累计达6万人次，发放技术资料10万多份，书写永久性标语1 000多条，并制订了对种植大户实行扶持和奖励的办法。2003年，县委、县政府按照“以人为本、科学安排”的原则，提出了“生态立县、有机富民”的发展理念，组织专家制定了总体规划（2003—2007年）。2006年，万载县委、县政府做出了《进一步加快发展有机农业的决定》并在内容上包括了发展规划、操作规程等更加详细和可行性的指导。通过努力，全县上下形成了发展有机农业是发展县域经济的必然选择的共识，与此同时，相关政策法规相继出台，做到绿色食品的发展有章可循。

4.3.2 绿色食品基地建设稳步推进

创建绿色食品基地是规范绿色食品产业、实施全程质量监控的一项重大制度创新。在万载县政府的积极推动下，这项工作由点及面、从小到大，迅速在全县推广。第一阶段，1999年，在三兴镇租用良田1 500亩，建立高标准的“有机农业科技示范园”。这是一个集科研、旅游、示范于一体的绿色食品示范基地，又是产业化龙头企业和绿色食品科技人员的创业园，为全县绿色食品的加工、生产起到示范带动作用，但那时基地的规模较小，是绿色食品基地建设的起步阶段。

表5 江西省全国绿色食品原料标准生产基地基本情况

项目	基地名称	基地作物	基地面积/万亩	作物年产量/万t	基地农户数/万户
1	江西省安远县全国绿色食品原料（脐橙）标准化生产基地	脐橙	12	18	4.2
2	江西省德兴市全国绿色食品原料（水稻）标准化生产基地	水稻	11.2	5.2	4
3	江西省奉新县全国绿色食品原料（水稻）标准化生产基地	水稻	30	20.1	5.5
4	江西省广昌县全国绿色食品原料（太空莲）标准化生产基地	太空莲	13.1	0.96	4.1

项目	基地名称	基地作物	基地面积/万亩	作物年产量/万 t	基地农户数/万户
5	江西省进贤县全国绿色食品原料（黑芝麻）标准化生产基地	黑芝麻	15	0.9	7.0
6	江西省靖安县全国绿色食品原料（水稻）标准化生产基地	水稻	13.1	2.9	2.8
7	江西省靖安县全国绿色食品原料（椪柑）标准化生产基地	椪柑	10.5	35	0.7
8	江西省南昌县全国绿色食品原料（水稻）标准化生产基地	水稻	84.4	73.0	12.2
9	江西省南丰县全国绿色食品原料（南丰蜜橘）标准化生产基地	南丰蜜橘	26	52	3.8
10	江西省鄱阳县全国绿色食品原料（黑芝麻）标准化生产基地	黑芝麻	10	0.6	12
11	江西省鄱阳县全国绿色食品原料（水稻）标准化生产基地	水稻	58.2	24.9	21
12	江西省遂川县全国绿色食品原料（金橘）标准化生产基地	金橘	10.2	3.1	0.2
13	江西省新余市渝水区全国绿色食品原料（新余蜜橘）标准化生产基地	新余蜜橘	10	20	0.2
14	江西省铅山县全国绿色食品原料（红牙芋）标准化生产基地	红芽芋	10.2	13.2	8.2
15	江西省上高县全国绿色食品原料（水稻）标准化生产基地	水稻	11	5.0	0.4
16	江西省上饶县全国绿色食品原料（水稻）标准化生产基地	水稻	18	12	4.7
17	江西省信丰县全国绿色食品原料（脐橙）标准化生产基地	脐橙	15	12	0.13
18	江西省新建县全国绿色食品原料（藠头）标准化生产基地	藠头	11.9	17.9	2.6
19	江西省修水县全国绿色食品原料（水稻）标准化生产基地	水稻	18	9	3.6
20	江西省宜丰县全国绿色食品原料（水稻）标准化生产基地	水稻	10	9.1	0.4
21	江西省玉山县全国绿色食品原料（油茶）标准化生产基地	油茶	32.6	14.3	4.2
22	江西省永新县全国绿色食品原料（水稻）标准化生产基地	水稻	11.9	8.1	2.4

项目	基地名称	基地作物	基地面积/万亩	作物年产量/万 t	基地农户数/万户
23	江西省寻乌县全国绿色食品原料（柑橘）标准化生产基地	柑橘	35	52.5	4.1
24	江西省婺源县全国绿色食品原料（茶叶）标准化生产基地	茶叶	11	0.6	4.3
25	江西省万载县全国绿色食品原料（水稻）标准化生产基地	水稻	12	10.9	0.4
合计			500.3	421.26	113.13

资料来源：江西省绿色食品办公室。

第二阶段，开始大规模、高标准地建立绿色食品示范基地。当地政府采取两种主要方式进行基地连片开发。一是农民集中连片开发。实行“三统三分”，即统一进行基地规划、统一提供肥料、统一指定技术操作规程，农户自己负责栽种、管理、收获；二是采取龙头企业+基地+农户方式进行集中连片开发。由绿色食品龙头企业统一收购，实行订单农业。通过以上两种方式万载县的绿色食品生产基地面积不断扩大，绿色食品原料生产基地 12 万亩，高产油菜 10 万亩、有机油茶林基地 5 万亩，商品蔬菜 5 万亩、水产养殖 3.5 万亩、有机毛豆基地 1 万亩、有机草莓基地 6 000 亩，有机百合基地 3 000 亩。据调查，通过基地建设带动农户 2 万户，数以千万的农民从中获得了较好的收益。目前，绿色食品基地已延伸到 11 个乡镇，包括以下几个基地：①以茭湖乡的绿色食品示范基地为载体，建立了辐射相邻的高村、仙源、白良、三兴等乡镇的绿色食品原料基地，大面积种植有机木姜、脚板薯、百合、蔬菜、优质水稻等有机品种。②建立了以白水乡为龙头，潭埠乡、仙源乡、赤兴乡为基地的百合绿色食品示范基地。③建立了官元山、高村、高城、仙源、白良、双桥唱“主角”的中草药材生产基地。④建立了以康乐、鹅峰、马步等城郊乡镇的大棚蔬菜基地和白良、高村的刀豆基地。⑤建立了以高城、双桥为主导的花木基地。⑥抓好了仙源乡的蘑菇和高城乡、高村镇的香菇生产基地建设。⑦大力发展了生猪生产，实施了退耕还林、种草兴畜工程，使万载成为优质草食动物的饲养基地。⑧加大毛竹林培育低改力度，扩大了有机食品深加工规模，逐步形成了贸工农为一体的绿色食品经济格局。

第三阶段，围绕建成全国最大的绿色（有机）食品加工基地的目标，将农业生产由“化学式”向“生物化”转变，建立良性生物循环体系，全力打造江西万载现代农业示范区。万载县将按照农业部要求，以三兴镇闹坪村省级现代农业示范区为主体，打造一个面积为 3 万亩的集有机农业科技推广、生产示范、旅游观光、采摘品尝为一体的国内一流的现代农业示范区。同时，整县推进有机农业、绿色农业两个标准化的生产基地建设。

目前，万载现代农业示范区已建成 10 个有机水稻、有机果蔬、有机百合基地，面积达 26.7 万亩，绿色标准基地面积达 30 万亩。为绿色食品加工企业提供了丰富、充足的原料。2005 年万载被国家环保总局授予“国家有机食品生产基地”的称号，2008 年省人民政府评定万载为“绿色（有机）食品十强县”，2009 年获得“中国绿色名县”，2010 年 3 月，又正式通过专家评定为江西省唯一有机绿色食品加工产业基地。11 月底，国家认证认可监督管理委员会审核公布了首批全国 11 个“国家有机产品认证示范创建县”。

4.3.3 绿色食品生产企业不断增加，龙头企业不断壮大

万载县在发展绿色农业的同时，努力把发展培育好绿色食品龙头加工企业作为重头戏来抓。首先，按照农业综合开发“一县一品，扶持优势产业”的发展方向，万载县农业综合开发部门多年来一直把绿色食品企业发展作为农业综合开发的一部分，在工作中践行“扶强一批龙头，带活一片基地，拉动一批产业，致富一片农民”的思路，积极向上争资金、跑项目，扶持有机农业龙头企业的发展。从 1999 年开始，先后立项实施了国家农业综合开发产业化经营项目 10 多个，扶助资金 5 334 万元，培植了如江西金源农业、万载锦江食品、万载龙牙百合、万载青叶食品等 10 余家具备国际竞争力和较强抗市场风险能力的龙头企业。万载县还通过自筹资金、招商引资、激活民间资本等方式，为绿色食品生产企业提供资金支持。2004 年，北京天华智源顾问有限公司投资 1.5 亿元，在万载县创办了江西金源农业开发有限公司，这家内地规模最大、工艺最先进的有机食品企业，投产后即和农民签订了有机农产品收购合同，采用“公司+农户”的方式发展绿色食品产业。2008 年在全球经济滑坡的严峻形势下，这些企业仍保持了产销两旺的势头。江西金源农业开发有限公司 2010 年 8 月成功获得外商投融资 3 000 万美元，总资产已达 4 亿元人民币，年产值 1.938 0 亿元，出口创汇 1 820 万美元，拉动有机种植面积 4 万多亩，带动农户 1 万多户（图 6）。

至今，在优惠政策的扶持下，该县金源农业、锦江酒业、万华科技、青叶食品、百合加工、千年食品等 11 家农业龙头企业不断研发新技术，有 20 多项技术指标达到国际先进水平；不断开发新产品，将科技成果转化为现实生产力。“荧湖”有机米、“龙牙”百合、“千年”南酸枣糕、“金世本香”山茶油、“锦江”窖酒、

“清蕾”荞头等 13 个产品获江西名牌称号，全县从事绿色食品加工的企业达 40 多家，其中规模以上的企业就达 12 家。有 20 多项技术指标已达到了国际先进水平，产品享誉欧美、日本，市场前景广阔。

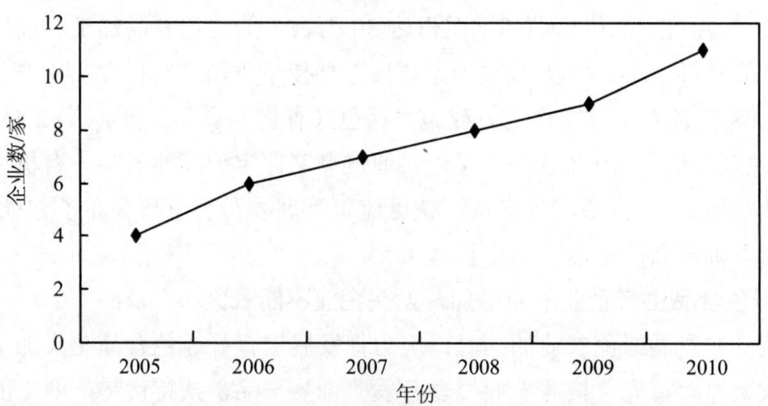

图 6 2005—2010 年每年获得有机认证的龙头企业数的变化趋势

4.3.4 农业组织化程度不断提高

农业组织化是在农业产业化背景下，在家庭承包责任制的约束下实现内部经济贸易资源最优配置和节约生产成本的一种方式。万载为解决小生产与大市场之间的矛盾更好地实现农业产业化，按照“民办、民管、民受益”的原则，大力培育和发展各类农民专业合作社和农民专业协会等农业经济组织。通过类型丰富的绿色食品行业协会和绿色食品农业协会合作组将农民与企业真正地联结起来，实现了“企业+绿色农业合作组织+生产基地农户”的发展模式。2009 年年底，已发展有机农业专业合作社 75 家（其中仙源 29 家、高村 17 家、茭湖 9 家、马步 5 家），联动农户 15 700 户、耕地面积 7.6 亩、农民 5.9 万人。为了达到“建一个组织，兴一项产业，活一片经济，富一方农民”的目标，万载县政府通过不定期走访，了解农户在这种组织发展中遇到的难题及取得的成果并予以政策层面上的支持。同时提供相关信息和技术。其次，鼓励并帮助有实力的农机大户创办农机专业合作社。

4.3.5 绿色食品品种增加

农民除种植有机水稻、毛豆、草莓等作物外，一些高效益的特种果蔬如欧洲葱、欧芹、西兰花等 20 多个新品种引种成功，种植规模达 2.5 万亩。绿色食品的种类达到100多个，还有53种无公害农产品。品种也由单一的木姜，发展到绿色水稻、绿色草莓、绿色山茶油、脚板薯等38个品种。水稻、毛豆、木姜、蜂蜜、百合、山茶油等有机食品通过国际有机认证（表6）。

表6　2010年万载县部分获得绿色食品认证的产品

产品名称	批准产量/t	产品类别	标志编号	有效期区间
万载百合粉	20	其他农林加工食品	LB-24-1011144697A	2010-11-01至2013-10-31
龙牙百合粉	100	蔬菜加工品	LB-17-1003140448A	2010-03-08至2013-03-07
千年百合面（挂面）	60	小麦粉	LB-02-1105141121A	2011-05-04至2014-05-03
南酸枣糕千年	500	果脯蜜饯	LB-53-1011144688A	2010-11-01至2013-10-31
脐橙糕	100	果脯蜜饯	LB-53-1011144689A	2010-11-01至2013-10-31
金橘果糕	100	果脯蜜饯	LB-53-1011144690A	2010-11-01至2013-10-31
鸡爪梨糕	100	果脯蜜饯	LB-53-1011144691A	2010-11-01至2013-10-31
猕猴桃糕	100	果脯蜜饯	LB-53-1011144692A	2010-11-01全2013-10-31
青梅糕	100	果脯蜜饯	LB-53-1011144693A	2010-11-01至2013-10-31
锥栗糕	100	果脯蜜饯	LB-53-1011144694A	2010-11-01至2013-10-31
茶树菇（干）	30	食用菌及山野菜	LB-21-1011144695A	2010-11-01至2013-10-31
杏鲍菇（干）	20	食用菌及山野菜	LB-21-1011144696A	2010-11-01至2013-10-31
葛粉（葛根粉）	20	其他农林加工食品	LB-24-1011144698A	2010-11-01至2013-10-31
葛片（葛根片）	10	其他农林加工食品	LB-24-1011144699A	2010-11-01至2013-10-31

产品名称	批准产量/t	产品类别	标志编号	有效期区间
千年葛面（挂面）	40	小麦粉	LB-02-1105141122A	2011-05-04 至 2014-05-03
成熟蜂蜜（中蜂）	25	蜂产品	LB-35-1112145809A	2011-12-30 至 2014-12-29
蜂蜜（中蜂）	25	蜂产品	LB-35-1112145810A	2011-12-30 至 2014-12-29

资料来源：中国绿色食品发展中心。

此外，有机产品加工企业得益于基地的优质原料，产品长期供不应求，许多大企业包括台湾富士康、上海中金集团等都纷纷表示要投资万载的有机产业。如今的万载由一个过去单种水稻的地区，逐年变成了一个集优质有机水稻、水果、蔬菜等多种经营的有机农产品出口生产基地。

4.3.6 企业创汇，农民增收

全县的AA级绿色农产品90%以上出口欧盟、日本、美国等发达国家和地区。根据国际贸易会的测算，2005年全球有机农产品零售额达到300亿美元，到2008年将达到800亿美元，每年以30%以上的速度增长，不断拓展的国际有机农产品消费市场为我国发展有机农产品生产提供了一个巨大的发展空间。如今，该县品牌农产品享誉欧美、日本等市场，产能达数十亿元，8万多从事品牌农业的农民人均年增收500多元。出口创汇逐年增加（图7）。

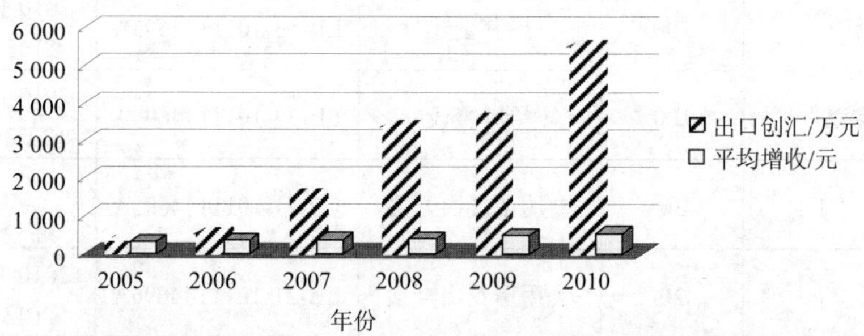

图7 2005—2010年绿色食品出口额及由此带来的农民收入的变化趋势

2011年，为进一步激活有机农产品贸易市场，万载县拟在县城新城区宜万320国道交汇处，规划用地500亩，精心筹建国际有机产品贸易中心。现在万载县的农民种1亩有机稻比种常规稻增收300元，种1亩有机木姜纯收入可达1 500元，种1亩有机德国小葱纯收入可达1 800元。2006年全县发展有机水稻2万亩，有机木姜3 500亩，有机德国小葱2 000亩，其他有机经济作物15 000亩，为全县农民增收6 000万元。“十一五”期间，万载县在现有转换4.7万亩有机耕地的基础上，有机耕地认证面积将达到37.1万亩。通过发展有机农业，推广“稻—菜—红花草”“豆—稻—菜”“稻—草—畜禽”等开发模式，每亩实现增收1 000元，仅种植业一块，可为全县农民增收1亿元。仙源乡的仙源村有350户农户，结合发展有机水稻、德国小葱等种植业，家家户户配套养兔，今年全村兔出笼达到1万多只，仅养兔一项给全村农民增收30余万元。

4.3.7 多元投入综合开发局面初步形成

万载发展绿色农业，在资金投入上采取政府、农民、企业多元投入机制。坚持农民和企业投入为主，政府补贴为辅，同时多渠道筹资，通过招商引资广泛吸纳国内外资金，广开信贷渠道激活民营资本，投资万载县绿色食品开发。政府方面，一是加大地方财政的支持力度。围绕绿色农业的发展，政府整合农业开发、扶贫开发、退耕还林、阳光工程、测土配方等各项支农项目。整合各类支农经费总计1 000多万元，用于绿色农业中的良种推行、基础设施建设、中低产田改造、扶持龙头企业的发展和技术培训。二是通过创新贸易和招商方式，优化农业投资环境，加大有机农业招商引资力度，积极培育绿色食品加工龙头企业，发展订单企业，实现绿色食品的产业化经营。三是通过培育种养大户的方法，发挥示范带动作用，让农民自愿增加投入，形成了以农民为主体的投入机制。

万载县在发展绿色食品的过程中，把绿色食品开发与农业产业结构调整结合起来，坚持走综合开发之路。为了最大限度地提高生产基地的复种指数，利用不同作物的不同生长周期进行科学轮作，减少了季节性的土地闲置。在抓好种植业的同时，万载县注重养殖业、畜牧业等多层次综合开发，总体推进。充分利用丰富的畜牧水产资源，大力发展绿色畜禽水产品，大力推行“稻—草—畜（禽）”“畜—沼—菜”等生态立体开发模式，循环利用生物能走可持续发展之路。万载县还注重发挥绿色野生采集的潜能，大力开发有机水果、茶叶、竹笋、油茶等产业，以实现绿色农业资源的整体利用和绿色食品的综合开发。

4.3.8 绿色食品发展前景广阔

2011 年，万载成为“国家有机产品认证示范创建县”后，有机产品出口将享受检验检疫部门免收检验费、优先接受报检等优惠政策和便利，这为万载有机农业发展带来新的机遇。万载县政府负责人表示，他们将以此为契机，进一步加大力度发展有机农业，规划建设有机（绿色）食品加工产业园，力争把万载建成全国最大的有机（绿色）食品加工基地和集散中心。目前，为进一步激活有机农产品贸易市场，万载县拟在县城新城区，320 国道交会处，规划用地 500 亩，精心筹建国际有机产品贸易中心。综观国际市场，有机食品的价格比一般常规农业产品要高，有机食品的销售价格比同类普通农产品要高出 50%～150%。在 2003 年中国国际农产品交易会上，饶恩泉有机茶油国际市场价格卖到 300 元/L，南丰蜜橘达到 24 元/kg，万载有机生姜也有 6 元/kg（表 7）。

表 7 2004 年万载有机农业主要作物种植效益分析

作物 栽培方式	生姜（广西木姜）		红芽芋		毛豆		水稻（一季稻）	
	单价/（元/km）	产值/（元/hm^2）	单价/（元/hm^2	产值/（元/kg）	单价/（元/kg）	产值/（元/hm^2）	单价/（元/kg）	产值/（元/hm^2）
常规栽培	1.0	18 750	0.8	18 000	1.0	2 625	1.6	12 000
转换期	3.0	51 075	—	—	—	—	—	—
有机栽培	6.0	102 150	1.0	21 750	2.4	5 959	2.0	14 250

资料来源：①表中数据根据万载有机办提供资料整理；②李润根. 江西省有机农业发展现状、问题及对策. 南京农业大学，2005：30。

国外专家预测，十年时间 AA 级绿色食品有望达到 10%～15%的市场消费量份额，发达国家绿色食品类市场消费量每年将以 30%～50%的速度增长。目前发达国家生产的绿色食品还远远不能满足其自身需求，必须从发展中国家进口。因此，绿色食品有着广阔的国际市场，此外，有专家预测，中国将会成为美国、欧盟和日本之后的第四大绿色食品消费市场。在未来 10 年内，我国绿色食品消费在食品消费总量中达到 1%左右，国内的市场规模也相当可观。

5　万载县绿色食品发展存在的问题

5.1　资金投入不足，农民生产的积极性不高

首先，绿色食品对于产地的环境也有较高要求，必须经过3～5年的土地改良的转换期，才能开展绿色种植，农作物生长过程中不能使用化肥和除草剂，只能用农家肥和物理生物方法杀虫等。转换期投入较大，产量也不高，所有的种植环节还必须有文字记载备案，复杂的生产流程，让当地农民望而却步。而万载绿色食品的发展资金主要来源于政府部门，渠道来源比较单一，资金投入规模相对较少。尽管相关部门加大了对绿色农业等高效农业发展支持的力度，但相对于起步阶段庞大的产业，仍然不能满足有机农业发展的需要。其次，农村信贷困难。目前，农村信用合作社独家经营，加之农民信用制度和担保制度尚未建立，贷款程序复杂，额度有限，农民发展高效农业筹集资金非常困难。“三资”引进仍然较少。最后，农民都是分散经营，难以实现规模效益。如按照有机种植方法一亩水稻产量是350～450 kg，而传统种植方法的收成是600～750 kg，虽然有机水稻的收购价格比普通价要高，但因为产量低，群众的获益空间并不大。此外，如今，很多村民将土地承租给一些实力较强的绿色食品企业，少数村民为企业工作，而大多数青壮年村民都外出打工谋生，当地农民的积极性并不高。农村劳动力的短缺制约了绿色食品的发展。绿色食品在生产、物流、推广、运作各个环节都需要大量资金的投入（表8）。

表8　绿色食品产业的系统成本

子项目	明细项
生产中的“绿色”成本	绿色生态环境成本 绿色物料成本 绿色生产技术成本 绿色人力成本
物流中的“绿色”成本	绿色包装成本 绿色储运成本
推广中的“绿色”成本	绿标认证成本 绿色销售成本
运作中的“绿色”成本	绿色管理成本

从表 9 中可以看出，从绿色食品的生产、物流到最后的推广运作都需要“绿色”成本，因此绿色食品产业的健康发展需要当地政府加大资金的支持力度。

5.2 农业的组织化程度总体不高

为了提高农民的组织化程度，实现农户与企业的有效对接，万载县委、县政府大力培育和发展各类农民专业协会和农民专业合作社等农业经济合作组织，但现有的支撑绿色食品发展的社会化服务体系和专业协会、新型农民专业合作社和农业合作经济组织等市场竞争主体建设滞后，仍不能满足绿色食品产业发展的需要。农民组织化程度低、经营主体分散、各家各户自行进行产品生产、难以形成规模效益。种植或养殖规模难以与现代有机农业适度规模经济和产业化经营的要求相适应。大部分农户专业化水平低，更有少量农户不讲诚信，缺乏自律意识，为谋取一己之私，不按有机食品的生产标准去生产，农产品的质量难以保证。少数农民专业合作社有名无实，年内接不到任何订单。农民的抗风险能力差。

5.3 地方监管部门管理力度不够

为了实现有机农业的规范化管理，确保产品品质，万载县采取了一些监控措施，但随着万载绿色食品产业的快速发展，监督部门工作量加大，单纯依靠部门监督，难免有所疏漏。目前，负责万载县绿色食品监督管理机构主要包括国家绿色食品定点食品监测机构，国家绿色食品定点环境监测机构以及江西省绿色食品办公室，但是绿色食品办公室长久以来不在政府序列，管理职能和监督职能不能落实，万载县自身没有成立绿办或相应的机构，基层工作不足。万载根据自身情况也建立了检查队，但是政府的监控服务队伍仅 60 人，面对的却是 7 000 多户 35 000 人，有关部门对有机农业生产区的监督管理仍存在很大漏洞，个别地方仍存在化肥、农药、除草剂等违禁物的经销点。农民的整体素质也不高，有的农民认为有机肥成本较高，会对有机农作物偷施化肥或喷洒农药，以减少病虫害增加产量。但这么做有机食品的质量就难以得到保证，也不利于有机食品的长远发展；有机产品的认证也很混乱，缺乏统一标准；对于绿色食品商标的管理，认证后跟踪检查，对绿色食品质量安全的检测也很不到位，市场内非绿色食品打着“绿色”的牌子卖着高价，同时，由于监控难到位等原因，真正的绿色食品有可能得不到认同，价格反而卖不上去。也没形成绿色食品质量检测体系。

5.4　技术支撑体系不健全

绿色食品生产实施“从土地到餐桌”的全程质量控制，因此，从绿色种植开始就需要高科技含量的生物手段来防治虫害，到农产品的加工以及产品的储运、保鲜、包装各环节都离不开技术的支持。然而，万载绿色食品加工企业普遍存在技术创新能力不强的问题（调查表明，企业自主研制获取技术的比例仅占7%；35%的被调查企业最急需要获得的支持是技术支持；9.6%的企业通过与科研机构或高校联合攻关获取技术，大部分企业通过模仿和引进外部企业获得技术）。由于企业自主创新能力弱，绿色食品产业的整体技术水平不高，企业设备陈旧，产品加工也比较粗糙，品牌培育难，产品的市场竞争力也因此大打折扣。其次，万载绿色食品技术推广体系也较为薄弱，绿色食品相关技术的推广人员较少，农民素质也不高，而生物防治技术成本过高，技术难以掌握。适应绿色食品开发并易于被生产者采纳的高科技科研成果比较少。由于管理不协调，科技示范园试验、推广作用不强，科技研发与产品往往和市场脱节，例如科技示范园，试验的是豆角，而市场收购的却是茄子。

5.5　绿色食品企业规模小，龙头企业的带动力不强

万载县缺乏像蒙牛集团那样的全国知名企业。绿色食品加工企业大多数规模小，1 000万元规模以上企业只有12家。企业自身实力弱，缺乏开拓和适应市场的能力、规模小、品牌杂，全国知名品牌更少。绿色食品龙头企业带动力不强，示范作用极不明显。公司追求的是自身利益，在发展中将企业利益凌驾于农民之上的事时有发生，打击了农民参与绿色食品的积极性。如县里也有不少村民加入专业合作社，采取“公司+农户”的模式进行有机农业生产，但由于市场信息的不对等，企业了解更多的信息，价格的主动权掌握在企业手中，企业收购有机原材料时就会低于市场价格，这样农户很难从企业获得利益。企业还存在短视行为，为了眼前利益，不顾绿色食品产业的长远发展。以毛豆收购为例，数目并不大，但冷库仍不够用，就将毛豆堆在地上，不是实力不足，而是公司以自身利益为导向。因此，有机龙头企业绝不是完全以公司的资产和规模来衡量，而是它能够给全县绿色食品发展带来什么样的影响。完整的产业链条没有形成，绿色食品加工比较初级，产品的精深加工较少。

5.6 政府部门职责不明

目前，万载县政府职能划分不明，“缺位”和“越位”这两个问题并存。在市场管理上，政府不是完善相关法律法规、市场准入制度等从宏观上规范市场，而是由政府主导，联系企业，缓慢地拓展着市场，完全跟不上快速的市场竞争形势。万载绿色食品发展的思路不清晰，让干部无所适从。绿色产业整体发展步伐放缓，管理混乱等在发展中不断暴露出来，政府在其中扮演着“守护人”的角色，农民则是被动地听从指挥和安排，但由于绿色食品的健康发展需要千家万户的参与，政府浪费了大量的精力和物力仍未达到预期效果，生产的产品不能满足市场需求，农民积极性越来越差，自愿参与意识不强，不但对政府没有感激，反而对政府产生怨言。同时，乡级政府与县级政府、有机办、质检、工商、科技局、招商局、工业园区等单位部门之间沟通协调不好，各机构之间缺乏统一调度，各干各的，有利益一拥而上，有责任互相推诿。导致绿色食品相关通报计划往往都落空了。例如，2007 年，万载乡镇没有农业生产的自主权，从种到收到销，都由县里有机办统一协调。而到了 2008 年 1 月有机稻的规划仍没拟好，4 月份，全球经济形势不好，出于部门利益，就“放权”让各乡镇自由规划，自由对接市场，实为摊责。造成播种的时候，品种混乱，市场也不明确。总的来说，政府各部门之间没有各司其责、各尽其用，相反还互相牵制。

5.7 绿色食品种类少，品牌杂，知名产品少

万载绿色食品结构不合理，品种单调，主要由水稻、茶叶、百合、食用菌等构成，而消费者最为关心和市场需求量较大的畜禽肉类产品、蔬菜、淡水产品等所占的比例极小。根据对株潭、罗城、茭湖、双桥、鹅峰、赤兴六个乡镇农户进行抽样调查，无论从当前饲养规模来看，还是从畜产品质量来看，万载畜牧业生产仍处于较低发展阶段，畜禽产品生产的专业化、规模化比重较低。万载蔬菜生产主要集中在马步乡、额风乡、康乐镇部分村组。而且这些蔬菜生产基地的农户专业生产水平比较低，菜农兼营性多，他们一边种水稻，一边种蔬菜。由于缺乏专业性，造成万载蔬菜生产档次低、质量不高，精品蔬菜少，蔬菜生产远远低于市场需求。万载的有机产品闻名国内外，至今已有 38 个品种通过了国际有机认证，有 18 个系列的 160 多个产品进入国际市场。但却没有几个特别叫得响的品牌，大部分产品生产规模较小，处于单打独斗状态，没有形

成合力，在国际市场上竞争力不足。在万载绿色食品火暴的市场背后，也有一些遗憾。一些绿色产品，由于包装不精，没有品牌，没有卖出好价；存在同类产品的几十个牌子各自为政甚至自相残杀。恶性竞争只会导致两败俱伤，不利于绿色食品产业的健康发展。

5.8 绿色食品市场建设相对滞后，市场机制不规范

万载县绿色食品市场准入制度存在着许多不完善的地方，在市场经济环境下，它还不能发挥其正常功能。目前，尚无受政府或法律保护的专门市场供绿色食品批发、销售，有机无机农产品混合经营，产品质量良莠不齐。不仅影响绿色食品实现其应有价值，也会损害生产者、经营者、消费者的利益。检测监控体系不健全导致相关绿色食品企业也对有绿色食品市场缺乏信心，万载有机品牌含金量不断减少。在绿色食品的销售上没有形成专门的营销网络，绿色食品的生产在万载边远地区，而消费却在大中城市。绿色食品从生产基地到终端市场的销售链条远未形成，潜在的绿色食品消费大军尚未变成现实的消费群体，缺乏有效的市场需求。从市场份额看，绿色食品目前市场总体份额很小，但由于严格的环境条件限制，近期绿色食品的生产规模也难以急剧扩张。与全国绿色食品发展较快的省市相比，万载绿色食品的优势和潜力尚未充分发挥出来。

6 万载县绿色食品发展的对策

6.1 加大宣传力度，营造绿色食品发展的良好氛围

相关调查显示，目前，国内消费者对于绿色食品的了解很狭隘，有的局限于几种类别，如蔬菜、水果等。有的则从颜色来判断，认为绿色的就是绿色食品。在发达国家，绿色消费意识已经被广大消费者所认识和接受，迅速成为各国人民所追求的新时尚（表9）。

针对广大消费者对绿色食品的概念理解不够，影响了绿色食品有效需求的问题，我们应该利用报纸、杂志、广播、电视及互联网等传播媒介，如建立专门的万载绿色食品网站，积极介绍万载绿色食品的品种、价格、企业信息等，进行绿色食品信息网上公示、追溯制度、查询。在进出万载重要的路口制作大型标语牌，加大对绿色食品广告宣传费用的投入，在各大电台滚动播出万载宣传广告等全面

提高绿色食品社会公信力营造良好的社会环境。

表 9 各国消费者绿色消费意愿比较

国别	加拿大	德国	瑞典	美国	中国
有强烈的绿色消费意愿的消费者比重/%	80	94	85	77	20

资料来源：朱小艳，邓国用. 我国绿色食品消费发展现状、问题及对策探讨[J]. 企业家天地，2010（2）：30.

同时，开展多层次的宣传教育活动，积极向人们宣传绿色食品的概念和内涵，绿色食品的商标和认证。要从质量和价值入手，向消费者宣传绿色食品是一种更安全、健康、科学的食品，以扩大消费者的有效需求；要从绿色食品的商业价值和商业机会方面，向企业宣传绿色食品有着广阔的发展前景和市场潜力，是未来市场发展的趋势。调动企业投资绿色食品的积极性，为绿色食品的发展提供资金支持。通过绿博会，绿色食品展销等方式向国际社会宣传绿色食品的优势和特点，以扩大万载绿色食品在国际市场的份额，巩固其在国际市场上的形象和地位。通过散发绿色食品生产规程的小册子和定期培训等对当地进行有机种植的农户进行宣传和教育，提高农户的绿色意识，从而在生产中自觉遵守相关规定，保护当地生态环境，使用有机肥和生物技术除杂草等，在思想上支持当地发展绿色食品，从而保证绿色食品的高品质。通过以上措施，使生产和消费绿色食品的观念深入人心，为绿色食品的发展创造广阔的空间。

6.2 多方筹资，丰富绿色食品发展的资金来源

发展绿色食品不仅需要各个方面的通力配合，更需要大量的资金投入。因此，我们应多方筹资，逐步建立健全绿色食品的投入机制。通过积极争取项目资金、招商引资、地方财政投资、信贷资金、筹集社会资金等，逐步建立起包括产业投资基金在内的全方位、多元化的资金投入体系。

（1）积极争取国家的资金扶持

万载被誉为“江南有机第一县”，2005 年被原国家环保总局授予“国家有机食品生产基地”，由中国绿色食品发展中心和万载县人民政府共同领导管理。应争取国家的专项建设基金，以支持示范区的建设和发展。

（2）建立各级绿色食品发展专项基金

发展绿色食品已经被纳入政府行为，进行组织与推动。建议加大县、乡（镇）两级财政的支持力度。在财政预算中列支专项，设立绿色食品发展专项基金，重点用于基地开发与建设。并可从多元化渠道筹集资金，围绕绿色农业的发展，政府整合农业开发、退耕还林、扶贫开发、阳光工程等各项支农项目，每年整合各类支农经费 1 000 多万元用于有机农业中的产田改造、良种推行、扶持龙头企业、技术培训。

（3）确保支农小额贷款的发放

随着绿色食品基地规模的扩大和绿色食品加工企业的发展，应充分发挥乡村小额信贷支援农业生产的作用和广大农民的投入积极性，广泛筹集社会闲散资金，优化投入方向，对发展绿色种植、规模养殖的大户给予小额贷款支持，以缓解发展资金紧张的矛盾。

（4）要引导龙头企业加大对绿色食品基地的投入

通过优化农业投资环境，创新贸易和招商方式，加大有机农业招商引资力度，培育有机食品加工龙头企业，发展订单企业。加大龙头企业对绿色食品原材料基地的投入力度。一是通过股份合作制等形式共同开发建设基地，加强龙头企业与基地的关系；二是龙头企业通过赊销生产资料、预付产品订金、技术引进，以及垫付新产品开发和以生产资料换产品资金等多种形式，为绿色食品基地发展提供方便和支持。

（5）各项财政资金

万载县人民政府制定的促进绿色食品发展的优惠扶持政策中创新机制，将农业综合开发、水利建设、基地建设、技术推广等各类农业项目资金都要本着捆在一起、集中使用的原则，重点向绿色食品发展上倾斜。建议县相关部门抓住这一有利形势和条件，仔细研究“捆在一起、集中使用”的具体办法和措施。本着“一体化”管理的精神，可共同充分利用农业已有的设备、仪器等装配，避免重复投入，重复建设，切实提高资金使用绩效和开发整体效果。

（6）农民投入

在确保财政资金投入的同时，万载县应鼓励和引导项目区农民群众和农村集体为其收益的项目建设筹资投劳。

6.3 提高农业生产的组织化程度

农民专业合作社对降低农民在发展绿色食品过程中的生产和经营成本，增强农民抵御自然和市场风险的能力。改变了过去一家一户的农业生产模式，整合了分散的经营主体，对实现农业种植或养殖的规模化经营具有重大的促进作用。目前，该县成立农民专业合作社 172 家，在一定程度上推动了绿色食品的规模化经营，但这个数量远不能满足绿色食品发展的需要，必须吸引更多农民自愿加入合作社，提高农户的组织化水平，可以成立各类型的专业合作社（如蔬菜专业合作社、养猪合作社等各类专业合作经济组织形式），满足各类型农民的需要，加快土地流转进程。同时，着力推广"企业 +专业合作社 +基地 +农户"的经营模式，大力发展农民专业协会和农民专业合作社，这样一来，农民的生产就有统一的技术指导，提高了绿色食品生产的专业化水平，有利于农民增收。同时，农民专业合作社应充分发挥桥梁纽带作用，形成与企业一起抵御金融风险的利益共同体。同时也应在企业中大力推行专门的行业协会，制定统一的行业规范，增强绿色食品的市场竞争的有序性，有利于形成良性竞争。如在 2006 年，万载处于发展起步阶段的 13 家中小企业：江西金源农业开发股份有限公司、青叶食品进出口有限公司、江西万载千年食品有限公司等食品加工企业结盟，成立了省内首家有机食品行业协会，实现了优势互补，如今已成为万载绿色食品发展的龙头企业。对于抢占国内外市场和绿色食品产业的健康发展发挥了不可替代的作用。

6.4 强化绿色食品的监管

质量是产品的生命，绿色食品之所以广受欢迎就是因为其是安全、健康、优质、环保的产品。影响万载绿色食品销售的原因，主要是由于自身质量。为了保证绿色食品的质量和产业的健康发展，必须建立一套从环境检测到产品检测外还要对绿色食品企业实行年检的全程质量监测体系。对绿色食品生产基地要组建相应的技术服务体系，按照相关标准选购肥料等生产资料：一是颁布政策法规。严禁全县范围内使用农药、化肥、动物饲料、添加剂；二是加强管理队伍建设。县、乡、镇都要成立监控站和绿色食品执法大队；三是保证有机农资供应。成立有机食品生产资料配送中心，统一购置有机生态肥料；四是加强技术培训，经常组织农民参加绿色食品专题的讨论会、座谈会，举办培训班等形式提高农民的绿色意识和掌握相关技术。多管齐下保证绿色食品在健康的环境中生长；强化对已经获得有机认证的产品的证后检查。根据相关法律法规会同工商、质监等部门对获证单位档案记录、生产规程、标志使用及农业投入品控制等方面开展现场检查。还可组织1～2次绿色食品专项执法检查，依法查处假冒、租赁、买卖及超期限、超范围使用绿色食品标志或农产品质量安全认证书的不法行为，维护绿色食品标志的权威性。针对检查中发现的问题，找到问题的关键所在，落实相应整改措施。此外，建立绿色食品质量检测体系。实施国家县级农产品检测站建设项目，成立万载县专门的农产品质量检测中心，其中仪器可以跟省市级的检测中心引进。建立覆盖县、乡、村和龙头企业四位一体的管理体系，保证了绿色食品质量安全。

6.5　加强绿色食品生产关键技术的研究示范与推广

绿色食品生产是综合运用现代农业先进技术并吸收我国传统农业生产中的农艺精华，使之有机结合而成的新兴的生产方式。如先进适用的土壤培肥技术，饲养技术，栽培技术，病虫草害综合防治技术，食品安全检测技术以及绿色食品的加工、贮藏保鲜与包装技术等。因此，万载县必须把科技进步作为发展绿色食品的关键环节来抓。首先，打造出与当地适合的科技研发体系。积极与大专院校、科研机构进行联合与协作。充分发挥科研院所的人才优势，同时积极引进国内外的优秀人才参与该县有机农业的生产，可以与省农科院就有机农业有机肥开发、病虫害防治、良种开发等方面进行合作，攻克有机农业生产的技术难题。同时，聘请国内外专家教授为技术顾问，对万载绿色食品生产进行指导，提高绿色食品的科技含量。通过建立绿色食品示范基地，将示范区内外产生的新品种、新技术、新材料等农业科技成果集中示范展示，在示范应用的过程中，将科技成果、农业高新技术、经营管理的成功经验集成创新，为大面积辐射推广提供样板。使之成为区域农业试验示范辐射带动的科技新高地。在农业技术推广方面，积极引进农业技术人员，扩充农业发展的人才队伍。鼓励科技人员深入基层与当地经验丰富的有机种植大户一起把有机农业生产的相关知识技术直接送到农民手中。并通过绿色食品技术培训班开展技术推广、技术咨询和服务，开展多层次的绿色食品生产的知识教育，提高农村基层干部和农民开发有机农业的积极性，要把有机农业生产的相关知识技术直接送到农民手中。

6.6　大力扶持龙头企业，创绿色食品知名品牌

龙头企业肩负着开拓市场、科技创新、带动农户和促进区域经济发展的重任，

其生产的产品质量好，科技含量高，品种多，相对于小企业具有创绿色食品知名品牌的先天优势。

（1）扶持龙头企业

企业无论大小只要与农民有比较稳定合理的利益，能够带动农户，使农民真正得到实惠的，就一视同仁地给予扶持，在政府规划引导下，逐步改变目前由政府部门建示范基地的现状，形成由龙头企业实施的绿色食品生产基地。要重点加大对江西金源、青叶公司、金佳谷业、锦江食品、千年食品等一批企业的帮助和扶持的力度。一是将催生和培育农业龙头企业与“扶优、扶强、扶特、扶大”结合起来。鼓励各类企业、个体经济、工商业主等通过各种途径发展绿色食品龙头企业。通过品牌嫁接，引导有实力、有品牌的名优企业利用资本运作、产业延伸等途径创办绿色食品龙头企业。二是增强绿色食品龙头企业参与国际竞争的能力。要引导绿色食品龙头企业通过协会、商会等途径组建行业协会，实现行业自律，提高其参与国内外竞争的能力。要组织全县绿色食品加工企业和“绿色农业合作社”成立“万载县绿色食品协会”，以“绿色食品协会”的名义注册“万载县绿色食品”商标，树立统一的品牌标识。三是政策激励。对绿色食品龙头企业实行动态管理，优胜劣汰，根据每年考核评价指标，对带动农户能力强、建立基地面积大、出口创汇能力强、产品科技含量高的绿色食品龙头企业给予重大奖励。制定相关法律法规，明确规定对在万载投资并创国家级、省级驰名商标的绿色食品企业重点扶持和奖励。四是龙头企业坚持品牌发展战略。可以提高产品科技含量，扩大深加工和精加工的份额，在特色农产品的生产和加工上找到一条发展的道路。发挥品牌效应，增强市场竞争能力。品牌是企业进入市场和提升产品知名度的有效载体，也是抵御市场经济风险的手段。

（2）实施整体品牌战略，全方位打造绿色食品品牌

知名品牌的市场号召力不容忽视。创建一批叫得响、站得住的知名品牌，是万载能否在日益激烈的市场竞争中占有一席之地的必然选择。因此，绿色食品龙头企业更要抓住产品质量培育名牌，突出地方特色创建名牌，搞好优质服务推出名牌，依靠科技发展名牌。

万载县大力实施“品牌兴企”战略，引导各类企业拥有自己的注册商标，争创名牌。据万载县有机农业产业化办公室负责人介绍，万载的绿色食品产业经过12年的发展，涌现出了像金源农业、锦江酒业、万华科技、青叶食品、百合加工、千年食品等龙头企业，它们所生产的“茭湖”有机米、千年“南酸枣糕”“龙牙”

百合、“金世本香”“山茶油”“锦江”窖酒等13个产品获江西名牌称号，市场占有率高，极大地提高了万载县食品企业的市场竞争力，树立了万载食品精品形象。但是，由于各自为政，各家企业资金、原料、设备、技术和产品得不到统筹，产品商标注册名目繁多，形成不了规模效益，也保护不了自身权益。针对这一情况，万载县政府在组建有机食品行业协会的同时，把万载生产的有机食品品牌整合起来，统一使用注册商标“万载”牌，共同拓展国内外有机食品市场。一是依托名牌产品整合。我们应按照市场规律，以资本为纽带，以品牌为核心，通过整体兼并、出资买断、投资控股、联合经营等形式，大力推进龙头企业的战略性重组，组建紧密型集团，形成“联合舰队”。二是引进知名品牌进行整合，通过与其他省市知名品牌的重新整合加速了资源转化，提高了本县品牌的知名度。三是推进品牌延伸整合。要坚持按照核心技术相关、重要原料相关、企业文化相关和原有品牌的形象特征相关等原则，提升原有品牌价值，不断提高资源配置效率和品牌的竞争力，积极稳妥地推进品牌建设。万载要以品牌扩大知名度、以品牌占领市场，向着打造绿色农产品品牌成为全国知名品牌和世界知名品牌的目标阔步迈进。

6.7　政府应转变职能，更好地为绿色食品的发展服务

绿色食品不同于一般食品，它从生产基地的选择到生产过程的全程质量监控，直至开拓绿色食品专营市场都需要政府的大力支持。目前，万载在绿色食品发展中政府存在管得过细、过死的问题，反而影响了绿色食品的长远发展。因此新时期、新阶段政府应转变职能，坚持“有所为”和“有所不为”对绿色食品产业发展进行宏观指导与管理。建议政府主要职能集中在以下几点。

（1）发展计划和规划职能。绿色食品是新兴产业，更需要政府的绿色管理机构应加强绿色食品产业发展的综合协调指导以及制定地方性法规。相关部门还应抓紧研究制定出绿色食品生产技术规程和管理办法、名牌标志保护条例等，以保证绿色食品生产走上规范化、标准化、科学化、法制化的轨道。

（2）组织协调功能。健全县绿色食品工作领导小组，形成从上到下的系统领导，明确职责，真正杜绝工作中的相互推诿。成立由县领导担任组长的绿色食品产业化工作领导小组，下设置有机农业办公室与县绿色食品发展中心共同负责全县绿色食品的指导、协调、监督和服务，以及制定产业发展规划和相关政策，起草地方法规，研究产业发展中的重大问题等项工作。各乡镇也要由一名主要领导主管抓绿色食品工作。

（3）发挥项目主管功能。做好绿色食品的认证、项目审批。发挥监管职能。绿色食品原料、生产、销售过程的监控以及人员培训等管理工作。

（4）发挥服务企业的职能，支持绿色食品龙头企业发展壮大。政府必须对发展绿色食品生产基地和生产加工的企业给予一定的优惠政策，做到服务到位，为企业发展营造一个良好的环境和氛围。纠正向企业乱收费、乱摊派、乱罚款、乱检查的不正之风。合理保护企业利益。对某些重点龙头企业，管理部门要进行实地考察和跟踪调研，充分发挥政府政策和信息灵通的作用，及时为企业提供国家扶持政策信息，指导企业申报相关扶持项目，加快龙头企业发展步伐。对规模小但有发展潜力的企业，要加以引导、扶持。政府要采取措施，促进资金、人才、技术、资源等要素向企业聚拢，带动其按照市场需求发展。

6.8 优化生产环境，建设高标准绿色食品原料生产基地

以良好生态环境为依托，建立标准化的绿色食品原料生产基地，提高产品质量、提升产品竞争力、推进现代农业建设，是改善农业生态环境，转变生产方式和增加企业和农户收入，促进区域社会经济发展的重要举措。

生态环境是人类赖以生存和发展的基础，是社会可持续发展的重要条件，良好的生态环境是绿色食品发展的基础和前提。因此，应把保护和改善生态环境作为促进当地绿色食品产业发展的一项根本性措施来抓，坚决抵制任何破坏生态环境的行为。这就要求我们不仅要认真贯彻执行国家有关的环境保护法律法规，当地政府也要根据当地实际出台一些环境保护的法律法规。对环境好的绿色食品产地要珍惜和保护，对环境条件达不到标准的产地要积极采取措施加以改善和提高。关键是进一步扩大绿色植被面积，提高森林覆盖率，不断改善大气环境。加强农业基础设施建设。通过向上争取资金，改造中低产田，治理水土流失、加固水库，利用农业综合开发项目实现水、田、路的综合治理，形成田成方，渠相连，路相通的高标准农田，达到旱涝保收的治理要求，为提高有机农产品产量和质量打下基础。下大力气。政府应积极引导和鼓励企业实行清洁生产，建立绿色食品生产保护区等。

采取“以点带面，循序渐进”的办法，鼓励全县的农业科技人员和能人创办、领办、合办有机农业基地的发展。“十五”期间该县在基地建设过程中，按照科学规划、优化布局，突出重点、稳步推进的思路，采取转让、反租倒包、委托代耕等形式，加快土地流转，项目区 60%左右的土地实行了规模经营，保证绿色食品

生产的规模化和产业化，绿色食品原料基地建设取得了一定的成果。在绿色食品发展初期，产品规模较小，原料质量好控制，这些措施基本能满足绿色食品产业发展对原材料的要求。随着绿色食品的发展，生产企业数增加，产品规模和种类也不断增多，对绿色食品原料的需求急剧增加，绿色食品的原料供应渐成产业发展的“瓶颈”。高度专业化、优质化的原料生产基地在数量上、规模上，以及产品质量上都远远不能满足加工企业的生产需求。如作为省级龙头企业的金源公司，想在县内发展小葱原材料生产基地，但由于农民受种植习惯的限制，生产基地一直无法建立起来，迫使该企业时产时停。原料不足使得生产经营效益难以充分发挥。因此，万载应大力建设高标准的绿色食品生产基地。具体实施方法包括以下四点。

一是选择良好生态环境建基地。按照绿色食品生产的要求，在生态资源较好的山区、林区和河流上游划出绿色食品生态保护区，作为 AA 级绿色食品生产基地加以永续利用。同时重点加强土壤、空气、水质和生产资料的监测和检查工作，保护基地生态环境。

二是以地方政府为主导。在标准化基地建设中，必须充分发挥各级地方政府的组织领导作用，主导基地创建和运作管理的全过程。突出表现在基地创建的初始申报、组织领导、运作实施、过程监管，以及相关部门的组织、协调、领导等方面，同时，还采取“以奖代补”等方式，对基地创建予以一定财政支持。县级政府需成立基地建设工作专门领导小组，发挥引导作用。乡镇政府应在基地组织培训、建设宣传、贯彻执行技术标准、推广生产操作规程等方面发挥积极的协调作用。

三是严格执行标准，规范基地建设。实施以标准为准绳，全程规范基地建设。①将标准化繁为简，使相关标准更易被农民理解和实施；②通过统一购置优良品种、统一投入品供应和使用、统一生产操作规程、统一田间管理、统一收购，提高广大农民标准化生产能力；③实行“环境有监测、操作有规程、生产有记录、产品有检验、上市有标识”的全程标准化生产监督管理。④严格执行技术标准。依据农业部颁布的绿色食品标准中规定的 A 级和 AA 级绿色食品技术标准，作为标准化基地建设的依据。同时可以通过轮作、施加有机肥等措施来保持土壤肥力，尽量不用或少用化肥农药，大力加强有机肥和农家肥的投入水平。养殖业要采用无污染饲料和生物添加剂。

四是产销结合。要围绕龙头企业建基地，突出特色建基地，依托市场建基地，连片开发建基地。基地向绿色食品加工企业提供优质安全原料，实现优质优价，进而增强企业的市场竞争力，实现企业增效和农民增收的双赢局面。基地创建过程中企业应发挥主体作用，推行“公司+基地+农户”的产业化经营模式，要大力推广优质专用品种。实现以绿色食品品牌带动农业标准化生产，以标准化促进产业化经营和市场化发展。

6.9 逐步完善绿色食品市场体系

绿色食品市场是绿色食品发展的根本动力，是实现绿色食品品牌价值的基本平台，具有商品集散、价格形成和信息传递的功能。市场的需求是绿色食品产业发展的直接动力，而市场的培育与开拓则是产业扩张的重要前提。积极开拓国内外市场是保证绿色食品持续健康发展的重要战略方针。

（1）要规范绿色食品市场

目前不少没有获得绿色食品认证许可的企业假冒绿色食品，假冒和违规用标行为不仅严重扰乱的市场秩序，而且侵害了消费者和正规产者的利益，冲淡了绿色食品品牌在消费者心目中的认可度，严重阻碍了绿色食品市场的健康发展。首先，各地农业行政主管部门和各级绿色食品管理机构建立健全农产品准入制度，绿色食品认证制度，维护绿色食品认证的权威性、严肃性以及树立消费信心的重要保障；其次，要联合工商管理、技术监督等部门，定期开展专项检查，不定期进行市场抽查，规范市场秩序；最后，政府要加大对假冒绿色食品生产者的惩罚力度，构建有效的激励机制，通过第三方监督和控制对绿色食品经营行为进行约束，为绿色食品的发展营造良好的市场环境。

（2）以市场为导向，调整产品结构

目前，万载的绿色食品品种比较单一，产品结构不合理。对于市场需求广阔的肉禽，水产品的研究开发力度很不够，不能满足市场的需要。因此，以市场为导向，对绿色食品内部产品结构进行调整，生产适销对路的产品，是提高绿色食品的综合效益，进而促进其自身的健康发展的必由之路。万载县有机农业区主要在山区，水稻基本是一季稻，应利用冬春季节的空闲，大力开发经济作物，不仅产能较大，产值可观，而且不与水稻争时间、争土地，调整品种结构的自然条件得天独厚。2007 年，万载县栽种草莓和毛豆初步成功，取得了扩种的经验，结构调整的技术条件也已基本具备。在稳定水稻种植的同时增加经济作物的比重，是万载县今后发展有机农业的重点。此外，大力实施种草养畜，发展绿色高效畜牧业。万载草场、种质资源丰富，应充分利用本地资源，着力发展兔羊等草食动物产业。形成农产品、畜产品、水产品综合发展的良性格局，提高万载绿色食品的市场供给能力和占有率。

（3）建设覆盖国内外的绿色食品市场营销网络

设立绿色产品专柜或绿色产品销售公司，尽可能缩短销售渠道；同时，抓住国家大中城市建立连锁系统和配货中心的时机，与全国大中城市的连锁机构、知名超市合作，建立营销关系；也可通过建立绿色食品连锁店、配送中心和开展电子商务等方式完善市场营销网络，疏通流通渠道，逐步形成产地与外埠市场、网络销售与联销经营相结合的市场网络；依托万载现有各类相关专业批发市场，有组织地建立专业化的绿色食品批发市场。通过专业批发市场，集散绿色食品；鼓励绿色食品企业开拓国际市场，逐步将万载大部分绿色食品公司组成统一的营销机构，有针对性地参加各种绿色食品展销会，利用新闻媒体等手段，全方位宣传展示当地绿色食品。把万载绿色食品推向国外市场，增加农产品出口创汇能力；具体来讲：一是新建万载县绿色食品配送中心，使其成为名副其实的示范区基地的销售龙头，为基地产品销售服务；二是建议县政府要高度重视，把万载打造成“南方绿色食品集散中心”作为农业特色化经营的重中之重，现代化的管理，适度的发展速度；三是绿办、农业局和商务厅多部门共同合作，积极组织省内外大型超市赴万载考察，实现绿色食品农超对接实地洽谈采购活动。为农民提供市场，减少中间环节，开辟绿色食品专营销售网点和专柜。

7　结语

本文对万载县绿色食品兴起的背景、发展现状、存在的问题以及发展的对策进行了系统的研究，力图探索出一条适合当地实际情况的绿色食品发展之路，实现万载经济的健康发展，同时对于其他欠发达地区发展绿色食品也有借鉴作用。通过一系列分析，本文得出以下结论。

（1）发展绿色食品是可持续发展战略的必然要求，是应对国际贸易壁垒，适应全球经济发展趋势和提高我国农业国际竞争力的迫切需要，有着良好的发展前景。万载县是宜春市的农业大县，拥有良好的自然环境和丰富的资源、基础设施完善、交通便利具有发展绿色食品的基础和条件。

（2）通过对发展现状的分析，可以看出万载县绿色食品的发展已取得一定的成果。同时，县委、县政府高度重视绿色食品的发展问题，因此万载县绿色食品产业的发展必将呈现出欣欣向荣、朝气蓬勃的景象。

（3）万载县是典型的山区县，经济发展水平不是很高，科研能力不是很强，人们的消费观念还需要进一步更新，所有这些客观和主观原因制约了万载绿色食品的发展。发展的过程中也暴露了投入不足、体系不健全、监督不力等一系列问题。因此，万载县委、县政府要加大绿色食品的宣传力度，坚定地走绿色食品的发展之路的决心，不能因噎废食。加大对绿色食品发展的扶持力度，在资金政策上予以倾斜，加强监管、加大科技人才的培养和核心技术的研发等。只有这样，才能实现万载县绿色食品产业的快速健康发展。

由于笔者能力有限以及搜集的信息不完全等主客观因素的制约，本文还存在很多不足之处，如对问题的看法和见解不够深入也不周全。本文所提供的一些建议还有待于在实践中进一步检验和完善。笔者将在以后的学习中加强这方面的学习和研究。

参考文献

[1] 鲁凤娟，杜洁，邹磊，等. 我国绿色食品发展现状研究[J]. 黑龙江科技信息，2010（33）：20-21.

[2] 刘树蓉. 绿色食品发展前景展望[J]. 新疆农业科技，2001（1）：28.

[3] 李秋洪，袁泳. 绿色食品产业与技术[M]. 北京：中国农业科学技术出版社，2002：25-30.

[4] 杨铭. 中国西部发展生态农业的可行性研究[J]. 安徽农业科学，2009（22）：15-16.

[5] 黄国勤. 绿色农业及其若干特征探讨[J]. 中国食物与营养，2005，1：55-58.

[6] 王云岭，高存，邢小波. 土地流转是我国农村经济规模化发展的新路子[J]. 中国经贸导刊，2010（2）：76.

[7] F. H. King. Farmers of Forty Centuries，Permanent agriculture in china，Korea and Japan. Rodale Press（reprinting），1907：1-10.

[8] 刘连馥. 绿色食品导论[M]. 北京：企业管理出版社，1998：23-26.

[9] 姚立新. 论中国绿色食品的产业化发展[J]. 中国农村经济，1998（8）：58-60.

[10] 张敏. 有机农业中国农产品出口创汇的新曙光[J]. 生态经济，2000（1）：39-40.

[11] 熊文，李秋洪. 论绿色营销与绿色食品[J]. 生态经济，2000（10）：27-30.

[12] 吴志华，胡学军. 绿色食品消费与农业生产对策探析[J]. 粮食科技与经济，2001（3）：30-33.

[13] 王德章，李龙，李翠霞. 我国绿色食品产业集群创新与发展竞争优势研究 [J]. 农业经济问题，2007（5）：61-63.
[14] 董淑芬. 培育我国绿色消费模式的对策与建议[J]. 生态经济（学术版），2009（1）：22.
[15] 李茜，刘宁，陆根法，等. 绿色消费行为理论探讨及国内现状分析[J]. 环境保护科学，2009（3）：41-42.
[16] 王兆锋，俞红. 消费者绿色食品消费行为的实证研究[J]. 安徽农业科学，2007（10）：66.
[17] 常璟宇. 解读中国有机食品的发展[J]. 中国食品，2011（3）：27.
[18] 马春节. 我国发展有机农业优劣势分析[J]. 合作经济与科技，2010（23）：21.
[19] 白金明. 我国循环农业理论与发展模式研究[D]. 北京：中国农业科学院，2008：5-60.
[20] 陈福明. 绿色食品产业与中国绿色农业的可持续性发展战略[J]. 安徽农业科学，2007（4）：32.
[21] 杨铭. 中国西部发展生态农业的可行性研究[J]. 安徽农业科学，2009（22）：63.
[22] 万载县史志编纂委员会. 万载县志（1986—2005 年）[M]. 南昌：江西人民版社，2011.
[23] 方明，肖翠珍，高照荣. 发展绿色食品产业的存在问题及其对策[J]. 安徽农学通报，2007（7）：23.
[24] 江西省统计局，国家统计局江西调查总队. 江西统计年鉴（2006）. 北京：中国统计出版社，2006：260-300.
[25] 齐秀辉，侯颖，杨耀鹏，等. 齐齐哈尔市绿色食品营销规划[J]. 经营与管理，2008（1）：34.
[26] 杜巍，乔长涛，吴细卯. 我国绿色食品市场培育与品牌建设探讨[J]. 湖北农业科学，2011（9）：51.
[27] 黄国勤. 江西绿色农业[M]. 北京：中国环境科学出版社，2012：92-101.
[28] 周绪元. 江西万载有机农业发展经验及启示[J]. 中国果菜，2009（9）：52.
[29] 相里江酬. 我国有机农业发展现状、问题与对策[J]. 陕西农业科学，2009（2）：119.
[30] 陈英. 我国有机农业发展中的问题和对策[J]. 河南科技，2011（15）：1-3.
[31] 黄国勤. 有机农业：理论、模式与技术[M]. 北京：中国农业出版社，2008：42.
[32] 杨宪卿. 浅谈有机农业的发展前景[J]. 黑龙江科技信息，2011（18）：216.
[33] 袁宝凤，胥志文. 宝鸡市发展绿色食品的优势条件与对策[J]. 现代农业科技，2010（5）：12.
[34] 敖义俊，苏志玲. 城固绿色食品柑橘生产基地建设现状、问题与对策[J]. 中国果业信息，2011（4）：45.

[35] 云崇容，张保军. 陕西省城固县柑橘产业发展现状与对策[J]. 中国农学通报，2007（4）：67.

[36] 李阳，张涛，宫玲，等. 黑龙江垦区绿色食品生产基地建设成效与发展[J]. 农产品质量与安全，2010（1）：86-88.

[37] 徐金春，朱成永. 关于推进黑龙江省绿色食品产业发展的思考[J]. 商业经济，2010（16）：14-15.

[38] 陈章体，周东鸣. 加大土地流转力度　促进现代农业发展[J]. 中国农业资源与区划，2010，31（2）：12-15.

[39] 黄大金，陈良凤，陈烈臣，等. 湖南现代农业发展对策研究[J]. 湖南农业科学，2010（1）：152-154.

[40] magali A. Delmas. The diffusion of environmental management standards in Europe and in the United States：An institutional perspective[J]. Policy Sciences，2002，35（1）.

[41] Violette Rey，Marin Bachvarov. Rural settlements in transition – agricultural and countryside crisis in the Central-Eastern Europe[J]. Geo Journal，1998，44（4）.

[42] 李秋洪. 绿色食品产业与技术[M]. 北京：中国农业科学技术出版社，2002.

[43] 张新春. 江西万载有机农业的实践与思考[J]. 工作研究，2009（9）：52.

[44] 易清传. 万载县有机农业产业化发展的调查[J]. 江西农业学报，2007，19（10）：151-153.

[45] H. L. Goodwin，Gerald A. Doeksen，Robert L. Oehrtman. Determination of settlement patterns in rapidly growing rural areas[J]. The Annals of Regional Science，1984，18（3）.

[46] D. C. Coleman，E. P. Odum，D. A. Crossley. Soil biology，soil ecology，and global change[J]. Biology and Fertility of Soils，1992，14（2）.

[47] Williams J S E. Influence of varietyand processing conditions on acrylamide levels in fried popato crisps[J]. Food Chemistry，2005，90：875-881.

[48] 黄国勤. 江西绿色农业[M]. 北京：中国环境科学出版社，2012：21-29.

[49] 韩玉龙. 关于建设绿色食品产业强省的思考[J]. 科技促进发展，2010（4）：183-184.

[50] 王莹. 我国绿色食品产业的现状及发展对策[J]. 甘肃农业，2011（7）：24.

[51] 王运浩. 中国绿色食品发展现状与发展策略[J]. 甘肃农业，2009（10）：10-12.

[52] 周绪宝. 北京市无公害农产品、绿色食品和有机农产品的现状分析和发展对策[J]. 中国农业资源与区划，2010（6）：55.

[53] 徐金春，朱成永. 关于推进黑龙江省绿色食品产业发展的思考[J]. 商业经济，2010（16）：14-15，83.

[54] 张萍．浅议我国绿色食品产业发展的问题及对策[J]．中国集体经济，2011（18）：28.

[55] 严立冬．绿色农业导论[M]．北京：人民出版社，2008：186-195.

[56] 王运浩．中国绿色食品产业发展现状与战略思考[J]．农业质量标准，2009（1）：9-11.

[57] 王德章，赵大伟．中国绿色食品产业发展的战略选择[J]．中国软科学，2003（9）：1-5.

[58] 王广深．候石安．欧盟农业生态补贴政策的经验及启示[J]．经济纵横，2009（5）：276.

[59] 王德章，曹继晨．国际贸易新特点与我国绿色食品出口发展对策[J]．商业研究，2006（16）：192-193.

[60] 喻法金，陈丽琳．湖北省绿色食品产业发展现状与对策[J]．农产品质量与安全，2011（1）：26-29.

[61] 李仕强．加快发展广西绿色食品产业的思考[J]．农产品质量与安全，201（5）：27-29.

[62] 江西省绿色食品产业快速发展[J]．农产品质量与安全，2010（5）：63.

[63] 韩玉龙．关于建设绿色食品产业强省的思考[J]．科技促进发展，2010（4）：183-184.

[64] 张京善，陈光华．商洛绿色食品产业发展的现状与建议[J]．陕西农业科学，2010（5）：128-130.

论温泉休闲度假产业的可持续发展

——以江西宜春明月山温泉休闲度假产业为例*

摘　要：休闲度假产业是现代新兴旅游低碳产业的一种，已越来越受到世界各国的青睐，已成为21世纪的“朝阳产业”。江西宜春明月山温泉资源，水质清澈透明、无色无味，低硫富硒，可饮可浴，为国内外罕见。开发温泉资源，发展明月山温泉休闲度假产业，是促进宜春市和江西省经济社会发展的重要内容之一。本文对明月山温泉资源的价值和特点进行了分析，提出了明月山温泉休闲度假产业可持续发展应注意的几个问题，对从事温泉休闲度假产业方面的管理者和专业人员具有参考价值。

关键词：温泉资源　休闲度假产业　风景名胜区　可持续发展　江西宜春明月山

1　前言

温泉（hot spring）是泉水的一种，是一种由地下自然涌出的泉水，其水温高于环境年平均温5℃，或10℉以上。温泉休闲度假，或称温泉休闲旅游，是指以感受温泉沐浴文化为目的，将原先温泉单一疗养的物化享受，提升到符合现代消费的文化和精神层面，成为一种以健康为主题，达到养生和休闲效果的时尚旅游。温泉休闲度假产业，作为“无烟工业”和现代新兴旅游低碳产业的一种，已越来越受到世界各国的青睐，且已成为21世纪的“朝阳产业”。

明月山温泉风景名胜区，是国家级风景名胜区、国家AAAA景区、国家森林

---

* 作者：黄国勤。

本文系作者于2010年9月20日应邀出席“2010中国宜春·明月山第四届月亮文化节暨经贸活动周——休闲·养生·发展——明月山温泉休闲度假产业高峰论坛”所作的专题发言的主要内容，并载《可持续发展研究》2011年第1期第30～33页。

公园、国家地质公园、国家自然遗产、江西省新赣鄱十景之一，位于全国第一个生态城市宜春市城西南 31 km 处，规划面积 136 km^2，景区核心面积 80 km^2，属武功山东北端的山麓部分，是以“奇峰险壑、温泉飞瀑、珍稀动植物和禅宗文化”为主要特色，集“生态游览、休闲度假、科普教育和宗教旅游”为一体的山岳型风景名胜区。明月山主要由太平山、玉京山、老山、仰山等十几座海拔在千米以上的山峰组成、主峰太平山，海拔 1 735.6 m，因整个山势呈半圆形，恰似半轮明月，故称明月山。

明月山拥有 800 多年历史的温汤地热温泉，温泉分布在温汤集镇 0.8 km^2 范围内，地热温泉中心海拔 168 m，从地下 470 m 深处花岗岩中涌出，日出水量 1 万 t，水温常年保持在 68～72℃，无色无味，水质细腻，不含硫，具有低矿化度，低钠、富硒、偏硅酸含量高等特点，为国内外罕见富硒温泉，经国家鉴定检测和中国医防科学院试验分析，该泉属于大出水量，高温度优质矿泉，可饮可浴，口感纯正。温泉含有近 20 种对人体十分有益的微量元素，具有显著的防癌抑瘤保健作用，同时对心血管、消化、泌尿等系统也有明显疗效。

近年来，为促进经济社会全面、协调和可持续发展，宜春市委、市政府大打明月山“旅游牌”，举办名种活动，推介明月山温泉休闲度假旅游资源，促进明月山温泉休闲度假产业发展，取得了显著成效。如 2007 年 9 月 20—26 日（农历八月初十至八月十六），以“团圆 • 和谐 • 发展”为主题，举办了“2007 中国宜春 • 明月山首届月亮文化节暨经贸活动周”；2008 年 9 月 13—17 日（农历八月十四至八月十八），以“农月相趣 • 人月相欢”为主题，举办了“2008 中国宜春 • 明月山第二届月亮文化节暨经贸活动周”；2009 年 9 月 3 日—10 月 4 日（农历七月十五至八月十六），以“情月相融 • 山水为证” 为主题，举办了“2009 中国宜春 • 明月山第三届月亮文化节暨经贸活动周”。这些活动，不仅扩大了明月山的知名度，让大家了解了明月山、认识了明月山，还为明月山温泉休闲度假产业的发展带来了商机和生机，极大地促进了明月山温泉休闲度假产业的发展，促进了宜春市和江西省经济社会的向前发展。

2010 年 9 月 20 日，“2010 中国宜春 • 明月山第四届月亮文化节暨经贸活动周——休闲 • 养生 • 发展——明月山温泉休闲度假产业高峰论坛”在宜春市明月山举办，笔者应邀出席并作大会发言。

2 明月山温泉资源的价值和特点

明月山温泉日出水量达 1 万 t，出水温度常年保持在 68～72℃，温泉水质清澈透明、无色无味，低硫富硒，可饮可浴，为国内外罕见。总体来讲，明月山温泉资源的价值和特点在于：

2.1 含硒高，价值大

明月山温泉风景名胜区土壤平均含硒量高达 3.62 mg/kg，仅次于全国富硒地区之一的陕西紫阳（土壤平均含硒量 3.98 mg/kg）。

根据江西省农科院测定，明月山温泉风景名胜区土壤平均含硒量高达 3.62 mg/kg，仅次于全国富硒地区之一的陕西紫阳（土壤平均含硒量 3.98 mg/kg）。据了解，我国科学家接连对我国 1 094 个县市（约占全国一半）的土壤样品的硒含量进行了测定，测定结果显示：达到国际公布的正常临界值 0.1 mg/kg 的县只有 1/3，即我国 2/3 地区属缺硒地区。其中含量小于等于 0.02 mg/kg 的占 29%，为严重缺硒地区。对比以上数据，明月山风景区实属富硒土壤，加之温汤的富硒温泉水，可以说明月山风景区是名副其实的富硒地区。

据悉，自 2010 年 5 月中央电视台科技博览播出《我村无癌》后，温汤吸引了众多客商及对硒感兴趣的人士前来明月山咨询置业。为进一步探明明月山风景区内硒元素分布状况，明月山温泉风景名胜区管委会联系江西省农科院，对温汤镇周边四个村庄 12 处土壤进行采样检测，经过科学严谨的检测发现，该区域内土壤含硒量非常高，其中彭坊村土壤含硒量在所检的四个地方中最高，达到 5.84 mg/kg，最低的社埠村也达到 2.04 mg/kg，另外仙巩村 2.72 mg/kg、温汤环城南路 3.86 mg/kg，平均值为 3.62 mg/kg。硒元素是居住在温汤的人民长寿无癌的原因之一，也再次检测《我村无癌》中科学家的论证。

硒是大自然赐予明月山风景区的独特且珍稀的资源。目前，明月山硒资源的研究和开发利用，已从硒温泉方面进一步扩展到对硒土壤、富硒农业上面来了。

根据研究和史料记载，温汤温泉对游人有着非凡的魅力，从它的特性来说的话，这可是世界独一无二的温泉。它有四个特点：①水量大。就目前这种状态，每天的出水量达 3 700 t，只要稍微进行一些开发，出水量就能达到 8 000～10 000 t，这就是大型温泉了。②水温高。温汤温泉水温常年可达 68～72℃，中国东部地区这么高温的温泉很少。这个温度是个什么概念呢？过去，当地老俵杀鸡，只要把鸡浸泡在温泉水里，不出 5 分钟，就能拔毛自如；现在也有小孩子将鸡蛋装入薄膜袋中，用绳子扎好扔到水底，不出 15 分钟，鸡蛋就熟了。由此可见温汤温泉温度很高。的确，我们将手放入温泉之中，很难坚持 1 分钟。③历史悠久。宋徽宗政和四年（公元 1114 年），袁州知州曾孝序引用宜春《图经》中的话说：城南三十里有温汤，其中出鱼，能熟鸡卵，祛风疾，至今如故。这是关于温汤温泉的最早记录，更久远我们不说了，但从这时算起也有 800 多年的历史了，能涌流 800 多年而不枯竭、不降温的温泉中国都不多。④高硒低硫。温汤温泉的第四个特点，也是它最特别的一个特点，就是它属“高硒低硫”温泉，也正是这“高硒低硫”的特点成就了它世界唯一的美名。目前所开发的泉水中，属“高硒低硫”泉的只有两处：一处是法国的“埃克斯”矿泉，它属冷泉，在法国一瓶“埃克斯”矿泉水卖到 25 欧元，相当于人民币 200 多元；另一处“高硒低硫”泉就是温汤温泉，也开发出了“江特牌”矿泉水，无论是口感还是水质都相当不错，但一瓶水零售才一块多，批发就几毛钱；所以很多人到了温汤都要喝江特矿泉水，离开时还要带上一些，给亲朋好友品尝品尝。

2.2　作用大，功能多

在明月山温泉风景名胜区内，有一个无癌的小镇——温汤镇。在温汤原住居民中有着奇妙的“三无”现象：无胖墩、无癌症患者、无近视患者。自央视一套《科技博览——我村无癌》节目对温汤镇这些现象进行报道后，温汤富硒温泉的神秘面纱在世人面前被揭开。自此，明月山硒泉养生之旅也在同类旅游线路中变得炙手可热。

大量的调查数据及事例结果说明，使用温汤富硒温泉（矿泉）水可预防恶性肿瘤、心血管等病的发生，降低恶性肿瘤、心血管病的死亡率和发病率，个案调查结果表明温汤富硒矿泉水对风湿、类风湿病、皮肤病治疗的有效率达到 100%，对脊椎病治疗的有效率达到 85.70%，使用温汤富硒温泉（矿泉）水可延缓衰老，健康长寿。

《明月山温汤富硒温泉对人体健康功效的调查研究报告的总结》经各位专家签字认可得出结论。

结论一，明月山富硒温泉具有悠久的历史，该温泉水温常年保持在 68～72℃。水质清澈透明、无色无味，低硫富硒，可饮可浴，为国内外罕见。

结论二，初步的实验室研究及流行病学调查结果表明：明月山富硒温泉在抗癌、防治心脑血管疾病、延缓衰老、防治老年慢性疾病，如风湿与类风湿性疾病、关节病、皮肤病等方面均具有较明确的功效。

结论三，由于明月山温泉低硫富硒，可饮可浴，以及明月山独特的地理环境和秀美的风光，综合食补、食疗，特别适合人们康复治疗，健康疗养，休闲旅游，防病治病。尤其是对肿瘤病人、心脑血管病患者、老年病慢性病患者及身体疲惫的中青年骨干都是一个休养生息的好去处。

结论四，由于硒是人体内一种特殊而又必需的微量元素，明月山富硒温泉（矿泉水）中硒的含量及其他与人体健康关系密切的元素的含量及形态等对人体健康的功效还有很多方面值得开发和进一步研究。

2.3 历史久，条件好

明月山富硒温泉位于温汤集镇，最早史料记载于后汉地理志《郡国志》，已有近 2 000 年历史。当地老百姓在日常生活和农业生产中利用温汤温泉也有 800～900 年的历史了。

从目前情况来看，明月山温泉风景名胜区的条件是比较好的。一是基础设施发展迅速，沙田至温汤旅游公路、温汤至明月山旅游公路、仰山至明月山旅游公路已建设完毕；温汤集镇改造拆迁安置 20 余万 m^2，总投资达 3 亿元；二是接待设施比较完备。以温泉养生、休闲度假、商务会议为主题的温泉酒店、宾馆如雨后春笋般落户明月山，尤其是温泉旅游行业龙头天沐集团加盟后，以“真山真水真温泉”为核心，创新温泉疗法，创建集“温泉、餐饮、客房、会务、保健、养身、娱乐、农耕文化、主题乐园”于一体的休闲度假、餐饮美食、商务会议方式，更是带动了明月山温泉旅游的发展。

2.4 发展快，潜力大

一是发展快。2007 年年初，宜春市正式打响以明月山温泉风景名胜区为龙头的旅游升温战后，各相关部门、单位积极响应、积极参战，通过一年的努力，景区内机构设置逐步完善、管理机制逐步理顺、发展思路逐步明晰，重点建设项目也循序渐进，景区呈现出快速发展的良好态势。2009 年，该景区完成财政收入 2 090 万元，游客总量达到 50 万人次，各类门票收入达到 3 660 万元，旅游综合收入突破 2 亿元，旅游升温战取得明显成效。

二是开发利用潜力大。中国的地热资源丰富，有悠久开采历史，以往主要利用温泉洗浴治病。1970 年以后，在广东丰顺、河北怀来、天津和西藏等地曾进行地热发电、建筑物采暖、农业温室采暖、温水育种、灌溉等多方面试验性开发工作，取得一定成果。可以说，随着科学技术的进步和对明月山温泉资源研究的深入，明月山温泉资源的潜在价值必将进一步得到发掘，其开发利用潜力巨大，发展前景十分广阔。

3　明月山温泉休闲度假产业可持续发展应注意的几个问题

开发明月山温泉旅游资源，发展明月山温泉休闲度假产业，对于推进宜春市和江西省经济社会又好又快发展具有重要意义。为实现明月山温泉休闲度假产业的可持续发展，我们认为应注意以下几个问题。

3.1　减少破坏

在西方一些发达国家，如美国、英国、加拿大、澳大利亚等，进行旅游项目开发时有一个十分明确的规则，即自然的就是最好的！而我们国内的一些项目，人工景致漂亮了，但自然环境却被破坏了。结果是，游客看腻了，感受不到自然生态的游兴。所以，温泉旅游项目，我们一定要用发展的眼光去看待这些问题。一定要减少破坏，尽量不要破坏山体、不要破坏水土资源，开发明月山温泉旅游项目时，尤其要强调减少破坏，尽量保护好一山、一水、一草、一木，保护好景区所有资源、生态与环境。

3.2　防治污染

防治污染，这是一个关键性问题，对确保明月山温泉休闲度假产业的可持续发展至关重要。一般而论，任何旅游景区都有一定的环境容量，它能够承载和容纳的游客数量往往是有限的，系统吸收、转化和循环的污染物数量也是有限度的。但现在的情况是，“黄金周”（如“五一”黄金周、“十一”黄金周）期间游客都一拥而上、蜂拥而至，这对旅游景区的发展是不利的，势必造成景区生态破坏、环境污染，不利于休闲度假产业的可持续发展。明月山风景名胜区要根据具体情况制定相应的制度，规定和限制游客数量，防治景区污染，实现可持续发展。

3.3 强调规划

“凡事预则立，不预则废。”要实现休闲度假产业的可持续发展，做好规划是基本前提。没有一个好的规划，或者说有规划但不按规划去做，这都不可能实现产业的可持续发展。明月山温泉休闲度假产业要实现可持续发展，首先必须强调做好规划，并按规划去实施。目前，围绕明月山温泉休闲度假产业发展，已有《温汤集镇总体规划》《温汤集镇控制性详细规划》和《明月山硒温泉产业专项策划》等，这就要求：第一，对上述规划进行修订、完善，真正符合国家政策、切合当地实际，且有科学性、先进性、实践性和可操作性；第二，通过一定程度确定之后，就要严格按照规划去做、去实施，决不能“换一个领导，就换一个规划”，要按照统一规划，一任一任领导干下去。这样，才有希望。

3.4 加强管理

2007—2008 年，明月山温泉风景名胜区每年完成财政收入 2 000 多万元，游客的总量达到 5 万多人次，各类门票收入达到 3 660 万元，旅游综合收入突破两亿元。这个成绩不简单，尤其是宜春市委、市政府做出很多推动景区建设与发展的决定，采取了很多的措施，力度非常大。应该说管理也是做得不错的。

但根据作者考察和掌握的情况，明月山风景名胜区的管理一定程度上还存在问题。如制度还不够健全、管理工作还没有完全到位，在某些环节还存在松松垮垮的现象，必须引起注意。要通过完善制度、加强教育、提升管理人员素质等多种途径和方法，抓好各个环节的管理。“管理出效益，管理出人才”，只有加强明月山风景名胜区的管理和明月山温泉休闲度假产业的管理，才能实现该区休闲度假产业与经济社会的全面、协调和可持续发展。

3.5 完善机制

要实现明月山温泉休闲度假产业的可持续发展，机制是关键。只有机制活了、机制完善了，明月山温泉休闲度假产业的可持续发展才有希望。首先，要完善投入机制。没有物质、资金的投入，谈可持续发展只能是一句空话。因此，要建立和完善明月山温泉休闲度假产业多方投入的机制，要根据市场经济规律和国内外休闲度假产业发展的大趋势，不断建立、健全和完善由政府、企业、个人、集体等多方组成的投入机制；其次，要完善人才培养机制。明月山温泉休闲度假产业能否发展、能否实现可持续发展，说到底是“人”的问题。因此，建立、健全和完善人才培养机制至关重要，要借鉴国际上的先进经验，根据国内、省内、市内具体情况，建立具有先进性、可行性和高效性的人才培养运行机制，推动明月山温泉休闲度假产业可持续发展；最后，完善产业转型升级机制。从目前状况来看，笔者认为明月山温泉产业要实现转型升级还有很长的一段路要走。要通过提升景区人文水平、培养景区经济发展人才、进一步加大项目投入和多方面筹集资金等多种途径，不断完善产业转型升级机制，切实建立起促进温泉景区可持续发展的机制。

3.6　开展研究

当然，加强对富硒温泉水的科学研究也很重要，到底能不能治病，到底硒的含量会不会变化，一年四季有什么规律，产业开发的前景如何、影响因素怎样等，这些方面都要进行综合研究，这样我们才能做到心中有数，才能把温泉休闲产业做大做强。但不管如何，宜春明月山温泉休闲度假产业一定会迎来一个灿烂的明天！

生态文明建设

生态环境形势与“秀美江西”建设*

摘　要：本文在对全球所面临的生态环境形势及存在的主要问题与挑战进行阐述的基础上，重点对江西省生态环境建设成就和发展历程进行了考察，之后，进一步分析了“秀美江西”提出的背景及其内涵，以及“秀美江西”建设的重大意义，最后，提出了“秀美江西”建设的对策与措施。该文对推进江西生态文明建设具有直接指导意义与参考价值。

关键词：生态环境　秀美江西　生态文明　生态建设　环境保护　可持续发展

1　引言

当前，世界各国人们都十分关心生态环境形势、生态环境问题，都希望生态环境形势越来越好、生态环境问题越来越少，甚至最好不存在生态环境问题、不出现生态环境灾害，真正呈现人与自然和谐共处的美好景象。

党的十八大提出建设“美丽中国”之后，全国上下更加重视生态环境、爱护生态环境、建设生态环境。江西紧密结合全省实际，积极推进“秀美江西”建设。

本文拟在分析国内外生态环境形势的基础上，结合江西具体实际，探讨“秀美江西”建设的若干理论与实践问题，以期为当前及今后江西的生态环境建设尽微薄之力，为实现“秀美江西”添砖加瓦。

---

* 作者：黄国勤。

本文系作者于2013年7月21日应邀在由江西省社会科学联合会、江西省图书馆、江南都市报主办，大江网协办的《社科大讲堂》上所作报告的主要内容，并载《社科大讲堂》第四辑（江西人民出版社，2014年6月）第194～205页。

2 生态环境形势

笔者拟从全球、中国、江西三个层次分析当今面临的生态环境形势，以期达到认清形势、展望未来的目的。

2.1 全球生态环境形势

要分析全球生态环境形势，首先必须回顾历史上曾经出现的世界“八大公害事件”，这对今天认识环境、保护生态仍有启发和教益。

2.1.1 世界“八大公害事件”

在世界生态环境史上，曾经发生了著名的“八大公害事件”（表 1）。

表 1 世界八大公害事件

公害名称	公害发生地	发生时间	中毒情况	中毒症状	致害原因	公害成因
马斯河谷烟雾事件	比利时马斯河谷（长 24 km，两侧山高约 90 m）	1930 年 12 月（1911 年发生过，但没有死亡）	几千人发病，60 人死亡	咳嗽、呼吸短促、流泪、喉痛、恶心、呕吐和胸口窒闷	SO_x 和 MO 微粒作用下，$SO_2 \rightarrow SO_3$，进入肺部深处	山谷中重型工厂多；遇逆温天气；工厂污染物积聚；遇雾日
富山事件（骨痛病）	日本富山（蔓延到群马县一带七条河的流域）	1931 年至 1972 年 3 月	患者超过 280 人，死亡 34 人	开始关节痛，后神经痛和全身骨痛，最后骨骼软化萎缩，自然骨折，饮食不进，在衰弱痛苦中死亡	吃含镉的稻米，喝含镉的水	炼锌厂未经处理净化的含镉废水排入河中
洛杉矶光化学烟雾	美国洛杉矶	1943 年 5 月到 10 月	大多数居民患病；65 岁以上的老人死亡 400 人	刺激眼、喉、鼻；引起眼病、喉炎	石油工业和汽车废气在紫外辐射作用下生成光化学烟雾	伦敦有汽车 800 多万辆，每天耗油 600 多万加仑，每天 1 000 多 t 碳氢化合物排入大气；三面临山，市区空气流动缓慢
多诺拉烟雾事件	美国多诺拉（马蹄形河湾）	1948 年 10 月	4 天内约 42% 人（约 6 000 人）患病，17 人死亡	咳嗽、喉痛、呕吐和胸闷	SO_2 同烟尘作用生成硫酸盐，吸入内部	工厂多；遇雾日；遇逆温天气

公害名称	公害发生地	发生时间	中毒情况	中毒症状	致害原因	公害成因
伦敦烟雾事件	英国伦敦	1952 年 12 月	5 天内 4 000 人死亡，历年共发生 12 起，死亡近万人	咳嗽、喉痛、呕吐和胸闷	粉尘中的 Fe_2O_3 使 SO_2 转变为硫酸，附着在烟尘上，吸入肺部	居民用烟煤取暖，煤中硫含量高，工厂多，排出粉尘量大；遇逆温天气
水俣事件	日本九州南部熊本县水俣镇	1953 年	第一次发现有人中毒病重身死。水俣患者 180 多人，死亡 50 多人	口齿不清，步态不稳，面部痴呆，耳聋眼瞎，全身麻木，最后精神失常，直至死亡	甲基汞被鱼摄入，人吃中毒的鱼而生病死亡	化工生产中，使用氯化汞和硫酸汞作催化剂，含汞的废水和废渣排入水体，形成甲基汞
四日事件（哮喘病）	日本四日市（蔓延几十个城市）	1955 年以来	患者 500 多人，有 36 人在哮喘病折磨中死亡	支气管炎，支气管哮喘，肺气肿	有毒重金属微粒及 SO_2 吸入肺部	工厂向大气排放的 SO_2 和烟尘数量大，并含有钴、锰、钛等金属粉尘
米糠油事件	日本九州爱知县等 23 个府县	1968 年	患病者 5 000 多人，死亡 16 人；实际受害者超过 1 万人	眼皮肿，常出汗，全身起红疙瘩，重者恶心呕吐，肝功能下降，肌肉痛，咳嗽不止，甚至死亡	食用含多氯联苯的米糠油所致	米糠油生产中，用多氯联苯作脱臭工艺中的载热体，因管理不善而进入米糠油中

由表 1 可知，20 世纪 30—60 年代，在比利时、美国、英国、日本相继发生了令世界震惊的“八大公害事件”，给生产、生活及人类健康和生命安全等带来极大危害，其直接诱因就是生态环境问题。

据《中华环境》[2013 年第 5 期（总第 91 期）第 59 页]“2013 年人类发展报告：环境威胁可致数亿人贫困”一文指出：“联合国近日发布的《2013 年人类发展报告》警告说，如果不对环境威胁采取紧急应对措施，那么到 2050 年全球处于极端贫困的人口数量可能增加多至 30 亿。”显然，对于全球生态环境问题，必须高度重视，切不可掉以轻心。

2.1.2　世界生态环境问题

当前，全球面临的突出生态环境问题，主要包括以下几方面。

（1）气候变化。政府间气候变化专门委员会（IPCC）1996 年发表的评估报告，肯定了温室气体增加将导致全球气候的变化。依据各种计算模型的预测，如果二氧化碳浓度从工业革命前的 280×10^{-6} 增加到 560×10^{-6}，全球平均温度可能上升 1.5～4℃。IPCC 在其 2007 年第 4 次评估报告中进一步指出，根据全球地表温度测定资料，1906—2005 年全球平均温度升高了 0.74℃，这种变暖是由自然的气候波动和人类活动共同引起的。但最近 50 年的气候变化，90%以上的可能性是由人类活动造成的。许多学者的预测表明，到 22 世纪中叶，世界能源消费的格局若不发生根本性变化，大气中二氧化碳的浓度将达到 560×10^{-6}，地球平均温度将有较大幅度的增加。

气候变化造成的危害是海平面上升、农业病虫害加剧、人类传染病增加等，对人类生存环境及整个生态系统都将带来不利影响，甚至严重后果。

（2）生物多样性减少。生物多样性指的是地球上生物圈中所有的生物，即动物、植物、微生物，以及它们所拥有的基因和生存环境。多样的生物不仅能直接为人类提供各类资源，还可以为人类提供各种特殊基因，使得培育动植物新品种成为可能。生物多样性是人类社会赖以生存与发展的基础。保护生物多样性，就是保护人类自身，就是保护地球——人类共同的家园。然而，在过去的半个多世纪，人类活动对生物多样性造成了前所未有的破坏。地球上的生物种类正在以相当于正常水平 1 000 倍的速度消失。

为应对全球生物多样性减少的严峻局面，切实加强生物多样性保护，联合国设立“国际生物多样性日”和“国际生物多样性年”。1994 年 11 月联合国会议确定每年的 12 月 29 日为“国际生物多样性日”，2001 年 5 月 17 日，第 55 届联合国大会第 201 号决议将国际生物多样性日改为每年 5 月 22 日。2006 年联合国大会通过决议，将 2010 年设立为“国际生物多样性年”，主题为“生物多样性就是生命，生物多样性也是我们的生命”。可以说，“国际生物多样性日”和“国际生物多样性年”的设立，对全球生物多样性保护起到了积极作用。

（3）臭氧层破坏。臭氧层破坏是当前全球面临的环境问题之一。自 20 世纪 70 年代以来就开始受到世界各国的关注。臭氧是一种天蓝色、有臭味的气体。在大气圈的平流层中，有一个臭氧含量较高的臭氧层，它好像一个巨大的过滤网，可以吸收和滤掉太阳光中有害的紫外线，有效地保护地球生物的生存。1985 年，英国科学家首次发现，南极上空在 9 月至 10 月平均臭氧含量减少 50%左右，并呈周期性出现。北极臭氧层耗损也很明显。臭氧层耗损对人类健康及其生存环境的主要危害是大量的紫外线直接辐射到地面，导致人类皮肤癌、白内障发病率增高，并抑制人体免疫系统功能；农作物受害减产，影响粮食生产和食品供应；破坏海洋生态系统的食物链，导致生态平衡破坏。因此，1994 年 12 月联合国大会通过了第 49/114 号决议，确定从 1995 年起，每年的 9 月 16 日为“国际保护臭氧层日”。这一日子的确定，进一步表明了国际社会对臭氧层耗损问题的关注和保护臭氧层的共识。

臭氧层对人类具有如此重要的作用，那么破坏臭氧层的物质是什么呢？科学家认为，臭氧减少是由于人类活动向大气中排入氯氟烃（氟利昂）和含溴卤化烷烃（哈龙）等气体引起的。氟利昂在自然界不会自己产生，而是人类在工业生产过程中制造、扩散出来的。它用于制冷装置的冷冻剂、气溶胶、有机溶剂和泡沫发泡。哈龙用作灭火剂。目前，我国及世界各国正采取措施，逐步淘汰氟利昂和哈龙等对臭氧层有害的物质。

一位美国环境科学家曾预测：人类如果不采取措施，到 2075 年，全世界将有 1.5 亿人患皮肤癌，其中有 300 多万人死亡；将有 1 800 多万人患白内障；农作物将减产 7.5%；水产品将减产 25%；材料损失将达 47 亿美元；光化学烟雾的发生率将增加 30%。

由此而知，保护臭氧层的工作迫在眉睫。在认识到高空中的臭氧层是地球的“保护伞”的同时，还应了解近地低空气中的臭氧却是一种污染物。低层臭氧含量的增加可以引起光化学烟雾，危害森林、作物、建筑物等，臭氧还会直接引起人的机体失调和中毒。某些电器例如复印机，在使用过程中也会产生臭氧。因此，在使用这些电器时，应注意通风，保持空气流畅。

（4）酸雨蔓延。酸雨是指大气降水中酸碱度（pH 值）低于 5.6 的雨、雪或其他形式的降水。这是大气污染的一种表现。

酸雨对人类环境的影响是多方面的。酸雨降落到河流、湖泊中，会妨碍水中鱼、虾的成长，以致鱼虾减少或绝迹；酸雨还导致土壤酸化，破坏土壤的营养，使土壤贫瘠化，危害植物的生长，造成作物减产，危害森林的生长。此外，酸雨还腐蚀建筑材料，有关资料说明，近十几年来，酸雨地区的一些古迹特别是石刻、石雕或铜塑像的损坏超过以往百年以上，甚至千年以上。

世界目前已有三大酸雨区：北美酸雨区、西欧酸雨区和中国西南四川盆地酸雨区（实际上，中国三大酸雨区包括西南酸雨区、华中酸雨区和华东沿海酸雨区）。

（5）森林锐减。在今天的地球上，我们的绿色屏障——森林，正以平均 4 000 km^2/a 的速度消失。森林的减少使其涵养水源的功能受到破坏，造成物种减少、水土流失，以及对二氧化碳的吸收减少，进而又加剧了温室效应。

据《光明日报》（2007 年 3 月 24 日）报道，在联合国粮农组织最近发布的年度“世界森林状况报告”指出，虽然有许多国家的森林面积在增加，但全球森林总面积仍然在缩小。这份报告显示，2000—2005 年，有 57 个国家的森林面积在增加，但仍有 83 个国家的森林面积在继续减少。全球森林每年净减少面积仍高达 730 万 hm^2，平均每天有 2 万 hm^2 森林消失。全球陆地面积 30%是森林，1990—2005 年，世界森林面积减少了 3%。报告强调，经济发展和完善森林管理是挽救森林的关键因素，目前已有 100 多个国家制订了森林发展计划，立法和修改林业政策，强化林业机构。但贫困人口多及战乱地区，森林仍面临严峻挑战。报告警告，地球气候变化已给森林带来不利影响，使森林火灾、病虫害增加。

（6）土地荒漠化。土地荒漠化指原由植物覆盖的土地变成不毛之地的自然灾害现象。随着人类活动的不断扩张，生态环境受到日益严重的破坏，草原和森林以空前的速度退化，沙漠化的趋势正从各个方向向人类生命区推进。目前，全球的土地荒漠化一直呈加速发展之势。全世界 2/3 的国家和地区、1/4 的陆地面积、近 10 亿人口受其危害，已被公认为当今世界的头号环境问题，引起越来越多人的担忧。

今日世界各地沙漠化原因，多数归咎于人为原因：①干旱区城乡群众、农垦大军、筑路大军等由于燃料需求，砍伐、樵柴、连根挖等破坏沙地乔、灌、草植被，导致荒漠化发展。②干旱区过度开荒垦殖，包括水资源不足而部分弃耕，过量用水（大水漫灌）造成盐渍化而弃耕，以及由此造成沙地植被破坏，荒漠化发展。③半干旱（草原区）地区不宜农作的沙质草原，广种薄收、轮荒倒种，沙地植物被直接破坏；④（半干旱地区）草场（草原）超载过牧、自由放牧、靠天养畜、草地大锅饭→大面积（草原）草场退化沙化、沙地植被破坏；⑤水资源利用不合理（缺乏有效管理），上游过量用水→下游来水大减，水位大幅下降，沙漠化发展。⑥利益驱动：为了获取经济利益，乱挖甘草、苁蓉、冬虫夏草等，破坏沙地植被。

（7）大气污染。大气污染的主要因子为悬浮颗粒物、一氧化碳、臭氧、二氧化碳、氮氧化物、铅等。大气污染导致每年有 30 万～70 万人因烟尘污染提前死亡，2 500 万的儿童患慢性喉炎，400 万～700 万的农村妇女儿童受害。凡是能使空气质量变差的物质都是大气污染物。大气污染物已知的有 100 多种。有自然因素（如森林火灾、火山爆发等）和人为因素（如工业废气、生活燃煤、汽车尾气等）两种，并且以后者为主要因素，尤其是工业生产和交通运输所造成的。主要过程由污染源排放、大气传播、人与物受害这三个环节所构成。影响大气污染范围和强度的因素有污染物的性质（物理的和化学的）、污染源的性质（源强、源高、源内温度、排气速率等）、气象条件（风向、风速、温度层结等）、地表性质（地形起伏、粗糙度、地面覆盖物等）。

（8）水体污染。水是我们日常最需要，也是接触最多的物质之一，然而就是水如今也成了危险品。水污染其中包括城市水资源污染、河流水资源污染等。

1993 年 3 月 22 日，联合国确定为“世界水日”。一些专门从事全球用水状况研究的科学家们惊呼，因为在那时水污染问题就已经成为“世界性的灾难”。目前，全球每天有多达 6 000 名少年儿童因饮用水卫生状况恶劣而死亡。水污染问题已经成为目前世界上最为紧迫的卫生危机之一。水污染问题在那些人口急剧增长的发展中的国家尤为严重，农村人口大幅度地向城市集中，是导致全球水污染现象日益严重的主要原因。

最近几年里，全世界的农村人口向城市移民的规模，正在以每天 16 万人的速度增加。俗话说，一方水土养一方人，水污染严重影响我们老百姓的健康，居民饮用时和在烹饪时使用受污染的地下水已经导致了许多健康问题，例如腹泻、肝炎、伤寒和霍乱等。人口数量的几何增长、现代工业废水的乱排乱放、城市垃圾、农村农药喷洒等，造成本来已是极少的淡水资源加剧短缺，无法为人所用。据统计，目前水中污染物已达 2 221 种，主要为有机化学物、碳化物、金属物，其中自来水里有 765 种（190 种对人体有害，20 种致癌，23 种疑癌，18 种促癌，56 种致突变：肿瘤）。

（9）海洋污染。海洋污染（marine pollution）通常是指人类改变了海洋原来的状态，使海洋生态系统遭到破坏。有害物质进入海洋环境而造成的污染，会损害生物资源，危害人类健康，妨碍捕鱼和人类在海上的其他活动，损坏海水质量和环境质量等。海洋污染的特点是污染源多，持续性强，扩散范围广，且难以控制。

人类活动使近海区的氮和磷增加 50%～200%；过量营养物导致沿海藻类大量生长；波罗的海、北海、黑海、东中国海等出现赤潮。海洋污染导致赤潮频繁发生，破坏了红树林、珊瑚礁、海草，使近海鱼虾锐减，渔业损失惨重。海洋污染造成的海水浑浊严重影响海洋植物（浮游植物和海藻）的光合作用，从而影响海域的生产力，对鱼类也有危害。重金属和有毒有机化合物等有毒物质在海域中累积，并通过海洋生物的富集作用，对海洋动物和以此为食的其他动物造成毒害。

石油污染在海洋表面形成面积广大的油膜，阻止空气中的氧气向海水中溶解，同时石油的分解也消耗水中的溶解氧，造成海水缺氧，对海洋生物产生危害，并祸及海鸟和人类。由于好氧有机物污染引起的赤潮（海水富营养化的结果），造成海水缺氧，导致海洋生物死亡。海洋污染还会破坏海滨旅游资源。因此，海洋污染已经引起国际社会越来越多的重视。

（10）危险性废物越境转移。危险性废物是指除放射性废物以外，具有化学活性或毒性、爆炸性、腐蚀性和其他对人类生存环境存在有害特性的废物。美国在《资源保护与回收法》中规定，所谓危险废物是指一种固体废物和几种固体的混合物，因其数量和浓度较高，可能造成或导致人类死亡率上升，或引起严重的难以治愈的疾病或致残的废物。

城市的发展，人口集中，各种功能复杂，各种废弃物大量增加。在当地范围内处理废弃物已感困难，因此希望将废物转移到邻近的城市、村镇以至邻国，以及更容易处理的地方。这样，在欧洲多个国家接壤且商业往来频繁的地方，废物的越境转移已成为日常的活动。然而，1982 年发生了污染土壤转移到国外的事件，使有害废物的越境转移变成国际性的问题。

1978 年，美国纽约州尼亚加拉瀑布市发生了拉夫运河事件后，根据全美国范围内所进行的调查结果发现，全美共有 2 万多个地方有可能因有害废物的不恰当处理，而对人体和环境造成危害。据美国国会技术评价局估计，净化这些地方所需费用达 100 亿～1 000 亿美元。

在德国发现了许多对人体及环境存在危险的过去的废物投弃地和工厂旧址，同时以州为单位对可疑的投弃地进行了辨别，自 1989 年被确认为对有害废物处置不当的地方，仅查明的就有 5 万多个。按政府方面的估计，今后其净化费用最少也要 180 亿马克（约合 20 亿美元）。大量需要地下水的丹麦，估计有 2 000 个地方被污染，其净化所需费用估计也要 10 亿丹麦克朗（约 1 500 万美元）。

20 世纪 90 年代以来，经查明发生多起有害废物的越境转移问题。例如，一家挪威企业从美国向几内亚出口 1.5 万 t 有害废物并弃置而造成树林枯死事件；还有意大利向尼日利亚以化学品名义出口并弃置 3 900 t 有害废物的案件；又如美国费城的 1.4×10^4 t 有害焚灰，在加勒比海各国、非洲、地中海沿岸等地遭拒绝入境以后，在海上徘徊了两年之久，最后被认为投进印度洋的事件等。近年来也发生多起发达国家向中国沿海地区转移有害废物事件。

为何要进行危险性废物越境转移交易呢？特别是向发展中国家转移呢？其共

同之处是：接受有害废物的发展中国家对有害物多数没有法律规定，即便是合法的进出口，也不具备处理有害废物的技术。根据最近发生的许多事件，发达国家和发展中国家投弃费用和处理费用差距很大，有的甚至达到 1∶20，这对于陷入经济困境的国家是一种诱惑。接受有害废物是发展中国家受经济困窘左右，经济、环境恶性循环的后果。

为将这种有害废物越境转移所造成的损害消灭在未发生之前，只靠一个国家是难以做到的。必须建立起巴塞尔公约试图建立的国际性框架，这是当务之急。继续坚持有害废物在产生国处理原则，即使允许出口，也应使产生国保证该有害废物在对方国不发生污染。建立一个合理体制，规定执行有害废物产生国的标准和在对方国家造成的有关损失及其赔偿。应从污染者负担的原则出发，至少要明确地将其制度化。

2.1.3　国际社会高度重视全球生态环境问题

由上可以看出，尽管造成全球生态环境问题有历史与现实、主观与客观等多方面的原因，但全球生态环境形势呈现越来越严峻的发展态势必然引起世界各国的高度重视。为此，联合国近几十来连续召开多次重要会议，积极探寻解决全球生态环境问题的对策和措施。

1972 年，联合国在瑞典的斯德哥尔摩召开了有 113 个国家参加的“联合国人类环境会议”。会议讨论了保护全球环境的行动计划，通过了《人类环境宣言》。会议建议联合国大会将这次会议开幕的 6 月 5 日定为“世界环境日”。

1982 年 5 月 10—18 日，为纪念斯德哥尔摩联合国人类环境会议十周年，国际社会成员国聚会于肯尼亚内罗毕，审议了为执行会议通过的宣言和行动计划而采取的各种措施，并郑重要求各国政府和人民巩固与发展迄今已取得的进展，同时对全世界环境的现状表示高度关注，指出迫切需要在全球、地区与国家为保护和改善环境而加紧努力。

1992 年 6 月 3—14 日，“联合国环境与发展大会”在巴西里约热内卢召开，有 183 个国家的代表团以及联合国及其下属机构等 70 个国际组织的代表参加了会议。其中，102 位国家元首或政府首脑亲临会场。6 月 1—2 日为高级官员磋商，6 月 3—11 日为部长级会议，6 月 12—14 日为首脑会议。会议通过了《里约热内卢环境与发展宣言》和《21 世纪议程——可持续环境与发展行动计划》，通过了《森林原则声明》《气候变化框架公约》《生物多样性公约》，出席会议的非政府环保组织通过了《消费和生活方式公约》。

2002年8月26日—9月4日，“联合国可持续发展世界首脑会议”在南非约翰内斯堡举行，这是继1992年在巴西里约热内卢举行的联合国环境与发展会议之后，全面审查和评价《21世纪议程》执行情况，重振全球可持续发展伙伴关系的重要会议，104个国家元首和政府首脑以及192个国家的代表出席会议，共商全球未来可持续发展大计。自1992年里约“联合国环境与发展大会”召开10年来，世界范围内贫富分化更趋严重，人类在健康、生物多样性、农业生产、水和能源五大领域面临非常严重的挑战，全球可持续发展状况有恶化的趋势。这次会议，把消除贫困纳入可持续发展理念之中，并作为这次首脑会议的主旋律之一，是里约会议10年来的最大进步，也标志着人类的可持续发展理念提高到了一个新的层次。与里约会议通过的《21世纪议程》相比，这次首脑会议设立的目标更加明确，并在多数项目上确定了行动时间表，其中包括在2015年之前，将全球无法得到足够卫生设施的人口降低一半；到2010年大幅度降低生物多样性消失的速度；到2005年开始实施下一代人资源保护战略等。

2012年6月20—22日，“联合国可持续发展大会”在巴西里约热内卢举行，本次大会是自1992年联合国环境与发展大会和2002年可持续发展世界首脑会议后，在国际可持续发展领域举行的又一次重要会议。国际社会高度关注，近130位国家元首和政府首脑出席会议，来自各国政府、国际组织、新闻机构及主要群体等共5万多名代表与会。2012年联合国可持续发展大会把“可持续发展和消除贫困背景下的绿色经济”“促进可持续发展的机制框架”作为两大主题，并将“评估可持续发展取得的进展、存在的差距”“积极应对新问题、新挑战”“做出新的政治承诺”作为此次大会的三大目标。

2.2 中国生态环境形势

中国是世界上最大的发展中国家，生态环境形势更为严峻。

2.2.1 总体形势

为全面掌握中国生态环境的状况，把握中国生态环境演变与发展趋势，必须对中国生态环境形势有一总体判断。综合国内外已有研究资料及相关观点，认为中国生态环境的基本状况是：总体在恶化，局部在改善，治理能力远远赶不上破坏速度，生态赤字逐渐扩大。

中国工程院院士沈国舫在《中华环境》2013年第5期（总第91期）第30页“生态文明建设的‘清单’”一文中指出：“我们在2009年曾经做过中国的宏观环

境战略研究，结论是：中国的环境压力比任何国家都大，环境资源问题比任何国家都突出，解决起来比任何国家都困难，虽然已经经过了巨大的努力，但是总的形势仍旧是局部有所改善，总体尚未遏制，形势依然严峻，压力继续加大。”

2.2.2　生态环境压力

造成中国生态环境不断恶化的原因是多方面的，也是复杂的。它主要来自三大压力。

（1）人口压力。中国现代人口数量迅猛增长，既成为中国现代化进程的最大障碍，又成为中国生态环境的最大压力。迫于生存，人们毁林开荒，围湖造田，乱采滥挖，破坏植被，众多人口的不合理活动超过了大自然许多支持系统的支付能力、输出能力和承载力。

（2）工业化压力。中国发动工业化时间晚，发展起点低，又面临赶超发达国家的繁重任务，不仅以资本高投入支持经济高速增长，而且以资源高消费、环境高代价换取经济繁荣，重视近利，失之远谋；重视经济，忽视生态，短期性经济行为为中国生态环境带来长期性、积累性后果。

（3）市场压力。中国正处在市场经济转型过程中。市场经济本身会产生许多外部经济效应或者外部不经济效应，环境污染就是最明显的例子。环境作为一种公共财产，这种公共财产的提供（例如清洁水，良好的大气环境），对所有人都有好处且多一些人享受它的好处并不会加大总成本。但是如果没有公共财产，所有人的利益都会受损。公共财产或者公共财产受到破坏（例如污染水，污染大气等）的特点决定了个人或市场都不会提供控制环境污染的费用和服务，只有政府是公共财产的提供者。来自市场经济的压力越大，政府对防治环境污染、整治国土资源的责任就越大。为了改变中国日益恶化的环境形势，采取行动刻不容缓。否则，日益扩大的生态赤字将使其他领域所获得的成绩不是大打折扣，就是黯然失色。

2.2.3　生态环境问题

当前，我国面临的突出生态环境问题，主要有以下几方面。

（1）水土流失严重。新中国成立初期，全国水土流失面积为 116 万 km^2。据 1992 年卫星遥感测算，中国水土流失面积为 179.4 万 km^2，占全国国土面积的 18.7%。中国水土流失特别严重的地区（从北到南）主要有西辽河上游、黄土高原地区、嘉陵江中上游、金沙江下游、横断山脉地区，以及部分南方山地丘陵区。

（2）沙漠化迅速发展。中国是世界上沙漠化受害最深的国家之一。北方地区沙漠、戈壁、沙漠化土地已超过 149 万 km^2，约占国土面积的 15.5%。20 世纪

80 年代，沙漠化土地以年均增长 2 100 km^2 的速度扩展。近 25 年共丧失土地 3.9 万 km^2。目前约有 5 900 万亩农田，7 400 万亩草场，2 000 多公里铁路以及许多城镇、工矿、乡村受到沙漠化威胁。目前，中国的沙漠及沙漠化土地面积约为 160.7 万 km^2，占国土面积的 16.7%。

（3）草原退化加剧。20 世纪 70 年代，草场面积退化率为 15%，80 年代中期已达 30%以上。全国草原退化面积达 10 亿亩，目前仍以每年 2 000 多万亩退化速度在扩大。由于草原退化，牧畜过载，牧草产量持续下降。

（4）森林资源锐减。中国许多主要林区，森林面积大幅度减少，昔日郁郁葱葱的林海已一去不复返。全国森林采伐量和消耗量远远超过林木生长量。若按目前的消耗水平，绝大多数国营森工企业将面临无成熟林可采的局面。森林赤字是最典型的生态赤字，当代人已经过早过多地消耗了后代人应享用的森林资源。

（5）生物物种加速灭绝。据估计，中国的植物物种中 15%～20%处于濒危状态，仅高等植物中濒危植物就高达 4 000～5 000 种。近 30 多年来的资料表明，高鼻羚羊、白鳍豚、野象、熊猫、东北虎等珍贵野生动物分布区显著缩小，种群数量锐减。属于中国特有的物种和国家规定重点保护的珍贵、濒危野生动物有 312 种，正式列入国家濒危植物名录的第一批植物有 354 种。

（6）地下水位下降，湖泊面积缩小。多年来，由于过分开采地下水，在北方地区形成 8 个总面积达 1.5 万 km^2 的超产区，导致华北地区地下水位每年平均下降 12 cm。1949 年以来，中国湖泊减少了 500 多个，面积缩小约 1.86 万 km^2，占现有面积的 26.3%，湖泊蓄水量减少 513 亿 m^3，其中淡水量减少 340 亿 m^3。

（7）水体污染明显加重。据 1987 年典型城市监测调查，有 42%的城市饮用水源地受到严重污染；63%的城市受到不同程度的污染。在调查的 532 条河流中，有 82%的河流受到不同程度的污染。全国约有 7 亿人口饮用大肠杆菌超标水，约有 1.7 亿人饮用受有机物污染的水。《中华环境》2013 年第 5 期（总第 91 期）第 26 页以“地下排污是我国地下水污染元凶”为题报道，中国 90%地下水遭受不同程度污染，64%污染严重。化肥、农药导致地下水中“三氮”（即氨氮、硝酸盐、亚硝酸盐）超标普遍。长江三角洲地区各省市，均发现地下水中硝态氮超标。地下水污染中还存在有机污染。北京、天津、河北等地的地下水已检出 100 多种污染物，其中不少是“三致”（致癌、致畸、致突变）物质。

（8）大气污染严重。中国大气污染属于煤烟型污染，北方重于南方；中小城市污染势头甚于大城市；产煤区重于非产煤区；冬季重于夏季；早晚重于中午。

目前中国能源消耗以煤为主，约占能源消费总量的3/4。煤是一种肮脏能源，燃烧产生大量的粉尘、二氧化碳等污染物，是中国大气污染日益严重的主要原因。近年来，废渣存放量过大，垃圾包围城市。中国废渣年产生量已超过5亿t，处理能力赶不上排放量。1988年全国积存量为66亿t，人均6t废渣。据统计，全国城市生活垃圾为6 000万t/a，比10年前增加了一倍。在380个城市中，至少有2/3的城市处在垃圾包围之中。仅北京三环、四环路之间就有50 m以上的垃圾山4 500多座，占地超过7 000亩。

酸雨是大气污染的一种，或者说是大气污染的结果。我国1/3的国土被酸雨侵害，在受检测的343个城市中，近3/4的居民呼吸不到清洁的空气。全球空气污染最严重的10个城市中，我国占了一半。我国每年空气污染导致1 500万人患支气管炎，23 000人患呼吸道疾病，13 000人死于心脏病。

2013年1月以来，我国中东部地区连续出现的重度雾霾天气污染事件，其时间之长、面积之大、程度之重、影响之广、受损之大，均创历史之最，已经引起人民群众的极大关注。

（9）环境污染向农村蔓延。乡镇企业迅速发展成为农村工业化的重要方向，以及二元经济结构向现代经济结构转变的中介。与此同时，也给农村带来生态环境更大范围的污染，对农业资源、矿产资源造成更为严重的浪费。1978年以前，农村环境污染主要是化肥、农药等，1978年以后乡镇企业成为农村主要污染源。

（10）自然灾害日趋严重。由于生态环境恶化引发的自然灾害日趋突出，由此造成的人员伤亡、财产损失有增无减。这里以2013年1—3月频繁发生的“雾霾天气”为例略作说明。

据《凤凰网·资讯》（http：//news.ifeng.com/opinion/special/wumai/）2013年第1月15日第620期报道，入冬以来，中国许多地方出现严重雾霾天气，$PM_{2.5}$大大超标，其中以北京及其周边地区最为严重。中国工程院钟南山先生在接受央视采访时表示：大气污染比“非典”可怕得多，“非典”可以隔离，但是大气污染任何人都跑不掉。研究证实“空气污染致死”，中国每年或“早死”35万～40万人。呼吸本身不能杀死人，但污染严重的空气有时可以。根据财新《新世纪》周刊报道，早在2007年，世界银行和当时的中国国家环保总局共同进行了一项研究，形成的结论之一是：以PM_{10}为指标衡量的空气污染，每年在中国导致35万～40万人“早死”。2012年12月18日，环保组织“绿色和平”和北京大学公共卫生学院共同发布一份研究报告指出，如果2012年北京、上海、广州、西安四城市空气质量相对于2010年没有改善，因$PM_{2.5}$污染造成的“早死”人数将达8 572人，因“早死”而致的经济损失达68亿元人民币。

据《中国气象报社》（2013年1月7日）报道，2012年，全国各类自然灾害共造成2.9亿人次受灾，1 338人死亡（包含森林火灾死亡13人），192人失踪，1 109.6万人次紧急转移安置；农作物受灾面积2 496.2万hm^2，其中绝收182.6万hm^2；房屋倒塌90.6万间，严重损坏145.5万间，一般损坏282.4万间；直接经济损失4 185.5亿元。

2.3 江西生态环境状况

江西是我国中部地区的重要省份之一，地处长江中下游南岸，自然资源丰富，生态环境良好。当前，江西仍然存在以下诸多生态环境问题，对建设“富裕和谐秀美江西”带来不利影响。

2.3.1 生态破坏

修路、造桥、建厂、建工业园区、搞房地产开发，以及开山采矿等都造成严重的生态破坏。如江西赣州的稀土无序开采就导致严重的生态破坏。几十年的无序开采，使赣州地区大部分山体、植被受到极大破坏。农田荒芜，水源污染，当地居民因为稀土，更面临失去土地和家园的困境。

2.3.2 水土流失

水土流失是在水力、重力、风力等外营力作用下，水土资源和土地生产力的破坏和损失，包括土地表层侵蚀和植被的破坏以及水的损失。水土流失流走的是水，损失的是土，是人类生存最基本的物质基础。江西地处长江中下游南岸的红壤丘陵水力侵蚀区，是我国南方水土流失严重的省份之一。全省水土流失面积高达3.35万km^2，在南方红壤区8省（江西、福建、浙江、广东、海南、湖南、湖北、安徽）中，仅次于湖北、湖南，居第3位；水土流失面积占全省国土面积的20.1%，占山地面积的33.3%，在南方红壤区8省中，仅次于湖北，居第2位；强度及强度以上的水土流失面积为1.08万km^2，在南方红壤区8省中居第1位。

江西省水土流失具有以下几个特点：①流失范围广、面积大。20世纪80年代末，全省水土流失面积高达4.62万km^2，占全省土地总面积的27.7%，占山地面积的46%。据2000年遥感调查，全省水土流失面积仍有3.35万km^2，占土地总面积的20.1%，占山地总面积的33.3%。其中，轻度流失面积为1.23万km^2，占流失总面积的36.7%；中度流失面积为1.04万km^2，占流失总面积的31%；强度及其以上流失面积为 1.08 万 km^2，占流失总面积的 32.3%。全省 99 个县（市、区）中，水土流失面积在 50 万亩以上的县、市有 42 个，其中 100 万亩以上县、市有 12 个。②侵蚀程度重，治理难度大。全省强度以上侵蚀面积占到水土流失总面积的 32.3%，年土壤流失量达 1.65 亿 t。全省现有崩岗 4.8 万多处，侵蚀面积 2.1 万 hm^2。崩岗侵蚀区地表支离破碎、沟壑纵横、侵蚀量惊人。水土流失治理的难度很大。③“远看绿油油，近看水土流”的现象普遍。江西森林覆盖率虽然高达 60.05%，但现状植被林相对单一，林分结构不合理，以针叶林为主，针叶林面积占全省森林面积的 64.7%。这种林分不仅易发生病虫害和难以保持水土，而且纯针叶林的凋落物使土壤进一步酸化，更不利于林下灌木和草的生长，不能形成乔木、灌木和草配套的水土保持植被条件，致使江西省远看满目青山，但水土流失、河床泥沙淤积却甚为严重。④人为水土流失现象还比较严重。由于人为不合理甚至是掠夺式的开发利用，如乱砍滥伐、毁林开荒、顺坡耕作，以及修路、开矿、采石、工业园区、城市新区等生产建设活动中不重视水土保持等。近几年来，江西省开发建设活动造成的水土流失仍然存在，有的还相当严重，每年人为因素造成的水土流失面积达 80 万～130 万亩。

江西水土流失的危害。严重的水土流失，给江西经济社会的发展和生态安全及人民群众的生产、生活带来多方面的危害。①严重的水土流失造成土地退化，加剧人口与土地资源的矛盾。2004 年江西省人均耕地面积仅为 0.73 亩，低于联合国粮农组织确定的 0.795 亩的警戒线。而全省年土壤流失总量高达 1.65 亿 t，所损失的养分折合有机质约 200 万 t，无机肥（N、P、K）约 225 万 t，相当于 12.5 万亩耕地 20 cm 厚的耕作层。全省裸岩面积达 149.3 万亩；沙化土地面积由 20 世纪 80 年代中期的 32 万亩扩大到现在的 112.49 万亩，几乎扩大了近 4 倍。水土资源面临的形势十分严峻。在一些水土流失严重地区，如曾被称为“江南沙漠”的兴国县，曾经是“天空无鸟，山上无树，河里无水，灶前无柴、仓中无米”的荒凉景象。②淤塞江、河、湖、库，加剧洪涝灾害。水土流失产生的大量泥沙，下泄并淤积在江、河、湖、库，致使江西省各主要河流泥沙淤积都非常严重。从 50 年代以来，赣江八一桥下淤高 2.5～3 m，抚河下游最大淤高 4.57 m，信江下游淤高 2.5 m。全省 9 400 多座水库，每年因泥沙淤积减少库容 1 000 多万 m^3，相当于损失一座中型水库。由于泥沙淤积严重、河床抬高，导致在流量相同情况下，水位明显抬高，主要河段连续出现“小流量、高水位、多险情”，加剧防汛压力。如信江梅港站 1998 年 6 月洪水洪峰流量 12 900 m^3/s，比 1955 年小 700 m^3/s，但水位却高出 1.08 m。③危害人居环境安全。在江西“五河”（赣江、抚河、信江、饶河、修河）中下游及鄱阳湖湖滨风沙区的风力侵蚀，曾一度造成沙进人退、沙埋农田、沙压房屋的现象。江西省也是滑坡、泥石流等灾害比较严重的省份之一。全省已发现滑坡 6 887 处、泥石流 260 处，因灾死亡 524 人、受伤 460 人，毁坏房屋 1.7 万间，经济损失 3.8 亿多元。近年来，随着城镇建设速度的加快，原有水系被侵占封堵利用，加之城市水土保持措施没有跟上，城市排水系统未能及时配套，造成暴雨即涝，直接威胁人居环境的安全。④污染水环境，影响水生态安全。江西省是我国南方典型的红壤分布区，水土流失对水体污染的影响主要表现在两个方面：一是由于红壤侵蚀区尤其是第四纪红土侵蚀区的土壤颗粒细小、黏性大，降雨产生水土流失后，流失的土壤进入水体呈胶体状，不易沉淀，从而使水体出现浑水长期化现象；二是红壤是江西省的主要耕作土壤之一，在暴雨产生水土流失的同时，农业生产中施用的大量氮、磷、钾等无机肥和农家肥及农药、重金属等也随水土流入江河湖库，造成严重的水质污染。⑤导致贫困，影响小康社会建设。全省水土流失面积在 50 万亩以上的 42 个县（市、区）中，有 35 个是贫困县。全省 21 个国家贫困县中，有 19 个县水土流失面积在 50 万亩以上，其中 9 个县市超过 100 万亩。根据《江西省统计年鉴》，全省 12 个水土流失面积超百万亩的县市，2005 年人均 GDP 4 856 元，仅为全省平均值 9 440 元的 51%；人均财政收入 324 元，仅为全省平均值 991 元的 33%；人均粮食产量 391.96 kg，为全省平均值 431.39 kg 的 91%；农民人均纯收入 1 973.3 元，为全省平均值 3 265.53 元的 60%；贫困人口数量达 28.27 万人，占全省贫困人口总数 78.17 万人的 36%。这充分说明水土流失是造成贫困的重要原因之一。

水土资源的重要性、水土流失的广泛性和水土流失危害的严重性，充分反映了水土流失是江西省当前的头号环境问题。这是因为：一是水土资源是重要的自然资源，是人类赖以生存的基础，而水土流失直接威胁破坏这个基础；二是水土流失的覆盖面广，不是一点一线的局部问题；三是考虑到水土流失长期发展在多方面所造成的严重危害。显然，可以说，水土流失是各种生态问题的集中反映，水土流失又是导致生态进一步恶化和贫困的根源，水土保持是水土流失地区扭转生态恶化和摆脱贫困的关键。

2.3.3 耕地退化

江西耕地退化突出表现为：

一是耕地面积“减化”。江西每年都因自然因素（如自然灾害）或人为原因（如

“圈地”经济建设）造成大量耕地，特别是良田“流失”。

二是农田土壤“酸化”。江西省余江县红砂岩母质发育的土壤（0～20 cm 层次），经 1980 年测定，荒草地 pH 值 4.84，低产水田 pH 值 5.90；而 1996 年同在该取样点取样测定，荒草地 pH 值为 4.67，下降了 0.17，低产水田 pH 值为 4.89，下降了 1.01。

三是土地（耕地）“石化”，在江西赣东北的一些县、市（玉山、铅山、贵溪、余江等），由于长期水土流失，有很多土地（耕地）已“石化”，昔日的良田已变成一片（块）“石板”。

四是农田土壤“沙化”，近几年，江西遭遇连续干旱气候，我国最大淡水湖鄱阳湖及“五河”水位下降明显，风带沙向沿岸日积月累移动，扩大了沙化土地面积。据 2009 年 4 月进行的江西第四次沙化土地监测，江西沙化土地占全省国土总面积的 0.4%，但涉及全省 30 个县（市、区），占总数的近 1/3。

2.3.4 环境污染

环境污染（environment pollution）是指人类直接或间接地向环境排放超过其自净能力的物质或能量，从而使环境的质量降低，对人类的生存与发展、生态系统和财产造成不利影响的现象。具体包括水污染、大气污染、噪声污染、放射性污染等。随着科学技术水平的发展和人民生活水平的提高，环境污染也在增加。

由于农业生产上过量施用农药、化肥等造成农业面源污染，工业生产上产生“三废”，人们日常生活所产生的生活垃圾，以及作物秸秆、畜禽粪便等未经处理直接排放进入环境，均造成严重的环境污染。

在樟树市洲上乡杨逢春村，10 多家养猪场将村子团团包围，除少数几家建了沼气池外，大部分养猪场的废弃物都是直接往外排放，一些鱼塘受养猪场污染，出现鱼非正常死亡的现象。尤其严重的是，废弃物还污染水塘和稻田，使村民生存环境变得恶劣。

万载县是花炮生产大县，花炮企业在给当地增加财政收入的同时，也带来了环境污染。该县一些造纸厂专门生产花炮用纸，部分不符合条件的小型造纸厂排放出的污水、废塑料、污泥未经处理直接流入附近河流，破坏了附近的水土环境。

这里要特别引起重视的是江西的重金属污染问题。2013 年 3 月全国“两会”期间，江西省委书记苏荣面对记者：“江西的重金属污染是严重的，个别村失去了生存发展的能力，不得不整体搬迁，去年鹰潭花了三个亿帮助三个村，治理成本十分高昂。”

据网站报道2013年5月29日以“江西：重金属污染之痛”为题报道，因为重金属污染，江西省9个市、18个县的41个自然村、大约2.2万人不得不进行“避难式”的搬迁。因为长期受到重金属污染影响，江西一些村庄的水质、土壤等生态系统已经不可逆转地遭到破坏，已经失去了人类生存条件，未来治理和修复的难度也非常大。比如，德兴市泗洲镇祝家村的河流鱼虾已经绝迹；乐平市名口镇戴村大约2 600 亩耕地上的农产品已经不能食用；萍乡市湘东区仓冲口村的年均人口死亡率高达5.53%，而全国平均水平仅为0.6%，当地适龄青年参军体检的合格率已经为零。

监测结果显示，江西省农田土壤重金属污染状况目前并没有得到有效遏制，相反呈现出继续恶化的趋势——污染面积增大、污染程度加剧、污染危害加大。2011年年末，江西省94个工业园区投产的工业企业多达8 010家，废水排放量多达7.25亿t；农田土壤当中的铜、铅、镉、汞等重金属的污染累积指数都大于1，有的地方甚至达到1.5，并且呈现上升趋势；在重金属污染区，对人类的主要危害包括农田污灌区扩大、食品污染、癌症高发等，“血铅”“镉米”事件频频爆发。

据《中华环境》2011年第9期（总第73期）在第37～38页以题“谁关心铅毒儿童的未来——江西省吉安市永丰工业园铅污染案件调研纪实”报道，“近年来，江西省永丰县多个村庄的很多儿童一直存在高铅血症和铅中毒现象，与此同时，铅污染企业不仅长期未能有效治理，反而变本加厉，给当地百姓正常生产生活带来严重破坏。”根据收集的调查资料和实际化验结果，该县高家村、吴村、梅南村、熊家村、石浦村等多个村镇，儿童血铅超标严重。据当地村民反映，2008—2010年，因儿童铅中毒和农作物污染问题，村民与污染企业（江西龙天勇有色金属有限公司和永丰县祥盛有色金属有限公司）多次发生冲突。由于该污染企业的影响，不仅使周边村庄儿童血铅含量严重超标、中毒；而且使村民种植的水稻80%因污染枯黄，导致减产；甚至从那时起，村里的桂花树不开花，古樟树不结籽，莲花不长藕，周边种植的松林也因为污染变得枯黄……

2.3.5 生物入侵

据《中国广播网》（2009年12月13日）报道，江西省环保部门调查发现，目前江西省已经有了97种外来入侵物种，其中入侵植物85种，入侵动物12种，严重威胁生物的多样性和生态安全。

外来物种入侵江西，对一些生物来说，将是毁灭性打击。一些外来入侵物种会蚕食江西本地物种的生存空间，最后本地物种不得不灭绝。如目前在江西九连山国家级自然保护区，已发现外来入侵植物 7 种，入侵动物 3 种。入侵物种对九连山的农林产品，如柑橘、脐橙、水稻、南酸枣等产量造成严重影响。据估算，外来物种给九连山每年造成了 3 817.8 万元的直接经济损失，而对森林生态系统更是造成了 6 579.2 万元的间接损失。在入侵动物方面，造成损失最严重的要数松突圆蚧。在调查的样地中，80%的植株都感染了松突圆蚧，每年的直接经济损失为 2 515 万元，造成间接经济损失高达 6 240 万元。

又据《大江网-江西日报》（http：//www.jxnews.com.cn）2013 年 3 月 16 日报道，2012 年省检验检疫系统在水运、陆运、空运各入境口岸截获外来有害生物 248 批 458 种次，同比增加 115 批 234 种次，分别增长 86.5%和 104%，多种有害生物在江西口岸为首次截获。可见，江西严防外来有害生物入侵的形势严峻、任务艰巨。

2.3.6 生物多样性降低

2013 年 6 月 24—27 日，作者参加了江西省政协人口资源环境委员会调研组赴修水、湖口、永修等县的生态环境实地考察与调研，了解到当前江西修河、鄱阳湖等水体的生物资源衰退严重。由于泥沙淤积、人工围湖（河）、湖（河）域缩小等因素的影响，水体生物资源不断减少，主要表现在水生生物种类减少、生物群体结构低龄化、生物个体小型化。生物多样性降低的现象在江西表现明显。

2.3.7 自然灾害

江西是我国自然灾害比较严重的地区之一，当前和今后一个时期自然灾害发生发展具有以下趋势和特点。

（1）全球气候变暖，自然灾害风险加大。20 世纪后期以来，随着工业化、信息化、城镇化和全球化的不断加速，人口、资源和环境问题日益突出。尤其是工业化规模的不断扩大，全球气候呈现以变暖为主要特征的变化。受温室效应和气候变暖影响，自然灾害的形成机理、发生规律、时空特征、损失程度都出现新特点，突发性、异常性、难以预见性日显突出。2009 年崇义县聂都乡 7 月 3 日 6 小时雨量达到 355.7 mm，相当于该地区平常半年的降雨量，并直接导致下游的大余县整个县城在短时间内被淹 1～2 m，引发严重洪涝灾害。总体上看，自然灾害的突发性、反常性的趋势进一步凸显，对灾害监测预警和防范应对工作提出了新的挑战。

（2）灾害类型发生新变化，地质灾害日趋活跃。“十一五”时期，影响江西省的自然灾害主要是洪涝和干旱。如 2006 年严重洪涝灾害、2007 年大范围严重干旱灾害、2009 年赣南“7·3”洪涝灾害以及 2008 年历史罕见的特大洪涝灾害。这两大灾害发生频率最高，基本上每年非旱即涝、旱涝并发或者连旱连涝，且近几年来特大洪水和严重旱灾发生的概率有进一步增加的趋势。同时，雨雪冰冻灾害突发性也较强，2008 年全省遭遇历史罕见的低温雨雪冰冻灾害。除此之外，地质灾害日趋活跃。江西省是全国 12 个地质灾害比较严重的省份之一，2010 年大小地质灾害共超 9 000 处，地质灾害的发生数量、危害程度均明显高于常年水平，近 10 年来仅次于 2002 年。除地质本身的内在因素外，降水是诱发地质灾害的重要因素。特别是去年遭遇特大洪涝灾害导致部分山体土质发生变化，山体滑坡、崩塌和泥石流等灾害发生概率进一步加大，对应急救援和灾民安置工作提出了新挑战。

（3）多灾群发，灾害影响相互叠加。自然灾害的相互影响显著加强，多灾种群发、相互叠加的趋势越来越明显。许多自然灾害常在某一地区或某一时间成群发生，形成灾害群；一些原生灾害可诱发一系列次生灾害和衍生灾害，形成灾害链。如洪涝灾害加剧水土流失，引发山体滑坡和泥石流灾害，这类灾害反过来又加剧了水土流失和洪涝灾害；旱灾加剧了风沙，风沙反过来又促使旱灾的发展。自然灾害的相互影响作用加强，进一步加剧灾害的破坏损失程度，增加防灾减灾难度，对灾害的综合防治和综合组织协调工作提出了新挑战。

（4）城乡受灾形态及影响发生新变化，农村防灾减灾能力较弱，城市受灾风险增大。一方面，受灾地区多为偏远山区、老区和少数民族地区，经济欠发达，许多住房设防标准低，抗灾能力还很差。农村居民主要依靠农业及其他自然资源为生，不少农村人口因灾致贫或因灾返贫，自身抵御自然灾害的能力还很薄弱。另一方面，近年来，江西省新型工业化和城镇化进程明显加快，城镇人口密度增加，基础设施承载力满负荷，城市管理还比较薄弱，造成城市对自然灾害有明显放大作用并不断出现新的特点。如 2008 年低温雨雪冰冻灾害给城市运行、居民生活、公路运输、民航运营带来了严重影响；2010 年特大洪涝灾害造成全省有 7 个县级城市受淹进水。种种迹象表明，随着城市规模的扩大，自然灾害将造成更加广泛的破坏，危害对象除广大农村和农业生产外，城市和交通、水利、电力、通信等工程设施将成为自然灾害破坏的主要对象，对城市减灾救灾工作提出了新挑战。

（5）自然灾害损失日趋加大，对经济社会可持续发展产生不利影响。“十一五”时期，全省共有 1.4 亿人次遭受各类自然灾害影响，因灾直接经济损失达 1 214

亿元，占“十一五”全省国民生产总值的 3.58%。受全球气候变化异常、生态环境恶化、人类活动日益频繁等因素的综合影响，自然灾害带来的损失和危害程度将进一步加大。各类自然灾害除对人民生命财产造成危害外，对土地、水资源、森林、植被等自然资源和生态环境造成直接影响，对社会可持续发展产生深远影响，对综合减灾救灾和经济社会发展大局提出新挑战。

2.3.8 食品安全面临挑战

据《江西日报》（2013 年 2 月 20 日）报道，2012 年江西查处食品安全违法犯罪案件 3 465 件。据从江西省食品安全委员会办公室了解到，2012 年全省各地、各部门开展了严厉打击食品非法添加等 7 项专项整治行动，严惩重罚各类食品安全违法犯罪案件，共查处违法添加、非法屠宰等违法犯罪案件 3 465 件，抓获犯罪嫌疑人 505 人，罚款 300 余万元。

2013 年 6 月 16 日《中国新闻网》报道了江西省南昌县 3 家禽蛋加工厂涉嫌使用工业硫酸铜腌制皮蛋后，引发民众对江西食品安全的广泛关注。南昌县政府成立了皮蛋生产加工企业清理整顿工作领导小组，组织有关乡镇、部门对辖区内所有皮蛋加工企业进行一次拉网式排查，对无证生产企业坚决予以取缔，对使用工业硫酸铜和非达标硫酸铜生产加工皮蛋企业责令其停产整顿，未出厂皮蛋产品一律封存，硫酸铜原料全部收缴并送检验机构检测。

2.3.9 城市生态恶化

随着城市化、城镇化快速推进，江西城市生态环境不断“恶化”，“城市病”越来越明显，如人口拥挤、交通堵塞、气温上升、水电紧张、治安混乱、大气污染（如光污染）、疾病流行（如性病、艾滋病、传染病流行）等。

2.3.10 农村生态劣化

一方面，近年来，江西在推进社会主义新农村建设方面取得显著成效和积极进展。另一方面，也必须看到，江西一些边远地区的农村，生态环境“劣化”的现象也不容忽视。其具体表现为：人口老龄化、村庄“空心化”、房屋破碎化、环境脏乱差、文化（农村传统文化）被遗忘等。

3 “秀美江西”建设

3.1 江西生态环境建设成就

新中国成立以来，江西生态环境建设取得巨大成就，突出表现在以下几个方面。

3.1.1 “一湖清水”名扬四海

鄱阳湖是江西人民的“母亲湖”，是我国最大的淡水湖，是世界生命湖泊网中的重要成员。2007年春，时任国务院总理温家宝视察江西时发出了“要保护鄱阳湖生态环境，使鄱阳湖永远成为‘一湖清水’”的号召。江西全省上下遵照温家宝总理的指示，运用生态学理论与技术，积极保护鄱阳湖，使“一湖清水”名副其实、名扬四海。

根据最新监测数据，在我国现有五大淡水湖泊（鄱阳湖、洞庭湖、太湖、洪泽湖、巢湖）中，鄱阳湖是目前唯一没有富营养化的湖泊。2011年2月，江西省水文局公布的鄱阳湖水资源最新动态监测结果表明，2010年鄱阳湖水质总体良好，入湖水质Ⅰ～Ⅲ类水达96.1%，比2009年上升10.1个百分点；湖区水质Ⅰ～Ⅲ类水达43.4%；水质最好为7月份，Ⅰ～Ⅲ类水达100%，2月份水质最差，情况与2009年基本持平。

鄱阳湖良好的水质，不仅每年吸引数以万计的各种候鸟来江西越冬，而且吸引世界各国的科技工作者和旅游爱好者来鄱阳湖研究、旅游和观光，使鄱阳湖“一湖清水”誉满全球。

3.1.2 “生态城市”名列前茅

2013年，中国社会科学院财经战略研究院和社会文献出版社联合发布了2013年城市竞争力蓝皮书。在生态城市竞争力方面，江西的“表现突出”。蓝皮书显示，2012年中国生态城市竞争力前10名的城市中，江西的南昌、上饶、景德镇、九江分别名列第3、第5、第7、第9位，使得江西稳坐全国“生态大省”的第一把交椅（见《江西晨报》2013年5月21日A09版）。

实际上，江西宜春市早在20世纪80年代即开始了建设“生态城市”的探索和实践。1984年，宜春市就率先在全国开创性地提出了创建生态市的构想，1988年在北京召开由全国生态学权威人士参加的《宜春市生态市建设规划》的论证会。

为了早日成为全国生态试点市，宜春市借承办全国农运会契机，按照生态市建设标准大力开展创“三城”（全国卫生城、文明城、园林城）活动，全面推动生态城市建设的发展步伐。经过全市人民的多年不懈努力，宜春市生态建设取得了较为显著的成绩。到目前为止，全市已建成国家级森林公园 4 个、省级森林公园 3 个、省级自然保护区 3 个、县级自然保护区 11 个；湿地总面积 442.79 km^2；城市空气环境质量保持在国家二级标准，饮用水源达标率 100%，声环境达到国家环境质量标准，全市的生态环境得到了全面的改善和提高，为生态市的创建打下了良好的基础。

3.1.3　“最美乡村”源远流长

江西婺源县，被誉为“中国最美乡村”。婺源地处皖、浙、赣交界处，唐开元二十八年（公元 740 年）建县，至今已有 1 273 年的历史了。婺源之所以“美”，就是美在“生态”、美在“天人合一”、美在“人地和谐”。婺源的建筑是徽派建筑，是典型的“生态建筑”—— 村后有山，山上古树浓荫；村前有水，水倚田园，有着粉墙黛瓦的朴素、青山碧水的清纯、田园风光的恬然；村中有水井，坐落在村中“合适”的位置，既有利于村民日常生活取水（古代没有自来水，现在村民早已用上了自来水），又有利于防火灭火；建筑里面，在大堂外面有一水缸，既可接纳自然降水，又可通过水缸中水的变化，预测天气变化（村庄早期不像现在有天气预报）；房屋地板下面，有自然循环系统，里面放养有青蛙、乌龟或泥鳅等生物，家庭生活用水可通过地板下的循环系统，达到“自净”的目的，所以村子里流出的水都是“清水”。……

可以说，婺源是江西“生态农村”的一个缩影，是生态学原理在江西农村中的实践与应用，是我们老祖宗生态智慧的体现与结晶，对当前建设“美丽中国”“美丽农村”也是很有启发和帮助的。

3.1.4　有机产品畅销各国

江西生产的绿色农产品、有机农产品，种类多、数量大、质量高、效益好，畅销世界各国。据《农民日报——中国农业新闻网》（2012 年 6 月 26 日）报道，截至 2011 年年底，江西省绿色食品产品达 703 个，列全国前 10 位；全省有机食品产品达 412 个，列全国前 4 位；江西省拥有全国绿色食品原料标准化生产基地 47 个，生产基地面积 870 多万亩，数量列全国前 2 位。2011 年，江西省绿色食品制造业完成增加值 269.95 亿元，增长 20.8%，绿色食品制造业实现利润 75.86 亿元，增长 40.2%。婺源县有机茶 2010 年出口突破万吨大关，达 10 282 t，出口欧盟有机茶占欧盟市场的50%左右。

3.1.5 环境质量位居前列

目前，江西省森林覆盖率已提高到 63.1%，全省设区市城市建成区绿地率为43.2%，绿色覆盖率 46.62%，均列全国第 1 位；人均公园绿地面积 13.04 m^2，列全国第 7 位；全省城镇污水处理设施实现市县全覆盖，地表水监测断面水质达标率达到 80.7%，11 个设区城市环境空气质量全部达到国家二级标准，江西生态环境质量位居全国前列。

3.1.6 生态建设全面展开

一是建设生态示范区。截至 2008 年年底，全省已建设有环境保护部命名的“国家级生态示范区”8 个：共青城、东乡县、信丰县、宁都县、武宁县、资溪县、安义县和南丰县。

二是建设环境优美乡镇。婺源县江湾镇、新建县长埃镇、遂川县营盘圩乡、贵溪市樟坪畲族乡、崇义县铅厂镇、靖安县高湖镇、南昌县黄马乡、安源区安源镇、武宁县鲁溪镇、浮梁县瑶里镇 10 个乡镇被环境保护部命名为“全国环境优美乡镇”。2008 年江西省环境保护厅命名高安县八景镇等 32 个镇为第一批“省级环境优美乡镇”。

三是建设生态村。浮梁县瑶里镇瑶里村被环境保护部评为首批“国家级生态村”，这是全省首个国家级生态村。

四是建设自然保护区。截至 2008 年年底，全省建设各类自然保护区 171 个，其中国家级 8 个，省级 22 个，市级 3 个，县级 138 个，总面积 111.3 万 hm^2，占全省国土面积的 7.73%。

五是建设生态功能保护区。全省已开展了鄱阳湖等 6 个生态功能保护区的建设，总面积 414.3 万 hm^2，占全省国土面积的 24.8%。其中，鄱阳湖、江西东江源为国家级生态功能保护区建设试点，赣江（章江）源为省级生态功能保护区，赣江（贡江）源、仙女湖和修河源为省级生态功能保护区建设试点。

3.1.7 生态文明有序推进

江西全省正在按照党的十八大提出的建设“生态文明”和“美丽中国”的战略要求，积极推进江西生态文明建设，大力加快“秀美江西”建设的步伐。生态建设持续加强，生态文明有序推进。如 2012 年全省造林绿化“一大四小”工程完成造林面积 298.65 万亩（19.91 万 hm^2），鄱阳湖综合整治扎实推进，重金属污染防治取得成效。节能减排完成年度目标任务，单位 GDP 能耗预计下降 5%，化学需氧量、氨氮、二氧化硫、氮氧化物排放量完成国家下达的减排任务，水和空气质量得到改善。

2012 年 5 月，昔日“江南沙漠”如今变身“绿洲”的江西兴国县，成为继内蒙古准格尔旗、陕西吴起县之后，第三个获专家评审通过的“国家水土保持生态文明县”。兴国县也因此成为我国南方第一个国家级水土保持生态文明县。——这是江西在推进生态文明建设方面取得的又一重要进展与显著成效（见《中国赣州网——赣南日报》2012 年 5 月 19 日）。

3.1.8　生态文化日渐形成

赣鄱文化，又称赣文化，即江西文化，历史悠久，其形成已有两千多年的历史。赣鄱文化内容丰富、博大精深，其中生态文化是其重要内容和组成部分。从朱熹的“天人合一”“人地和谐”思想，到如今全省干部群众熟知并力行的“既要金山银山，更要绿水青山”“绿水青山，就是金山银山”“保护生态环境，就是保护生产力”“建设生态环境，就是发展生产力”等，充分反映了江西生态文化的历史积淀和浓厚氛围，尤其是进入 21 世纪以来，江西大力推行“绿色生态江西建设”和实施“鄱阳湖生态经济区建设”国家战略，极大地推动了江西生态文化的形成与发展。

3.1.9　“生态影响”日益扩大

近年来，江西秉持“良好的生态环境是最宝贵的资源，也是最具竞争力的优势”的理念，坚决做到“七个不准”，切实保护环境。江西设置的“七个不准”的“高压线”是在江河水源源头核心保护区，不准开办任何有污染的企业；在城镇生活饮用水源一级保护区和二级保护区，不准有任何污水排放口；在城市主要生活区，不准有排放有害气体、废水和产生噪声的项目；在自然保护区和 11 个国家级风景名胜区内，不准有有碍景观的项目和建筑；在矿山开采区，不准乱开乱采，保护好矿山山体和植被；在任何林区不准砍伐阔叶林；保护好鄱阳湖及主要大面积水体，不准随意向湖区排放污水，特别是湖边规模化养殖小区的污水，未经处理不准直接向湖区排放，切实保护好“一湖清水”。

由于理念得当、措施得力，江西在全国率先实现了“五个一流”：一流的水质、一流的空气、一流的生态、一流的人居环境、一流的绿色生态保护建设管理机制，以“五个一流”的目标，确保了绿色生态江西建设，从而使其在全国、全球的生态影响日益扩大。现在，“绿色生态”已成为江西最大的财富、最大的优势、最大的潜力、最大的品牌。

3.2 江西生态环境建设历程

纵观新中国成立以来江西生态环境建设的发展历程，为方便和简化起见，可将其划分为起步阶段（1949—1965 年）、发展阶段（1966—1977 年）、建设阶段（1978—2000 年）、创新阶段（2001 年至今）4 个发展阶段，现分别简述如下。

3.2.1 第一阶段：1949—1965 年，起步阶段

从新中国成立的 1949—1965 年，由于当时的社会经济条件制约，全省科研条件相对较差，加上专业科技人员相对缺乏，江西省生态环境发展总体处于“起步阶段”。

从研究领域来看，研究工作多集中在昆虫生态、植物生态、红壤生态等少数领域；

从研究对象来看，主要以个体生态、种群生态或群落生态为主要研究对象；

从研究范围来看，由于当时条件所限，研究范围较狭；

从研究方法来看，研究方法多以调查为主，研究手段比较原始、落后。

3.2.2 第二阶段：1966—1977 年，发展阶段

1966—1977 年，江西生态环境建设有了一定发展，具体表现在开展生态研究、召开环境会议、设立环保机构三个方面。

（1）开展生态研究。主要开展了作物生态、昆虫生态、红壤生态等方面的考察与研究，取得了具有理论与实践价值的多项成果。

（2）召开环境会议。1972 年 6 月 5 日，联合国在瑞典首都斯德哥尔摩召开了第一次人类环境会议。中国政府派代表团参加了会议。通过这次会议，高层决策者认识到中国同样也存在着严重的环境问题，需要认真对待。1973 年 8 月 5—20 日，由国务院委托国家计委在北京组织召开的中国第一次环境保护会议，审议通过了“全面规划、合理布局、综合利用、化害为利、依靠群众、大家动手、保护环境、造福人民”的环境保护工作 32 字方针和中国第一个环境保护文件——《关于保护和改善环境的若干规定》。该会议推动了中国环境保护工作的开展，迈出了中国环境保护事业关键性的一步。1973 年 11 月，江西省召开第一次环境保护大会，贯彻第一次全国环境保护工作会议精神，全省生态环境保护工作有了一定的发展和推动。

（3）设立环保机构。1975 年，江西省环境保护领导小组成立，下设江西省环境保护办公室，至 1976 年，当时的全省 10 个地市环境保护机构相继建立。1976

年以前，全省生态环境科学研究仅仅在医药卫生及工程技术等领域进行一些零星工作，1976 年省环境保护科学研究所成立以及省环境科学学会开展活动后，逐步形成了一支生态环境保护的科研队伍，促进了江西生态环境科学的发展。

3.2.3　第三阶段：1978—2000 年，建设阶段

1978—2000 年，江西生态环境发展进入第三阶段——建设阶段。这一阶段的主要特征是："建设"力度大，发展速度快，实际成效佳。

（1）组织生态考察。鄱阳湖是江西人民的"母亲湖"，是我国最大的淡水湖。从 20 世纪 70 年代末开始，江西对鄱阳湖（及鄱阳湖区、鄱阳湖流域）进行了大规模的生态考察与研讨。1979—1984 年，着眼于抵御 1954 年规模洪水，江西省水利规划设计院对鄱阳湖"湖控工程"开展全面研究；1981 年 7 月 6—11 日，江西省科学技术协会组织召开了全省"第一次鄱阳湖综合治理利用学术研讨会"，全省 24 个学会、16 个单位的负责同志和科技工作者共 71 人参加；1983—1987 年，江西省人民政府在国家计委、国家科委等国家有关部门的大力支持下，组织了全省 17 个委、办、厅、局和地市，39 所科学研究单位和高等院校的 600 多位科技人员，对"鄱阳湖区综合考察和治理研究"进行科技攻关。该次鄱阳湖生态考察与科技攻关，对鄱阳湖区的自然资源、生态环境、经济社会、产业发展、开发利用战略等进行了全方位、多层次的深入考察与研究，取得了丰硕成果。

（2）建立生态工程。在进行上述"鄱阳湖区综合考察和治理研究"的过程中，专家们针对江西的地形地貌特点和生态环境特征，创造性地提出了"山（赣南山区）是源、江（赣江及抚河、信江、饶河、修河）是流、湖（鄱阳湖）是库"，"治湖必须治江，治江必须治山，治山必须治穷，治穷必须治愚（发展教育、提升素质）"，并建议成立"江西省人民政府'山江湖'开发治理领导小组"，统筹江西省山（广大山区）、江（五大河流）、湖（鄱阳湖及鄱阳湖区）的开发与治理。1985 年江西省人民政府批准了这一建议，正式成立"江西省人民政府山江湖开发治理领导小组"（后升格为"江西省人民政府山江湖开发治理委员会"），并于 1991 年 12 月 18 日江西省人大常务委员会第 25 次会议上通过了《江西省山江湖开发治理总体规划纲要》，省人大指出，"山江湖开发治理是振兴江西的宏伟工程（简称"山江湖开发治理工程"或"山江湖工程"），也是江西长期的基本建设任务"。至此，举世瞩目的江西生态工程——"山江湖工程"正式建立。

"山江湖工程"的建立，标志着江西的生态建设与环境治理走上了一条"系统性""规范化"的发展之路。

（3）创建生态模式。江西省赣州地区（现为赣州市，简称赣南）是南方典型的丘陵山区，历来位置偏僻、交通不便、经济贫困，尤其是农村能源紧张，给广大农民的生产、生活带来诸多不利影响。为了扭转这一局面，广大群众和科技人员经过长期的实践和探索，总结出一种具有地方特色的“生态农业模式”——“猪－沼－果”生态农业工程模式。具体内容是户建一口沼气池，人均年出栏两头猪，人均种好一亩果，这一工程后来被广泛运用到其他种养领域，形成了猪（牛、羊、鸡、鸭、鹅）－沼－果（蔗、烟、菜、茶、莲、菇、渔）等沼气生态工程。1997年，该工程被农业部正式命名为“赣南模式”或“南方模式”，并确定为我国南方唯一重点推广的生态农业模式。这一生态模式的创建，标志着江西生态农业的发展在全国处于领先地位。

（4）大搞生态建设。自1978年以来，江西省加大了生态建设的力度。一是造林绿化。省委、省政府先后组织实施了“灭荒”造林、“在山上再造一个江西”和“跨世纪绿色工程”等重大发展战略，特别是1998年遭受特大洪涝灾害以来，国家实施积极的财政政策，启动了长江防护林工程、退耕还林工程等一批国债项目，有力地推动了江西造林绿化生态建设事业的发展。二是自然保护区建设。1980年在进行全省综合农业区划时，设立了自然保护区区划组，开始筹建自然保护区；1981年3月，江西省人民政府批准建立九连山、井冈山、官山、武夷山、庐山和桃红岭6个省属自然保护区，这是江西省历史上第一批现代意义上的自然保护区。到1990年，全省已建立各种类型自然保护区33处，总面积达15.66万hm^2，约占全省国土面积的0.94%。三是现代农业生态示范村建设。2000年9月，江西省计委（现江西省发改委）启动了“江西现代农业生态示范村建设”项目，选择了全省有代表性的8个自然村（高安市南炉村、萍乡市略下村、分宜县大路边村、婺源县晓起村、东乡县红岭村、余江县倪桂村、浮梁县湘湖村和南昌市郊区扬子洲乡示范村）进行现代农业生态示范村建设，在村容、村貌的建设与示范，生态环境的治理、保护与建设，生态农业模式的优化、筛选与推广，主导产业的选择与培植，以及科技、文化的教育与生态素质的培训等方面均取得良好效果。

（5）取得生态成效。通过多年的生态建设，江西在生态方面取得了实实在在的成效：“一升”“一降”“双增长”。

“一升”，即全省森林覆盖率上升。1983年江西省森林覆盖率只有35.3%，1994年提高至52.0%，到2000年全省森林覆盖率进一步上升到59.7%，居全国前列，全省生态状况显著改善。

“一降”，即全省水土流失面积下降。20世纪80年代末，江西省水土流失面积为4.62万km^2，到90年代中期降为3.52万km^2，2000年进一步下降至3.35万km^2。

“双增长”。这一阶段，由于全省大搞生态建设，实施造林绿化生态建设工程，实现了全省森林面积和森林蓄积量“双增长”的历史性突破。

（6）获得生态奖励。江西省在生态建设与环境保护方面作出的突出贡献获得了国家有关奖励。1990年12月，“鄱阳湖区综合考察和治理研究”成果获得国家科技进步二等奖；1995年，党中央、国务院授予江西省“实现荒山造林绿化规划省”光荣称号。

3.2.4 第四阶段：2001年至今，创新阶段

进入21世纪，江西生态环境发展进入崭新阶段——创新阶段，突出表现在以下几方面。

（1）新思路、新理念

2001年3月，孟建柱同志来江西担任省委书记，5月即率团赴广东学习考察时就明确提出了江西省的“定位”：努力把江西建成沿海发达地区产业梯度转移的承接基地、优质农副产品的供应基地、劳务输出基地和沿海地区群众旅游休闲的后花园，即“三个基地、一个后花园”。这里，“一个后花园”（沿海地区群众旅游休闲的后花园），即是对江西生态环境提出的要求。

2003年3月，全国“两会”期间，时任省委书记孟建柱在谈到坚持可持续发展问题时说：“一个国家、一个地区，生态兴，文明兴，生态衰，文明衰。我们绝对不能吃祖宗饭、断子孙路。”“发展经济既要遵循经济规律，也要遵循自然规律，既要金山银山，更要绿水青山”。

2006年2月，江西省委书记、省人大常委会主任孟建柱在江西省十届人大四次会议上指出，要坚持节约发展、清洁发展、安全发展，始终把资源节约和环境保护放在重要位置，加快建设资源节约型、环境友好型社会，提倡健康文明的消费模式，形成节约资源、爱护环境的良好风尚，使江西“金山银山”与“绿水青山”同在，“红色摇篮”与“绿色家园”融为一体，实现可持续发展。

2013年4月，江西省委书记强卫强调，生态是江西最大的优势，绿色是江西最亮的品牌。建设美丽中国，江西没有理由不走在前列。要树立绿色政绩观、绿色生产观和绿色消费观，构建现代工业、现代农业、现代服务业全方位的绿色产业体系，完善法律、法规和政策保障机制，把江西建设成为全国生态文明示范省。

可以说，历届江西省委、省政府积极倡导“爱护生态环境、保护生态环境、

建设生态环境、优化生态环境”的新理念，是江西生态环境越变越好、越变越优的重要基础和前提。

（2）新战略、新目标

在上述新理念的引领下，江西省委、省政府积极制定“生态立省、绿色发展”新战略。

①“绿色生态江西”战略。2005 年 12 月，中共江西省委十一届十次全体会议提出了“大力推进‘五化’（农业农村现代化、新型工业化、新型城镇化、经济国际化和市场化）、建设‘三个江西’（创新创业江西、绿色生态江西、平安和谐江西）”的发展战略。其中，建设“绿色生态江西”战略，其主要内容包括大力发展循环经济，加强资源节约管理，形成节约资源的生产模式、消费模式和城乡建设模式；加强生态体系建设，建立健全生态环境损害经济赔偿制度；加强保护环境，依法关闭破坏资源、污染环境和不具备安全生产条件的企业。建立健全环境保护责任制，对党政领导实行环境质量一票否决制。

②“生态立省、绿色发展”战略。2006 年 12 月，江西省第十二次党代会确立“生态立省、绿色发展”战略。该次会议全面分析了全省面临的机遇与挑战，提出了下一个五年的奋斗目标和实现这个目标必须实行的六大战略，即“以新型工业化为核心的发展战略，统筹发展战略，大开放主战略和改革攻坚战略，科技兴赣、人才强省战略，生态立省、绿色发展战略，创业富民、和谐发展战略”。显然，“生态立省、绿色发展”成为江西省经济社会六大发展战略之一。

③“建设鄱阳湖生态经济区”国家战略。2007 年 4 月，国务院总理温家宝视察江西时发出了“要保护鄱阳湖生态环境，使鄱阳湖永远成为‘一湖清水’”的号召。江西省委、省政府积极响应温总理的号召，于 2008 年 3 月及时作出了建设鄱阳湖生态经济区的重大发展战略。党中央、国务院十分关心和高度重视鄱阳湖的保护与发展，国务院于 2009 年 12 月 12 日正式批复《鄱阳湖生态经济区规划》，使建设鄱阳湖生态经济区上升为国家战略，成为新中国成立以来江西省第一个列为国家战略的区域性发展规划，是江西发展史上重要的里程碑。

④“科学发展、进位赶超、绿色崛起”战略。2010 年 3 月，“全省领导干部会议”在南昌召开，省委书记作了题为“奋力迈出科学发展　进位赶超　绿色崛起新步伐”的重要讲话，省委书记要求全省各级领导干部要“坚持以加快经济发展方式转变为主线，以推进鄱阳湖生态经济区建设为龙头，以推动城乡协调发展为取向，以提升群众的幸福感和社会的和谐度为目的，奋力在科学发展、进位赶

超、绿色崛起进程中迈出新步伐，取得新成效”。省委书记强调，要进一步明确科学发展、进位赶超、绿色崛起的努力方向。要采取多种形式，让广大干部群众更加自觉地把科学发展与加速崛起、经济发展与环境保护有机统一起来，努力使“绿色 GDP”成为各级党委、政府的自觉追求，“绿色政绩观”成为各级领导干部的自觉追求，“绿色生产观”成为广大企业的自觉追求，“绿色消费观”成为全社会的自觉追求。

⑤“富裕和谐秀美江西”战略。2011 年 10 月，在江西省第十三次党代会上，省委书记作了《推进科学发展 加快绿色崛起，为建设富裕和谐秀美江西而不懈奋斗》的报告，提出今后五年江西发展的总体要求是：以科学发展为主题，以加快转变经济发展方式为主线，以鄱阳湖生态经济区建设为龙头，以富民兴赣为主要任务，不断迈出科学发展、进位赶超、绿色崛起新步伐，为建设一个富裕和谐秀美江西而奋斗。

⑥建设“全国生态文明示范省”。2012 年 11 月召开的党的十八大明确提出了建设“美丽中国”的伟大目标，鉴于江西在生态文明建设上所作出的努力，江西省委书记建议国家将江西作为美丽中国的“试验区”，要求江西乘势而为，加快“秀美江西”建设步伐。2013 年 4 月 23 日，江西省委书记强卫在省十二届人大二次会议闭幕会上讲话中明确提出，要把江西建设成为“全国生态文明示范省”。江西全省上下，正在向着这一宏伟目标迈进。

（3）新举措、新成效

①新举措。一是开展生态建设。从 2008 年开始，江西实施造林绿化“一大四小”工程。“一大”，指抓好绿化造林，确保 2010 年全省森林覆盖率要达到 63%；“四小”，即抓好设区市和县城所在地的绿化；抓好乡镇政府所在地的绿化；抓好农村自然村的绿化；抓好基础设施、工业园区和矿山的绿化。据《江西环境年鉴2009》资料，2008 年全省完成营造林面积 32.49 万 hm^2，同比增长 80.38%。同年，全省参加义务植树人数 1 446.4 万人次，植树 11 996.54 万株。

二是实行环境整治。首先是开展了垃圾处理。截至 2011 年年底，全省建有无害化生活垃圾处理场 21 座，生活垃圾全年产生量 629.98 万 t，无害化处理量 342.83 万 t，生活垃圾无害化处理率 54.42%。其中 22 个设市城市生活垃圾产生量 306.55 万 t，无害化处理量 270.59 万 t，无害化处理率 88.29%；70 个县城生活垃圾无害化处理量 72.24 万 t，无害化处理率 22.34%。其次是开展了环境整治的专项行动，包括开展“五河一湖”（赣江、抚河、信江、饶河、修河和鄱阳湖）及东江源水环境综合整治行动，开展全省重金属污染防治专项整治行动，开展保障群众饮用水安全专项整治行动，开展城市污水处理厂稳运增效专项整治行动；开展生态示范创建活动。第三是开展了村庄的整体搬迁。为治理土壤重金属污染，切实改善村民生产生活环境，近年来江西省委、省政府下决心实施“村庄整体搬迁工程”。据从江西省移民办获得的数据显示，2012 年，江西省共搬迁 35 个自然村、1 762 户、6 651 人。又据《中国经营报》（http：//www.cnmn.com.cn/，2013 年 5 月 29 日）报道，江西新余渝水区、鹰潭贵溪市等全省 9 个市、18 个县的 41 个自然村、大约 2.2 万人进行了“避难式”的搬迁。在村民迁出原地（已受严重污染之地）之后，当地政府将对原严重污染的土地（原村庄所在地及部分农田）进行集中整治和生态修复。

三是发展新型工业，就是要求走新型工业化道路，走出一条“科技含量高、经济效益好、资源消耗低、环境污染少、人力资源优势得到充分发挥”的现代新型工业化路子。如江西大力发展光电产业、新能源产业、生物医药产业、铜冶炼及精深加工产业、优质钢材深加工产业、炼油及化工产业、航空产业、新型汽车及配件产业、陶瓷产业，以及钨、稀土精深加工产业等。

四是推广低碳农业，如大力推广立体农业模式、生态农业模式、绿色农业模式、循环农业模式、休闲观光农业模式和生态高值农业模式等。

五是加强防灾减灾，江西大力完善全省自然灾害的综合监测、预报、预警、应急指挥和灾后救助功能，全面提升灾害监测、预警、服务和防御能力，同时着力加强气候变化监测、预估、影响评估和对策分析工作，提升该省适应和减缓气候变化的能力。

六是建立配套制度，建立健全与生态建设和环境保护相配套的法律、法规和制度，如江西从 2002 年开始就提出要按照“三个不准”的原则和要求办事，即严重影响生态环境的工业“不准”搞，严重危害人民身体健康和严重危及人民生命安全的项目“不准”搞，黄、赌、毒的项目“不准”搞。

②新成效。一是生态环境有了明显改善。2012 年全省森林覆盖率已提高到 63.1%，城镇污水处理设施实现市县全覆盖，地表水监测断面水质达标率达到 80.7%，高出全国 30 多个百分点，饮用水源地水质达标率 100%，11 个设区城市环境空气质量全部达到国家二级标准，生态环境质量位居全国前列。

二是人民生活水平有了新提高。2012 年城镇居民人均可支配收入增加到 19 860 元，年均增长 12%；农民人均纯收入达到 7 828 元，年均增长 14%。教育、文化、医疗卫生、国防等各项事业协调发展。社会保持和谐稳定。

三是城乡面貌发生新变化。城镇化进程加快，2012 年新增城市建成区面积 120 km^2，新增城镇人口 88.6 万人，城镇化率达到 47.5%，提高 1.8 个百分点。在 9 282 个村点开展了以“五美四和谐”为主要内容的和谐秀美乡村建设，农村清洁工程扎实推进，农村面貌有了新的改观。

四是经济发展迈上新台阶。2012 年全省生产总值超过万亿元，5 年（2008—2012 年）增长 1.2 倍，年均增长 12.8%。财政总收入超过 2 000 亿元，5 年增长 2.1 倍，年均增长 25.2%。固定资产投资超过万亿元，5 年增长 2.6 倍，年均增长 32.1%。三次产业结构由 2008 年的 15.6∶51.3∶33.1 调整为 2012 年 11.7∶53.8∶34.5。

五是产品安全质量稳步提升。截至 2012 年年底，全省“三品一标”（无公害农产品、绿色食品、有机食品，农产品地理标志）累计达到 2 002 个，其中无公害农产品 1 213 个，绿色（有机）食品 733 个，农产品地理标志 56 个。

3.3　“秀美江西”的提出与内涵

2007 年 10 月召开的党的十七大，明确提出要“建设生态文明，基本形成节约能源资源和保护生态环境的产业结构、增长方式、消费模式”。倡导生态文明建设，不仅对中国自身发展有深远影响，也是中华民族面对全球日益严峻的生态环境问题作出的庄严承诺。

2012 年 11 月，党的十八大又进一步提出建设“美丽中国”，明确了经济建设、政治建设、文化建设、社会建设、生态文明建设“五位一体”总体布局。

江西省积极响应党中央号召，以实际行动落实党中央的战略部署，结合江西具体实际及时提出了建设“富裕和谐秀美江西”战略。在这里，“富裕”，是经济上的概念，是指经济上要发展，经济效益要提高；“和谐”，是指社会要和谐，即要求社会效益要佳；“秀美”，则主要是指生态环境方面要“秀”、要“美”。关于“富裕”“和谐”，这里不作分析。

笔者拟着重讨论“秀美”问题，探讨“秀美江西”建设问题。江西全省上下已明确提出：以秀美江西建设，促进美丽中国建设。

3.4　“秀美江西”建设的重大意义

3.4.1　落实党中央战略部署的具体行动

建设“秀美江西”是建设“美丽中国”的重要组成部分，江西人民建设好了

“秀美江西”，就是为建设“美丽中国”作出了贡献。建设“秀美江西”就是建设“美丽中国”的具体行动。

3.4.2 实现江西科学发展的必然选择

江西要实现科学发展、可持续发展，就必须要以建设“秀美江西”为着力点和切入点，以建设“秀美江西”为抓手，一步一步推进“秀美江西”建设，从而在江西科学发展的道路上稳步发展、一往无前。

3.4.3 推进“五位一体”总体布局的重大举措

按照党的十八大的战略部署，江西正在积极推进经济建设、政治建设、文化建设、社会建设、生态文明建设“五位一体”总体布局，显然，加强江西生态文明建设，就是要紧紧围绕“秀美江西”建设这一主题，真抓实干，抓出成绩、干出实效。“秀美江西”建设，就是江西推进“五位一体”总体布局的重大战略举措。

3.5 “秀美江西”建设的对策与措施

3.5.1 提升素质

全面提升干部、群众的生态环境素质，是建设“秀美江西”的关键所在。

要通过扩大宣传、加强教育和培训等，切实增强干部、群众的生态环境意识，提升生态环境素质，这是“秀美江西”建设的基础和前提，既不能忽视，也不可或缺。

3.5.2 完善法制

建立、健全和完善生态环境的法律、法规和相关制度，是建设“秀美江西”的根本所在。

要建立生态补偿机制、生态环境考评制度、绿色GDP核算体系、干部任期内环境考核指标等一系列相关配套的生态环境的法律、法规、制度，做到以“法”管理生态环境、以“法”治理生态环境、以“法”保护生态环境。

3.5.3 规划先行

“凡事预则立，不预则废”。

“秀美江西”建设，必须以生态环境保护、建设规划为前提，没有规划，则江西生态环境的建设与保护就没有计划、没有目标，其结果必然是“无的放矢”“竹篮打水一场空”。只有“有的放矢”，有计划、有目标、有规划，并付诸实施，方能取得预期成效，才能实现预期目标。

3.5.4 实施绿化工程

实施绿化工程，积极推进城乡生态环境建设。

为推进“秀美江西”建设，江西省林业部门将重点实施“六大绿化工程”：

（1）在森林城市创建工程方面，将大力建设森林公园和湿地公园，积极开展国家级和省级森林城市创建活动，到 2015 年，省级森林城市达到 30～50 个，国家级森林城市达到 5～6 个。

（2）通道绿化精品工程。按照“树有高度、林有厚度、四季有景”的要求，集中力量对全省“三纵三横”高速公路进行绿化提升，对可视范围内的山体进行林相改造，到 2015 年，全省主要通道绿化率达到 90%以上。

（3）山上质量提升和景区花海工程。大力实施长（珠）防林、退耕还林、森林抚育、造林补贴等重点工程，不断改善林分结构，提高森林质量；同时通过添花添彩，提升省级以上风景名胜区的绿化水平。全省森林覆盖率稳定在 64%以上。

（4）森林保护与健康工程。加强对天然阔叶林、生态公益林以及古树名木的保护，积极鼓励封山育林。严厉打击乱砍滥伐林木、乱捕滥猎野生动物、违法征占用林地（湿地）等违法犯罪活动。

（5）矿区园区裸露地复绿工程。对重要公路沿线和城市周边可视范围内的矿山，实现复绿；工业园区内不见裸露地，树木成林成景。

（6）千亿绿色产业工程。依托江西资源优势，引进战略投资者，加快发展林业经济和林下经济，重点抓好苗木花卉、油茶、毛竹、森林旅游等特色产业。到 2015 年，全省新增林业产值 1 000 亿元，林业上市公司达到 3～5 个，使绿色生态产业成为江西省重要支柱产业，加快推进江西由林业大省向林业强省转变。

3.5.5 加大污染治理

在继续实施“环境保护”“生态建设”造林绿化工程的基础上，进一步加大污染治理的力度。

当前，要在进一步实施造林绿化的“一大四小”工程、“退耕还林”工程、“生态”工程、“低碳”工程的基础上，狠抓“治污工程”。

《中华环境》2011 年第 3 期（总第 67 期）第 26 页以“暗藏在江西九江排污口下的‘秘密通道’”报道了九江金源化纤有限公司严重的环境违法行为，值得全省相关企业引起重视，也为江西大力实施企业污染治理工程提出了要求。事实上，2010 年 4 月 8 日中央电视台新闻频道“共同关注”栏目对该企业的环境违法行为进行了曝光，播出了“暗度陈仓——江西九江排污口下暗藏的‘秘密通道’”。可见，治理企业污染刻不容缓。

3.5.6 发展循环经济

2013 年 1 月 23 日，国务院发布了《循环经济发展战略及近期行动计划》（国发[2013]5 号），要求全国各地加快发展循环经济，这对建设“美丽中国”“秀美江西”具有十分积极的推动作用。

当前，全省要大力发展循环经济，推进污染治理工程建设，积极实施“废物再用、资源再生”“变废为宝、化害为利”的各项工程，全力打造“秀美江西”。

3.5.7 继续实施“建设鄱阳湖生态经济区”国家战略

2009 年 12 月 12 日，“建设鄱阳湖生态经济区”上升为国家战略，至今已 6 年多时间。在这 6 年多时间里，江西全省上下积极推进鄱阳湖生态经济区建设，并已取得显著成效。

当前，为加快“秀美江西”建设，江西要继续大力推进鄱阳湖生态经济区建设，继续实施好这一国家战略，一是要坚持预防和治理并举，严把新建项目环评审批关；二是要大力推进污染治理工程，积极开展各项环保专项整治行动，削减污染物排放总量；三是要加快生态示范创建步伐；四是要推进生态产业发展，积极发展生态工业、生态农业、生态旅游业和各种生态服务业，真正做到“寓环保于发展中、寓生态于经济中”，实现经济与生态协调发展，人与自然和谐共处。

4 结语

由上分析可知，无论是江西、全国，还是全球，面临的生态环境形势都十分严峻，必须引起各方面的高度关注，并采取切实有效措施。

建设“生态文明”，加速推进“美丽中国”“秀美江西”建设，是一项功在当代、利在千秋的伟大事业，必须常抓不懈、一抓到底。

江西生态环境建设具有基础良好、措施得力、成效显著的特点与优势，但也面临突出问题，必须在新世纪、新时期、新形势下，引起更进一步的广泛重视，要动员全省领导干部和广大群众积极投身到“秀美江西”建设的宏伟事业之中，继续推进鄱阳湖生态经济区国家战略实施，真正实现江西“青山常在，绿水长流”“天蓝、水清、地绿、人健康”，让“秀美江西”呈现在世人面前，必将照耀全球大地。

“绿色生态江西”建设研究*

摘　要：随着工业化和城市化的发展，环境问题日益严峻，实施可持续发展战略成为全人类的共同呼声，世界各国都在探讨可持续发展的最佳运作方式。为加快生态建设的步伐，实施可持续发展战略，1999 年海南省提出建设生态省，原国家环保局给予了高度重视和积极推动，各地也对生态省建设进行了积极响应。生态省建设多年的实践表明，生态省建设在省域、区域的经济和社会发展进程中已经和正在发挥着日益显著的作用。江西目前正进入一个快速发展的时期，也是经济发展与环境保护、资源保护矛盾比较突出的时期。为了在促进中部地区崛起中有更大的作为，在吸取国外可持续发展和我国各省开展生态省建设的经验的基础上，2006 年 2 月，江西在“十一五”规划中提出了建设“绿色生态江西”。建设“绿色生态江西”，是江西站在新的历史起点上谋求又好又快发展的崭新理念，也是江西构建发展与环境良好关系，实现协调可持续发展的重大举措。如何发挥江西的资源优势，针对江西存在的主要问题进行“绿色生态江西”建设，是目前一个带有战略性的重大课题。

本文以“绿色生态江西”建设研究为题，首先阐述了“绿色生态江西”提出的国内外背景，“绿色生态江西”建设的内容、目标和任务。然后定性分析了“绿色生态江西”建设的有利条件和面临的主要问题。再采用灰色关联分析法定量评价了江西历年生态建设的成果以及江西与全国其他省份相比存在的差距。使用系统聚类分析法对江西进行了生态经济区区划，最终将江西分为五个生态经济区，针对每个区存在的主要问题提出了相应的生态对策。并从发展生态农业、生态工业、生态第三产业三个方面探讨了“绿色生态江西”建设的途径与模式。最后提出了“绿色生态江西”建设必须从思想认识、投资、经济、法律和行政、科技、宣传教育等几个方面加以保障。

关键词：绿色生态江西　建设　可持续发展　评价　生态经济区划

---

* 作者：黄秋萍、黄国勤。

本文系第一作者于 2007 年 6 月完成的江西农业大学生态学专业全日制学术型硕士学位论文的主要内容，是在导师黄国勤教授指导下完成的。

Research on the construction of green ecological Jiangxi Province

Abstract: Along with the development of industrialization and the urbanization, Environmental problem has become grave day by day, there is a common voice that requires implementing the sustainable developmental strategy in humans. All the countries are searching and discussing the best operation way in sustainable development. In order to speed up the ecological construction and implement the sustainable development, the government of Hainan Province proposed to construct ecological province in 1999, State Environmental Protection Administration of China attached high importance to it and impelled it actively, other provinces have also given positive response to provincial ecological construction. The practice of the ecological construction in some provinces in recent years indicates that it has been and is playing an important role in economical and social development of a province or a region. At present, Jiangxi is entering a fast development period with quite prominent contradictory between economical development, environmental protection and resource protection. In order to play a more important role in the promotion of middle area, on the basis of overseas sustainable development and ecological construction in those provinces, the goal of green ecological Jiangxi Province was brought forward in Jiangxi's "the eleventh five-year program" in February, 2006. The goal is a brand-new idea which can help a good and quick development in Jiangxi Province in the new historical jumping-off, and it is also a significant action in constructing good relations between development and the environment, thus achieving harmonious and sustainable development. Therefore, how to exert the resources advantage and resolve main problems in Jiangxi to carry on the construction of green ecological Jiangxi Province is a strategic problem at present.

This paper takes Research on the construction of green ecological Jiangxi Province as the topic, it firstly elaborates domestic and foreign backgrounds for green ecological Jiangxi Province construction and its content, goals and tasks. Then, it analyzes the advantages and the main difficulties of building up green ecological Jiangxi Province through qualitative analysis. Thirdly, it appraise the achievement of ecological construction in Jiangxi Province in the previous years, as well as the disparity between Jiangxi Province and other provinces in two sets of evaluating indicator system using the quantitative methods which is the grey related analytic method. Fourthly, this paper delimits Jiangxi's eco-economics area into five eco-economics zones in systematic clustering analytic method and proposes the corresponding ecological countermeasures according to the main question of each area. Fifthly，it discusses the approach and pattern to the construction of green ecological Jiangxi Province from three aspects: the development of the ecological agriculture，the ecological industry and the ecological tertiary industry. In the end，this paper puts forward some ensuring measures for the construction of green ecological Jiangxi Province，which include the ideological recognition，the investment，the economy，the law and the administration，the science and technology，the propaganda and education and so on.

Key Words: green ecological Jiangxi Province; construction; sustainable development; evaluation; eco-economics area delimitation

1　“绿色生态江西”的提出

1.1　国际可持续发展形势

20 世纪，人类的工业文明获得了极大的发展。当人们享受这些成果为生活带来的种种方便和乐趣时，我们赖以生存的环境却为此付出了极大的代价：气候变暖，酸雨蔓延，大气污染，森林锐减。20 世纪二三十年代到六七十年代，由于工业的快速发展，环境污染加重，造成了震惊世界的八大公害事件：比利时马斯河谷烟雾事件、美国多诺拉烟雾事件、伦敦光化学烟雾事件、美国洛杉矶光化学烟雾事件、日本水俣病事件、日本富山骨痛病事件、日本四日市哮喘病事件、日本米糠油事件，致使大量人群在短期内发病和死亡。由于各种环境问题的交互作用，人类正面临着有史以来最严峻的环境危机，严重地威胁着人类的生存与发展、阻碍人类社会的进步。重新审视、协调人与自然的关系，成为当今世界高度关注的议题之一，加强环保已经成为世界各国必须共同应对的严峻挑战。

1962 年生物学家卡逊夫人所著的《寂静的春天》一书第一次向人类揭示环境污染对生态系统和人类社会产生的巨大破坏。它的问世有力地推动了公众参与的环境保护运动。世界各国的环境立法、环境政策和环境管理工作，以及旨在避免环境危机的科学研究，都从 20 世纪 70 年代开始得到明显加强。一些发达国家已开始设计或使用含有生态指标的经济发展评价体系，如 NEW（经济净福利）和 GSP（总可持续产品）等。1978 年国际环境委员会首次在有关文件中正式使用了可持续发展的概念。1987 年世界环境与发展委员会在《我们共同的未来》研究报告中第一次阐述了可持续发展的概念，得到了国际社会的广泛共识。在 1992 年 6 月世界环境与发展大会上通过了在全球区域和各国范围内实现可持续发展的纲领性文件《21 世纪议程》后，可持续发展成为国际组织、各国政府和广大公众的指导思想和行动指南。2002 年，在南非召开了可持续发展世界首脑会议，这次会议在回顾《21 世纪议程》执行情况、取得的进展和存在的问题的基础上，制定了一项新的可持续发展行动纲要。包括资源保护、减轻环境污染、推广高效的生态农业、消除贫困等方面。一系列具有里程碑意义的纲领性文件和国际公约的问世，标志着可持续发展之路、实现人与自然和谐发展成为全世界共识。世界各国都先后开始了以可持续发展为核心的生态建设道路。

1.2 国内“生态省”建设

我国是人口众多的资源大国，同其他国家一样，随着社会经济迅速发展和人口增加，人与自然资源的矛盾逐步加剧，给本来脆弱的生态环境带来了更大的压力，生态环境退化引起的经济发展受阻在我国越来越严重。从 20 世纪七八十年代开始，随着社会经济的迅速发展和人口的急剧增加，我国的生态环境问题显得越来越突出，不仅影响了人民群众生活水平的提高，而且也严重限制了社会经济的可持续发展。

如何在发展经济的同时，保护并逐步恢复已遭破坏的生态环境的问题同样摆在中国面前。我国政府最终选择了“坚持走可持续发展道路”。1992 年《21 世纪议程》通过后，我国政府随即提出了促进中国环境与发展的“十大对策”，并于 1994 年 3 月率先组织制定了《中国 21 世纪议程——中国 21 世纪人口、环境与发展白皮书》，作为指导我国国民经济和社会发展的纲领性文件，开始了我国可持续发展的进程，并在 1996 年正式把可持续发展作为国家的基本发展战略。

为加快生态建设的步伐，实施可持续发展战略，促进区域经济、社会与环境保护协同发展，1995 年原国家环保局决定在我国部分地区开展生态示范区建设试点工作，并制定了《全国生态示范区建设规划纲要》（1996—2050 年）。全国生态示范区建设试点自 1995 年正式启动以来，在各级党委、政府的重视、关注下，建设发展迅速，在推进试点地区经济、社会和环境保护协调发展的同时，对周边地区产生了良好的辐射作用，使生态示范区成为区域社会经济可持续发展的一种理想载体和组织形式。

随着生态示范区建设的不断深入，更大尺度的区域生态建设提到了议事日程。1999 年 3 月，海南省率先提出建设生态省，原国家环保总局对此给予了高度重视和积极推动，制订了生态省建设的标准与规范，提出了相应的生态县、生态市建设的要求；各地也对生态省建设进行了积极的响应。吉林于 1999 年 11 月，黑龙江于 2000 年 11 月，福建于 2002 年 8 月，浙江于 2003 年 1 月，山东于 2003 年 8 月，安徽于 2003 年 10 月，江苏、河北 2 省在 2005 年 9 月分别被原国家环境保护总局批准为生态省建设试点。此外，四川、辽宁、陕西、广东、广西等也开展了生态省建设试点工作。截至 2005 年年底，全国 31 个省（自治区、直辖市）就有 14 个开展生态省建设。

可以说，以生态省建设为标志，我国正在进入可持续发展战略实践的新的发展时期，充分反映了各级政府和广大群众在可持续发展战略指导下，积极探索在不同区域水平上保护生态环境、发展生态经济和创建生态文明的新型社会的强烈愿望，同时也成为生态文明时代的主旋律。

1.3　“绿色生态江西”的提出及其重大意义

江西目前正进入一个快速发展的时期，也是经济发展与保护环境、保护资源矛盾比较突出的时期。江西省是盆地状的生态系统结构，产生的污染主要靠自身消化，加重了污染的复合性和复杂化。虽然森林覆盖率高，但质量不高，涵养水源、保持水土等功能得不到很好发挥。加上生态环境统一监管缺位，水土流失、植被破坏等生态破坏行为较为严重，生态安全受到威胁。与此同时，在农村，耕地减少、土地质量退化等问题日益严重。由于过量使用化肥、农药和不当的污水灌溉，江西省农业土壤、水源、农产品受到不同程度的威胁和危害。科学发展观不允许江西走“先污染、后治理”的老路，必须转变发展观念，创新发展模式，提高发展质量，把经济社会发展切实转入科学发展的轨道。

2000 年国务院在《全国生态环境保护纲要》中提出大力推进生态省、生态市、生态县和环境优美乡镇建设后，江西省就开始了生态县和生态市的建设，为了在促进中部地区崛起中有更大的作为，在吸取国外可持续发展和我国各省开展生态省建设的经验的基础上，2006 年 2 月，江西在“十一五”规划中确立了“大力推进‘五化’、建设‘三个江西’”的目标，即大力推进农业农村现代化、新型工业化、新型城镇化、经济国际化和市场化进程，建设创新创业江西、绿色生态江西、和谐平安江西。

建设绿色生态江西，是实施“大力推进‘五化’、建设‘三个江西’”重大决策的组成部分，是江西站在新的历史起点上谋求又好又快发展的崭新理念。事关江西省经济社会全面、协调、可持续发展，事关人与自然的和谐发展，事关人民群众的根本利益，意义十分深远。

1.3.1 生态时代的必然要求

环境保护是我国的一项基本国策。2000 年，国务院颁发的《全国生态环境保护纲要》明确提出，大力推进生态省、生态市、生态县和环境优美乡镇的建设。党的十六届五中全会提出，发展循环经济，保护生态环境，加快建设资源节约型、环境友好型社会，促进经济发展与人口、资源、环境相协调。2005 年年底，国务院颁布了《关于落实科学发展观 加强环境保护的决定》，明确了今后一个时期环境保护的指导思想、方针政策和重点任务。在人类社会的发展中，从工业社会走向 21 世纪的生态社会是一个不以人的意志为转移的客观过程，生态省是生态时代的必然产物。因此，建设绿色生态江西也是客观发展的必然。

1.3.2 树立和落实科学发展观的具体实践

生态环境是承载经济社会发展的基础。当前，江西省生态环境恶化的趋势还没有得到有效遏制，资源、要素对经济社会发展的“瓶颈”制约越来越明显。只有推进生态省建设，走科技先导型、资源节约型、清洁生产型、生态保护型、循环经济型的经济发展之路，从根本上整合和重新配置有限的环境资源，促进资源的永续利用，才能为全面、协调、可持续发展铺平道路。

1.3.3 江西省加快全面建设小康社会的必然要求

目前我国经济社会的发展已经进入全面建设小康社会的阶段。我国的小康应该是全面的小康。其范围不但包括比较富裕的城市，也包括贫困落后的农村。其目标不但要有经济发展和生活富裕，也要给人们提供生态良好的环境。建设生态省可以在更大的行政区域范围内，统筹规划利用生态系统资源和保护生态环境，可以推动包括贫困山区和贫困农民在内的广大人民脱贫和共同致富，因此也就可以促进江西省全面小康社会的早日实现。

1.3.4 构建社会主义和谐社会的重要内容

实现人与自然的和谐相处是和谐社会的六个基本特征之一。胡锦涛同志强调：如果生态环境受到严重破坏、人们的生产生活环境恶化，如果资源能源供应高度紧张、经济发展与资源能源矛盾尖锐，人与人的和谐、人与社会的和谐是难以实现的。老百姓生活好起来后，不仅要求有治安上的安全感，还要求有人居环境的安全感，否则社会和谐也不可能维系。

1.3.5 “经济生态化”发展趋势的反映

近年来，随着人类社会的发展进入生态时代，世界和我国经济实践中已经明显地出现了一个“经济生态化”的发展趋势。它的表现遍及经济发展的各个方面。例如城市建设越来越强调尊重自然，产业建设和结构调整越来越强调“绿色产业”和“绿色产品”。近年来“生态工业”“生态农业”，“生态建筑业”，以及“绿色汽车”“绿色建材”“绿色市场”“绿色设计”等都有了迅速的发展。在人们生活上，吃“绿色食品”、穿“生态服装”、住“生态住宅”、出行使用“无污染交通工具”等，也都已经成为人们的时尚。“经济生态化”的发展要求建设绿色生态江西。

2 “绿色生态江西”建设的主要内容、目标和任务

2.1 “绿色生态江西”建设的主要内容

“绿色生态江西”是一个全新的发展理念，不仅仅是一个局限在生态和环境科学领域内的新观念，其内涵应该更加广泛，应是从系统的和可持续发展的角度出发，体现“社会-经济-生态环境”的大系统观的新理念。“绿色生态江西”是在当前江西的生态环境基础上，建设生态环境优美、经济发展、社会和谐的新江西。生态环境优美是将江西建设成为环境污染较小，具有优良的自然生态环境的宜居区域；经济发展是将江西建设成为经济发展稳健、经济增长方式良好、具有坚实物质基础的经济强省；社会和谐是指社会各方面发展均衡、社会治安良好、贫富差距不大、人民安居乐业的新风貌。

原国家环保总局在2003年的“生态省建设指标（试行）”中将生态省定义为：生态省是指社会经济和生态环境协调发展，各个领域基本符合可持续发展要求的省级行政区域。生态省建设的具体内涵是运用可持续发展理论和生态学与生态经济学原理，以促进经济增长方式的转变和改善环境质量为前提，抓住产业结构调整这一重要环节，充分发挥区域生态与资源优势，统筹规划和实施环境保护、社会发展与经济建设，基本实现区域社会经济的可持续发展。

从“绿色生态江西”的内涵和原国家环保总局对生态省的定义可以看出，两者本质上是一致的，都是以可持续发展为核心，追求经济效益、生态效益、社会效益的协调发展。“绿色生态江西”建设实质上是江西省开展生态省建设的

前期阶段。

“绿色生态江西”建设归纳起来主要包括以下三个方面内容。

（1）生态保护。生态保护就是要改变单纯追求经济增长、忽视生态环境保护的传统发展方式，切实保证整个生命保障系统的完整性，维护生物多样化，保护人类赖以生存的空气、淡水、土地、森林等自然资源，以可持续的方式使用可再生资源，使经济发展保持在全省生态环境承受能力之内，并通过生态保护促进经济发展。

（2）经济发展。经济发展应通过产业结构调整和高新技术开发及其使用，转变经济增长方式，提高质量，优化配置，节约能源，降低损耗，增加效益，实行清洁生产和文明消费，减少有害废弃物的排放来实现，使经济发展既满足当代人的需要，又不对后代人满足自身需求的能力造成危害，使全省经济快速、跨越式发展。

（3）社会进步。要以提高人民生活质量为目的，积极促进社会向文明、公正、安全、健康的方向发展；要控制人口数量，提高人口质量；要合理调节社会分配关系，发展教育、文化、卫生事业，增强全民的科学文化素质，提高人民的健康水平；要建立和完善各种社会保障体系，保持社会政治稳定。

这三个方面，生态保护是基础，经济发展是条件，社会进步是目的，三者相互依存、相互促进，从而使绿色生态江西这一复合式的生态系统持续、健康、快速发展。

2.2 “绿色生态江西”建设的目标和任务

“绿色生态江西”建设首先应明确建设的目标。建设目标可以定为，通过 30 年左右的时间把江西建设成在全国经济比较发达、生态环境优美、人与自然和谐相处的可持续发展省份。为了达成这个目标，今后一个时期的主要任务如下所述。

2.2.1 加强资源节约

坚持开发与节约并重、节约优先，以节能、节水、节材、节地为重点，加快结构调整，推进技术进步，提高资源利用效率。健全监督管理体系，对资源消耗型项目实行省级集中核准。

加强节能。严格高能耗行业的准入标准，限制高能耗项目建设，突出抓好钢铁、有色金属、煤炭、电力、化工、建材等重点耗能行业的节能工作。推广先进的节能监控技术和能源计量检测，实现技术节能、管理节能。推动新建住宅和公共建筑节能，新建建筑严格实施节能50%的设计标准。

加强节水。推进工业生产中水回用及污水再生利用，工业用水重复利用率提高到70%。推进城市节水，城市供水管网平均漏失率控制在20%以下，节水器具普及率达到80%以上。推广农业节水灌溉设备应用，大力推进大中型灌区节水改造。调整水资源费标准，合理调节水资源的开发利用和保护。

加强节材。实施重点行业原材料消耗管理，延长材料使用寿命和节约木材。鼓励生产和使用节约性能好的消费品，在吃、住、行和公务活动各方面厉行节约，控制产品过度包装。严格控制木材消耗型加工项目。

加强节地。建立和实行建设用地定额标准，按土地利用总体规划和年度计划安排用地。在开发建设中推进土地节约利用和集约利用，推行节地型的住宅区、公共活动区和生产经营区。开展农村土地整理，推进工矿区和居民点废弃土地复垦和利用。大力推进殡葬制度改革，加强农村公益性墓地建设，整治乱葬乱埋。严格限制毁地烧砖，逐步禁止使用实心黏土砖。

2.2.2 大力发展循环经济

按照“减量化、再利用、资源化”的原则，探索发展循环经济的有效模式，实现由资源—产品—废弃物的单向线性过程，向资源—产品—废弃物—再生资源的反馈式循环过程转变。

加强资源综合利用。推进废旧资源以及工业废渣、废水、废气再利用。促进伴生矿、尾矿、废石综合利用，推进煤矸石、煤矿瓦斯有效利用，逐步建设煤矸石发电项目、尾矿利用项目和煤层气利用工程。推广洁净煤技术，在主要产煤区域兴建一批洗煤厂，提高原煤入洗率。提高粉煤灰、煤泥利用率，使其在建材领域更广应用。建立健全废旧家电、家具、纸张、玻璃制品、塑料制品和金属制品的回收网络，发展旧货市场，推进梯级利用和再生利用。加强余热利用，推进工业企业结合生产实际建设余热回收装置，与厂区、生活区供热相结合。推进木材代用工程，加快农业秸秆、林业“三剩物”向建材转化。实行鼓励资源综合利用和再生资源利用的税收政策。

加快重点行业循环经济发展，着力在钢铁、有色金属、化工等行业取得明显成效。钢铁工业，重点提高铁素资源利用效率、能源循环利用率、水循环利用率和固体废弃物利用率，改进生产模式。有色金属工业，提高矿山回采率、选矿回收率和冶炼回收率，充分利用铜精矿中的共生、伴生矿产资源，系统优化采矿选矿工艺，提高矿山的金属回收率，提高转炉渣选矿能力，增强回收有色金属能力。

化工，建立企业内部的循环经济模式，延长生产链，减少生产过程中物料和能源的使用量，推进化工废渣利用，减少废弃物和有毒物质的排放。开展重点城市和工业园区循环经济试点，力争每个设区市建设 1 个以上的生态工业园。

积极推进农村循环经济发展。大力普及、拓展猪沼果生产模式，把猪拓展到牛禽，果拓展到蔬菜、花卉、粮食、珍珠、鱼类等，推广猪珠共养、鸭珠共养、稻鸭共栖、鸭基鱼塘等生态养殖模式，在有条件的地区建设生态农业示范区。

2.2.3　加快生态保护和建设

继续实施山江湖工程，把治山、治江、治湖有机结合起来，做到保护优先、合理开发、综合治理，促进人水和谐、人地和谐。加强自然保护区和森林公园的保护和建设，加强水土保持和湿地保护。重点实施鄱阳湖、赣江源、东江源等生态保护工程。

加强林业建设。加快植树造林步伐，净增森林面积 750 万亩。提高森林质量，改善林分结构，保护和恢复森林系统生态功能。以生态公益林为重点强化森林资源保护，逐步禁止采伐天然阔叶林，加强天然阔叶次生林封育，大力营造人工阔叶林。大力发展平原林业，推进农田林网建设，在重点农田区发展防护林。坚持林业采伐量小于生长量，加快工业原料基地建设，依托大中型林产加工企业发展工业原料林，做到竹木原料基本自给，实现林纸、林板、林浆一体化经营。推进绿色通道建设，在交通干线两侧发展风景林。继续实施长江防护林、珠江防护林、退耕还林等林业重点工程。

加强水土治理。进一步强化江河源头区、水源涵养区、饮用水源区、防风固沙区、渔业水域等重要区域和生态脆弱区的保护和建设，在五大河流源头建设生态功能保护区。推进重点流域控制工程、河道整治和小流域综合治理。

维护生物多样性。实施珍稀动植物和古树名木保护工程，规范生物物种资源保护、采集、收集、驯养、繁殖、科研、进出口等活动，严厉打击各种涉及生物物种资源的违法犯罪行为。加强林业有害生物防治，防止外来有害物种的侵害，保护生态安全。

充分保护、利用和优化整合各类旅游资源，突出生态环境优势，积极有序发展人与自然和谐共生、交融合一的生态旅游，进一步扩展庐山、井冈山、三清山、龙虎山、婺源旅游规模，推进仙女湖、三爪仑、柘林湖、云居山、武功山、三百山、大觉山、瑶里等重点景区整体开发。

3　“绿色生态江西”建设的基础和条件

江西省地处中国东南偏中部长江中下游南岸，东邻浙江、福建，南连广东，西靠湖南，北毗湖北、安徽而共接长江，为长江三角洲、珠江三角洲和闽南三角地区的腹地。2005 年，全省共设南昌、九江、景德镇、萍乡、新余、鹰潭、赣州、宜春、上饶、吉安、抚州等 11 个设区市，10 个县级市和 70 个县。现有人口 4 311.2 万人，其中农业人口占 73.72%。土地总面积 16.69 万 km^2，占全国土地总面积的 1.74%，居华东各省市之首。境内除北部较为平坦外，东西南部三面环绕有幕阜山脉、武夷山脉、怀玉山脉、九连山脉和九岭山脉，中部丘陵起伏，成为一个整体向鄱阳湖倾斜而往北开口的巨大盆地。全境有大小河流 2 400 余条，赣、抚、信、饶、修五大水系贯穿全境，北部有我国最大的淡水湖——鄱阳湖，构成了一个相对独立的水陆相生、山水相依的大生态系统。江西交通发达，京九铁路从南至北穿越江西 26 个县、市、区，在江西境内长达 700 余 km，占全线总长近 1/3。已建成昌九、昌樟、温厚、九景、黎温等多条高速公路，总里程达 659 km。现有 4 个民用航空港，开通了至北京、上海、香港地区等地的几十条航线。

3.1　良好的自然条件

江西处北回归线附近，全省气候温暖，雨量充沛，年均降水量 1 341～1 940 mm；无霜期长，为亚热带湿润气候，十分有利于农作物生长。作为一个农业比重较大的省份，粮食、油料、蔬菜、生猪、蜜橘、淡水鱼类等农业品在全国占有重要地位。

江西省水资源丰富，水资源总量 1 505 亿 m^3，人均水资源量 3 491 m^3，比全国平均水平多 1 393 m^3；森林覆盖率 60.05%，居全国第二位；生物资源丰富，是近代植物区系的起源中心之一；地下矿藏丰富，是我国矿产资源配套程度较高的省份之一。储量居全国前三位的有铜、钨、银、钽、钪、铀、铷、铯、铊、金、伴生硫、滑石、硅灰石等。

3.2　具有一定的生态保护经验

近年来，江西省积极建设生态示范区，踊跃开展全国环境优美乡镇创建活动，截至 2005 年年底，全省有国家级生态示范区（含生态示范区建设试点地区）33

个，面积达 95 548.7 km^2；建成国家级、省级自然保护区 30 个，其中国家级自然保护区 5 个，省级自然保护区 25 个，自然保护区面积 9 016.3 km^2，占全省国土面积的 5.4%。治湖治江治山的“山江湖工程”被联合国专家誉为跨世纪工程和可持续发展的范例，一些示范区推广了“猪—沼—果（鱼、菜）”、庭院经济等生态农业模式，使经济、社会和生态三个效益得到较好统一，为江西创建生态省奠定了基础。

3.3 无公害食品、绿色食品、有机食品发展迅速

现全省 220 个乡镇建立无公害农产品生产基地 543 个。绿色食品、有机食品生产基地 227 个，面积达到 33.3 万 hm^2，年实现销售收入 40 多亿元，创造税收 2 亿多元，帮助当地农户户均增收 1 700 多元。至 2005 年年底，全省绿色食品产品 503 个，数量居全国第六位。其中有机食品产品 242 个，位居全国第一。环境监测面积达 150.67 万 hm^2，实现销售收入 85.6 亿元，出口创汇 6 350 万美元。

3.4 生态旅游发展较快

江西有着良好的区位优势和丰富的生态旅游资源。近年来，江西省生态旅游有较大发展，各地生态旅游资源正在逐步开发。从江西旅游业总收入来看，无论是在全国旅游总收入中的比重，还是在全省 GDP 中的比重，都呈现逐年上升的趋势（图 1、图 2）。

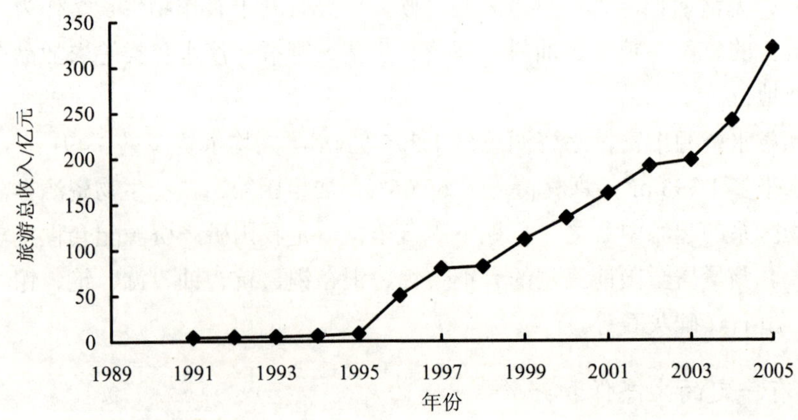

图 1 1991—2005 年江西省旅游总收入趋势

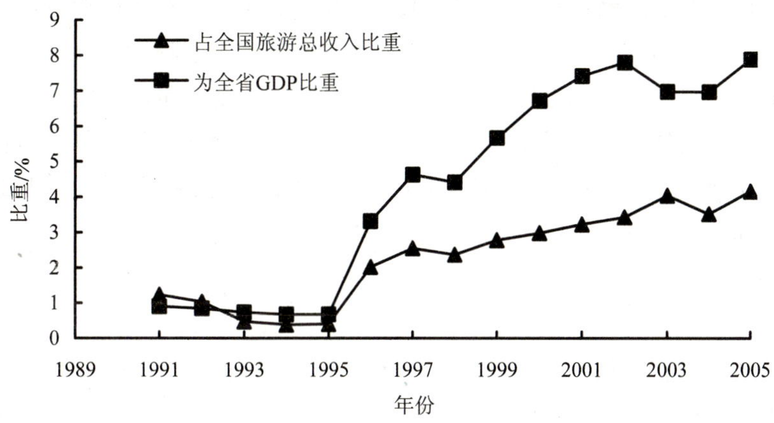

图 2　1991—2005 年江西省旅游收入占全省与全国比重

由图 1 可知，江西省旅游收入随着时间推移总体上是上升趋势，经历了先缓慢增长后快速增长。1991—1995 年江西省旅游收入比较低，旅游收入在 4.30 亿～8.39 亿元，年增加仅为 1.02 亿元。1996—2005 年江西省旅游业进入高速发展阶段，呈现出线性增加，从 1995 年的旅游总收入 8.39 亿元增加到 2005 年的 320.02 亿元，年增加高达 31.16 亿元。另外在 1995—2005 年阶段中，江西省旅游业收入可细分为 1995—1998 年、1998—2003 年、2003—2005 年，年增长分别为 24.42 亿元、23.17 亿元、61.28 亿元，说明在 1995 年以后 1998—2003 年曾经出现过旅游收入增长幅度略变小。

由图 2 可知，江西省旅游总收入占全国旅游总收入比重、占全省 GDP 比重呈现先降低后增长的变化。江西省旅游收入占全国旅游总收入比重、占全省 GDP 比重在 1995 年为最低值，分别为 0.40、0.67，两者变化趋势表现为一致。

江西优越的地理环境和良好的自然条件是开展“绿色生态江西”建设的基础，近年来积累的生态保护经验，绿色食品、有机食品的发展以及生态旅游的兴起，这些都是江西省开展“绿色生态江西”建设的优势所在。

4　“绿色生态江西”建设面临的问题和挑战

多年来，江西省坚持以经济建设为中心，认真落实环境保护的基本国策，大力实施可持续发展战略，不断加强污染防治和生态保护，在国民经济保持较快增长的同时，主要污染物排放量均有不同程度的下降，生态环境恶化加剧的趋势得到初步控制，部分城市和地区环境质量有所好转。但是，也要清醒地看到，江西省生态环境、自然资源与经济社会发展的矛盾还比较突出，生态环境脆弱，经济增长方式粗放，污染物排放量远远超过环境承载能力。这些问题严重制约着生态环境质量的改善，影响着江西省经济社会的可持续发展。

4.1 经济发展水平较低

与其他发达省份相比，江西经济总量不大，人均收入水平还较低，2005 年全国人均生产总值 13 943.57 元/人，江西仅 9 410.35 元/人；产业结构不尽合理，在 GDP 的构成中，江西第一产业的比重偏大，第二产业所占的比重比全国平均水平低，第三产业增加值占 GDP 的比重虽然提升较快，但主要集中在交通、运输和餐饮等传统行业，高层次的生产服务业，包括金融保险、房地产、咨询技术服务发展迟缓。旅游业资源优势尚未得到充分发挥，2003—2005 年，安徽、湖北、湖南三省的旅游外汇收入（百万美元）年增长分别为 51.5、70、172，江西仅为 28.5，这与江西丰富的旅游资源极不相称；产业整体素质不够高，高投入、高消耗、高排放、低效率、粗放型的经济增长方式在一定程度上制约了“绿色生态江西”的建设步伐。

从图 3 可以看出，1991—2005 年江西省的生产总值持续增长，由 1991 年的 479.37 亿元增加到 2005 年的 4 056.76 亿元，年增长 238.49 亿元。2001—2005 年增长最快，年增长为 376.22 亿元。但在全国生产总值中，江西所占的比重很小，2005 年仅占 2.23%，在全国 31 个省（市、区）中排在第 18 位。由图 4 可知，江西省第一产业在 GDP 中的比重总体上呈现下降趋势，2005 年处于最低水平，为 17.93%，但仍高于全国 12.65%的平均水平；第二产业的比重略有增加，2005 年处于最高水平，为 47.27%，但仍低于全国 47.74%的平均水平；第三产业的比重呈现先增加后减少的变化。

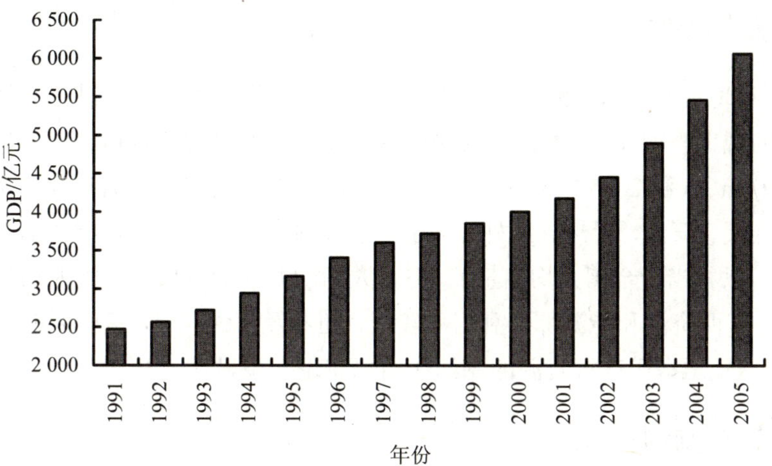

图 3　江西 1991—2005 年 GDP 动态变化

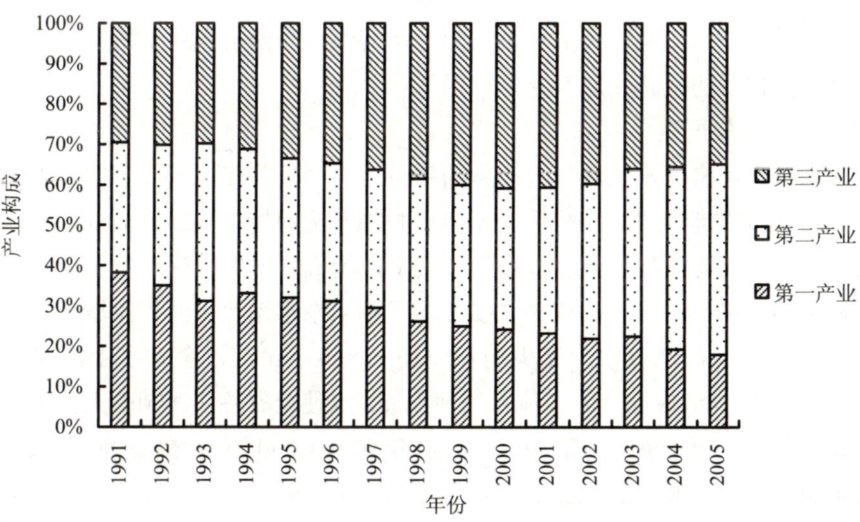

图 4　江西 1991—2005 年 GDP 的产业构成

4.2 自然资源锐减

江西耕地资源、水资源、森林资源和能源资源等均存在数量日益下降，质量“退化”的现象。如江西人均淡水资源占有量由 1998 年 5 903 m^3/人下降到 2002 年的 4 697 m^3/人和 2005 年的 3 502.7 m^3/人。江西人均铁矿的基础储量仅为全国的 17.2%；煤炭、石油、天然气三种主要能源资源都十分贫乏，人均能源储量，原煤约 33.5 t，只相当于全国人均储量的 1/3。人均能源消费量只有全国人均能源消费量的 1/2。江西资源和能源综合利用率较低，随着经济的发展，对资源的消耗量将不断增加，土地、矿产等资源的制约作用仍将进一步显现。

4.3 生态环境较脆弱

江西地貌以山地丘陵为主，降水时空分布不均匀，容易产生旱涝、水土流失和地质灾害。森林结构不尽合理，原生天然林已基本消失，再生林的生物多样性已简化，人工林结构单一，这就使得森林涵养水土、调节温湿、孕育万物的功能严重退化，并导致河川径流失稳、水土流失、物种锐减、干旱加剧等自然灾害频发。由于过量使用化肥、农药和不当的污水灌溉，江西省农业土壤、水源、农产品受到不同程度的威胁和危害。

4.3.1 水土流失严重

江西是我国南方水土流失最严重的省份之一。目前江西每年土壤流失总量相当于 12.5 万亩耕地被毁，损失养分折合有机质和无机肥共 425 万 t。以全省 4 200 万人口计算，人均损失养分上百公斤。其中，无机肥损失量竟相当于全省 3 年所需无机肥的总量。江西水土流失主要分布于鄱阳湖水系“五河”流域中、上游及鄱阳湖滨湖地区，现有水土流失面积 336.12×10^4 hm^2，占全省水土流失面积的 95.5%。水土流失造成大量泥沙流入江河湖库，致使全省各江河湖库大都出现了严重淤积现象。五河干流泥沙量 20 世纪 50 年代为 1 000 万 t，到了 80 年代以后，据鄱阳湖 7 个入湖水文站和湖口控制站多年观测，每年平均入湖泥沙 2 524.3 万 t，其中鄱阳湖水系内 2 419.8 万 t。泥沙的淤积使湖容积自 50 年代初的 321 亿 m^3 缩小到现在的 260 亿 m^3，其中因水土流失造成的泥沙淤积而减少的容积为 6 亿～8 亿 m^3，湖床以 2.3 mm/a 的速度增高，很多的水域已淤为洲地。

4.3.2　土地沙化严重

由于对土地资源的“过度”开发和不合理使用，加上不良的气候条件，江西已出现严重的土地沙化问题。据 1993 年统计，全省直接受风沙危害的耕地达 3.77 万 hm^2、草地 2.24 万 hm^2、村庄 1 930 个、铁路 45 km、公路 874 km、水渠 1 063 km，年经济损失达 2.1 亿元。近年的研究表明，江西省土地沙化面积已达 13.33 万 hm^2，占全省国土面积的 0.78%。土地沙化发生的市县有 52 个，沙化面积 40～8 893 hm^2 不等，其中沙化面积大于 3 000 hm^2 的市县有 14 个，分别是波阳县、彭泽县、兴国县、宁都县、临川县、九江县、修水县、新建县、南昌县、丰城县、泰和县、余干县、赣县、于都县等，合计沙化面积 90 667 hm^2，占全省沙化面积的 68%。这些县市大致集中在两片区域：环鄱阳湖区，赣中南兴国县及其周边县市。

4.3.3　环境污染加重

近年来，随着江西工业化、城市化和现代化发展速度的加快，环境污染问题有进一步加剧的趋势，其造成的经济损失也相当巨大。1992—2001 年，共发生污染事故 1 112 起，造成直接经济损失 1 674.97 万元。

（1）工业污染：江西工业化水平不高，但是由于工业结构不合理，治理设施不完善等原因，所以江西工业仍然在一定程度上冲击着江西的生态环境。冲击主要体现在工业“三废”的排放上。据统计，2005 年全省工业废水排放总量为 53 972 万 t（低于全国各省平均水平 78 423 万 t），列居全国第 17 位，说明江西的工业废水排放处于中等水平；全省工业废气排放总量为 4 379 亿 m^3（低于全国各省平均水平 8 677 亿 m^3），列居全国第 9 位，这表明江西的工业废气排放比较少，所以大气污染比较轻；全省工业固体废物产生量为 7 007 万 t（高于全国各省平均水平 4 337 万 t），列居全国第 26 位，属于工业固体废物产生量比较多的几个重点省份之一。全省工业固体废物排放量为 10.28 万 t，按轻重程度排名全国第 26 位，属于工业固体废物排放量较多的省份。从图 5 可以看出，1990—2005 年，江西的工业废气排放总量和工业固体废物产生量持续增加。工业废水在 1990—2000 年呈现下降趋势，2000 年后经历了上升然后缓慢下降的过程。

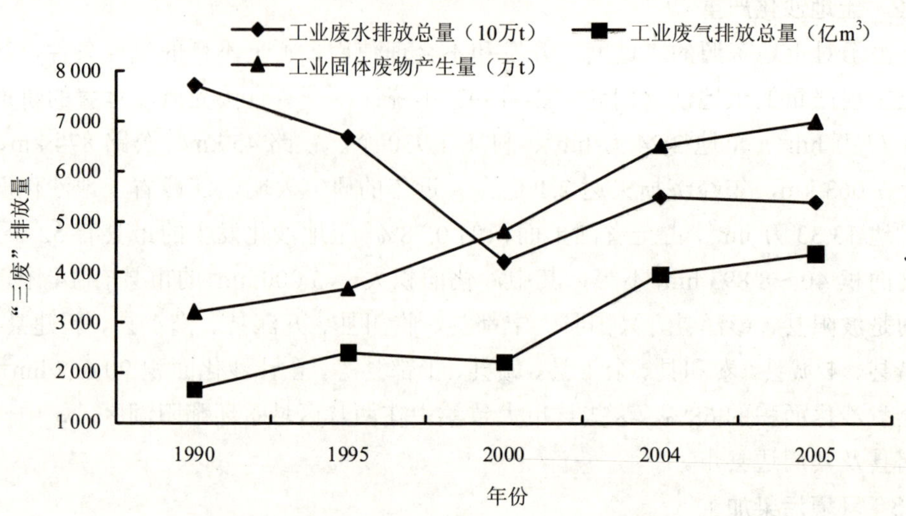

图5 历年江西工业“三废”排放量

江西省的酸雨污染相当突出，全省共有 7 个酸雨控制区，酸雨控制区面积占全省国土面积的 32%。2000 年，全省城市降水平均 pH 值范围在 4.37～6.95，其中，降水年均 pH 值低于 5.6 的有 9 个城市，全省降酸雨频率为 65.0%。近年江西省城市降水酸雨化现象一直没有得到有效缓解，酸性程度增强，酸雨给全省的经济发展带来较大的危害，据江西省统计局测算，2003 年江西省因酸雨造成 GDP 减收 80 亿元，2003 年酸性降水频繁，酸雨频率高达 61.5%，比 2002 年上升了 5.6 个百分点，酸雨量占总雨量的 64.2%。2003 年全省降水 pH 年均值为 4.66（pH 值小于 5.6 为酸雨），比 2002 年下降 0.23，各城市降水 pH 年均值在 3.67～5.8。分地区看，江西省 90%的城市都不同程度遭受了酸雨污染。酸雨现象最严重的城市为萍乡市，pH 年均值仅为 3.67；小于全省平均值的城市还有宜春市和吉安市，其余 8 个地市高于全省平均值，其中新余市是全省唯一达标的城市，pH 年均值为 5.8。

（2）农业面源污染：由于化肥、农药、农膜、饲料、兽药等化学制品使用不当，以及对农作物秸秆、畜禽尿粪、农村生活污水、生活垃圾等农业（或农村）废弃物处理不当或不及时，极易造成农业面源污染。据省畜牧局报表统计，2004 年猪、牛、鸡、鸭规模化畜禽养殖场总数分别为 1 140 个、223 个、677 个、555 个。全年畜禽粪尿产生量约为 9 278 万 t，较 2000 年增加了 3 084.65 万 t，增长了

49.8%。由于对畜禽养殖污染防治措施不到位和资金不足等原因，大部分规模化畜禽养殖场的污水排放并未达到国家标准，有的根本没有排污措施。有的畜禽养殖场选址不合理，直接建在公路、城镇和居民生活区附近，造成有机污染日益严重。例如南昌县八一乡涂埠村是县重点养猪村，2004 年养殖母猪 1 066 头、商品猪 43 000 头，养猪收入占全村人均收入的 85%。该村没有任何排污设施，也没有采取有效的治污措施，生猪排泄物、冲栏污水排放量大、有机质浓度高，随意排入沟渠、池塘，已造成严重的土壤、水体、大气污染。不久的将来，该村的土壤将不再适宜种植农作物，地下水也不再能饮用。

4.3.4 自然灾害发生频繁

江西每年因洪涝灾害造成的粮食损失平均占粮食总产量的 18%，因干旱造成粮食损失为粮食总产量的 6%，由病、虫害造成的粮食损失平均为 1%～2%，棉花损失为 5%～10%。据江西省气象部门提供的资料，2003 年江西省各种灾害累计造成农作物受灾面积 154.3 万 hm^2，共有 3 000 万人次受到灾害影响，紧急转移安置人口 16.3 万，倒塌房屋 7 万余间，因干旱造成饮水困难人口 300 多万，饮水困难大牲畜 110 多万头。2004 年全年全省各类自然灾害共造成 73 人死亡，农作物受灾面积 892.67 万 hm^2，倒塌房屋 32.72 万间，因灾直接经济损失 81.59 亿元。2005 年江西省自然灾害加重，全年全省各类自然灾害共造成 115 人死亡，农作物受灾面积 138.8 万 hm^2，倒塌房屋 46.4 万间，因灾直接经济损失 125.3 亿元，其中农业直接经济损失 88.5 亿元。

4.4 生物安全问题日益突出

4.4.1 食品安全呈现数量下降、质量不高的现状

江西是一个农业大省，农业人口占全省人口的 73.72%，耕地面积大，农产品资源丰富，但从 2000 年开始，由于粮食价格偏低、农业比较利益下降，以及加入 WTO 后农产品出口更加困难等多方面的原因，江西农产品的人均产量并不高。从表 1 中可看出，1998 年江西的粮食人均产量与全国人均产量相比低 40 kg，1999 年略高，2000 年及 2001 年分别高出 25 kg 及 29 kg，2002 年及 2003 年分别高出 12 kg 及 8 kg，2004 年、2005 年分别高出 58.78 kg、60.13 kg。可见，江西粮食人均产量与全国相比经历了一个由上升到下降再上升的趋势。纵向比较，江西的粮食人均产量从 1999—2003 年一直处于下降水平。除粮食外，江西的其他主要农产品人均产量均低于全国平均水平。

表1　1998—2005年江西省及全国主要农产品人均占有量

单位：kg/人

项目	年份	1998	1999	2000	2001	2002	2003	2004	2005
粮食	全省	372.95	411.45	391.04	384.42	368.57	342.19	421.00	431.39
	全国	412.42	405.55	366.04	355.89	356.97	334.29	362.22	371.26
油料	全省				21.7	19.6	17.9	17.40	17.71
	全国	18.63	20.76	23.4	22.53	22.63	21.82	23.66	23.60
猪牛羊肉	全省				37.9	37.3	35.6	43.06	45
	全国	37.02	37.99	38.32	39.52	40.83	42.74	44.57	47.23
水产品	全省	28.37	29	30.79	31.74	32.87	34.46	36.50	39.25
	全国	31.45	32.91	33.89	34.44	35.64	36.51	37.82	39.20
水果	全省	10.94	16.71	10.25	13.85	15.52	18.35	23.90	30.32
	全国	43.9	49.76	49.3	52.35	54.3	112.68	118.02	123.28

江西在食品安全方面存在质量不高的现象，具体表现在三个方面。

部分食品不合格。自1995年《食品卫生法》正式实施以来，江西省各级卫生行政部门加大了监督执法力度，1997—2002年共监测各类食品286 985件，平均合格率为85.39%，仍有相当部分食品不合格，不合格率约在15%。

部分蔬菜、水果农药残留超标严重。2005年1月21日《信息日报》公布了1月17—19日江西省农产品质检中心联合南昌市农产品质检中心对南昌市场的时鲜蔬菜进行的抽样检测结果。结果显示，包菜、四季豆等农药残留超标率较高：包菜农药残留超标率为13.3%，四季豆农药残留超标率为11.8%，小青菜农药残留超标率为10%，菜柳农药残留超标率为5.6%，黄牙白农药残留超标率为5.3%。

食品中毒事件时有发生。如2002年3月江西弋阳毒蛋糕事件中40多人因吃蛋糕中毒；2002年10月江西乐平数百小学生食用牛奶中毒；2003年12月江西广丰121名小学生食用牛奶中毒；2004年6月南昌发生食用煌上煌卤菜集体中毒事件，中毒者达159人；2004年8月江西宁都“8·7”食物中毒事件中中毒住院人数达90人；因蔬菜农药残留引发的食物中毒事件发生多起等。食品安全隐患到处存在，如用“瘦肉精”喂猪，用避孕药喂黄鳝、泥鳅，用硫黄熏制辣椒、腐竹等。

4.4.2 生物入侵加剧

江西优越的地理位置、良好的气候环境和发达的交通为生物入侵提供了便利。在入侵我国的 400 多种外来物种中，已有不少物种侵入江西，而且在江西省的分布越来越广。入侵江西的植物物种除豚草、水葫芦、空心莲子草之外，还有马缨丹、土人参、望江南、野胡萝卜、飞扬草、加拿大一枝黄花等植物。豚草于 20 世纪 30 年代从九江口岸侵入江西，起初仅分布在南浔线一带，后来由北向南蔓延，遍布全省。在九江、新余、抚州、景德镇、鹰潭等大部分地区，尤其是铁路和公路的两旁，有 40%～60%的地区几乎全部被豚草覆盖；空心莲子草是我国第一批最具危害的 16 个外来入侵物种之一，于 50 年代作为饲料引入江西，其生命力强，生长繁殖迅速，现已广泛分布于全省各地，造成了相当程度的生态破坏和生物污染；号称“植物杀手”的外来物种“加拿大一枝黄花”已入侵南昌、鹰潭等地；马缨丹原产热带美洲，是作为观赏植物引入的，土人参、望江南是作为药用植物引种的，现在都成了入侵生物，在田间路边疯长。

入侵的动物物种也越来越多。如永修县云山集团种植湿地松 2 500 hm^2，自从 1996 年首次发现一种外来害虫——萧氏松茎象危害，到 2002 年下半年，受害面积达 800 hm^2，其中重度危害面积 270 hm^2；20 世纪 80 年代日本龟蜡蚧无意中随甘蔗被带到了萍乡，此后，这种害虫密密麻麻地爬满了法国梧桐，吃树汁，使树干慢慢萎缩甚至枯死。从 1986 年开始，法国梧桐从萍乡境内全面退出；2002 年，“食人鲳”被确认进入江西，目前仍在公园、水族馆等养殖、展示并在市场上销售。

4.5 公民的环保意识淡薄

江西省公民的环保意识淡薄，也是绿色生态建设的阻碍之一。对吉水县城进行的问卷调查表明，76.4%的人知道环境保护，23.6%的人对此一无所知；对临川区青泥乡的问卷调查表明：在农村，不知道环境保护的比例高达 40.4%。进一步分析表明，公众对环保了解的层次很低，对有关环保的常识了解不多。

5 “绿色生态江西”建设历史评价与现状分析

“绿色生态江西”虽然是 2006 年 2 月提出的，但是江西省早就开展了这方面的生态建设工作，为了考核验收这些年的建设成效，也为了认清江西省的现实情况，更好地建设“绿色生态江西”，必须对江西省的生态环境、经济、社会效益进行综合评价。进行“绿色生态江西”评价时，首先要建立评价指标体系，再采用相应的方法对各指标进行综合评估。

5.1 评价方法

5.1.1 评价指标选取的原则

（1）科学性原则。即指标体系应建立在科学基础上，数据来源要准确、处理方法要科学，具体指标能够反映出生态省建设主要目标的实现程度。指标体系的结构与指标选取均应在科学上不存在明显的问题。

（2）系统性原则。即生态省建设的指标体系必须能够全面地反映全省可持续发展的各个方面，能客观地反映系统发展的状态，同时又要避免指标间的重叠性，把评价目标与指标连成一个整体。

（3）动态性原则。生态省建设既是目标又是过程，因此所确定的指标体系应充分考虑系统的动态变化，能综合地反映建设的现状及发展趋势，便于进行预测与管理。

（4）可操作性原则。即指标体系应把简明性和复杂性很好地结合起来，要充分考虑到数据的可获得性和指标量化的难易程度，要保证既能全面反映生态省建设的各种内涵，又能尽可能地利用统计资料和有关规范标准。

5.1.2 评价指标体系的建立

我国生态省建设评价指标的研究已得到普遍重视，政府部门和有关专家都开展了相关研究，但迄今为止还没有形成统一规范的标准。原国家环保局在 2003 年 5 月颁布了《生态县、生态市、生态省建设指标（试行）》，对生态省建设指标从经济发展、环境保护、社会进步 3 个方面提出了 22 个指标；海南省从环境污染防治、生态环境保护与建设、生态产业发展、人居环境建设和生态文化建设五个方面提出了 30 个预期指标；吉林省从生态经济、生态环境、社会发展三个方面提出了 42 个指标，以及 2005 年、2015 年和 2030 年不同阶段的目标值。吴元兴在《福建生态省建设评价指标体系若干问题研究》中从经济发展、环境状况、人居环境、生态资源及生态环境保护、社会保障、政策环境 6 个方面提出了生态省建设的 48 个指标；何琳在《谈生态省建设的评价指标体系》中提出从生态经济、社会发展、生态环境、生态文化四个方面建立一套全国通用的指标体系，再建立一套选择性指标供不同省份参考。

表 2　绿色生态江西建设评价指标体系

目标层	准则层	指标层	
生态江西	环境资源状况指标	1	森林覆盖率/%
		2	自然保护区占省国土面积比例/%
		3	城市建成区绿化覆盖率/%
		4	工业废水排放达标率/%
		5	固体废物综合利用率/%
		6	工业废气排放总量（标态）/亿 m^3
		7	SO_2 排放量/万 t
		8	水土流失面积/10^3hm^2
		9	成灾面积占受灾面积比例/%
		10	人均淡水资源占有量/（m^3/人）
		11	人均能源占有量/（t 标准煤/人）
		12	每万人拥有环保人员数/人
		13	人均耕地面积/（hm^2/人）
	经济发展指标	14	人均国内生产总值/元
		15	年人均财政收入/元
		16	农民年人均纯收入/元
		17	城镇居民年人均可支配收入/元
		18	城乡居民储蓄存款/万元
		19	第三产业占 GDP 比重/%
	社会进步指标	20	人口自然增长率/‰
		21	城镇人口占总人口比例/%
		22	社会福利救济费/万元
		23	职工保险福利费用/万元
		24	教育事业支出占财政总支出比例/%
		25	每千人拥有医生数/人
		26	城镇失业率/%

本文依据评价指标选取的原则，参考前人对生态省建设评价指标的研究成果，采用自上而下、逐级分解的方法把指标体系分为目标层、准则层、指标层三个层次，从环境资源状况、经济发展、社会进步三个方面分别选择能反映其主要特征的要素，构建了绿色生态江西评价指标体系。考虑到指标收集的可能性和难易程度，分别建立了绿色生态江西建设评价指标体系（表 2）和全国各省（直辖市、自治区）生态省建设评价指标体系（表 3）两套指标体系。

表 3　全国各省（直辖市、自治区）生态省建设评价指标体系

目标层	准则层	指标层	
生态省	环境资源状况指标	1	森林覆盖率/%
		2	自然保护区占省国土面积比例/%
		3	人均公共绿地面积/m^2
		4	工业废水排放达标率/%
		5	固体废物综合利用率/%
		6	工业 SO_2 去除率/%
		7	成灾面积占受灾面积比例/%
		8	单位工业增加值能耗/（t 标准煤/万元）
		9	人均淡水资源占有量/（m^3/人）
		10	人均污染治理投资/（元/人）
		11	人均耕地面积/（hm^2/人）
	经济发展指标	12	人均国内生产总值/元
		13	年人均财政收入/元
		14	农民年人均纯收入/元
		15	城镇居民年人均可支配收入/元
		16	人均固定资产投资/元
		17	第三产业占 GDP 比重/%
	社会进步指标	18	人口自然增长率/‰
		19	城镇人口占总人口比例/%
		20	人均社会福利救济费/元
		21	人均教育经费/（元/人）
		22	每千人拥有医务人数/人
		23	城镇失业率/%
		24	人均科技投入/元

5.1.3　评价方法

本文采用灰色关联分析法对各指标进行综合评价。灰色关联分析法，其基本思想是根据序列曲线几何形状的相似程度来判断其联系是否紧密，如果两者在系统发展过程中曲线越接近，相应序列之间的关联度就越大，反之就越小。评价时，分析生态省模式和参考模式的接近程度，关联度越大，则该模式的生态省结构越

趋于合理。

本文采取纵向和横向评价相结合的方法，分别对不同年份绿色生态江西建设综合效益和全国各省（直辖市、自治区）生态省建设综合效益进行评价。

参考生态省的各单项指标所组成的数列称为参考数列，记为 X_0（k）（k 为单项指标的序号），X_i（k）（i 为调查生态省的种类）。评价各生态省综合效益优劣，即比较 X_i（k）与 X_0（k）所代表的曲线间几何形状的关联程度。关联系数的计算公式为：

$$\varepsilon_{i(k)} = \frac{\min\limits_i \min\limits_k \left|x_0(k) - x_i(k)\right| + p \max\limits_i \max\limits_k \left|x_0(k) - x_i(k)\right|}{\left|x_0(k) - x_i(k)\right| + p \max\limits_i \max\limits_k \left|x_0(k) - x_i(k)\right|} \quad (1)$$

$$r_i = \frac{1}{N} \sum_{k=1}^{N} \varepsilon_i(k) \quad (2)$$

式中，$\varepsilon_{i(k)}$为 X_0 与 X_i 在第 k 个指标的关联系数，$\left|x_0(k) - x_i(k)\right|$表示 X_i 数列与 X_0 数列在第 k 点的绝对值，$\min\limits_i \min\limits_k \left|x_0(k) - x_i(k)\right|$ 为二级最小差，$\max\limits_i \max\limits_k \left|x_0(k) - x_i(k)\right|$为二级最大差，它们分别为$\left|x_0(k) - x_i(k)\right|$集合中的最小值和最大值，$p$ 为分辨系数，取值范围 0～1，一般取 0.5。r_i 为比较系数，是 X_i 对参考数列 X_0 的关联度，总体反映 X_0 与 X_i 数列之间的关联性程度。

5.2　历史评价——不同年份绿色生态江西建设综合效益评价

（1）比较数列和参考数列的确定

按环境资源状况（森林覆盖率、自然保护区占省国土面积比例、城市建成区绿化覆盖率、工业废水排放达标率、固体废物综合利用率、工业废气排放总量、SO_2 排放量、水土流失面积、成灾面积占受灾面积比例、人均淡水资源占有量、人均能源占有量）、经济效益（人均国内生产总值、年人均财政收入、农民年人均纯收入、城镇居民年人均可支配收入、城乡居民储蓄存款、第三产业占 GDP 比重）和社会效益（人口自然增长率、城镇人口占总人口比例、社会福利救济费、职工保险福利费用、教育事业支出占财政总支出比例、每千人拥有医生数、城镇失业率）共 26 个评价指标，应用灰色关联度法，对不同处理系统进行分析和综合评估。

（2）无量纲化处理

由于各单项指标的量纲不一，所以在分析时，应作无量纲化处理。对数据进行统一化处理，经统一化处理后所有值居于 0～1，从而得到无量纲化处理的数据（表 4）。

表 4　不同年份绿色生态江西建设主要评价指标的无量纲化值

指标名称	1990 年	1995 年	1998 年	2002 年	2005 年
森林覆盖率/%	0.598	0.838	0.888	0.994	1.000
自然保护区占省国土面积比例/%	0.163	0.196	0.254	0.833	1.000
城市建成区绿化覆盖率/%	1.000	0.971	0.940	0.760	0.617
工业废水排放达标率/%	0.183	0.537	0.631	0.842	1.000
固体废物综合利用率/%	0.476	0.745	0.486	0.718	1.000
工业废气排放总量（标态）/亿 m^3	1.000	0.444	0.051	0.574	0.639
SO_2 排放量/万 t	0.250	0.167	1.000	0.034	0.292
水土流失面积/10^3hm^2	0.039	0.104	0.104	1.000	0.049
成灾面积占受灾面积比例/%	0.364	0.563	0.707	0.347	1.000
人均淡水资源占有量/（m^3/人）	1.000	0.894	0.748	0.595	0.444
人均能源占有量/（t 标准煤/人）	0.455	0.606	0.465	0.626	1.000
每万人拥有环保人员数/人	0.484	0.568	0.726	0.905	1.000
人均耕地面积/（hm^2/人）	1.000	1.000	0.833	0.833	0.833
人均国内生产总值/元	0.120	0.307	0.470	0.617	1.000
年人均财政收入/元	0.108	0.263	0.352	0.563	1.000
农民年人均纯收入/元	0.205	0.471	0.627	0.715	1.000
城镇居民年人均可支配收入/元	0.138	0.392	0.493	0.735	1.000
城乡居民储蓄存款/万元	0.052	0.223	0.388	0.620	1.000
第三产业占 GDP 比重/%	0.707	0.852	0.908	1.000	0.885
人口自然增长率/‰	0.178	0.489	0.252	0.114	1.000
城镇人口占总人口比例/%	0.549	0.643	0.702	0.868	1.000
社会福利救济费/万元	0.038	0.060	0.073	0.424	1.000
职工保险福利费用/万元	0.162	0.339	0.460	0.712	1.000
教育事业支出占财政总支出比例/%	0.905	1.000	0.848	0.905	0.810
每千人拥有医生数/人	1.000	1.000	0.919	0.816	0.787
城镇失业率/%	0.554	1.000	0.573	0.166	0.217

注：原始数据来源参考文献 43～37。

（3）求关联系数

计算$|x_0(k)-x_i(k)|$可知，二级最小差为 0，二级最大差为 0.966，p 取 0.5，由式（1），算得各关联系数（表 5）。

表 5　不同年份绿色生态江西建设主要评价指标的关联系数

指标名称	1990 年	1995 年	1998 年	2002 年	2005 年
森林覆盖率/%	0.956	0.162	0.686	0.171	1.000
自然保护区占省国土面积比例/%	0.391	0.804	0.320	0.332	1.000
城市建成区绿化覆盖率/%	1.000	0.547	0.558	0.626	0.549
工业废水排放达标率/%	0.574	0.588	0.671	0.576	1.000
固体废物综合利用率/%	0.705	0.701	0.678	0.719	1.000
工业废气排放总量（标态）/亿 m^3	1.000	0.540	0.551	0.614	0.542
SO_2 排放量/万 t	0.776	0.771	1.000	0.569	0.580
水土流失面积/10^3hm^2	0.565	0.576	0.669	1.000	0.817
成灾面积占受灾面积比例/%	0.470	0.506	0.514	0.479	1.000
人均淡水资源占有量/（m^3/人）	1.000	0.508	0.519	0.481	0.853
人均能源占有量/（t 标准煤/人）	0.648	0.582	0.711	0.746	1.000
每万人拥有环保人员数/人	0.527	0.489	0.853	0.822	1.000
人均耕地面积/（hm^2/人）	1.000	1.000	0.633	0.555	0.410
人均国内生产总值/元	0.545	0.618	0.539	0.771	1.000
年人均财政收入/元	0.558	0.626	0.549	0.580	1.000
农民年人均纯收入/元	0.566	0.633	0.555	0.576	1.000
城镇居民年人均可支配收入/元	0.544	0.604	0.535	0.545	1.000
城乡居民储蓄存款/万元	0.569	0.653	0.560	0.558	1.000
第三产业占 GDP 比重/%	0.582	0.671	0.572	1.000	0.514
人口自然增长率/‰	0.446	0.438	0.416	0.449	1.000
城镇人口占总人口比例/%	0.560	0.573	0.648	0.562	1.000
社会福利救济费/万元	0.524	0.534	0.592	0.526	1.000
职工保险福利费用/万元	0.560	0.572	0.655	0.563	1.000
教育事业支出占财政总支出比例/%	0.405	1.000	0.571	0.865	0.850
每千人拥有医生数/人	1.000	1.000	0.565	0.846	0.831
城镇失业率/%	0.884	1.000	0.677	0.881	0.569

（4）关联分析

由式（2）可以算出不同年份的经济、环境和社会效益的等权关联度，但是只用等权关联度不够合理。因为各个单项指标在表达经济、环境和社会效益中所起的作用不同。因此，在进行综合评价时，应根据各单项指标在表达经济、环境和社会效益中的作用及其在评审体系中的地位，赋予不同的权重，由此计算得到的关联度，称为加权关联度，其计算公式为：

$$r_i = \sum_{k=1}^{N} W_k \varepsilon_i(k) \quad (3)$$

式（3）中 W_k 为权重系数。本研究各种效益的权重系数分别为：经济效益 0.5，生态效益 0.3，社会效益 0.2。根据式（2）、式（3），计算不同年份绿色生态江西建设综合效益的关联度（表 6）。

表 6　不同年份绿色生态江西建设综合效益的关联度

年份	经济效益	生态效益	社会效益	总效益		排序	
				加权	等权	加权	等权
1990	0.457	0.548	0.670	0.527	0.558	4	4
1995	0.583	0.491	0.462	0.506	0.512	5	5
1998	0.727	0.722	0.768	0.734	0.739	2	2
2002	0.528	0.843	0.651	0.647	0.674	3	3
2005	0.923	0.722	0.844	0.847	0.830	1	1

5.3 现状分析——全国各省（直辖市、自治区）生态省建设综合效益比较

（1）比较数列和参考数列的确定

按环境资源状况（森林覆盖率、自然保护区占省国土面积比例、人均公共绿地面积、工业废水排放达标率、固体废物综合利用率、工业 SO_2 去除率、成灾面积占受灾面积比例、单位工业增加值能耗、人均淡水资源占有量、人均污染治理投资、人均耕地面积）、经济效益（人均国内生产总值、年人均财政收入、农民年人均纯收入、城镇居民年人均可支配收入、人均固定资产投资、第三产业占 GDP 比重）和社会效益（人口自然增长率、城镇人口占总人口比例、人均社会福利救

济费、人均教育经费、每千人拥有医生数、城镇失业率、人均科技投入）共 24 个评价指标，应用灰色关联度法，对不同处理系统进行分析和综合评估。

（2）无量纲化处理

由于各单项指标的量纲不一，所以在分析时，应作无量纲化处理。对数据进行统一化处理，经统一化处理后所有值居于 0～1。从而得到无量纲化处理的数据（表 7）。

（3）求关联系数

计算 $|x_0(k)-x_i(k)|$ 可知，二级最小差为 0，二级最大差为 0.948，p 取 0.5，由式（1），算得各关联系数（表 8）。

（4）关联分析

由式（2）可以算出不同年份的经济、环境和社会效益的等权关联度，但是只用等权关联度不够合理。因为各个单项指标在表达经济、环境和社会效益中所起的作用不同。因此，在进行综合评价时，应根据各单项指标在表达经济、环境和社会效益中的作用及其在评审体系中的地位，赋予不同的权重，由此计算得到的关联度，称为加权关联度，其计算为式（3）。本研究各种效益的权重系数分别为：经济效益 0.5，生态效益 0.3，社会效益 0.2。根据式（2）、式（3），计算 2005 年全国各省（直辖市、自治区）生态省建设综合效益的关联度（表 9）。

从以上评价结果来看，绿色生态江西建设的综合效益总体上呈上升趋势，2005 年的生态效益、经济效益和社会效益在 5 个年份中分别排在第一（表 6）。从 2005 年全国各省（直辖市、自治区）生态省建设评价结果来看，江西省的生态效益（表 9）在全国处于第 8 位，经济效益排在第 15 位，社会效益排在第 31 位，综合效益排在第 20 位。中部地区 6 省中，湖北、湖南、河南、安徽、山西 5 省的综合效益在全国分别排在第 13、第 17、第 18、第 19、第 24 位，江西在 6 省中排在倒数第二位。这说明从纵向来看江西的生态效益、经济效益和社会效益在逐年转好，江西这些年的生态建设取得了一定的成效。但与其他省（直辖市、自治区）的横向比较来看，江西除了生态较好外，经济、社会效益均与其他发达省（直辖市、自治区）存在较大差距。江西要实现在中部地区的崛起，就必须加大建设力度，针对不同区域的生态、社会经济特征实行不同的对策。

表 7 2005 年全国各省（直辖市、自治区）生态省建设评价指标的无量纲化值

	森林覆盖率/%	自然保护区占省国土面积比例/%	人均公共绿地面积/m^2	工业废水排放达标率/%	固体废物综合利用率/%	工业 SO_2 去除率/%	成灾面积占受灾面积比例/%	单位工业增加值能耗/（t标准煤/万元）	人均淡水资源占有量/（m^3/人）	人均污染治理投资/（元/人）	人均耕地面积/（hm^2/人）	人均国内生产总值/元	年人均财政收入/元	农民年人均纯收入/元	城镇居民年人均可支配收入/元	人均固定资产投资/元	第三产业占GDP比重/%	人口自然增长率/‰	城镇人口占总人口比例/%	人均社会福利救济费/元	人均教育经费/（元/人）	每千人拥有医务人数/人	城镇失业率/%	人均科技投入/元
北京	0.338	0.235	0.717	0.998	0.804	0.452	0.110	0.720	0.176	0.396	0.059	0.689	0.750	0.891	0.947	1.000	1.000	0.881	0.939	1.000	1.000	1.000	1.000	1.000
天津	0.129	0.422	0.762	1.000	1.000	0.453	0.104	0.745	0.286	1.000	0.147	0.286	0.399	0.677	0.678	0.591	0.600	0.671	0.843	0.401	0.407	0.729	0.568	0.262
河北	0.281	0.088	0.708	0.967	0.528	0.518	0.076	0.245	0.176	0.206	0.294	0.242	0.094	0.422	0.488	0.205	0.481	0.158	0.423	0.198	0.135	0.393	0.538	0.050
山西	0.211	0.214	0.547	0.892	0.459	0.360	0.047	0.164	0.177	0.330	0.412	0.317	0.138	0.350	0.478	0.189	0.541	0.159	0.473	0.281	0.158	0.507	0.700	0.061
内蒙古	0.281	0.352	0.707	0.669	0.426	0.196	0.049	0.190	0.187	0.060	1.000	0.369	0.146	0.362	0.490	0.364	0.569	0.208	0.530	0.296	0.160	0.498	0.488	0.078
辽宁	0.524	0.328	0.681	0.955	0.428	0.629	0.048	0.347	0.181	0.490	0.294	0.259	0.201	0.447	0.488	0.345	0.573	0.990	0.659	0.512	0.219	0.615	0.375	0.107
吉林	0.606	0.364	0.618	0.816	0.539	0.142	0.045	0.332	0.188	0.106	0.618	0.280	0.096	0.396	0.466	0.232	0.565	0.374	0.590	0.409	0.183	0.566	0.500	0.097
黑龙江	0.628	0.305	0.669	0.928	0.768	0.025	0.067	0.462	0.187	0.067	0.912	1.000	0.104	0.391	0.444	0.151	0.487	0.360	0.596	0.300	0.190	0.490	0.477	0.086
上海	0.050	0.434	0.612	0.974	0.989	0.031	0.056	0.915	0.476	0.276	0.059	0.476	1.000	1.000	1.000	0.796	0.730	1.000	1.000	0.670	0.738	0.727	0.477	0.875
江苏	0.120	0.232	0.934	0.979	0.987	0.524	0.063	0.647	0.579	0.292	0.206	0.533	0.222	0.640	0.661	0.387	0.513	0.434	0.562	0.280	0.255	0.414	0.583	0.104
浙江	0.864	0.076	0.846	0.970	0.954	0.634	0.063	0.725	0.588	0.228	0.118	0.171	0.273	0.807	0.874	0.482	0.579	0.191	0.629	0.303	0.350	0.472	0.568	0.211
安徽	0.382	0.091	0.598	0.978	0.821	0.900	0.050	0.345	0.182	0.042	0.294	0.361	0.068	0.320	0.454	0.145	0.589	0.155	0.398	0.201	0.124	0.310	0.477	0.041
福建	1.000	0.097	0.834	0.981	0.721	0.322	0.062	0.745	0.480	0.547	0.118	0.183	0.154	0.540	0.661	0.249	0.556	0.161	0.531	0.233	0.215	0.329	0.525	0.129
江西	0.887	0.158	0.711	0.925	0.278	0.829	0.065	0.347	0.697	0.094	0.206	0.389	0.074	0.379	0.462	0.176	0.503	0.123	0.415	0.280	0.124	0.315	0.600	0.050
山东	0.213	0.194	0.735	0.986	0.972	0.447	0.070	0.502	0.178	0.366	0.235	0.219	0.146	0.477	0.576	0.346	0.463	0.165	0.505	0.211	0.158	0.405	0.636	0.081
河南	0.257	0.132	0.714	0.923	0.705	0.279	0.054	0.269	0.179	0.123	0.265	0.222	0.072	0.348	0.465	0.160	0.435	0.183	0.344	0.181	0.109	0.378	0.600	0.045

	森林覆盖率/%	自然保护区占省国土面积比例/%	人均公共绿地面积/m^2	工业废水排放达标率/%	固体废物综合利用率/%	工业SO_2去除率/%	成灾面积占受灾面积比例/%	单位工业增加值能耗/（t标准煤/万元）	人均淡水资源占有量/（m^3/人）	人均污染治理投资/（元/人）	人均耕地面积/（hm^2/人）	人均国内生产总值/元	年人均财政收入/元	农民年人均纯收入/元	城镇居民年人均可支配收入/元	人均固定资产投资/元	第三产业占GDP比重/%	人口自然增长率/‰	城镇人口占总人口比例/%	人均社会福利救济费/元	人均教育经费/（元/人）	每千人拥有医务人数/人	城镇失业率/%	人均科技投入/元
湖北	0.425	0.161	0.595	0.879	0.764	0.678	0.051	0.309	0.185	0.145	0.265	0.200	0.083	0.376	0.471	0.161	0.583	0.315	0.485	0.287	0.179	0.450	0.488	0.044
湖南	0.645	0.147	0.625	0.901	0.728	0.614	0.049	0.375	0.191	0.125	0.176	0.473	0.078	0.378	0.511	0.143	0.586	0.186	0.415	0.241	0.147	0.394	0.488	0.040
广东	0.738	0.135	1.000	0.842	0.893	0.244	0.063	1.000	0.577	0.226	0.118	0.170	0.247	0.569	0.792	0.284	0.621	0.137	0.681	0.218	0.264	0.388	0.808	0.170
广西	0.658	0.182	0.615	0.840	0.637	0.432	0.051	0.339	0.198	0.125	0.265	0.210	0.076	0.302	0.498	0.126	0.586	0.118	0.377	0.165	0.118	0.333	0.500	0.085
海南	0.776	0.155	0.949	0.940	0.703	0.543	0.054	0.296	0.608	0.026	0.265	0.213	0.104	0.364	0.436	0.158	0.604	0.108	0.507	0.280	0.161	0.440	0.583	0.064
重庆	0.353	0.317	0.458	0.940	0.768	0.541	0.047	0.393	0.186	0.078	0.147	0.175	0.115	0.341	0.549	0.251	0.635	0.320	0.507	0.296	0.176	0.332	0.512	0.038
四川	0.481	0.540	0.727	0.886	0.616	0.262	0.069	0.307	0.417	0.137	0.324	0.103	0.073	0.340	0.450	0.151	0.555	0.331	0.370	0.221	0.129	0.335	0.457	0.058
贵州	0.378	0.147	0.541	0.680	0.351	0.311	0.066	0.201	0.339	0.089	0.382	0.152	0.061	0.228	0.437	0.094	0.573	0.130	0.302	0.196	0.105	0.249	0.500	0.080
云南	0.648	0.314	0.725	0.813	0.363	1.000	0.051	0.304	0.351	0.085	0.412	0.176	0.088	0.248	0.497	0.134	0.571	0.120	0.331	0.219	0.135	0.312	0.500	0.097
西藏	0.180	1.000	0.038	0.861	0.898	0.167	1.000	0.173	1.000	0.052	0.382	0.192	0.054	0.252	0.506	0.230	0.804	0.089	0.299	0.466	0.290	0.381	0.525	0.099
陕西	0.517	0.141	0.465	0.931	0.247	0.189	0.055	0.412	0.183	0.191	0.412	0.145	0.093	0.249	0.444	0.167	0.547	0.239	0.418	0.252	0.188	0.435	0.500	0.063
甘肃	0.106	0.595	0.624	0.735	0.310	0.827	0.044	0.216	0.181	0.144	0.559	0.194	0.060	0.240	0.434	0.113	0.589	0.159	0.337	0.214	0.136	0.366	0.636	0.075
青海	0.070	0.859	0.529	0.447	0.225	0.176	0.092	0.314	0.275	0.048	0.382	0.198	0.078	0.261	0.432	0.201	0.568	0.101	0.441	0.448	0.142	0.413	0.538	0.087
宁夏	0.097	0.287	0.489	0.680	0.553	0.193	0.040	0.120	0.176	0.166	0.618	0.252	0.100	0.304	0.434	0.236	0.603	0.087	0.475	0.289	0.170	0.453	0.467	0.123
新疆	0.047	0.399	0.579	0.595	0.534	0.181	0.041	0.360	0.205	0.123	0.588	0.195	0.113	0.301	0.429	0.225	0.166	0.084	0.417	0.270	0.227	0.571	0.538	0.115

数据来源：《2006中国统计年鉴》。

表8 2005年全国各省（直辖市、自治区）生态省建设评价指标的关联系数

	森林覆盖率/%	自然保护区占省国土面积比例/%	人均公共绿地面积/m^2	工业废水排放达标率/%	固体废物综合利用率/%	工业SO_2去除率/%	成灾面积占受灾面积比例/%	单位工业增加值能耗/（t标准煤/万元）	人均淡水资源占有量/（m^3/人）	人均污染治理投资/（元/人）	人均耕地面积/（hm^2/人）	人均国内生产总值/元	年人均财政收入/元	农民年人均纯收入/元	城镇居民年人均可支配收入/元	人均固定资产投资/元	第三产业占GDP比重/%	人口自然增长率/‰	城镇人口占总人口比例/%	人均社会福利救济费/元	人均教育经费/（元/人）	每千人拥有医务人数/人	城镇失业率/%	人均科技投入/元
北京	0.18	0.16	0.82	0.21	0.56	0.30	0.74	0.73	0.15	0.41	0.16	0.82	0.21	0.56	0.30	0.74	0.74	0.22	0.36	0.41	0.78	0.75	0.67	0.22
天津	0.29	0.36	0.41	0.78	0.75	0.67	0.22	0.93	0.14	0.31	0.92	0.72	0.73	0.93	0.93	0.14	0.89	0.38	0.20	0.60	0.43	0.19	0.37	0.49
河北	0.18	0.20	0.37	0.25	0.86	0.86	0.52	0.13	0.89	0.38	0.20	0.60	0.43	0.19	0.37	0.49	0.55	0.17	0.11	0.13	0.87	0.13	0.36	0.12
山西	0.18	0.21	0.25	0.28	0.24	0.40	0.37	1.29	0.51	0.13	0.24	0.55	0.16	0.29	0.44	0.79	0.38	0.26	0.16	0.24	0.73	0.90	0.81	0.30
内蒙古	0.18	0.25	0.15	0.58	0.74	0.70	0.72	0.38	0.55	0.21	0.24	0.77	0.94	0.60	0.89	0.64	0.34	0.39	0.15	0.36	0.50	0.79	0.27	0.15
辽宁	0.18	0.24	0.73	0.44	0.11	0.59	0.12	0.45	0.55	0.25	0.28	0.33	0.63	0.18	0.60	0.99	0.65	0.43	0.11	0.26	0.20	0.21	0.97	0.50
吉林	0.18	0.60	0.69	0.61	0.66	0.17	0.42	0.24	0.28	0.17	0.17	0.92	0.77	0.68	0.71	0.38	0.12	0.56	0.12	0.68	0.33	0.87	0.28	0.89
黑龙江	0.18	0.30	0.31	0.78	0.65	0.37	0.21	0.31	0.94	0.26	0.11	0.12	0.60	0.22	0.12	0.69	0.24	0.13	0.30	0.72	0.17	0.41	0.50	0.20
上海	0.48	0.21	0.43	0.87	0.66	0.40	0.40	0.36	0.25	0.20	0.17	0.51	0.44	0.22	0.67	0.52	0.15	0.19	0.36	0.10	0.20	0.41	0.24	0.21
江苏	0.58	0.23	0.99	0.31	0.20	0.75	0.28	0.17	0.35	0.29	0.25	0.38	0.34	0.29	0.90	0.67	0.94	0.29	0.15	0.98	0.39	0.10	0.27	0.18
浙江	0.58	0.23	0.81	0.21	0.14	0.24	0.34	0.16	0.27	0.48	0.37	0.17	0.10	0.64	0.55	0.54	0.17	0.29	0.13	0.43	0.53	0.55	0.92	0.35
安徽	0.18	0.34	0.31	0.23	0.55	0.42	0.27	0.97	0.17	0.40	0.27	0.20	0.31	0.58	0.26	0.60	0.27	0.21	0.13	0.60	0.43	0.39	0.63	0.11
福建	0.46	0.25	0.75	0.32	0.39	0.41	0.52	0.71	0.27	0.40	0.18	0.50	0.22	0.21	0.13	0.54	0.38	0.22	0.22	0.10	0.45	0.20	0.25	0.28
江西	0.68	0.30	0.51	0.79	0.29	0.83	0.13	0.23	0.72	0.30	0.38	0.94	0.53	0.82	0.11	0.78	0.82	0.29	0.11	0.66	0.29	0.63	0.26	0.29
山东	0.18	0.43	0.82	0.51	0.76	0.98	0.68	0.28	0.46	0.20	0.13	0.69	0.57	0.53	0.53	0.39	0.44	0.18	0.26	0.90	0.31	0.66	0.84	0.90
河南	0.18	0.31	0.33	0.83	0.79	0.71	0.48	0.33	0.92	0.24	0.26	0.31	0.30	0.20	0.69	0.94	0.22	0.14	0.27	0.41	0.73	0.99	0.69	0.45

	森林覆盖率/%	自然保护区占省国土面积比例/%	人均公共绿地面积/m^2	工业废水排放达标率/%	固体废物综合利用率/%	工业SO_2去除率/%	成灾面积占受灾面积比例/%	单位工业增加值能耗/（t标准煤/万元）	人均淡水资源占有量/（m^3/人）	人均污染治理投资/（元/人）	人均耕地面积/（hm^2/人）	人均国内生产总值/元	年人均财政收入/元	农民年人均纯收入/元	城镇居民年人均可支配收入/元	人均固定资产投资/元	第三产业占GDP比重/%	人口自然增长率/‰	城镇人口占总人口比例/%	人均社会福利救济费/元	人均教育经费/（元/人）	每千人拥有医务人数/人	城镇失业率/%	人均科技投入/元
湖北	0.18	0.17	0.25	0.78	0.41	0.46	0.28	0.50	0.69	0.18	0.15	0.52	0.62	0.23	0.41	0.75	0.79	0.21	0.25	0.28	0.45	0.24	0.96	0.26
湖南	0.18	0.42	0.32	0.97	0.20	0.33	0.99	0.58	0.72	0.34	0.23	0.43	0.43	0.85	0.84	0.55	0.82	0.24	0.19	0.16	0.40	0.34	0.21	0.26
广东	0.57	0.31	0.81	0.72	0.44	0.57	0.22	0.29	0.21	0.34	0.26	0.50	0.76	0.36	0.23	0.25	0.32	0.24	0.26	0.10	0.19	0.55	0.34	0.76
广西	0.18	0.56	0.35	0.25	0.92	0.72	0.13	0.30	0.68	0.14	0.15	0.30	0.51	0.87	0.27	0.48	0.79	0.24	0.25	0.60	0.94	0.32	0.12	0.99
海南	0.59	0.17	0.17	0.36	0.84	0.17	0.40	0.66	0.13	0.22	0.39	0.53	0.84	0.36	0.43	0.40	0.23	0.17	0.20	0.26	0.28	0.17	0.95	0.91
重庆	0.19	0.52	0.49	0.48	0.87	0.51	0.84	0.52	0.20	0.15	0.20	0.35	0.14	0.27	0.23	0.66	0.30	0.54	0.19	0.24	0.58	0.28	0.60	0.17
四川	0.40	0.38	0.15	0.45	0.31	0.79	0.91	0.11	0.33	0.33	0.36	0.67	0.27	0.30	0.21	0.10	0.44	0.41	0.16	0.28	0.70	0.89	0.84	0.61
贵州	0.33	0.43	0.88	0.89	0.49	0.68	0.24	0.47	0.93	0.12	0.22	0.34	0.76	0.75	0.49	0.17	0.24	0.27	0.22	0.26	0.33	0.44	0.12	0.68
云南	0.33	0.18	0.25	0.74	0.57	0.54	0.51	0.51	0.77	0.22	0.26	0.26	0.32	0.93	0.38	0.31	0.87	0.61	0.27	0.54	0.89	0.74	0.99	0.82
西藏	0.39	0.27	0.94	0.34	0.44	0.65	0.86	0.40	0.20	0.18	0.34	0.27	0.96	0.14	0.84	0.77	0.29	0.20	0.54	0.66	0.52	0.33	0.21	0.28
陕西	0.19	0.43	0.22	0.88	0.31	0.48	0.23	0.65	0.55	0.17	0.11	0.13	0.87	0.13	0.36	0.12	0.66	0.22	0.29	0.53	0.44	0.32	0.22	0.63
甘肃	0.19	0.12	0.24	0.66	0.28	0.91	0.79	0.18	0.26	0.21	0.26	0.40	0.33	0.74	0.18	0.29	0.64	0.59	0.27	0.20	0.90	0.55	0.19	0.80
青海	0.18	0.20	0.50	0.21	0.22	0.44	0.67	0.47	0.11	0.93	0.24	0.77	0.87	0.64	0.61	0.26	0.20	0.32	0.24	0.37	0.44	0.83	0.76	0.57
宁夏	0.18	0.25	0.72	0.71	0.12	0.44	0.37	0.15	0.29	0.10	0.26	0.69	0.21	0.34	0.85	0.94	0.80	0.48	0.16	0.91	0.23	0.53	0.23	0.55
新疆	0.42	0.35	0.22	0.70	0.38	0.79	0.71	0.76	0.14	0.33	0.29	0.29	0.50	0.44	0.86	0.63	0.23	0.71	0.11	0.69	0.37	0.63	0.23	0.15

表 9　2005 年全国各省（直辖市、自治区）生态省建设评价结果

地区	经济效益		生态效益		社会效益		总效益		排序	
	关联度	排序	关联度	排序	关联度	排序	加权	等权	加权	等权
北京	0.884	2	0.818	3	0.893	2	0.858	0.865	2	1
天津	0.879	3	0.85	1	0.812	6	0.845	0.847	3	3
河北	0.791	10	0.796	6	0.591	21	0.75	0.726	9	10
山西	0.678	17	0.592	24	0.542	26	0.601	0.604	24	23
内蒙古	0.73	11	0.664	15	0.691	11	0.701	0.695	12	12
辽宁	0.796	8	0.681	11	0.743	8	0.78	0.74	8	9
吉林	0.638	21	0.679	13	0.636	13	0.667	0.651	15	15
黑龙江	0.685	13	0.697	10	0.739	10	0.736	0.707	10	11
上海	0.898	1	0.821	2	0.852	4	0.868	0.857	1	2
江苏	0.823	6	0.609	23	0.938	1	0.788	0.79	7	6
浙江	0.831	5	0.817	4	0.872	3	0.795	0.84	5	4
安徽	0.676	18	0.68	12	0.513	30	0.629	0.623	19	19
福建	0.792	9	0.805	5	0.74	9	0.716	0.779	11	8
江西	0.682	15	0.737	8	0.393	31	0.620	0.604	20	24
山东	0.811	7	0.774	7	0.788	7	0.788	0.791	6	5
河南	0.68	16	0.649	16	0.612	15	0.640	0.647	18	16
湖北	0.709	12	0.622	22	0.688	12	0.685	0.673	13	13
湖南	0.672	19	0.635	18	0.61	16	0.648	0.639	17	17
广东	0.837	4	0.704	9	0.823	5	0.841	0.788	4	7
广西	0.602	23	0.645	17	0.574	22	0.601	0.607	23	22
海南	0.608	22	0.629	19	0.593	20	0.605	0.61	22	21
重庆	0.67	20	0.628	20	0.61	16	0.651	0.636	16	18
四川	0.683	14	0.666	14	0.616	14	0.67	0.655	14	14
贵州	0.567	29	0.539	31	0.535	27	0.673	0.547	30	31
云南	0.598	26	0.588	26	0.557	24	0.605	0.581	25	27
西藏	0.571	28	0.563	30	0.543	25	0.698	0.559	26	28
陕西	0.562	30	0.566	29	0.519	28	0.530	0.549	31	30
甘肃	0.573	27	0.58	28	0.515	29	0.684	0.556	29	29
青海	0.6	25	0.591	25	0.573	23	0.573	0.588	27	25
宁夏	0.559	31	0.587	27	0.6	19	0.571	0.582	28	26
新疆	0.605	24	0.624	21	0.604	18	0.607	0.611	21	20

6　"绿色生态江西"建设的途径与模式之一——江西生态经济区划

随着经济的发展，人类对自然的干扰达到空前的程度，环境问题早已深入人心。合理利用资源，针对不同区域的资源丰富程度和环境破坏程度采取不同的利用方式，已经成为共识。我国 2002 年颁布了《生态功能区划暂行规程》，对生态区划做了一些原则上的规定。生态区划是指在对生态系统客观认识和研究的基础上，应用生态学原理和方法，揭示出自然生态区域的相似性和差异性规律以及人类活动对生态系统干扰的规律，从而进行整合和分区，此项措施为区域资源的合理开发和保护，区域环境整治提供了科学的依据。根据选取的区划指标的不同，可以进行生态环境胁迫过程区划、气候区划、农业区划、林业区划、生态经济区划等多种生态功能区划。对江西进行生态经济区划是"绿色生态江西"建设的重要途径之一。

6.1　生态经济区划的内涵及意义

生态经济区划，是以某一区域的总效益（经济效益，生态效益和社会效益的统一）为目标，根据自然环境结构及社会经济系统结构和功能的地域分异规律，将特定的空间环境划分为不同的生态经济功能单元，以阐明各单元内部和其间各组分的相互关系，揭示人类经济活动和生态环境质量间的相互关系，为自然资源的合理、永续利用，绿色生态江西投资建设的生产力合理布局，环境保护总体规模和国土综合整治决策提供战略性科学依据，促进经济与生态环境的持续协调发展。

现代社会经济发展与生态过程日益紧密地联系在一起，经济—资源—环境之间的矛盾成了制约江西省经济持续发展的焦点。传统单项的、定性的自然或经济区划已不能为生态江西投资建设的宏观生产力布局、区域开发计划、国土综合整治决策提供可靠、准确的科学依据。科学地对江西省生态经济区进行区划，有利于绿色生态江西投资建设和管理，从而依据各生态经济区域的功能和生态经济特点，选择重点生态产业和重点生态项目，这对于贯彻和落实科学发展观具有重要的现实意义。

6.2 江西生态经济区划的原则

任何类型的生态经济系统都是各种不同类型生态经济和社会要素的组合在地域空间上的体现。由于自然生态条件、社会经济条件存在着地域性，使各地域生态经济系统在结构和功能，以及系统的边界特征上有着较为显著的差别，系统的物质、能量、价值和信息流的转化效率，以及生态、经济和社会效益也会大不相同。江西省在自然地理上一个最显著的特征是，江西省行政边界与鄱阳湖流域边界基本一致。鄱阳湖流域在江西境内 15.71 万 km^2，占鄱阳湖流域面积的 96.85%。赣、抚、信、饶、修等“五河”及其支流切割山地，连接各个丘陵、盆地，最后注入鄱阳湖。因此，江西省生态经济区划要充分考虑鄱阳湖流域的特性。综合考虑江西省的自然、经济、生态、社会和流域等因素及区划的一般原理，江西生态经济区划应遵循以下原则。

（1）自然生态环境条件的相似性与差异性原则

自然生态环境本底的差异是影响生态经济系统差异的客观基础。在进行生态经济区划时，保证各区分类单元自然生态环境条件基本一致，有利于正确地判别区域内与区域间生态经济结构和功能的相似性与差异性，进而找出改善生态经济系统的有效途径。

（2）区域综合发展方向的一致性原则

江西省各区域的生态环境状况和社会经济状况的差异，要求通过研究区域发展的内部规律，揭示出区域综合发展方向，制定与之相配套的措施，使环境建设、资源利用、经济增长服务于各区综合开发治理的目标。

（3）生态经济结构与功能完整性原则

各种自然因子、经济因子和社会因子的交织构成了各种不同的、独具特色的复合生态系统结构，产生出其特殊的功能。各生态经济区应是该地区物质循环和能量交换的完整单元，具备协调和再生功能，能进行正常协调的经济运转和保持资源永续利用。生态经济区内各种自然、经济、社会因子应具有一致性和相似性以及发展方向的同向性；而各生态经济区之间在结构和功能以及发展方向上应具有差异性和适当的互补性。

（4）行政区界的完整性原则

区划过程中，除了依据野外考察中获取的直观认识和经验外，重要的是依据各类资料整理、统计分析，而这些资料主要来源于各级行政单位。实际工作中依据区划的要求精度和作用，区划可以精确到县（市，区）或乡镇，但就江西现有的自然与社会经济资料而言，县级以上的统计资料一般比较完整，因此区划边界可以精确到县（市、区）。

6.3　江西生态经济区划聚类分析

生态经济区划的对象包括资源环境、经济、社会等诸多要素，是一个复杂的系统，最好采取系统分析的方法，但这并不排斥传统的定性的方法，尤其是在确定生态经济指标体系中，更需要进行定性分析。按研究步骤可分为：收集有关环境、资源、经济发展水平和社会潜力的数据，在此基础上建立科学的生态环境背景数据库；对各种因子的时空分布及各因子对系统总效率的作用大小进行量化处理；在此基础上通过建立数学模型，依照一定层次和目标进行综合分区。

在生态经济区划过程中，指标的选择是非常重要的，它直接决定区划的科学性。本文以自然环境条件的相似性与差异性、区域综合发展方向的一致性、行政区界的完整性和生态经济结构与功能完整性等为基本准则，在全省范围内，选定80个县（市）为样点，采用资源环境、经济、社会三类19个可以反映江西省的基本状况的指标进行综合区划（图6）。

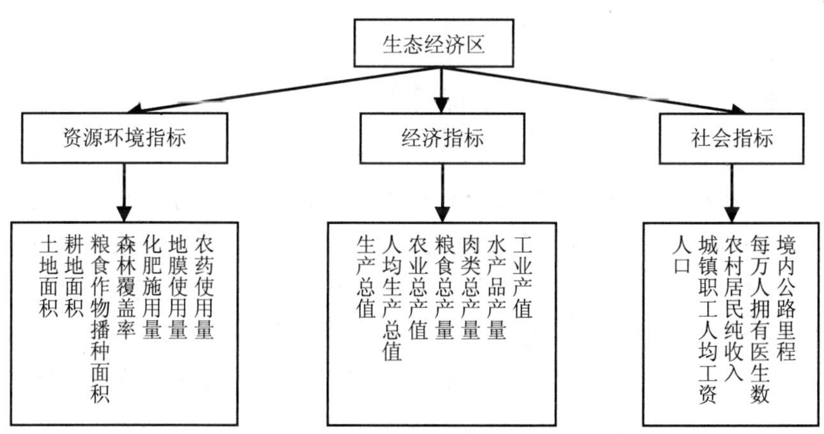

图6　生态经济区划指标体系

本文采用自上而下的办法，对选取的19个指标值建立数据矩阵，先进行数据的基本处理，应用系统聚类法划分生态经济区。系统聚类法是一种操作性强、以灰色系统理论为基础、分析和确定因素间的相互影响程度或因子对主行为的贡献程度而进行评估的一种分析方法，根据因素之间的相似或相异程度来衡量因素间接近的程度。这种方法能保证样方组内具有较高的同质性，且直观清晰，便于结合实际情况进行定性的技术加工，从而取得好的效果。

对表10的数据进行聚类分析，其基本过程是：

（1）采用标准化转换法对各项指标的原始数据进行标准化转换，其公式为：

$$Z_{ij}=\frac{X_{ij}-\overline{X_j}}{\sigma_j} \tag{4}$$

其中$\sigma_j=\sqrt{\frac{1}{n-1}\sum_{i=1}^{n}(X_{ij}-X_j)}$

式中，X_{ij}为各项指标的实际值，X_j为X_{ij}的均值；σ_j为X_{ij}的标准差。

（2）计算各项指标的欧氏距离，其公式可为：

$$d_{ij}=\sqrt{\sum_{k=1}^{14}(x_{ik}-x_{jk})^2}$$

（3）根据区划指标的特性，采用离差平方和法进行聚类分析。即设G_p与G_q并类为G_r，则G_r与另一类G_k的距离为：

$$D_{kr}^2=\left(\frac{n_i+n_p}{n_i+n_r}\right)D_{kp}^2+\left(\frac{n_i+n_q}{n_i+n_r}\right)D_{kq}^2+\left(\frac{n_i}{n_i+n_r}\right)D_{pq}^2$$

根据区划指标，综合上述步骤，聚类分析结果如图7所示。从图7可知，在欧氏距离为20.53时，得到最佳区划结果，此时可将全省80个代表样点分成4个大区。数量分区虽然精确，但有时会出现与现实出入较大的缺点。因此有必要定性与定量相结合，使分区结果更为合理。本文在定量分区的基础上，为了保持行政区界的完整性和生态经济结构与功能完整性，进行定性分析。参考前人的研究成果，对定量分区结果做适当的调整，最终将江西省划分为赣北湖泊生态经济区、赣西北丘陵山地区、赣中西丘陵盆地生态经济区、赣东山地丘陵生态经济区、赣南山地丘陵生态经济区五个生态经济区（彩图2）。

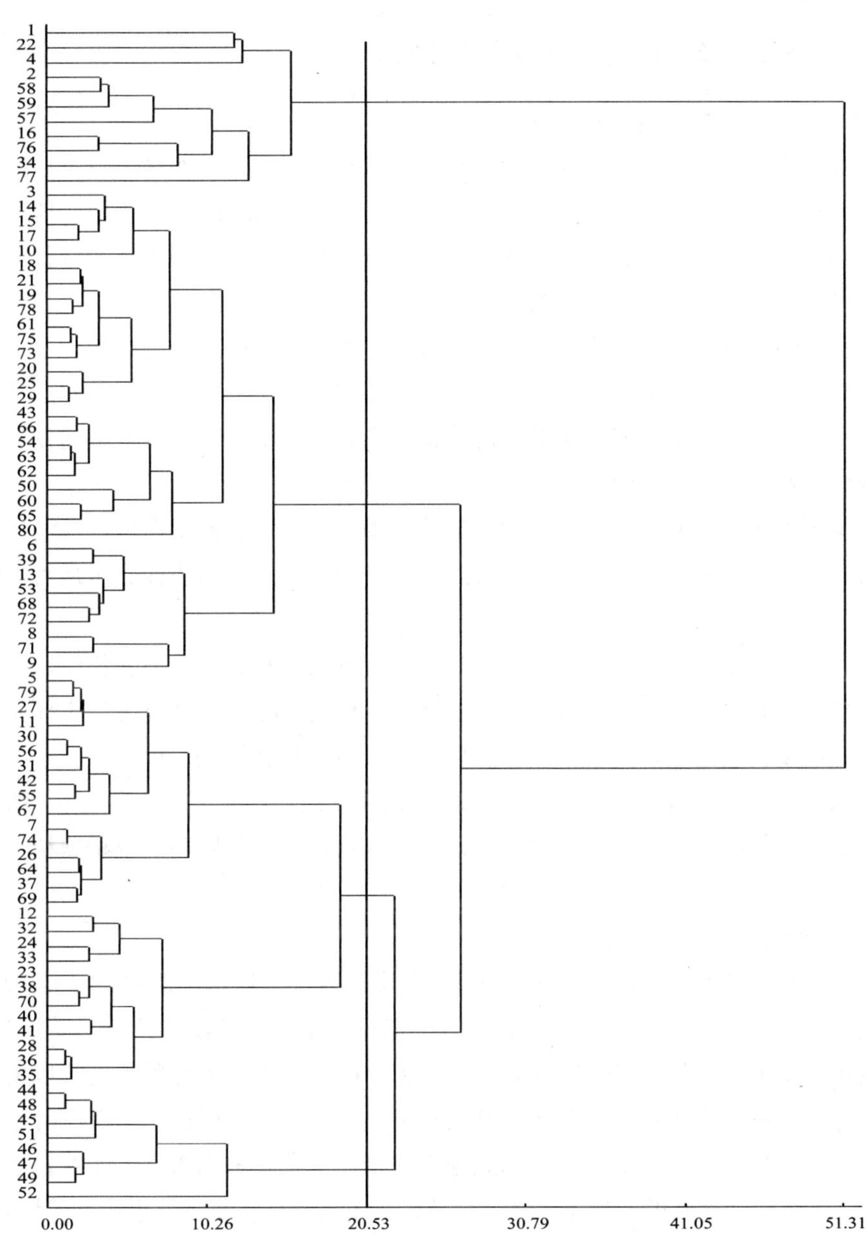

图7　江西省生态经济区划聚类

6.4 江西生态经济区划结果及生态对策

6.4.1 赣北湖泊生态经济区

本区位于江西省北部，包括南昌县、新建县、进贤县、都昌、余干、波阳、彭泽、湖口、德安、星子、九江县、瑞昌市、安义、永修 14 个县市，土地总面积为 24 158 km^2，人口为 782.9 万人。本区地处亚热带中部，地貌类型以长江中下游平原为主，是江西省经济最为发达的地区。

本区的生态经济特点为：人口密度最大、城镇最集中；土地肥沃，土地利用程度高、利用效益较大，是全国和江西的重要粮、棉、油、麻的商品生产基地；水域面积辽阔，水质良好，鱼类资源丰富，渔业潜力很大；工业、交通发达，旅游资源丰富。

本区存在的主要问题：是江西省的缺材少林区，水土流失严重，沙漠化面积日益扩大；泥沙淤积、围湖造田等导致洪涝灾害严重；酷渔滥捕、水质污染使湖区水体生态恶化，水产资源衰退。

本区可持续发展对策为：因地制宜发展避洪农业和湖滩草洲畜牧业，推广猪沼果模式、水域立体农业模式等生态农业示范模式。建设农林复合生态体系，推广水田田埂种植池杉，形成水田林网化，建立农林互利的粮、棉、油生产基地以及果品基地。加强山丘绿化，重点建设好南湖农田防护林、北湖防风林、防浪护岸林和水土保持林；搞好旅游区建设，建设候鸟、鱼类产卵场所及稀缺植物资源保护示范区，发展生态旅游业。

6.4.2 赣西北丘陵山地生态经济区

本区位于江西省西北部，包括武宁、靖安、奉新、修水、铜鼓、宜丰、万载、上高、樟树市、丰城市、高安市、分宜、莲花、上栗、芦溪、新干、峡江等 17 个县市，土地总面积为 30 851 km^2，人口为 717.7 万人。本区整个地形以山地、丘陵为主，属中亚热带季风气候，气候资源丰富、气候类型和季风特色明显。

本区的生态经济特点为：人均土地占有量高于全省平均水平，农业发展水平较高，但是地区之间的发展不平衡；森林资源丰富，是江西省竹木生产基地之一；茶园、油茶林面积较大，是全省主要茶区和重要的油茶基地；具有较为雄厚的工业基础，是江西省煤、铁的重要生产基地。

本区存在的主要问题：虽然森林面积大，但森林资源的利用重采轻育，导致植被破坏严重，水土流失加剧，造成农田变瘦、河流淤塞、水库变浅、渠道变窄；工业污染较严重。区内一些钢铁、造纸、化工企业的废水排放，致使萍水河、袁河、耶溪河的部分段面的COD、挥发酚以及氰化物等含量大大超过国家规定的标准。

本区可持续发展对策为：发展生态农业，实施山、水、田、林、路综合治理。推广名特优林、果、茶的优质高产配套技术，建立林业、果品及苗木、果木基地；发展生态工业，加大对现有工业的投入，利用本区科技优势，调整优化工业结构和布局，加快工业园区生态化改造，加强工业“三废”的综合治理；大力推进生态城市建设，加大对城市环境污染的治理力度，推进城乡一体化生态经济大系统建设。

6.4.3　赣中西丘陵盆地生态经济区

本区位于江西省中部偏西，赣江中游地带，包括井冈山市、永丰、永新、安福、泰和、遂川、万安、兴国、吉水、吉安10个县市，面积为24 554 km^2，人口为440.3万人。本区气候温暖湿润，光热充足，雨量充沛，四季分明。本区地处罗霄山脉中段以东，属山地、丘陵、盆地混合地貌类型，区内东、西、南山面环山，南高北低。

本区的生态经济特点为：土地资源丰富，人均耕地和人均土地均高于全省平均水平；水能资源、林产、矿产及旅游资源等较丰富。本区是省重要的粮、油、禽、果产区之一，西部山区还是江西省早期开发的以杉木为主的用材林区之一。

本区存在的主要问题：由于林区开发早，森林资源超负荷消耗，使林地流失，林分质量下降，森林减灾防灾能力明显下降，水土流失强度增加，生态环境有日趋转差的迹象；区内吉安以南，遂川以北地区为省内降水低值区，季节性缺水相当严重，部分水田只能种一季。

本区可持续发展对策为：植、封、育、治相结合，适当发展杉木、毛竹等用材林和有地方特色的经济林，恢复和扩大林草植被，综合防治水土流失。西部山区的井冈山、永新、遂川等地，耕地少，林地多，可发展林地立体种养生态农业。大力推广泰和千烟洲“丘上林草丘间塘，河谷滩地果与粮，畜牧水产相促进，加工流通更兴旺”的基本模式，实行“乔灌草”“种养加”“长中短”结合，合理开发荒山荒丘，有效控制水土流失。开展全区灌溉体系建设，加快兴建水利，全面推广节水农业技术和先进的灌溉技术。进一步开发和宣传风景名胜，提高各景点的品位，发展生态旅游。以旅游为先导，发展第三产业和各种加工工业，优化本生态经济区的产业结构。

6.4.4 赣东山地丘陵生态经济区

本区位于江西省东部，包括浮梁、婺源、乐平、万年、弋阳、铅山、贵溪、横峰、玉山、上饶、广丰、余江、金溪、崇仁、南丰、东乡、资溪、南城、宜黄、德兴市、黎川 21 个县市，面积为 36 672 km^2，人口为 816.8 万人。本区人口密度较低。本区地貌以丘陵、山地为主，属中亚热带湿润季风气候，有利于发展农、林业。

本区的生态经济特点为：山地面积较大，森林资源丰富，是江西木材、毛竹、油茶及茶叶的重要产地，也是江西省柑橘主要产区之一，乐安、宜黄、黎川、资溪为国家和省速生丰产林基地县；矿产资源丰富，德兴铜矿为全国第一大铜矿，永平铜矿、广丰和上饶的磷矿也都分别是省内主要的金属和非金属矿基地。工矿企业发达，有煤炭、冶金、机械、电子、汽车、电力、纺织、陶瓷等多种工业部门；交通较为发达，旅游资源丰富，有我国南方道教名山——三清山和许多自然风景点、文化遗址、文化古城、革命遗址和自然保护区。

本区存在的主要问题：长期的过度砍伐，毁林开矿、开垦，造成疏林地、灌木林地及荒山荒坡逐年增加，林分质量持续下降，水土流失加剧，山洪暴发频繁。工业的发展、矿山的开发、交通的繁忙及人口密度加大等使本区自然环境趋于恶化。信江的铅山河口浮桥段及广丰的河潭洲底等，受铜、铅等重金属污染较为严重，影响区内生态平衡。

本区可持续发展对策为：调整林种、树种结构，提高林分质量，积极营造防护林，合理规划和营造水源涵养林。发挥山区土特产品丰富、野生经济植物众多的优势，结合生态林业建设，在林间套种生长期短的经济植物及林特产品，建立以林为主，多种经营的生态林业经济系统；针对区内各县的地域差异，因地制宜、各有侧重地发展丘陵山地立体模式、旱作立体农业模式、节水农业模式和猪沼果模式等生态农业模式。发展生态工业，控制工矿企业的“三废”排放，积极治理“三废”污染；依托本地旅游资源，大力开展生态旅游；推进城市化建设，发展乡镇企业如农副食品加工等，实现劳动力的转移，缓解人地矛盾。

6.4.5 赣南山地丘陵生态经济区

本区位于江西省南部，包括赣县、乐安、广昌、宁都、石城、于都、瑞金市、安远、寻乌、会昌、上犹、崇义、信丰、全南、龙南、定南、南康、大余 18 个县市，面积为 40 385 km^2，人口为 774.6 万人。本区地处中亚热带南端，具有典型的亚热带山区湿润季风气候。

表 10 2005 年县（市）级生态经济系统结构与功能特征

	土地面积/km^2	耕地面积/hm^2	粮食作物播种面积/hm^2	森林覆盖率/%	化肥使用量/t	地膜使用量/t	农药使用量/t	生产总值/万元	人均生产总值/元	农业总产值/万元	粮食总产量/t	肉类总产量/t	水产品产量/t	工业产值/万元	人口/万人	城镇职工人均工资/元	农村居民纯收入/元	每万人拥有医生数/人	境内公路里程/km
1 南昌县	1 684	71 767	119 388	12	69 509	408	4 749	1 291 306	14 081.85	40 128	781 800	106 408	97 161	713 332	91.7	12 324.76	4 008	6.22	549
2 新建县	2 338	51 811	90 527	24.9	26 081	128	1 523	813 180	12 029.29	271 022	547 001	44 384	58 253	402 548	67.6	11 504.03	3 665	6.26	473
3 安义县	666	16 535	23 972	38.3	14 496	32	424	240 588	9 471.97	81 021	108 098	17 874	16 686	79 494	25.4	10 386.73	3 378	6.89	239
4 进贤县	1 955	55 117	79 862	14.3	21 265	236	903	804 430	10 584.61	269 975	376 493	44 346	92 802	351 397	76	12 049.76	3 712	6.59	450
5 浮梁县	2 851	18 051	25 748	82	7 623	115	275	199 071	7 483.87	78 572	136 649	10 116	1 304	82 942	26.6	9 249.81	3 190	4.10	804
6 乐平市	1 974	33 384	58 552	49	17 807	530	1 534	636 683	7 958.54	191 402	325 923	26 962	14 021	364 791	80	10 572.83	3 718	6.40	693
7 莲花县	1 063	13 057	21 830	61.2	8 736	53	231	139 882	5 686.26	72 080	118 722	13 890	4 131	47 040	24.6	12 086.04	1 543	7.56	581
8 上栗县	721	11 326	21 235	50.8	11 720	95	298	398 693	8 762.48	105 266	138 536	23 199	5 938	182 710	45.5	12 080.63	3 537	4.29	493
9 芦溪县	960	9 862	15 712	60	8 048	95	502	299 918	10 827.36	81 685	1 124 490	19 825	4 100	136 577	27.7	14 457.12	3 175	5.49	449
10 九江县	873	16 267	13 681	43	90 761	219	584	165 301	4 861.79	81 497	61 309	7 208	23 356	109 756	34	10 836.59	3 236	10.41	629
11 武宁县	3 507	17 417	26 755	70.5	3 843	129	247	229 000	6 561.60	124 759	130 780	23 656	25 000	145 705	34.9	13 521.77	3 462	8.02	1 679
12 修水县	4 503	37 884	43 892	72.5	15 349	193	279	325 494	4 068.68	124 829	199 734	22 589	9 000	129 380	80	9 972.08	1 492	6.20	1 303
13 永修县	2 035	24 499	29 830	17.7	31 076	230	1 212	255 028	6 948.99	104 037	153 401	11 286	34 500	189 473	36.7	9 515.56	3 482	5.61	493
14 德安	863	7 614	7 461	31	4 300	50	324	137 256	8 798.46	41 803	43 442	5 572	4 545	217 952	15.6	10 223.57	3 345	13.97	795
15 星子	894	9 129	13 400	30.7	2 426	66	218	108 660	4 508.71	52 200	71 373	7 157	22 011	47 782	24.1	9 856.70	2 973	9.79	334
16 都昌	2 670	39 727	56 966	21.9	27 230	126	798	200 017	2 706.59	129 512	322 185	16 029	65 002	60 138	73.9	9 900.76	2 609	6.10	405
17 湖口	669	13 854	18 033	16.6	13 780	65	627	142 544	5 221.39	78 687	89 270	8 164	27 529	120 249	27.3	11 236.89	3 434	10.00	508
18 彭泽	1 542	18 680	15 903	43.3	880	244	244	167 886	4 783.08	112 977	78 065	8 028	31 467	84 008	35.1	10 456.46	3 186	6.44	354
19 瑞昌市	1 423	16 617	16 169	54	538	68	68	255 390	6 066.27	81 499	70 412	15 479	25 050	227 292	42.1	12 306.85	3 376	8.50	936
20 分宜	1 389	16 407	27 245	61.3	645	376	376	274 782	8 892.62	106 170	127 664	21 332	9 650	190 180	30.9	14 301.05	3 712	8.09	1 429

	土地面积/km^2	耕地面积/hm^2	粮食作物播种面积/hm^2	森林覆盖率/%	化肥使用量/t	地膜使用量/t	农药使用量/t	生产总值/万元	人均生产总值/元	农业总产值/万元	粮食总产量/t	肉类总产量/t	水产品产量/t	工业产值/万元	人口/万人	城镇职工人均工资/元	农村居民纯收入/元	每万人拥有医生数/人	境内公路里程/km
21 余江	933	21 355	38 337	37.8	1 072	120	120	148 381	4 179.75	120 416	204 883	45 110	12 306	135 007	35.5	8 505.49	3 388	6.62	761
22 贵溪市	2 313	29 338	58 286	62.7	550	304	304	823 706	15 425.21	149 498	307 635	31 322	16 809	2 411 587	53.4	17 305.15	3 731	6.59	1 434
23 赣县	2 993	21 241	40 336	67.5	734	691	691	265 474	4 657.44	134 765	191 201	41 467	9 543	257 522	57	11 012.07	1 616	5.18	624
24 信丰	2 878	24 231	40 663	69	866	1 208	1 208	381 627	5 670.53	161 750	216 120	33 769	17 900	136 690	67.3	12 567.09	3 149	3.77	757
25 大余	1 368	9 355	18 114	74.4	546	187	187	255 779	8 881.22	85 533	91 701	26 172	7 469	186 336	28.8	10 968.15	3 115	6.25	542
26 上犹	1 544	8 598	16 534	76.3	230	140	140	133 584	4 670.77	74 366	90 003	16 008	10 120	77 555	28.6	10 528.65	1 610	6.40	538
27 崇义	2 917	7 639	9 413	85	5 899	29	563	148 391	7 609.79	57 062	53 524	9 419	10 230	166 400	19.5	10 328.94	2 721	9.44	491
28 安远	2 375	10 733	20 577	78.4	12 207	392	1 531	142 667	4 099.63	98 235	112 214	22 937	4 017	23 673	34.8	10 218.95	1 593	6.47	630
29 龙南	1 641	8 644	13 100	80.1	6 027	220	124	242 530	8 221.36	87 252	69 602	28 073	6 905	181 225	29.5	11 263.89	2 997	3.32	541
30 定南	1 316	6 880	11 897	80.9	4 296	89	64	123 753	6 346.31	59 118	56 045	33 023	5 291	58 649	19.5	10 848.05	2 534	8.72	365
31 全南	1 521	7 310	11 857	80.1	8 636	595	868	128 062	7 114.56	64 973	66 980	1 027	6 727	91 208	18	9 095.20	2 686	8.11	343
32 宁都	4 053	38 989	60 253	71	21 799	847	1 643	371 204	5 050.39	178 558	314 690	75 718	18 251	48 918	73.5	9 824.70	1 622	5.90	1 412
33 于都	2 893	27 642	50 101	68	19 006	1 381	1 646	368 369	3 889.85	152 600	236 149	43 186	18 562	123 129	94.7	10 436.42	1 656	4.96	1 014
34 兴国	3 214	27 835	54 926	72.5	13 678	374	1 283	323 620	4 427.09	200 677	258 931	74 429	15 441	106 903	73.1	10 443.23	1 561	5.91	779
35 会昌	2 722	16 044	31 837	76.3	15 765	303	891	189 249	4 214.90	111 986	161 971	32 873	11 957	61 809	44.9	9 448.99	1 596	5.86	754
36 寻乌	2 311	10 751	21 518	78	18 901	329	1 027	150 656	5 213.01	105 735	97 400	29 266	6 017	21 866	28.9	10 397.19	1 528	5.29	603
37 石城	1 582	12 560	18 409	73.6	8 868	259	254	113 500	3 821.55	18 060	97 247	15 348	10 128	6 006	29.7	8 444.30	2 419	6.57	398
38 瑞金市	2 448	21 694	36 252	72.1	12 371	192	308	317 826	5 159.51	132 040	176 863	39 467	14 885	102 417	61.6	11 464.09	2 770	4.48	752
39 南康市	1 796	25 547	43 558	57.6	21 688	105	592	388 095	4 881.70	158 216	235 995	55 584	19 378	312 248	79.5	11 858.94	2 861	6.18	773
40 吉安	2 111	36 743	72 137	58.9	10 849	129	658	277 600	6 352.40	136 383	362 003	21 697	13 568	249 385	43.7	12 434.45	1 697	7.44	807
41 吉水	2 475	38 823	76 049	44.3	22 893	205	1 742	240 299	5 016.68	143 137	406 807	31 935	12 614	116 179	47.9	10 624.63	3 359	6.66	696

	土地面积/km^2	耕地面积/hm^2	粮食作物播种面积/hm^2	森林覆盖率/%	化肥使用量/t	地膜使用量/t	农药使用量/t	生产总值/万元	人均生产总值/元	农业总产值/万元	粮食总产量/t	肉类总产量/t	水产品产量/t	工业产值/万元	人口/万人	城镇职工人均工资/元	农村居民纯收入/元	每万人拥有医生数/人	境内公路里程/km
42 峡江	1 310	18 738	37 229	65.5	6 108	154	256	116 000	7 160.49	65 530	194 973	10 095	11 439	50 757	16.2	10 915.36	3 586	9.94	405
43 新干	1 229	27 638	52 779	58	15 708	469	1 664	207 016	6 765.23	117 956	276 420	52 262	11 600	168 370	30.6	10 217.14	3 680	12.32	599
44 永丰	2 691	30 490	59 096	70.6	15 098	271	626	259 120	6 228.85	59 096	17 850	260 560	5 448	139 846	41.6	9 904.58	3 404	7.21	803
45 泰和	2 681	45 289	79 726	50	13 012	515	988	371 142	7 192.67	79 726	50 837	345 565	16 800	110 631	51.6	11 389.69	3 747	6.69	1 020
46 遂川	3 092	25 465	39 960	75.8	14 801	75	1 055	225 504	4 254.79	39 960	24 941	195 442	5 700	54 927	53	13 376.95	1 605	6.77	693
47 万安	2 037	18 851	40 513	70	9 756	305	1 236	127 580	4 210.56	40 513	17 449	204 416	15 370	64 732	30.3	10 127.76	1 496	7.43	414
48 安福	2 796	29 328	53 776	66.7	13 600	129	1 347	263 870	6 907.59	53 776	22 462	268 021	10 350	122 337	38.2	11 210.00	3 383	7.70	826
49 永新	2 159	24 510	44 737	71	8 618	756	693	210 110	4 499.14	44 737	22 643	235 104	12 500	64 656	46.7	10 911.86	1 507	8.12	558
50 井冈山	1 298	8 418	11 059	80.1	1 934	16	37	126 939	8 939.37	11 059	5 846	69 087	1 605	43 945	14.2	8 809.11	1 529	15.63	587
51 奉新	1 642	25 034	40 272	62	11 680	138	567	270 701	8 934.03	40 272	17 496	250 113	10 950	259 247	30.3	13 789.60	3 807	10.00	1 328
52 万载	1 720	24 093	43 197	61.9	9 687	185	343	258 773	5 505.81	43 197	29 495	232 052	12 500	149 527	47	9 472.57	3 178	8.62	1 697
53 上高	1 340	24 454	44 364	42.3	13 418	752	827	315 680	9 123.70	179 043	256 015	54 136	27 031	214 154	34.6	9 729.08	3 814	9.19	1 721
54 宜丰	1 935	22 301	37 018	64.2	10 848	115	650	220 500	8 018.18	123 120	225 011	25 009	11 912	86 830	27.5	10 406.88	3 483	9.67	1 365
55 靖安	1 377	9 017	12 962	79.3	1 985	58	1 031	100 526	7 232.09	44 781	63 626	6 273	4 580	76 627	13.9	12 948.82	3 258	10.29	728
56 铜鼓	1 580	6 042	6 996	86.4	2 023	22	49	104 920	8 009.16	46 990	34 616	5 203	3 116	42 164	13.1	9 792.41	2 836	8.85	648
57 丰城市	2 845	81 861	149 387	31.7	51 122	752	4 251	912 920	7 076.90	352 035	783 477	51 198	70 640	410 459	129	143 934.18	3 525	6.85	3 051
58 樟树市	1 291	39 390	76 477	24.1	30 599	344	1 970	500 048	9 311.88	243 018	457 068	82 234	34 913	302 063	53.7	12 828.47	3 580	8.68	636
59 高安市	2 439	64 922	102 705	40	58 964	375	2 507	501 569	6 413.93	225 975	611 956	61 273	33 000	188 233	78.2	12 819.15	3 494	7.71	1 907
60 南城	1 698	16 804	36 472	59	9 345	176	351	211 050	6 874.59	107 261	233 351	22 109	17 400	103 918	30.7	8 250.32	3 485	18.60	1 302
61 黎川	1 729	14 937	24 627	58	7 201	139	298	114 000	4 615.38	82 600	142 622	16 984	14 138	61 426	24.7	9 196.95	3 370	9.19	836
62 南丰	1 909	16 841	27 053	68	22 230	161	1 263	217 228	7 870.58	115 220	175 236	18 295	5 628	72 198	27.6	9 773.39	4 347	12.14	549

	土地面积/km^2	耕地面积/hm^2	粮食作物播种面积/hm^2	森林覆盖率/%	化肥使用量/t	地膜使用量/t	农药使用量/t	生产总值/万元	人均生产总值/元	农业总产值/万元	粮食总产量/t	肉类总产量/t	水产品产量/t	工业产值/万元	人口/万人	城镇职工人均工资/元	农村居民纯收入/元	每万人拥有医生数/人	境内公路里程/km
63 崇仁	1 520	19 629	38 313	57.1	20 511	168	776	224 236	7 007.38	122 086	229 169	40 535	10 800	143 643	32	9 697.50	3 744	11.81	1 350
64 乐安	2 415	21 992	39 398	68	7 822	78	147	131 394	3 701.24	84 513	216 269	11 737	6 010	17 431	35.5	10 346.59	1 666	7.21	1 591
65 宜黄	1 944	17 520	23 772	73.9	5 396	49	541	101 310	4 734.11	58 791	147 588	7 906	6 003	37 035	21.4	10 047.12	3 263	18.08	970
66 金溪	1 358	23 349	44 953	56.8	11 070	177	875	138 336	5 085.88	83 819	278 686	14 791	7 012	71 793	27.2	10 943.97	3 375	13.24	610
67 资溪	1 251	4 268	6 561	85.2	1 800	20	50	6 935	660.48	31 555	37 712	3 413	5 076	21 037	10.5	9 903.65	3 380	8.76	193
68 东乡	1 263	25 296	43 806	43.2	16 234	251	2 293	289 353	6 889.36	133 851	242 318	55 846	15 741	149 274	42	9 898.32	3 724	8.26	659
69 广昌	1 612	12 604	18 396	51	7 809	39	181	73 099	3 137.30	44 425	88 649	6 487	4 812	22 633	23.3	9 795.09	1 702	5.62	354
70 上饶	2 240	21 238	34 675	71.1	13 895	49	389	319 450	4 461.59	85 260	165 032	10 260	13 560	175 013	71.6	12 428.82	1 541	5.73	626
71 广丰	1 378	17 961	44 281	55.3	5 437	124	298	729 230	9 115.38	153 126	205 284	48 780	21 000	480 589	80	14 353.39	3 308	5.40	581
72 玉山	1 728	18 993	35 136	64.8	9 196	273	1 288	247 112	4 460.51	78 917	184 742	21 431	22 000	126 942	55.4	11 454.14	3 308	8.66	473
73 铅山	2 178	19 493	31 410	71	11 866	111	249	242 066	5 861.16	98 748	147 014	10 201	7 761	78 452	41.3	12 000.00	3 595	7.22	584
74 横峰	655	8 021	13 900	57	2 681	49	469	95 380	4 866.33	45 032	66 845	14 146	3 710	65 665	19.6	9 156.00	1 474	8.83	367
75 弋阳	1 580	21 983	34 028	55.6	13 772	292	54	191 008	5 204.58	86 584	161 109	25 404	13 400	122 414	36.7	14 920.61	3 224	9.84	604
76 余干	2 331	47 901	97 000	37.8	25 315	158	1 056	304 084	3 397.59	195 700	541 792	25 110	101 050	56 000	89.5	11 999.71	1 623	8.35	566
77 鄱阳	4 215	79 924	142 232	32.1	70 785	2 997	1 825	387 534	2 693.08	298 811	695 764	30 197	106 000	163 074	143.9	8 823.99	1 562	16.46	502
78 万年	1 140	19 990	36 159	56	6 143	21	62	212 745	5 828.63	112 262	190 507	22 524	10 212	41 437	36.5	9 154.21	3 125	10.19	76
79 婺源	2 948	17 600	21 872	81.5	4 186	78	163	231 134	6 858.58	64 886	112 345	7 019	5 928	56 541	33.7	14 667.44	3 362	8.34	1 706
80 德兴	2 082	12 677	19 464	74.3	6 560	103	457	392 675	12 916.94	84 672	100 391	8 332	7 100	182 848	30.4	14 479.39	3 770	9.97	1 203

数据来源：《2006 江西统计年鉴》。

本区的生态经济特点为：土地资源丰富，人均土地高于全省，但耕地面积少，低于全省平均水平。生产力落后，经济技术条件落后，是全省的重点扶贫地区；生物资源种类繁多，森林资源丰富，是我国南方重点建设和早期开发的林区之一；草山草坡面积大，发展草食畜禽前景良好；区内有色、稀有金属矿藏非常丰富，钨、稀土、铀、钽、铌等矿主要分布在本区，也是我国稀土储量最丰富的地区之一。

本区存在的主要问题：本区缺煤，农村能源尤为贫乏，农村生活用能主要依靠薪柴和作物秸秆。不少山地丘陵由于轮番樵采，植物遭到强度破坏，覆盖度越来越低，加上对森林资源盲目乱砍滥伐等，使生物资源破坏、水土流失严重；工矿发展对生态环境的破坏严重。一方面，遍布全区的钨矿，在采矿、选矿、冶炼过程中，产生了大量废渣、废水和废气，污染了农业环境，影响人畜健康；另一方面，较大规模的地方性、群众性采矿业发展也加剧了当地水土流失。

本区可持续发展对策为：继续推广“猪—沼—果（菜、粮）”生态农业模式，解决农村能源问题。进一步开发“山顶戴帽、山腰种果、山下种养结合、立体布局、综合治理”的立体农业模式，治理水土流失，发展农村经济；发展工矿企业和乡镇企业，有组织、有计划地开采矿产资源，实行清洁生产，严防造成新的环境污染；加快城镇化建设，缓解人与耕地之间的矛盾。

7　“绿色生态江西”建设的途径与模式之二——发展生态产业，促进循环经济发展

发挥江西省的生态资源和区位优势，促进江西省经济的可持续发展，提高江西省经济竞争力，避免“高投入、高消耗、高排放、低效率”的传统经济增长模式对打造“绿色生态江西”的影响，是江西经济社会中迫切需要解决的问题。经济发展要持续，就必须不断地优化产业结构，大力发展生态产业。从江西省情和“绿色生态江西”建设的总体目标来看，其优先发展的核心生态产业应主要包括生态农业、生态工业和生态旅游业。

7.1　发展生态农业

农业是江西省具有一定比较优势的产业，也是社会经济发展的基础，建设“绿色生态江西”首先要大力发展生态农业。发展江西生态农业可从以下方面入手：第一，科学规划。“凡事预则立，不预则废。”发展生态农业，进行生态农业建设，

必须首先搞好科学规划。江西农业应从总体出发，通过科学的、统一的规划，建立综合的、有序的、多层次的农业生产技术体系，协调农、林、牧、副、渔业生产，从而促进生态农业的“稳步推进”“有序发展”。第二，立体利用。充分利用太阳能，提高土地生产率，增加地面绿色覆盖面积，因地制宜建立立体式结构，把山、水、林、田、路连成一个整体，极大地提高绿色植物对太阳光能的吸收和利用，提高第一生产力。江西虽拥有丰富的植被和高达60.05%的森林覆盖率，但是林种结构单一，植被破坏和水土流失仍然存在，故要加强生态林业的建设。第三，开发能源。如发展农村沼气，建立太阳灶、省柴灶，利用水能、风能和地热能等，降低能量消耗，走“资源节约型”路子。第四，扩大肥源。科学地施用肥料，多施有机肥，实行秸秆还田，改革耕作制度，实行保护性耕作，建立科学、合理、高效的养地系统等，不断提高土壤肥力，促进可持续发展。第五，循环利用。在农业生产过程中，努力使每种农产品的“副产品”“废料”作为下一个或另一个农业环节上的原料或饲料，沿着农业生态系统的食物链多次循环利用，“变废为宝、化害为利”，形成无废料、无污染的良性循环生产系统。第六，增加收入。推广生态农业技术，如少耕、免耕、轮作、废弃物利用等，降低生产成本，增加农业产出，千方百计提高农业劳动者的收入，改善生活条件、优化生活环境、提升生活质量。大力发展草食畜牧业，响应国家“北牧南移”政策。江西所处的暖湿的亚热带气候对发展草食畜牧业有独特的气候优势，且境内山多、灌木多、多数草场零星分散，具备发展草食畜牧业的自然条件，发展草食畜牧业是农民致富的新途径。

发展生态农业要因地制宜地推广不同模式。江西生态农业模式较多，大致可分为以下几种类型：第一，农田集约种养模式。主要包括作物间混套作、稻田复合种养（如稻田养鱼、稻田养鸭、稻田种菇、稻田种菜和发展高效经济作物等）、农田林网化、田埂资源的高效利用等多种模式。第二，山地立体开发模式。包括①作物上山，林农复合模式；②林果间作，相得益彰模式；③因地种植，立体布局模式；④以短养长，长短结合模式；⑤植树种草，保持水土模式。第三，资源综合利用模式。①沼气综合利用模式；②秸秆综合利用模式；③基塘综合利用模式；④庭院综合利用模式；⑤“废物”综合利用模式。第四，高效减灾生态农业模式。如避洪农业模式、抗旱农业模式、防冻农业模式等。第五，生态旅游农业模式。第六，绿色食品和有机食品生产模式。如江西各地普遍推广的“公司+基地+标准化”的绿色食品生产经营模式，以及婺源县广泛推广的“公司+专家+基地+

标准化”的大鄣山有机茶生产模式等。

7.2　发展生态工业

工业化是江西经济振兴的必由之路，江西的主要比较优势在优美的环境和良好的生态系统。发展江西工业首先要立足于保护生态环境，优化生态环境，才是企业提高可持续竞争力之根本。因而，长远来看，江西工业化要以发展循环型生态工业为主，应从以下几方面入手：第一，积极推进清洁生产。引导企业根据“3R 原则”设计生产过程，以清洁生产为中心，发展绿色工业。将原来由“资源消耗—产品工业—污染排放”的物质单向流动的开放式线性过程，转变为“资源利用—绿色工业—资源再生”的闭环型物质能量循环流程，以保持生产的低消耗、高质量、低废弃，将经济活动对自然环境的影响和破坏减少到最低限度，做到产业环保化。第二，打造生态工业园循环产业链。生态工业园区循环产业链要求在企业与企业之间建立废弃物的输出输入关系，其实质是运用循环经济思想组织企业共生层次上的物质和能源的循环。江西省应以循环经济思想为指导，以构造绿色生态江西为目标，注重工业园区企业上下游产品及废弃品的关联性，从全局的角度来规划全省的生态工业园区，以形成生态工业园循环产业链。现阶段可以考虑在各地建立生态工业园区，对园区内进行统一规划、科学管理，优化产业结构，节约集约土地、统一组织生产的能源供应，建设供水、排水及污水处理利用系统，实行跨厂物流循环，使园区内资源得到最大限度的利用。

7.3　发展生态第三产业

第三产业是发展生态农业和生态工业的重要保证。江西省第三产业的发展要围绕循环经济进行。要大力发展生态旅游业；做大绿色生态消费链；构筑企业废弃物回用链等。

（1）大力发展生态旅游业。首先应根据不同类别的生态旅游区的功能、承受能力和具体环境特点，编制开发与保护规划。按照不同类型，江西可划分五类风格迥异的生态旅游区：以鄱阳湖、仙女湖为代表的湖泊湿地生态旅游区，以井冈山为代表的山丘森林生态旅游区，以三百山、九连山等为代表的江河源头生态旅游区，以南丰、广昌等为代表的农业生态旅游区，以庐山、婺源、麻姑山等为代表的自然与文化复合生态旅游区。重点抓好这 5 个生态旅游区的规划和旅游资源开发工作，充分打好江西生态资源优势这张“王牌”。其次，应鼓励各地选择资源条件优越、特色明显、处于著名旅游线路和旅游景点辐射范围内、交通便利的旅游区，开展生态旅游示范区创建活动。示范区建设要坚持绿色开发与消费，建立绿色旅游管理机制和经营理念，实现环境管理与国际标准接轨。同时，注重建设和提升旅游区的生态品位。

（2）做大绿色生态消费链。加大对绿色生态江西的宣传力度，即使绿色生态江西成为一种市场消费品牌，又使绿色生态消费成为人们的一种时尚。树立可持续的消费观，鼓励使用绿色产品，如能效标识产品、节能节水认证产品和环境标志产品等；抵制过度包装等浪费资源的行为。做大江西省绿色生态消费链，将进一步增强江西省经济的市场竞争力，既可实现全省生态资源的可持续利用，又可实现社会经济发展的可持续发展。

（3）构筑企业废弃物回用链。1992 年，世界工商企业可持续发展理事会（WBCSD）提出了“生态经济效益理念”。该理念的本质是要求组织企业生产层次上物料和能源的循环，从而达到污染排放的最小量化。对于发展中国家，特别像江西这样的欠发达地区，发展循环经济最有效可行的措施之一是构造企业废弃物回用链。在废弃物产生环节和再生资源产生环节，要大力回收和循环利用各种废旧资源。特别应提高对废渣、废水、废气、城市生活污水和垃圾的综合利用率。

8 “绿色生态江西”建设的保障措施

“绿色生态江西”建设是一项经济社会发展与生态环境保护和建设有机结合的社会系统工程。因此，为“绿色生态江西”建设顺利进行，必须建立一套行之有效的措施体系。“绿色生态江西”建设要体现全新的思路，要以最小的资源环境代价发展经济，以最小的社会经济成本保护环境，既不能因追求经济而污染环境，走发达国家“先污染，后治理”的老路，也不能因强调环境保护而限制经济发展，延缓江西省现代化的进程，拉大与先进省份的差距。

从目前的“绿色生态江西”实施情况来看，还需要从以下几个方面来对“绿色生态江西”建设指标有效、顺利的实施加以保障。

8.1 “绿色生态江西”建设的思想认识保障

“绿色生态江西”建设的重要意义在于创造可持续发展的新模式，形成发达的生态产业体系，妥善解决保护与发展的矛盾，促进精神文明建设，起到全国生态经济示范的作用。因此，“绿色生态江西”建设不仅具有重要的意义，而且还存在着长期性和艰巨性。

首先，从环境保护与经济发展的关系来看，环境保护与经济发展阶段不可分。从全国来看，江西是一个经济欠发达的省份，目前仍处于相对的资本原始积累阶段。这使得一方面我们要满足人民群众的基本生活需求，提高人民的生活水平和生活质量，解决几百万农村贫困人口的生活问题，没有足够的资金投入在环境保护上；另一方面，我们要实现工业化，需要大量的资源和原材料的投入，而这势必将对资源环境造成巨大的压力。因此，从经济发展对环境保护的制约作用来看，环境保护工作任重道远。其次，从“绿色生态江西”建设的目标来看，要实现可持续发展的战略目标，不仅是长期的，而且是艰巨的。江西省要达到“绿色生态江西”建设的预定目标需要付出长期的艰苦努力。

因此，在“绿色生态江西”建设的思想准备上，无论是政府相关文件、规定及会议等都应该得到充分的反映，并且反映到“绿色生态江西”建设的具体过程中来。

8.2 “绿色生态江西”建设的投资保障

在“绿色生态江西”建设过程中，资金主要来源于财政。这不仅给财政带来很重的负担，也无法满足环境保护的需要。发展经济与环境保护在某种意义上说，是彼此消长的关系，建设“绿色生态江西”我们既要保持高速的经济发展，又要在改善环境上加大投入，单单依靠财政是远远不够的。因此，需要政府在各个方面统一协调，调动各种积极因素来保证“绿色生态江西”建设过程中的经济来源。

事实上，“绿色生态江西”建设是一项全新的事业，需要各方面的积极支持、协调和努力，而最为关键的因素就是“绿色生态江西”建设资金的保障，建立投入保障机制是非常重要的。各级财政要按照事权财权相结合的原则，将“绿色生态江西”建设资金列入本级预算，并根据当地社会经济发展需要和生态环境状况，每年按 GDP 增长的一定比例逐步增长。对现有与生态环境有关的收费项目进行清理，将预算内、外投入生态环境方面的资金统筹使用，提高资金使用效益。各级地方人民政府也要建立“绿色生态江西”建设资金。还应鼓励和调动社会各界、各方面的积极性，运用市场机制多渠道筹集“绿色生态江西”建设资金，鼓励投资主体多元化，环保产业经营企业化，大量融资，充分吸引外资、侨资、台资、民营等不同渠道的资金来保证“绿色生态江西”建设的顺利进行。

8.3 “绿色生态江西”建设的经济保障

运用经济手段保护环境是“绿色生态江西”建设的重要保证，其核心在于调整有关各方的经济利益关系，把环境保护的目标与企业的行为有机结合起来，防止企业经济活动的外部不经济。在此基础上，强化政策引导，提高资源的利用率，构建低度资源消耗的物质生产体系。

第一，运用经济政策，防止企业经济活动的外部不经济。为了实现可持续发展目标，世界各国纷纷运用经济杠杆，采用经济政策工具改善环境质量，达到预期的效果。常用的经济政策工具主要有环境税、排污权贸易、补贴废除或应用、抵押等。尽管有些措施需要有完善的法律、法规制度，成熟的市场经济运行机制，一定的经济基础为支撑，但是吸收国外先进的经验，结合实际尽快采取经济措施是江西省生态环境建设重要的环节之一。

第二，强化政策导向，提高资源的利用效率。在制定和实施产业政策、贸易政策、投资政策时要综合考虑环境因素，运用市场手段和价格机制，优化配置各种资源，提高资源的利用效率。国际标准化组织（ISO）推出的 ISO 14000 环境管理体系，内容包括环境审计、环境影响评价、产品生命周期评估（LCA）、环境标志等，它所针对的对象是工厂和作业环境。世界各国的大企业，特别是跨国公司都积极参与了 ISO 14000 认证活动，推进运用清洁生产工艺，提高生态效率，改变不可持续的生产方式，从而实现资源节约和综合利用、促进环境保护的目的，同时还可提高企业及其产品在国际社会的形象。

第三，构建低度资源消耗的物质生产体系。如果经济结构和工业部门单位增加值的排污量保持不变，工业排废量将随着工业规模的扩大而增加，另一方面，结构的优化，清洁生产技术的采用，替代物的开发和使用，资源的回收和综合利用，以及加强末端治理等则有助于环境质量的改善，有助于发展质量的提高。因此，针对国情和省情，我们应该摒弃传统的数量扩张型，甚至可以说是资源浪费型的发展模式，建立低资源消费型的物质生产体系。

8.4 “绿色生态江西”建设的法律、行政手段保障

“绿色生态江西”建设是政府必须进行干预的领域之一。世界银行 1997 年的《世界发展报告》中，把保护环境作为政府应该发挥的 5 项基础性作用之一。

第一，健全立法。建议对“绿色生态江西”建设进行立法，保证具有长期性、强制性和规范性，保障“绿色生态江西”建设的资金投入、保证环境治理各项法律、法规措施的贯彻执行，保证中、长期建设目标的实现，避免因领导的更换而造成人为因素的影响。

第二，加大环境保护的执法力度和执法队伍的建设。要始终如一地进行生态环境建设，必须有一支稳定的行政管理、执法监督队伍。此外，应发挥公众对环境保护的监督作用，例如通过信息披露，将贷款及企业的股票上市与环境保护联系起来，同时发挥社区对企业排污行为的监督作用，促进企业的达标排放。

第三，转变环保部门的工作职能。加强环境管理工作，从“末端治理”转向源头抓环境保护。政府环保部门应当转变职能，将工作重点从“关闭”污染型企业转向帮助企业提高资源利用效率上来。应当积极推进清洁生产技术的应用，鼓励企业开展清洁生产的审计，减少废弃物的排放，从资源节约和综合利用入手，达到环境良好的目的。

8.5　“绿色生态江西”建设的科技手段保障

技术进步对生态环境保护的作用极为重要。无论是发达国家还是发展中国家都不同程度地存在环境公害和环境污染问题。这说明目前世界上还缺乏与经济快速发展相适应的环保技术。为此，无论发达国家还是我国，想从根本上解决生态、资源的供需矛盾，最终要靠科技进步的作用。即一方面要靠科技进步来增加资源的更新及其替代品的研制开发；另一方面也要靠科技进步来降低消耗的关键环节，开展科技攻关，推动技术进步在环境保护、污染整治方面的作用，促进社会进步和经济发展。

生态环境问题从本质上讲，是资源的浪费和生产工艺落后造成的。因此我们要依靠法律和科技进步，积极推行 ISO 14000 环境管理体系认证，消除绿色贸易壁垒，提高企业的国际竞争力；改变过去高投入、高消耗、低效益、多污染的传统发展模式，大力提倡清洁生产工艺和生态经济，研究开发一批花园式工厂、零排放示范企业和零排放区域；大力发展高科技含量的环保产业，提高资源利用率和废物再利用，最大限度地实现资源循环再生使用，促进生态环境良性循环，逐步建立环境优美小区，向着“绿色生态江西”的目标迈进。

8.6 “绿色生态江西”建设的宣传教育保障

环境的好坏在一定程度上取决于公众环境意识的高低。因此，在“绿色生态江西”建设过程中，要树立生态文明理念，大力培育生态文化，倡导生态文明，鼓励绿色消费。例如，节约用水、用电、不使用含磷洗衣粉、不使用含氟电器等，提高全民的综合素质。要尊重公众的环境知情权，环境保护行政主管部门要定期发布环境状况公报，让每个公民了解自己所处的环境条件，同时这也是接受公众监督的好形式；对于当地有较大影响的重大决策和建设项目，要实行公众听证会制度，政府相关部门要充分听取当地公众的意见再作最后的决策。充分发挥各类新闻媒体的作用，加强“绿色生态江西”建设宣传教育，在各级中小学校中开设有关“绿色生态江西”建设的课程，重视生态学科建设及人才培养。加强对各级领导、企业法人代表的生态环境知识的培训。鼓励环保自愿者，动员社会各界力量和全体公民参与“绿色生态江西”建设，以社区为载体，建立社会公众参与“绿色生态江西”建设的有效机制。

9 结论与讨论

9.1 结论

(1)“绿色生态江西”是一个全新的发展理念，不仅仅是一个局限在生态和环境科学领域内的新观念，其内涵应该更加广泛，应是从系统的和可持续发展的角度出发，体现“社会—经济—生态环境”的大系统观的新理念。“绿色生态江西”是在当前江西的生态环境基础上，建设生态环境优美、经济发展、社会和谐的新江西。生态环境优美是将江西建设成为环境污染较小，具有优良的自然生态环境的宜居区域；经济发展是将江西建设成为经济发展稳健、经济增长方式良好、具有坚实物质基础的经济强省；社会和谐是指社会各方面发展均衡、社会治安良好、贫富差距不大、人民安居乐业的新风貌。它与生态省在本质上是一致的，都是以可持续发展为核心，追求经济效益、生态效益、社会效益的协调发展。“绿色生态江西”建设实质上是江西省开展生态省建设的前期阶段。因此可以按生态省建设的指标来开展“绿色生态江西”建设。

（2）江西省地处中国东南偏中部长江中下游南岸，为长江三角洲、珠江三角洲和闽南三角地区的腹地。全省气候温暖，雨量充沛，为亚热带湿润气候，十分有利于农作物生长。水资源、森林资源、生物资源、地下矿藏都很丰富。近年来，江西省积极建设生态示范区，积累了一定的生态保护经验。至2005年年底，全省绿色食品产品503个，数量居全国第六位。其中有机食品产品242个，位居全国第一。江西省拥有丰富的生态旅游资源，生态旅游业发展快速。这些都是江西省开展"绿色生态江西"建设的基础和条件。但是，也要清醒地看到，江西省生态环境、自然资源与经济社会发展的矛盾还比较突出，生态环境脆弱，经济增长方式粗放，污染物排放量远远超过环境承载能力，生物安全问题日益突出。这些问题严重制约经济社会的可持续发展。因此，如何利用优势，突破阻碍，开展"绿色生态江西"建设是我们应该着力思考的一个问题。

（3）采用灰色关联法进行了历年"绿色生态江西"建设和全国生态省建设综合效益评价，结果表明：江西2005年的生态效益、经济效益和社会效益在5个年份中分别排在第一。江西省的生态效益在全国处于第8位，经济效益排在第15位，社会效益排在第31位，综合效益排在第20位。在中部地区6省中，湖北、湖南、河南、安徽、山西5省的综合效益分别排在第13、第17、第18、第19、第24位，江西在6省中排在倒数第二位。这说明从纵向来看江西的生态效益、经济效益和社会效益虽然逐年转好，但与其他省（直辖市、自治区）的横向比较来看，江西建设除了生态较好外，经济、社会效益均与其他发达省（直辖市、自治区）存在较大差距。因此，发展生态经济，促进经济总量的提升；构建多元化的社会保障体系是"绿色生态江西"建设的重点。

（4）对江西进行生态经济区划，是"绿色生态江西"建设的重要途径之一。采用聚类分析法对2005年江西80个县（市）进行生态经济区划的结果表明：江西省可划分为赣西北湖泊生态经济区、赣东山地丘陵生态经济区、赣中西丘陵盆地生态经济区、赣南山地丘陵生态经济区四个生态经济区。针对四个生态经济区的特点和存在的主要问题，可采用相应的生态建设对策。

（5）经济发展要持续，就必须不断地优化产业结构，大力发展生态产业。农业是江西省具有一定比较优势的产业，也是社会经济发展的基础，建设"绿色生态江西"，首先要大力发展生态农业，要因地制宜地推广不同生态农业模式；工业化是江西经济振兴的必由之路，要以发展循环型生态工业为主，积极推进清洁生产、打造生态工业园循环产业链；第三产业的发展是发展生态农业和生态工业的重要保证。江西省第三产业的发展要围绕循环经济进行。要大力发展生态旅游业；

做大绿色生态消费链；构筑企业废弃物回用链等。

(6)“绿色生态江西”建设是一项经济社会发展与生态环境保护和建设有机结合的社会系统工程。因此，为“绿色生态江西”建设顺利进行，必须建立一套行之有效的保障体系。“绿色生态江西”建设要体现全新的思路，要以最小的资源环境代价发展经济，以最小的社会经济成本保护环境，既不能因追求经济而污染环境，走发达国家“先污染，后治理”的老路，也不能因强调环境保护而限制经济发展，延缓江西省现代化的进程，拉大与先进省份的差距。要实现可持续发展的战略目标，不仅是长期的，而且是艰巨的。因此要在思想认识、财政、经济、法律、科技和宣传教育等各方面为“绿色生态江西”建设提供保障。

9.2 讨论

（1）由于1990年以前的数据很难搜集齐全的关系，本文仅选取了1990年以后的5个年份对历年“绿色生态江西”建设状况进行了评价，时间段比较短。

（2）本文采用系统聚类法对江西生态经济区进行了区划。但是生态经济系统是由各种自然因子、经济因子和社会因子交织而成的复合生态系统结构，简单地将自然、经济和社会的表现值相加，使用定量法进行分类和分析，有失偏颇，不可能反映整个系统的可持续性。由于作者知识的局限性，难以做全面、系统的定性分析。

参考文献

[1] Pirages D. C.，Degeest TM . Ecological Security：An Evolutionary Perspective on Globalization . New York：Bowman & Littlefield. Publishers，2004.

[2] 卡逊．寂静的春天．北京：科学出版社，1979.

[3] 李文华．可持续发展与生态省建设．科学对社会的影响，2004（1）：14-21.

[4] 李英禹，毕波．国内外生态省建设理论和实践研究综述．中国林业企业，2003（6）：5-7.

[5] 赵小敏，于少康．“绿色生态江西”评价与发展战略．绿色生态江西建设与生态安全高层论坛论文荟萃．2006，10

[6] 何文博．关于实施生态省建设的思考．中国环境管理，1999（6）：7-10.

[7] 中国科学院可持续发展战略研究组．2006 中国可持续发展战略报告．北京：科学出版社．2006.

[8] U S Council on Environment Quality and U S Department of State，The Global 2000 Report to the President.

[9] UNDP. Human Developent Report. Oxford University Press，1997.

[10] 赵玉明．清洁生产．北京：中国环境科学出版社，2005.

[11] 王立红．循环经济：可持续发展战略的实施途径．北京：中国环境科学出版社，2005.

[12] Steve Lerner，Eco—pioneer：practical visionaries solving today's environmental problems，Massachusetts Institute of Technology，1997.

[13] 刘娜娜．循环经济——一种三赢的新型经济发展模式．常州工学院学报，2004（5）：8-10.

[14] B. Michalik，S. Chalupnik. Ecological Problems of the Coal Industry and the Ways to Solve Them. Journal of Mining Science，2002（6）：601-607.

[15] 李旭东，葛向东．生态保护．北京：中国环境科学出版社，2003.

[16] 肖锡红．江西“生态省”建设的思考．生态经济与生态江西．北京：中国农业出版社，2005.

[17] 蒋海燕，翁贞林．江西生态农业若干模式及其技术体系研究．江西农业大学学报（社会科学版），2006（4）：25-28.

[18] 黄国勤．江西生态安全研究[M]. 北京：中国环境科学出版社，2006.

[19] 胡建民，左长清．关于江西省水土流失动态监测的构想．水土保持通报，2002（2）：51-53.

[20] 黄国勤．江西省生态安全面临的问题和生态建设对策．安全与环境学报，2006（4）：67-74.

[21] 黄秋萍，黄国勤．鄱阳湖生态环境现状、问题及可持续发展对策．江西科学，2006，24（6）：517-521，544.

[22] 刘宜柏，王晓鸿，黄国勤．生态经济与生态江西．北京：中国农业出版社，2005.

[23] 段显明，周凌． 江西生态环境状况基本评价及与周边省份比较． 中国农业资源与区划，2003，24（2）：48-51.

[24] 李淑英，黄秋萍，兰美华，等．江西农业面源污染及其控制对策．江西农业学报，2006，18（1）：74-79.

[25] 黄秋萍，黄国勤．江西食品安全的现状、问题及对策．江西农业大学学报：社会科学版，2005，4（1）：42-45.

[26] 黄国勤，黄秋萍．江西省生物入侵的现状、危害及对策．气象与减灾，2006（1）：51-55.

[27] 马冰．生物入侵与生物安全．生物学与社会，2004（3）：56-57.

[28] 关琰珠．生态省建设的指标体系研究——以福建省为例．福建师范大学学报（自然科学版），2002（4）：100-104.

[29] 吴元兴．福建生态省建设评价指标体系若干问题研究．发展研究，2003（5）：26-30.

[30] 何琳．谈生态省建设的评价指标体系．太原城市职业技术学院学报，2006（1）：11-12.

[31] 徐学荣．福建生态省建设评价指标体系初探．农业系统科学与综合研究，2003（5）：89-92.

[32] 董德明，刘磊．生态省建设中资源可持续利用评价指标体系研究．东北师范大学学报：自然科学版，2005，37（1）：104-108.

[33] Edward Ayensu，et al. International Ecosystem Assessment. Science，1999，286：685-686.

[34] 张春锋，殷鸣放．灰色关联度分析在树种综合评价中的应用．西北林学院学报，2007，22（1）：70-73.

[35] 黄细喜，沈明星．应用灰色关联分析综合评估种植制度经济和生态效益．江苏农学院学报，1993，14（2）：31-36.

[36] 邓聚龙．灰色系统基本方法．武汉：华中理工大学出版社，1987.

[37] 刘耀文，龚应珍．一种加权灰色关联聚类分析方法在质量评价中的应用． 山东交通科技，1999（4）：71-74.

[38] Richard A Johnson，Deanw Wichern. Appliedmultivariate Statistical Analysis. Fourth Edition American Prentice Hall，1998.

[39] 许志斌，李彦禄，马自清，等．应用灰色关联分析研究粮菜立体种植模式结构．生物数学学报，1995，12（4）：224-228.

[40] 江西省统计局，国家统计局江西调查总队．1991 江西统计年鉴．北京：中国统计出版社，1991.

[41] 江西省统计局，国家统计局江西调查总队．1996 江西统计年鉴．北京：中国统计出版社，1996.

[42] 江西省统计局，国家统计局江西调查总队．1999 江西统计年鉴．北京：中国统计出版社，1999.

[43] 江西省统计局，国家统计局江西调查总队．2003 江西统计年鉴．北京：中国统计出版社，2003.

[44] 江西省统计局，国家统计局江西调查总队．2006 江西统计年鉴．北京：中国统计出版社，2006.

[45] 国家统计局．2006 中国统计年鉴．北京：中国统计出版社，2006.

[46] 傅伯杰，刘国华．中国生态区划方案．生态学报，2001，21（1）：1-6.

[47] 苗鸿，王效科．中国生态环境胁迫过程区划研究．生态学报，2001，21（1）：7-13.

[48] 张忠孝，李生梅．青海省气候区划探讨．青海师范大学学报：自然科学版，2006（3）：

94-97.

[49] 黄国勤，刘秀英．江西生态农业分类研究．江西农业学报，2007，19（1）：107-111.

[50] 梁守伦．关于山西生态林业区划的探讨．山西林业科技，2004，4：29-33.

[51] 张福庆．江西生态经济区域类型划分研究．企业经济，2005（7）：128-131.

[52] 欧阳志云．中国生态功能区划．生态学报，2007（3）：70-74.

[53] 杨更，张慧利，郭建强． 四川省生态功能区划探讨。自然生态保护，2004（8）：23-25.

[54] Bailey R G. Explanatory supplement to Ecoregionsmap of the Continents. Environmental Conservation，1989，16（4）：307-310.

[55] Roseland M．Dimensions of the Future：An Ecocity Overview，Eco～city Dimensions．New York：M．New Society Pub2 lashers，1997，1-12.

[56] Richard Register．Ecocity Berkeley：Building Cities for a Healthy Future，North Atlantic Books．USA，1987：13-43.

[57] Richard Register，Eco～cities．IN CONTEXT（a quarterly of human sustainable culture）． USA：North Atlantic Books，1984：13-43.

[58] Robert G Bailey．Ecosystem Geography，Springer，USA，1995.

[59] 董广志、梁文举、李海洋．主坐标分析方法在农业生态经济区划中的应用．农业系统科学与综合研究，1993，9（1）：58-60，64.

[60] 广东省荔枝气候生态经济区划的灰色聚类分析．生物数学学报，2004，19（3）：379-383.

[61] 彭崑生．江西生态农业．北京：中国农业出版社，2007.

[62] 万小燕，熊云明. 试论江西发展生态农业. 江西农业科技，2003（11）：36-38.

[63] 朱述斌，陈卫平，朱述红. 大力发展循环经济打造绿色生态江西. 生态经济，2006（5）：90-92.

[64] 余建辉，刘燕娜，戴永务，等. 福建生态省建设对策的思考. 福建论坛·人文社会科学版，2005（7）：105-108.

[65] 孙洪林. 走新型工业化道路，推进循环经济发展. 湖南有色金属，2006（5）：78-90.

[66] Colin Hunter. Sustainable Tourism and the Touristic ecological Footprint. Environment，Development and Sustainability，2002（3）：7-20.

[67] 邹宽生. 江西发展生态旅游的思考. 生态经济，2004/S1：176-177.

[68] Marten G G. Productivity Stability，Sustainability，Equitability and Autonomy as Properties for Agro～ecosystem Assessment．Agricultural Systems，1998，26：291-316.

[69] 李锦顺．城乡社会断裂和农村生态环境问题研究．生态经济，2005，151（2）：28-34.

[70] William E. Rees. Economic Development And Environmental Protection：An ecological Economics Perspective. Environmental Monitoring and Assessment，2003（7）：29-45.

[71] Peter Robbins，JKCs and Global Environmental Change．Global Environmental Change，2003，3（6）：235-244.

[72] Mark A. Harwell，John H. Gentile. A science-based strategy for ecological restoration in South Florida. Urban Ecosystems，1999（10）：201-222.

[73] Macdonaldd V.，Hanleyn，Mofftti．Applying the Concept of Criticality to Regional Resource Management．Ecological Economics，1999，29：73-76.

[74] 任桂萍，张建光．生物多样性保护与黑龙江省生态省建设．北方环境，2002，4：41-44.

[75] Daily G Population，Sustainability and Earth car capacity．Bioscience，2002，42：761-771.

[76] 徐学荣，渝明，蔡艺，等．福建生态省建设的评价体系初探．农林系统科学与综合研究，2003，19（2）：89-93.

[77] 生态系统保护是生态省建设的基础与关键．福建农林大学学报（哲学社会科学版），2003，6（2）：5-8.

[78] 李玉文，孙洪刚．我国环境影响评价公众参与的现状和对策．环境科学动态，2004，1：2-5.

[79] Jerry Spiegel，Shannon Bennett，Libby Hattersley. Barriers and Bridges to Prevention and Control of Dengue：The Need for a Social–Ecological Approach. EcoHealth，2005（4）：273-290.

江西生态文明建设的实践与探索*

摘　要：党的十七大报告提出了“建设生态文明”的重大战略任务。江西和全国各地一样，响应党中央的号召，迅速掀起了建设生态文明的热潮。近年来，江西在生态文明建设中，进行了多方面的实践与探索。文章从树立崭新理念、制订发展战略、推进生态建设、实施生态保护、开展生态治理、发展生态产业、大兴循环经济、建立长效机制八个方面，对近几年来江西在生态文明建设方面采取的主要措施及取得的成效作了简要回顾和总结，对今后进一步加快生态文明的建设步伐具有参考价值和指导意义。

关键词：生态文明　建设　实践　探索　可持续发展

2007 年 10 月，党的十七大报告提出了“建设生态文明”的重大战略任务。江西和全国各地一样，响应党中央的号召，贯彻落实党的十七大精神，迅速掀起了建设生态文明的热潮。

近年来，江西在推进生态文明建设方面，进行了一系列的实践和探索，并取得了显著进展和积极成效。

1　树立崭新理念

不断倡导和树立崭新的现代生态文明理念，是近年来江西生态文明建设的重要实践与发展。2003 年，江西省委、省政府就提出了“既要金山银山，更要绿水青山”的全新发展理念，指出：“生态也是财富”“绿水青山也是生产力”“绿水青山，就是金山银山”“保护环境就是保护生产力”“改善环境就是培育生产力”，号召全省各级领导和广大群众在大力发展经济的同时，要十分重视爱护自然、珍惜

* 作者：黄国勤。

本文原载《发展中的江西生态经济》（中国环境科学出版社，2009 年 12 月）第 150～163 页。

生态、节约资源、保护环境。

2007 年，时任江西省委书记的孟建柱同志指出："如果经济发展了、生活富裕了，但生态环境遭到破坏，这样的发展就得不到人民群众的认可，就失去了意义；只有经济发展了、生活富裕了，生态环境又得到了很好的保护，才是江西真正的崛起，才是真正的全面小康。"孟建柱同志还提出要把江西建设成为"山水最美、生态最优、环境最好"的省份。

近年江西省委要求全省人民"珍惜青山绿水如同珍惜生命"，江西省政府要求江西实现"五个一流"，即一流的水质、一流的空气、一流的生态、一流的人居环境、一流的绿色生态保护建设管理机制。

这些崭新理念，对促进江西生态文明建设起到积极的推动作用。

2 制订发展战略

建设生态文明，首先必须制定生态文明建设的发展战略。近年来，江西省委、省政府十分重视制订全省生态文明建设的发展战略，使江西生态文明建设始终沿着正确的方向和轨道前进。

（1）提出"绿色生态江西"发展战略。2006 年 2 月 12 日，江西省第十届人民代表大会第四次会议通过了《江西省国民经济和社会发展第十一个五年规划纲要》，提出了建设"三个新江西"的新理念、新战略，即"大力推进农业农村现代化、新型工业化、新型城镇化、经济国际化和市场化，建设创新创业江西、绿色生态江西、和谐平安江西"。其中，建设"绿色生态江西"的主要内容包括：大力发展循环经济，加强资源节约管理，形成节约资源的生产模式、消费模式和城乡建设模式；加强生态体系建设，建立健全生态环境损害经济赔偿制度；加强保护环境，依法关闭破坏资源、污染环境和不具备安全生产条件的企业。建立健全环境保护责任制，对党政领导实行环境质量一票否决制。

（2）确立"生态立省、绿色发展"战略。2006 年 12 月 12—16 日召开的江西省第十二次党代会确立了"生态立省、绿色发展"战略。"生态立省、绿色发展"就是要切实转变增长方式和消费方式，坚持在集约利用资源中求发展，在保护生态环境中谋崛起，巩固和发展江西省的生态环境优势，建设资源节约型、环境友好型社会，大力培育生态文明，使崛起的江西青山常在、绿水长流、资源永续利用。

（3）制订“建设鄱阳湖生态经济区”发展战略。2007 年春，国务院总理温家宝在视察江西及鄱阳湖时发出“要保护鄱阳湖的生态环境，使鄱阳湖永远成为‘一湖清水’”的号召。江西省委、省政府积极响应温总理的号召，及时作出了“建设鄱阳湖生态经济区”的重大战略决策。负责人强调“把鄱阳湖保护治理和鄱阳湖经济社会发展作为一个事关全局的战略性问题来研究”“推进鄱阳湖生态经济区建设，要坚持在保护中开发，在开发中保护，实现生态文明、经济文明、社会文明协调发展。”并提出“建立鄱阳湖生态经济区，功在当代，利在千秋，是落实科学发展观的具体体现，是推动科学崛起的战略举措，是关系长远发展的重大决策。”

3　推进生态建设

生态建设（或称生态环境建设）是开展生态文明建设的重要内容和基础，没有生态建设，生态文明建设只能是一句空话。近年来，江西在生态建设方面做了大量、细致的工作，取得了显著成效。

（1）坚持开展植树造林活动。在每年的 3 月，江西省各级领导和广大群众积极开展植树造林活动，对提高全省森林覆盖率起到了重要作用。据统计，自 1981 年邓小平同志倡导开展全民义务植树活动以来，全省参加义务植树活动总人数累计达 4.04 亿人次，共植树 19.7 亿株；目前全省森林覆盖率达 60.05%（位居全国各省、区、市前茅）；全省城市绿化覆盖率达 34.78%，人均公共绿地面积增加到 8.34 m^2。

（2）实施造林绿化“一大四小”工程。为贯彻“生态立省、绿色发展”战略，不断提升全省绿化水平，推进生态文明建设，江西省委、省政府决定，从 2008 年起在全省实施造林绿化“一大四小”工程。

“一大”，即确保实现到 2010 年全省森林覆盖率达到 63%这个大目标。采取人工造林、低产林改造、阔叶树补植补造、封山育林、小流域综合治理等措施，加强受灾森林恢复，改善林分结构，提高森林质量。规划到 2010 年，全省新增造林面积 1 000 万亩，完成灾后损毁林地重造 133 万亩、补植补造 191 万亩，完成迹地更新 141 万亩；针阔混交林和阔叶林比重达到 30%以上，林分亩平蓄积提高到 4.2 m^3/亩。到 2012 年，受灾森林基本得到恢复，林分亩平蓄积提高到 5.0 m^3/亩，针阔混交林和阔叶林比重达到 35%以上。

“四小”，即一是设区市和县城所在地绿化。抓好县城以上城市周边防护林带建设，搞好城区绿化美化，提高城市居民生活质量，形成富有生机和活力的城市绿化体系。到 2010 年，全省设区市城市和县城建成区绿化覆盖率分别达到 40%和 35%，绿地率分别达到 36%和 30%，人均公园绿地面积达到 10 m^2。到 2012 年，全省城市绿化覆盖率和绿化质量稳步提高，初步建立多树种合理搭配、多层次绿化美化、管理科学的城市绿地系统。

二是乡镇政府所在地绿化。结合乡镇发展规划，以绿化美化为中心，全面改善乡镇绿化状况和人居环境。到 2010 年，全省乡镇所在地绿化覆盖率达到 15%，绿地率达到 10%。到 2012 年，全省乡镇所在地绿化覆盖率达到 20%，绿地率达到 15%。

三是农村自然村绿化。结合新农村建设，充分利用农村房前屋后的闲置地，因地制宜选择绿化树种，发展速生树种风景林、经济果木林等，改善农村居住环境，增加农民收入。抓好农田林网建设，结合土地整理、造地增粮富民工程、农业综合开发高标准农田建设等项目，在田边、路边、渠边、沟边栽植速生丰产林、经济树种或乔木，形成农田林网或林带，改善农区小气候，促进粮食等农产品稳产高产。到 2010 年，全省新农村建设试点村、交通干线沿线可视范围内乡村全面绿化，已实施土地整理和园田化改造的农田全面完成林网建设。到 2012 年，全省村庄绿化覆盖率达到 35%以上，初步建成比较完善的农田林网体系。

四是基础设施、工业园区和矿山绿化。以高速公路、铁路、国省道、市县级干道两侧和江河渠道沿岸为主体，抓好通道绿化。到 2010 年，已建和新建高速公路、铁路宜林路段绿化率达到 85%以上，国省道干线绿化率达到 80%，县乡公路绿化率达到 80%，江河渠道绿化率达到 60%。到 2012 年，已建和新建高速公路、铁路宜林路段全面绿化，绿化档次达到国内先进水平；国省道干线绿化率达到 100%，县乡公路绿化率达到 85%，江河渠道绿化率达到 80%，初步形成集景观效益、生态效益、经济效益和社会效益于一体的绿色廊道。现有城市建设项目要基本实现绿化，城市改建、扩建、新建项目必须按规定抓好附属绿地建设，做到同步施工、同步验收。大力开展工业园区绿化美化和矿山复绿。到 2010 年，工业园区绿化覆盖率达到 35%以上，重要铁路、高速公路沿线和设区市城市可视范围内矿山全面实现复垦复绿。到 2012 年，全面建成生态工业园区，全省矿山地质环境综合治理率、土地复垦率分别达到 50%以上和 30%以上。

4　实施生态保护

保护生态环境是建设生态文明不可缺少的重要内容。江西省实施生态保护采取的主要措施有：

（1）建立自然保护区。江西自然环境优越，气候温和，光照充足，水热充沛，土壤类型多，生态条件好，因而野生动植物种类繁多，区系成分极为丰富。建立江西自然保护区，对于保护生物多样性、促进人与自然和谐发展具有重要意义。到 2006 年年底，全省已建成各类自然保护区 155 处，保护面积达 105 万 hm^2，约占全省国土面积的 6.03%，其中国家级 6 个、省级 24 个、县市级 125 个。这些自然保护区保护了全省主要的自然生态系统类型，保存了 85%的野生动物种群和 80%的高等野生植物群落。

（2）创建生态示范区。近年来，江西先后创建了一大批生态示范区，其主要目的是保护资源、优化环境、改善生态，促进生态文明建设。据有关部门统计，到 2005 年年底，江西省创建国家级生态示范区试点 28 个，已被命名的全国示范区 5 个；示范区及建设试点数占全省县（市、区）总数的 1/3，面积达 955.5 万 hm^2，占全省国土面积的 57.3%。

（3）扩大生态功能保护区。生态功能保护区是指在保护流域或区域达到生态平衡，遏制生态环境的破坏和生态功能的退化，减轻和消除自然灾害，确保国家和地区生态环境安全方面具有重要作用的江河源头区、重要水源涵养区、水土保护的重点预防保护区和重点监督区、江河洪水调蓄区、防风固沙区以及重要渔业水域等重要生态功能区域，依照规定程序划定一定面积予以重点保护、建设和管理的区域。

1998 年长江流域发生特大洪涝灾害之后，建设和扩大生态功能保护区受到国家的高度重视，江西省也抓紧建设和扩大生态功能保护区区域。先后建成的生态功能保护区有：鄱阳湖国家级生态功能保护区、东江源国家级生态功能保护区、章江源省级生态功能保护区、仙女湖省级生态功能保护区等。截至 2005 年年底，江西省共开展了 6 个国家级和省级生态功能保护区建设试点工作，保护区总面积扩大到 414.3 万 hm^2，占全省国土面积的 24.8%。

（4）建设森林公园。建设森林公园的首要任务，就是要把珍贵的森林风景资源保护好，真正把青山、绿水和蓝天凝结在森林风景资源中的中华优秀传统文化传给子孙后代，从而实现人与自然的和谐发展、可持续发展。据统计，截至 2005 年年底，全省已兴建森林公园 75 个，总经营面积 39.33 万 hm^2，其中国家级 33 个，面积 30.73 万 hm^2；省级 42 个，面积 8.6 万 hm^2。

5 开展生态治理

开展环境整治和生态治理，这是建设生态文明必不可少的重要环节。近年来，江西在环境整治和生态治理方面突出抓了以下几方面的工作。

（1）对工业污染源及污染物的控制与治理。一是重点对“四河”（袁河、萍水河、乐安河、耶溪河）流域水环境综合整治；二是关停、取缔污染严重的“十五小”企业；三是对工业生产污染的全过程进行控制；四是在引进工业项目时，坚决做到“三不准”，即严重污染环境的项目坚决不准搞，严重危害人民生命健康和职工安全的项目坚决不准搞，黄、赌、毒的项目坚决不准搞。

（2）对农业环境质量调查与监督。一是对农业环境质量进行调查，对农田、果园、蔬菜用地等食物生产种植土壤的环境质量进行监测，防治土壤环境污染，保障群众吃上放心的食品；二是对农业环境监测与农畜产品质量调查，对畜禽养殖污染实行监管，积极推进畜禽粪便的污染防治和无害化处理；三是对农业污水灌溉调查，并加大治污（治理污水）、减污力度；四是对基本农田保护区土壤环境质量调查与监测；五是对优势农产品区域环境质量调查。在上述调查、监测的基础上，保障农村、农民、农业有合格的生活用水和生产灌溉用水，切实加强农村饮用水水源地保护和水质改善、大力推进农村生活污染治理，以及提高农业面源污染监测能力。

（3）强化环境监督管理。①坚决把好建设项目环保准入关。时任江西省省长强调：“如果是污染环境的项目，不管有多大，一律不予审批。”②对重点地区、重点行业、重点企业实行重点监管。对未采取有效措施、减排进度缓慢、化学需氧量和二氧化硫排放不达标的地区和企业，要实行重点整治，从严处罚，限期整改。进一步加大排污费征收力度，以行政的、经济的和法律的手段，促使企业自觉履行环保责任。③开展污水处理设施专项整治。加快推进市、县污水处理设施建设，要求污水处理厂与管网设施同步规划、同步建设、同步投运，年内 50%以上的县（市、区）污水处理厂及污水收集管网同步建成。④加强水环境污染防治。按照“治湖先治水，治水先治河，治河先治污，治污先治人，治人先治官”的新防治思路，实行河段分辖区行政首长承包责任制，对“五河”源头及其干流沿线、东江源头和鄱阳湖滨湖 1 km 范围内的污染企业进行清理，对饮用水水源保护区内排污口整治成果开展回头看，保障群众饮用水水源地水质安全。⑤开展城区废气污染治理。主要是淘汰中心城区燃煤锅炉，整治餐饮油烟污染，督促搬迁城区污染严重企业，减少城市中心区有毒有害气体排放，保障群众呼吸新鲜的空气。

6　发展生态产业

发展生态产业是实现经济效益、生态效益和社会效益有机统一的“载体”，因此，可以说发展生态产业既是建设生态文明的核心和关键，也是建设生态文明得以继续和长期坚持的根本保证和内在动力。江西发展生态产业着重在发展生态农业、生态工业、生态旅游业和生态服务业四个方面。

（1）生态农业。时任江西省省长表示，江西发展生态农业，是推动资源节约型、环境友好型社会建设在农业生产上的新实践。江西在生态农业方面的探索与实践，催生了一批优质高效生态农产品基地，加快了农业产业化进程，提高了农业生产效益，促进了农村生态文明乃至全社会生态文明的发展。截至 2007 年年底，江西的农业龙头企业达 273 家，年销售收入超亿元的有 115 家；9 个产品被评为中国名牌农产品，26 个农产品基地列入全国绿色食品原料标准化生产基地，数量居全国首位；415 个食品获得有机食品认证，数量居全国第一；蟹虾、鳗鱼等特种水产品创汇额，连续多年雄冠内陆省市。

（2）生态工业。江西发展生态工业、推进生态文明建设主要采取了下列措施：一是转变工业生产发展方式，改粗放型生产方式为集约型生产方式；二是实行工业清洁生产，减少污染物质排放；三是大力发展生态工业园区。

生态工业区是继工业园和高新技术园后的第三代工业园，是一种可持续发展的园区建设模式。通过重构绿色导向机制，建立生态工业技术支撑体系，建立完善的市场调控体系，发展有自主知识产权的环保技术，加大对生态园区的政策扶持等措施，促进江西生态工业园区发展，这不仅有助于江西生态文明建设，还是江西走新型工业化道路的必由之路。

2008 年 3 月，江西省出台了《关于创建生态工业园区的实施意见》。根据该《意见》，一是江西省将打造工业园区环境优势品牌，严格入园项目管理，对未办理环评手续以及未建设污染治理设施的项目一律不得投入生产；二是要求全省工业园区以技术创新和制度创新为动力，以保护生态环境、降低资源消耗、减少废物排放、促进废旧物质回收和再生利用、提高资源利用率和土地利用率为核心，大力发展生态工业，走出一条符合江西生态特色和生态文明建设要求的新型工业化道路。

（3）生态旅游业。生态旅游业既是21世纪旅游业发展的方向，又是实现人与自然和谐发展、建设生态文明的必然要求。2001年8月，江西省委、省政府即提出把江西建设成为“沿海地区群众旅游休闲的‘后花园’。”近年来，江西生态旅游业呈现快速发展的良好势头。如赣州市大力开展以森林公园和自然保护区为依托的森林生态旅游活动，截至 2004 年年底，赣州市已建立国家和省级森林公园18处，经营面积9.66万hm^2，其中：国家级森林公园有安远三百山、宁都翠微峰、大余梅关、崇义阳岭、上犹五指峰和陡水湖 6 处；建立国家和省级自然保护区 4个，面积4.82万hm^2，其中国家级自然保护区有1处（九连山）。2002—2004年，森林生态旅游收入占全市旅游总收入的30%以上。

据中国网（http：// www.china.com.cn）2009年4月4日报道，走进春天，婺源10万亩油菜花漫山遍野、金色一片。据当地旅游局统计，2009年3月，婺源共接待中外游客73万人次，同比增长80%；综合旅游收入达1.3亿元，同比增长85%。油菜花为“中国最美的乡村”添上了浓墨重彩的一笔。婺源自古有红的荷包鲤鱼、绿的茶叶、黑的龙尾砚、白的雪梨四色特产。随着文化与生态旅游业的迅猛发展，2001年以来，这个县又孕育出“油菜花”这一金色特产，推动当地年接待游客量从12.5万人次上升至2008年的410万人次。婺源油菜花成为当地生态旅游业最艳丽的“第五色”。

（4）生态服务业。除大力发展生态旅游业之外，江西还大力发展以绿色商贸、绿色物流为重点的生态服务业。加快传统服务业向生态服务业转型，培育和发展一批具有市场竞争能力、经营规模合理、技术装备水平较高、生态效益明显的连锁企业、生态物流企业，促进社区服务业、现代金融保险业、信息服务业成为生态服务业中的主导产业。

近期，江西在发展生态服务业方面突出抓了两项“工程”：一是“绿色饭店”创建工程。运用安全、健康、环保理念，在全省星级饭店开展以减少环境污染、节水、节能降耗为核心内容的“绿色饭店”创建。二是生态物流示范工程。优化物流中心建设的布局，做大做强南昌物流中心的基础上，加快发展九江物流中心（赣、鄂、皖、湘区域性转港贸易物流中心）、赣州物流中心（赣、粤、闽、湘四省现代网络体系的重要枢纽）、新余物流中心（赣西物流中心）。

7　大兴循环经济

（1）意义重大。循环经济是一种以资源的高效利用和循环利用为核心，以“减量化、再利用、资源化”为原则，以低消耗、低排放、高效率为基本特征，符合可持续发展理念的经济增长模式，是对“大量生产、大量消费、大量废弃”的传统增长模式的根本变革。可以说，循环经济是生态文明的重要内容，发展循环经济就是建设生态文明。

（2）成效显著。近年来，江西在大力发展循环经济方面已取得较大成效，具体表现在：

①“节约降耗”取得积极进展。通过实施一批重大项目，推广使用节能降耗的新工艺、新技术、新设备、新产品，全省产值能耗、产品能耗、建筑能耗和照明能耗明显下降，主要设备能源利用效率不断提高。如 2005 年，全省万元国内生产总值能耗（按标煤计算）下降到 1.06 t，比全国低 13.1%，其中万元工业增加值能耗（按标煤计算）为 2.08 t，比 2000 年下降 27.8%；全省重点钢铁企业吨钢综合能耗（按标煤计算）为 687 kg，比 2004 年降低 11.4%。与此同时，节材、节水工作取得较好成效。2005 年，全省推广散装水泥 928 万 t，节约包装袋 1.8 亿个；万元生产总值用水量为 522 m^3，比 2004 年下降 19.7%。

②减量排放、清洁生产取得初步成效。一是废水排放状况改善。2005 年，全省废水排放 53 972 万 t，比 2004 年减少 972 万 t；工业用水重复利用率达到 61.3%，比 2004 年提高 16.7 个百分点；工业废水排放达标率为 92.1%，比 2004 年提高 3.4 个百分点。二是固体废物处置能力不断提高。2005 年，全省工业固体废物综合利用量 1 899 万 t，比 2004 年增加 229 万 t；工业固体废物综合利用率为 26.9%，比 2004 年提高 1.6 个百分点；工业固体废物处置量 4 591 万 t，比 2004 年增加 450 万 t。三是企业清洁生产审核和业务培训工作进一步加强，创建了全顺汽车厂、亚东水泥厂等一批省级清洁生产示范企业。

③资源综合利用水平稳步提高。2005 年，全省认定的资源综合利用企业达到 299 家，实现销售收入 92 亿元。一是有色金属矿产资源综合利用走在全国前列；江西省铜、钨、钽、铌、稀土等矿产资源丰富，有色金属矿产的采选、冶炼技术在全国领先；二是废旧物资回收取得明显成效；2005 年，全省物资回收经营企业

达到 170 家，回收生产性废旧金属 186 万 t，实现销售收入 63 亿元，回收拆解报废汽车 1.5 万辆，形成了一批年销售收入过亿元的综合回收利用基地。

（3）目标明确。江西省已于 2007 年 1 月制定了《江西省循环经济“十一五”发展规划》，提出了江西发展循环经济的目标是：到 2010 年，每万元生产总值能耗比 2005 年降低 20%以上；到 2020 年，资源环境约束得到有效缓解，基本形成经济与环境相互协调、人与自然相互和谐的发展模式，成为全国发展循环经济和生态环境建设的示范区。

（4）措施得力。江西发展循环经济，要大力推进节约降耗，提高资源利用效率，减少自然资源的消耗；全面推行清洁生产，从生产和服务的源头减少污染物的产生；加强资源综合利用，最大限度地利用各种废弃物和再生资源，减少废弃物的最终处置量；积极发展环保产业，为资源高效利用和循环利用提供物质技术保障。重点采取以下几项措施：一是在资源开采环节上，要大力提高资源综合开发和回收利用率；二是在资源消耗环节上，要大力提高资源利用效率；三是在废弃物产生环节上，要大力开展资源综合利用；四是在再生资源产生环节上，要大力回收和循环利用各种废旧资源；五是在社会消费环节上，要大力提倡绿色消费，树立可持续的消费观，提倡健康文明、有利于节约资源和保护环境的生活方式与消费方式。

8 实施“山江湖工程”

始于 20 世纪 80 年代初的江西“山江湖工程”，是一项以可持续发展为目标的艰巨浩繁的跨世纪工程；实施“山江湖工程”，是江西 20 多年来建设生态文明的有益实践与探索。

（1）严峻的形势。20 世纪 70 年代末至 80 年代初，江西出现一系列生态环境问题，如生态破坏、水土流失、洪涝灾害等，恶劣的生态环境已经成为当时制约经济社会发展、造成贫困人口剧增的首要原因。在江西赣南，甚至有人发出了“兴国要亡国、宁都要迁都、赣南被赶出”的忧虑。可以说，此时的江西已经陷入了“不改变生态环境，就没有出路”的绝境。

（2）工程的由来。面对江西严峻的生态环境形势，江西省委、省政府极为重视，于 1983 年成立了“江西省人民政府鄱阳湖综合科学考察委员会”，下设办公室，组织全省 600 多名科技人员对鄱阳湖进行多学科综合考察，几乎同时，又组织相关科技力量对赣南山区和赣江流域的自然资源进行综合科学考察与治理研究。在对“山”（赣南山区）、“江”（赣江）、“湖”（鄱阳湖）进行综合科学考察和治理研究的过程中，广大科技人员经过认真分析和深入研究，并结合江西自然地理与生态环境的特点，发现山—江—湖之间存在内在必然联系，于是提出了“治湖（鄱阳湖）必须治江（赣江）、治江必须治山（赣南山区）、治山必须治穷”的新理念。宏伟的“山江湖工程”也正由此拉开帷幕。

（3）采取的措施。山江湖工程从开始实施就用科学理论指导实践，它把三面环山、一面临江、覆盖全省辖区面积97%的鄱阳湖流域视为整体，系统治理，创造性地提出山江湖工程的指导方针：“立足生态、着眼经济，系统开发、综合治理”。根据这一指导方针，20多年来，山江湖工程采取了以下具体措施：一是科学规划，典型引路，试验与示范相结合，先后制定了《江西省山江湖开发治理总体规划纲要》和《江西省山江湖工程“十一五”规划纲要》，并建立了9大类28个试验示范基地和100多个辐射点，形成了遍布鄱阳湖流域的试验示范网络；二是实行山地丘陵小流域综合治理；三是推广应用生态农业模式；四是实施“灭荒”造林、“山上再造”和“跨世纪绿色工程”三大战役，大幅度提高江西森林覆盖率；五是“治穷”与“治愚”相结合，大力发展教育，提升农民素质；六是加强国际交流，开展国际合作。

（4）取得的成效。①生态环境改善。山江湖工程的成功实施，使全省森林覆盖率以每年1个多百分点的速度攀升，水土流失面积每年以近80万亩缩小。目前江西森林覆盖率高达60.05%，跃居全国第二；Ⅰ～Ⅲ类水质占总流量的76%；生态示范区面积占总面积的 57.3%。②贫困人口减少。生态环境改善的同时，江西经济社会发展得到快速发展，农村贫困人口每年以24万人递减。③国际影响扩大。山江湖工程除获得有关国家和国际组织的技术和资金支持外，还应邀参加了在南非举行的国际环境与可持续发展高峰会和全球湖泊网年会，江西鄱阳湖作为中国唯一的湖泊成员，成为世界生命湖泊网的正式成员，为山江湖工程建立了新的对外交流平台。全球自然基金干事 Garcia 博士赞叹：“山江湖工程已成为全球在经济发展过程中保护环境的典范工程。” 当今，一个山清水秀、生机勃勃的“生态江西”正矗立在世人面前。

9 建立长效机制

从长远讲，要确保江西生态文明建设的可持续发展，必须建立长效机制：一是要建立生态补偿机制；二是要完善相关法律法规。

（1）建立生态补偿机制。《国务院关于落实科学发展观　加强环境保护的决定》明确提出，“要完善生态补偿政策，尽快建立生态补偿机制。中央和地方财政转移支付应考虑生态补偿因素，国家和地方可分别开展生态补偿试点”。《国务院2007年工作要点》已将“加快建立生态环境补偿机制”列为抓好节能减排工作的重要任务。建立和完善生态补偿机制，已经从社会呼吁、科学研究阶段发展到政府操作、试点实施阶段。

当前，江西正在就建立东江源生态补偿机制、鄱阳湖水资源保护生态补偿机制和长江流域上中游生态补偿机制等进行研究和探讨。

①建立东江源生态补偿机制。东江发源于江西省赣州市寻乌县境内，担负着香港、深圳、广州等地的供水重任。为涵养水源，东江源区森林覆盖率达到72.3%，人均耕地比全国人均水平的一半还低，同时严格控制工业发展。东江源区3县贫困人口占总人口比例高达42%。从20世纪90年代开始，广东省逐步加大了对东江中上游地区的财政转移支付力度，用于生态补偿，但由于东江源区3个县隶属江西省而未被列入补偿范围。考虑到东江源特殊的生态功能和生态保护的紧迫性，通过建立生态补偿机制，将东江源区纳入东江流域生态保护与建设及水资源管理全盘考虑迫在眉睫。全国政协常委、省政协等多位领导、专家在进行了专题调研的基础上，提出要尽快确定流域生态补偿的各利益相关方，界定责任主体；综合考虑东江源区生态保护与建设的投入、对当地发展的影响、上下游收入的差距等因素，估算补偿标准；确定以政府主导的公共支付为主的补偿方式，广东省和江西省共同出资建立东江源生态补偿基金，专项用于源区的生态建设和环境保护。

②建立鄱阳湖水资源保护生态补偿机制。鄱阳湖不仅属于江西，属于长江中下游，也属于中国，属于世界。鄱阳湖既是我国最大的淡水湖，也是国际著名湿地。鄱阳湖作为长江干流重要的调蓄性湖泊，为长江流域提供了约15%的水资源量。长期以来，为保护鄱阳湖这“一湖清水”，历届江西省委、省政府以高度的责任感保护环境、控制工业污染，鄱阳湖水质基本维持在Ⅱ～Ⅲ类标准。但随着鄱阳湖区工业化、城市化进程的加快，工业与生活污水排放增加，鄱阳湖出现了水

质、水量、水位下降的趋势，鄱阳湖水资源的保护面临艰巨的任务。可以说，加大对鄱阳湖水资源的保护力度已刻不容缓。然而，保护鄱阳湖是一个系统工程，地方财力已难以承担，需要国家高度重视、关心和大力支持。为此，在2009年3月全国“两会”期间，多名全国政协委员联名提案呼吁建议国家建立“鄱阳湖水资源保护补偿机制”。其具体内容包括：将“鄱阳湖水资源保护”列为国家生态补偿机制建设项目，尽快实施；有目的地征收水资源税，专项用于水资源保护；在长江中下游地区建立水资源有偿使用非税收入基金，主要用于对水资源保护的补偿；在财政收入中拨出一部分款项，专门用于湖泊河流水资源保护，进行水污染预防投入，也可作为水资源保护的奖励资金予以发放；通过建立水资源保护补偿项目筹集补偿资金；实行鄱阳湖生态经济区水资源保护目标管理，将该区域提供的水源制定等级标准，依据水质优良程度给予奖励或补偿；针对多年来鄱阳湖区域保护水资源的成本和损失给予一次性补偿；对鄱阳湖水资源保护有积极作用的产业转型、绿化、水污染治理等项目给予财政支持或补贴，并对相关项目进行优先立项，优惠补助。

③建立长江流域上中游生态补偿机制。江西地处长江流域中下游南岸，建立长江流域上中游生态补偿机制对江西经济发展和生态文明建设具有重要现实意义。陈清华等专家建议，为保护长江水环境，推进生态文明建设，应采取以下具体补偿措施：一是设立专门用于长江流域上中游的生态建设和环境保护基金；二是抓紧建立统一的生态环境补偿税制度，解除部门交叉、重叠收费的现象；三是按照“谁破坏、谁恢复”，“谁污染、谁治理”，“谁受益、谁付费”的原则，对生态破坏者采取缴纳补偿费或完成生态恢复工程等措施，使之负担起与生态环境损害相应的经济责任。

（2）完善相关法律法规。不断完善江西生态文明建设的相关规章制度和法律法规，切实做到以“法”保障全省生态文明建设的有序进行，从而实现江西生态文明建设的健康发展和可持续发展。

近年来，江西先后出台了一系列相关法规制度，如《江西省环境污染防治条例》《江西省建设项目环境保护条例》《江西省古树名木保护条例》《江西省资源综合利用条例》《江西省鄱阳湖湿地保护条例》《关于加强东江源区生态环境保护和建设的决定》等。针对发展循环经济和资源节约利用，也已出台了《江西省发展循环经济和建设节约型社会工作分工方案》《江西省发展循环经济2006—2007年工作纲要》《江西省实施〈节约能源法〉办法》《江西省资源综合利用条例》《江西省保护性开采的特定矿种管理条例》等。上述各项制度和法律法规的相继出台和实施，形成了建设生态文明的有力的法制保障体系，必然为江西生态文明建设“保驾护航”，推进全省生态文明建设健康向前发展。

参考文献

[1] 彭昆生. 江西生态[M]. 南昌：江西人民出版社，2007.

[2] 刘宜柏，王晓鸿，黄国勤. 生态经济与生态江西[M]. 北京：中国农业出版社，2005.

[3] 黄国勤. 江西生态安全研究[M]. 北京：中国环境科学出版社，2006.

[4] 吴晓青，沿边. 加快建立生态补偿机制 促进区域协调发展[J]. 求是，2007（19）.

[5] 邓兴明. 生态立省生态要优先 绿色发展方式要转变[N]. 中国环境报，2009-04-03.

[6] 黄国勤. 江西省生态安全面临的问题和生态建设对策[J]. 安全与环境学报，2006（2）.

[7] 黄国勤. 生态文明及其若干特征[J]. 可持续发展研究，2008（1）：52-54.

[8] 黄国勤. 建设生态文明的重大意义及战略对策//科学发展与社会责任——第十届中国科协年会论文集[M]. 北京：中国科学技术协会声像中心出版社，2008：20-25.

江西“绿色崛起”的探索与实践*

摘　要：江西地处长江中下游南岸，是我国中部地区经济欠发达省份。近年来，江西实施“科学发展、进位赶超、绿色崛起”的发展战略，在推进经济与生态协调发展方面取得了明显进展和积极成效。笔者在调查研究和充分查阅有关文献资料的基础上，回顾了江西“绿色发展”“绿色崛起”的探索过程；总结了江西实施“绿色崛起”战略采取的重大举措；分析了近年来，尤其是最近 5 年（2006—2010 年）来江西实施“绿色崛起”的实践成效。文章层次清晰，观点新颖，对我国中部地区实现经济社会跨越式发展具有一定的参考价值。

关键词：绿色崛起　生态环境　可持续发展　江西

The Exploration and Practice of “Green Rising” in Jiangxi Province，China

Abstract: Jiangxi is situated at southern shore of middle and lower reaches Yangtze River and it is developing province at the middle area in our country. In recent years，Jiangxi implemented the developmental strategy of “the scientific development，carrying surpasses，and the green rose” and has made the distinct progress and the positive result in the advancement economy and the ecology coordinated development aspect. By means of investigation and studying and reading related literature material information， the author reviewed the exploration process of “the green development”，“the green rises” in Jiangxi Province; summarized the strategy adopted of the

---

* 作者：黄国勤。

本文系作者于 2011 年 9 月 21 日在天津召开的第十三届中国科协年会第六分会场“绿色发展与沿海城市可持续发展战略国际研讨会”（ Sixth branch meeting place of 13 th session of annual meeting of Chinese Science Association “International seminar on green development and coastal city sustainable development”）上所作报告的主要内容，并载《第十三届中国科协年会论文集》（中国科学技术协会、天津市人民政府，2011 年 9 月）。

significant action in the implement of "the green to rise"; and analyzed the practice results of implemention "the green rises" in the recent years, as well as the recent 5 years (2006-2010) in Jiangxi Province. The article level is clear and the viewpoint is novel, which has certain reference value for the middle area to realize the leap frog development of economy and society in our country.

Key Words: Green Rising; Ecological Environment; Sustainable Development; Jiangxi Province

江西地处长江中下游南岸，是我国中部地区经济欠发达省份。近年来，江西实施“科学发展、进位赶超、绿色崛起”的发展战略，在推进经济与生态协调发展方面取得了明显进展和积极成效，笔者拟对此作一探讨。

1 发展过程

20 世纪 60—70 年代，世界许多国家，尤其是工业化国家，相继出现了严重的生态环境问题，集中表现为“五大危机”——人口爆炸、能源枯竭、资源匮乏、环境污染、粮食短缺。

中国作为世界上最大的发展中农业大国，虽然没有出现像工业化国家那么严重的“五大危机”，但由于经过“大跃进”“大炼钢铁”“农业学大寨”“文化大革命”等，其造成的生态环境问题也是不容忽视的，尤其是到 20 世纪 70 年代中、后期至 80 年代初，其给工农业生产和人民的生活带来的诸多不利影响逐步显现出来。

江西与全国一样，到了 20 世纪 70 年代末至 80 年代初，出现了严重的生态环境问题，表现为乱砍滥伐、毁林种粮、盲目围垦、植被破坏、水土流失、水旱灾害等，一眼望去，江西到处是“裸露的山脊、黄色的平原、浑浊的河流湖泊”景象，恶劣的生态环境已经成为制约经济社会发展、造成贫困人口剧增的首要原因。在赣南山区，人们甚至发出了“兴国要亡国、宁都要迁都”的惊呼。可以说，此时的江西已陷入了不改变生态环境就没有出路的绝境。

针对出现上述严重的生态环境问题，1983—1986 年，在国家计委、国家科委等部委的大力支持下，江西省启动了“鄱阳湖综合考察与治理研究”项目，旨在对以鄱阳湖为“中心”的全省生态环境问题进行综合考察和调查研究，并在此基础上进行鄱阳湖环境整治和生态建设。然而，就在进行该项目研究的同时，省内外专家通过不断分析和探索，取得共识，即根据江西特殊的地形地貌（东、西、南三面环山，北面开口，三面高、北面低，赣、抚、信、饶、修五大河流汇入鄱阳湖，鄱阳湖经过湖口流入长江），山（赣南山区）—江（赣江）—湖（鄱阳湖）紧密相连，形成一相对封闭的生态系统；“山是源，江是流，湖是库”；要治理好江西的生态环境，必须实施“治湖必须治江，治江必须治山，治山必须治穷，治穷必须治愚（发展教育，提升素质）”。根据这一思路，专家们于1985年正式向江西省人民政府提出了“实施‘山江湖工程’，全面治理江西生态环境”的战略构想，并于1991年12月18日通过了《江西省山江湖开发治理总体规划纲要》。至此，“山江湖工程”成为振兴江西生态经济的宏伟工程。

进入21世纪，江西省委、省政府明确提出了实施“生态经济”战略。2000年，时任江西省委书记舒惠国相继发表了“生态江西21世纪的经济战略”[人民论坛，2000（11）：13-14]；2001年，舒惠国又进一步提出“生态经济战略是江西21世纪发展的必然抉择”[江西气象科技，2001，24（1）：1-6]。2000年1月10日，《瞭望新闻周刊》（第2期）发表了“江西有条件建成我国第一个生态经济区”一文，指出江西建设生态经济区条件优越、基础扎实，具有诸多特殊意义和现实可操作性。

2001年5月，时任江西省委书记率领江西学习考察团首赴广东。其间提出了江西发展的新战略——“三个基地、一个后花园”，即努力把江西建成沿海发达地区产业梯度转移的承接基地、优质农副产品的供应基地、劳务输出基地和沿海地区群众旅游休闲的后花园。

2003年3月，在工业化、城市化进程不断加速的新形势下，江西省委、省政府又不失时机地提醒全省上下，在发展的同时，必须加倍珍惜环境和资源，注意处理好发展与合理利用资源、保护生态环境的关系。并强调指出江西“既要金山银山，更要绿水青山”。

2005年12月17日，在南昌闭幕的“中共江西省委十一届十次全体会议”审议通过了《中共江西省委关于制定全省国民经济和社会发展第十一个五年规划的建议》和《中共江西省委常委会2005年度工作报告》，会议明确提出了“十一五”时期全省经济社会发展的指导思想、总体要求，概括起来就是要坚持一个统领——坚持以科学发展观统领经济社会发展全局，大力推进“五化”——农业农村现代化、新型工业化、新型城镇化、经济国际化和市场化，建设“三个江西”——创新创业江西、绿色生态江西、和谐平安江西。会议首次明确提出了“绿色生态江西”

是江西今后发展的重要目标之一。

2006 年 12 月 12—16 日召开的江西省第十二次党代会确立了“生态立省、绿色发展”战略（中国江西网-江西日报，http：//www.sina.com.cn，2007-01-10）。会议指出，随着“生态立省、绿色发展”战略的实施，随着减排目标的实现，建设“充满活力、富裕文明、山清水秀、和谐平安”的新江西将不是梦想。

2007 年 4 月，国务院总理温家宝视察江西时发出了“要保护鄱阳湖生态环境，使鄱阳湖永远成为‘一湖清水’”的号召。江西省委、省政府积极响应温总理的号召，于 2008 年 3 月及时作出了建设鄱阳湖生态经济区的重大发展战略。党中央、国务院十分关心和高度重视鄱阳湖的保护与发展，国务院于 2009 年 12 月 12 日正式批复《鄱阳湖生态经济区规划》，使建设鄱阳湖生态经济区上升为国家战略，成为新中国成立以来江西省第一个列为国家战略的区域性发展规划，是江西发展史上重要的里程碑。

2010 年 3 月 16 日，“全省领导干部会议”在南昌召开，省委书记作了题为“奋力迈出科学发展　进位赶超　绿色崛起新步伐”的重要讲话，要求全省各级领导干部要“坚持以加快经济发展方式转变为主线，以推进鄱阳湖生态经济区建设为龙头，以推动城乡协调发展为取向，以提升群众的幸福感和社会的和谐度为目的，奋力在科学发展、进位赶超、绿色崛起进程中迈出新步伐，取得新成效”。

由此可见，从 20 世纪 80 年代至今，江西在“绿色发展”“绿色崛起”的道路上，实际上是沿着“生态环境问题突出→鄱阳湖考察与治理→山江湖工程→生态经济战略→生态江西与绿色发展→建设鄱阳湖生态经济区→科学发展、进位赶超、绿色崛起”方向不断探索，并一步一步向前推进的。

2 战略举措

从 20 世纪 80 年代至今，江西在推进“绿色崛起”过程中，实施了一系列重大战略举措。由于篇幅所限，这里仅就最近几年采取的一些战略措施进行简要回顾和总结。

2.1 开展生态建设

森林是陆地生态系统的主体。提高森林覆盖率，是开展生态建设、改善生态环境的重要手段和途径。为推进鄱阳湖生态经济区建设，实现“绿色崛起”，从

2008 年开始，江西实施造林绿化“一大四小”工程。“一大”，指抓好绿化造林，确保 2010 年全省森林覆盖率要达到 63%；“四小”，即抓好设区市和县城所在地的绿化；抓好乡镇政府所在地的绿化；抓好农村自然村的绿化；抓好基础设施、工业园区和矿山的绿化。2008 年 10 月 6 日，省委、省政府召开全省造林绿化“一大四小”工程建设动员大会，提出要三年初见成效，五年明显变化，到 2010 年全省完成造林绿化 1 465 万亩。江西由此吹响了绿化造林的新号角，拉开全省造林绿化“从山上到山下”的序幕。该工程在保护江西青山绿水的同时，也惠及百姓，带动了就业和农民增收。

2.2　实行环境整治

2010 年，为策应鄱阳湖生态经济区建设，构建安全可靠的生态环境保护体系，江西实施了生态环境整治十大措施：一是对鄱阳湖生态经济区建设一系列大项目实行靠前服务，实行绿色通道审批。将以环评审批为手段，严格控制在鄱阳湖等重要湖库区新建各类高能耗、高排放、高污染项目，提高环境准入门槛，促进结构调整、产业升级；继续关停取缔、淘汰落后工艺设备产能，督促企业对传统产业进行生态化改造。二是打好“十一五”主要污染物减排收尾攻坚战。三是开展“五河一湖”（赣江、抚河、信江、饶河、修河和鄱阳湖）及东江源水环境综合整治行动。四是开展全省重金属污染防治专项整治行动。五是开展保障群众饮用水安全专项整治行动。六是开展城市污水处理厂稳运增效专项整治行动。七是开展生态示范创建活动。八是以鄱阳湖生态经济区城市为重点，开展机动车尾气整治行动。九是完善鄱阳湖水质监测网络。十是全力推进环保能力建设。其中，前四项措施和机动车尾气整治及城市污水处理，是全省环保工作的“重中之重”。

2.3　发展新型工业

按照《鄱阳湖生态经济区规划》的要求，在鄱阳湖生态经济区将建设以新型工业、生态农业和现代服务业为支撑的环境友好型产业体系。“产业生态化、生态产业化”将是鄱阳湖生态经济区产业发展的方向和生态建设的目标。2010 年江西确定的重点发展的十大新型工业为：一是光电产业，在南昌建设 LED 芯片、发光件及器件，计算机等终端电子产品项目、第三代移动通信产品研发及产业化基地，在鹰潭建设节能照明产业基地，在萍乡建设 LED 半导体生产基地；二是新能源产业。在新余和南昌建设高纯硅材料、太阳能电池组件与发电系统、兆瓦级风电设备与螺杆膨胀发电机组生产基地，在吉安建设风电设备生产基地，在宜春建设国家锂电新能源高新技术产业化基地，在新余建设国家电池级碳酸锂产业化基地、国家动力和储能电池产业化基地；三是生物医药产业；四是铜冶炼及精深加工产业；五是优质钢材深加工产业；六是炼油及化工产业；七是航空产业；八是新型汽车及配件产业；九是陶瓷产业；十是钨、稀土精深加工产业。建设赣州精深加工基地，加快稀土永磁材料、永磁电机、硬质合金和刀钻具、新型光源和节能灯具等产业开发，到 2015 年，建成集原材料采选、精深加工和技术研发于一体的产业群，主营业务收入超 1 000 亿元。

2.4 推广低碳农业

低碳农业是指在发展农业生产过程中，采用和推广各种“先进”技术，以尽可能减少能量、物质消耗，减少 CO_2 等温室气体的排放，减少环境污染，从而获得最大的经济效益、社会效益和生态效益。可以看出，低碳农业具有“四低两高”的特征：低能耗、低物耗、低排放、低污染、高效率、高效益。显然，发展低碳农业——这才是中国特色的“绿色发展”、可持续发展之路，低碳农业——是我国未来农业发展的重要方向和主导模式。

江西在推进鄱阳湖生态经济区建设过程中，大力推广低碳农业模式和技术。就推广的低碳农业模式而言，主要有：立体农业模式、生态农业模式、绿色农业模式、循环农业模式、休闲观光农业模式和生态高值农业模式等；从推广的低碳农业技术来说，主要有：①少耕、免耕技术；②作物秸秆还田技术；③绿肥养地技术；④间、混、套作技术；⑤作物复种轮作技术；⑥轻型栽培技术，如直播、抛秧等；⑦沼气综合利用技术，如实行“猪—沼—果”生产模式等；⑧废物循环再生利用技术，做到“废物不废，变废为宝、化害为利，资源再生，物质再用”的过程；⑨节水灌溉技术，如在稻田中进行“间歇湿润灌溉”；⑩节地种植技术；⑪生物固氮技术，种植豆科作物进行生物固氮，这是非常有效且简便的低碳农业技术。

2.5 加强防灾减灾

江西是我国南方自然灾害比较严重的地区之一，自然灾害发生的频繁、危害重，对江西经济社会的全面、协调和可持续发展构成重大威胁，对建设社会主义和谐社会。为实现“绿色崛起”，江西高度重视防灾减灾工作，不断构筑防灾减灾体系。2009 年 1 月 13 日，江西省防灾减灾科技中心奠基暨江西省气候变化监测评估中心挂牌仪式在南昌举行。这是江西省进一步加强防灾减灾和应对气候变化工作的一项重要举措，以此为依托，江西省将大大完善全省自然灾害的综合监测、预报、预警、应急指挥和灾后救助功能，全面提升灾害监测、预警、服务和防御能力，同时着力加强气候变化监测、预估、影响评估和对策分析工作，提升该省适应和减缓气候变化的能力。

2.6 建立配套制度

建立健全与生态建设和环境保护相配套的法律、法规和制度，是促进江西“绿色崛起”的重要保障。一是严格按“三个不准”原则办事。为保护生态环境，避免走“先污染、后治理”之路，江西从 2002 年开始就提出要按照“三个不准”的原则和要求办事。即第一，就是严重影响生态环境的工业“不准”搞。江西山清水秀，前辈给我们留下这么好的一块土地，不能在我们的手中把它破坏掉，这个原则我们是要坚持的。第二，严重危害人民身体健康和严重危及人民生命安全的项目“不准”搞。应始终把人民的利益放在第一位，这是最重要的。没有比人民的健康和安全更重要的了。第三，黄、赌、毒的项目“不准”搞。在经济发展的过程中必须两手抓，一手抓物质文明建设，一手抓精神文明建设，那些毒害人民精神的项目坚决不能搞。二是建立健全生态补偿制度。江西正在着手建立东江源生态补偿机制、鄱阳湖水资源保护生态补偿机制。三是建立健全绿色 GDP 核算体系。将资源消耗、生态破坏和环境污染等纳入 GDP 核算体系之中，即建立绿色 GDP 核算体系，这是江西当前正在进行的工作，当然，这要与全国同步进行和配合执行。四是建立健全干部考核的“绿色政绩”指标体系。

2.7 重视宣传教育

为建设鄱阳湖生态经济区，实现“绿色崛起”，江西各级领导和部门十分重视宣传、教育工作，让“生态经济区建设”“保护‘一湖清水’”“绿色发展”“绿色崛起”等家喻户晓、深入人心。

2010 年 1 月 31 日，江西省委、省政府举行“建设鄱阳湖生态经济区动员大会”，大会主题为举全省之力全面推进鄱阳湖生态经济区建设，努力掀起科学发展、进位赶超、绿色崛起新热潮。

从 2010 年 4 月 7 日起，江西省委组织的全省 25 位领导、专家组成宣讲团，分赴各设区市、县（市、区）和部分大中型企业、工业园区、高校宣讲，省委书记要求宣讲团成员在宣讲中要向广大干部群众做到“三个讲清楚”：一要讲清楚，建设鄱阳湖生态经济区，绝不是单纯地保护生态，根本目的是要把江西生态优势转化为经济优势，把绿水青山变成金山银山，更好地为全省人民和子孙后代造福，走出一条科学发展、绿色崛起的路子。二要讲清楚，随着《鄱阳湖生态经济区规划》的实施，必将带来政策、项目、资金等各类经济要素的加速聚集，得到国家在财税、金融政策以及在重大项目布局上的大力支持。因此，江西一定要用好用足国家赋予的先行先试这一重要政策，大力推进项目建设，大力加强固定资产投资，大力推进新型工业化和新型城镇化。三要讲清楚，鄱阳湖生态经济区建设的成败，关键在转变发展方式，引导全省上下深刻认识到转变发展方式是提高经济发展质量的战略举措，是事关江西省经济社会的重大任务，坚定不移地在发展中促转变，在转变中谋发展，始终把扩大总量与提升发展质量有机统一起来，推动江西省经济进入又好又快发展的新阶段。

2010 年 6 月 24 日，“鄱阳湖国际高端讲坛暨鄱阳湖生态经济区建设与发展合作研讨会”在南昌大学国际学术交流中心开幕。会议就如何更好更快地推进“鄱阳湖生态经济区”建设，使鄱阳湖永远成为“一湖清水”这一主题展开研讨，与会代表介绍、交流了一些发达国家在有效开发大江大湖流域和保护生态环境方面的成功经验，对江西建设鄱阳湖生态经济区具有参考和借鉴作用。

2010 年 11 月 20 日，“中国鄱阳湖国际生态文化节”在南昌召开，中国鄱阳湖国际生态文化节是中国实施《鄱阳湖生态经济区规划》后江西省举办的首次大型生态文化盛会，以“生态中国、绿色江西”为主题。江西欲借力鄱阳湖国际生态文化节，全面展示江西独特的生态文化，激发各类文化企业投资江西的热情，推动江西生态文化产业快速发展。

2011 年 3 月 17 日，“中国鄱阳湖生态经济区建设国际研讨会”在南昌召开，国内外专家学者共同探讨鄱阳湖生态经济区建设的重大理论和实践问题，为鄱阳湖生态经济区建设提供智力支持等。

3 实际成效

由上可以看出，江西近年在“生态立省”“绿色崛起”方面做了大量细致工作，采取了一系列重大举措，取得的成效是显然的和有目共睹的。具体来说，其实际成效在于以下几方面。

3.1　生态环境有了明显改善

江西生态环境质量继续位居全国前列。森林覆盖率已由 2005 年的 60.05%提高到 2010 年的 63.10%，位居全国榜首，这是一个了不起的成就。主要河流监测断面水质达标率由 2005 年的 76.3%提高到 2010 年的 80.3%。11 个设区城市空气环境质量全部达到国家二级标准。2010 年城镇生活污水集中处理率和生活垃圾无害化处理率分别达到 67.8%、51.6%。五年间（2006—2010 年），万元 GDP 能耗下降 20%，二氧化硫排放量下降 7%，化学需氧量排放量下降 5%。江西要实现“五个一流”——“一流的水质、一流的空气、一流的生态环境、一流的人居环境、一流的绿色生态保护和建设机制”的目标，是有希望的。

3.2　人民生活水平有了新提高

城镇居民人均可支配收入由 2005 年的 8 620 元增加到 2010 年的 15 481 元，年均增长 12.4%。农民人均纯收入由 3 266 元增加到 5 789 元，年均增长 12.1%。城镇人均住房建筑面积由 25.58 m^2 增加到 32.66 m^2。通过实施民生工程，实现了城乡困难群众最低生活保障、城乡困难群众大病医疗救助、城乡义务教育免学杂费和贫困生资助政策、城乡基本医疗保险制度“四个全覆盖”。

3.3　城乡面貌发生新变化

五年来（2006—2010 年），全省设区市建成区面积扩大 36%，新建和改建城市道路 3 042 万 m^2。新增城市绿化面积 1.25 万 hm^2，城市建成区绿化覆盖率 44.5%，南昌、景德镇、宜春、新余、吉安、赣州、萍乡被评为国家园林城市，新余被评为国家森林城市。一批城市防洪、供水、供气、污水和垃圾处理项目建成并投入运营。解决了 720 万农村人口饮水安全问题，实现了户户通电、行政村村村通油（水泥）路、村村通广播电视、村村通电话、村村通宽带。在 4.6 万个自然村点开展了新农村建设，800 多万村民实现了走平坦路、喝干净水、上卫生厕、用洁净能。

3.4　经济发展迈上新台阶

2006—2010 年，全省生产总值实现五年翻一番，财政总收入、社会消费品零售总额、金融机构存贷款余额四年翻一番，固定资产投资和工业增加值三年翻一番，出口总额两年翻一番。粮食生产连续五年大丰收。生产总值年均增长 13.2%，五年增长 1.3 倍。财政总收入年均增长 23.5%，五年增长 1.9 倍。全社会固定资产投资年均增长 30.9%，五年增长 3 倍。社会消费品零售总额年均增长 18.9%，五年增长 1.4 倍。出口总额年均增长 40.6%，五年增长 4.5 倍。三次产业比例由 17.9∶47.3∶34.8 调整为 12.8∶55∶32.2。

3.5 产品安全质量稳步提升

以农产品为例，江西绿色产品（食品）的种类和数量均有较大幅度上升。据《中国食品安全报》（2011 年 5 月 27 日）报道，截至 2010 年年底，全省绿色食品产品总数为 686 个，列全国前 10 位；有机食品产品总数达 476 个，列全国前 4 位；全省拥有全国绿色食品标准化生产基地达 39 个，生产基地面积 700 多万亩，列全国第 2 位；绿色食品合格率达 99%；绿色原料基地带动农户 200 多万户，户均增收 500 多元。绿色有机食品产品总数的快速增长，不仅提高了食品安全系数，促进农民增收，也加快了全省绿色食品产业的发展。2011 年 1—4 月，全省绿色食品产业完成增加值 69.97 亿元，占全省十大战略性新兴产业总量的 14.30%，列全省十大战略性新兴产业第三位，同比增长 22.68%。可以预见，随着“科学发展、进位赶超、绿色崛起”战略的实施，江西生态环境将朝着“更优”的方向迈进，绿色食品的发展前景将更加广阔，实现“绿色江西、生态江西、富裕江西、和谐江西”的目标将指日可待。

参考文献

[1] 《鄱阳湖研究》编委会. 鄱阳湖研究[M]. 上海：上海科学技术出版社，1988.

[2] 王晓鸿，鄢帮有，吴国琛. 山江湖工程[M]. 北京：科学出版社，2006.

[3] 舒惠国. 生态江西 21 世纪的经济战略[J]. 人民论坛，2000（11）：13-14.

[4] 舒惠国. 生态经济战略是江西 21 世纪发展的必然抉择[J]. 江西气象科技，2001，24（1）：1-6.

[5] 吴华国，徐金鹏. 江西有条件建成我国第一个生态经济区[J]. 瞭望新闻周刊，2000（2）：39-40.

[6] 国家发展改革委. 鄱阳湖生态经济区规划[N]. 江西日报，201-02-22.

[7] 苏荣. 奋力迈出科学发展进位赶超绿色崛起新步伐[N]. 江西日报，2011-03-17.

[8] 彭崑生. 江西生态[M]. 南昌：江西人民出版社，2007.

[9] 黄国勤. 发展中的江西生态经济[M]. 北京：中国环境科学出版社，2009.

[10] 黄国勤. 鄱阳湖生态环境保护与资源开发利用研究[M]. 北京：中国环境科学出版社，2010.

[11] 黄国勤. 探索鄱阳湖生态经济区建设[M]. 北京：中国环境科学出版社，2011.

江西省生态文明先行示范区建设探讨*

摘　要：2014 年 11 月 21 日，江西广播网（www.jxradio.cn）传来喜讯：国家六部委（国家发改委、财政部、国土资源部、水利部、农业部、国家林业局）正式批复《江西省生态文明先行示范区建设实施方案》，标志着江西省生态文明先行示范区建设已上升到国家层面，成为全省又一项重大国家战略。2014 年 11 月 22 日，江西省委、省政府召开“全省生态文明先行示范区建设启动大会”，标志着江西省生态文明建设开启了新征程。2015 年 1 月 31 日，江西省第十二届人民代表大会第四次会议又通过了《江西省人民代表大会关于大力推进生态文明先行示范区建设的决议》，这是江西省首次以代表大会决议案方式推动国家战略的实施。建设江西省生态文明先行示范区，具有重大的理论与实践意义。建设江西省生态文明先行示范区，既有许多有利条件，如自然条件优越、生态环境良好、建设经验丰富、国家政策支持和干部群众广泛参与等；同时，也存在不利因素，如对生态文明建设重要性认识不够、人员素质不高、物质投入不足、体制机制不顺、措施不力和效果不佳等。针对存在的问题，为加快江西省生态文明先行示范区建设，应采取以下战略对策和措施：①提高认识；②提升素质；③搞好规划；④稳步推进；⑤增加投入；⑥增进交流；⑦加强管理；⑧加快研发。

关键词：生态文明建设　生态文明先行示范区　江西省

* 作者：黄国勤。

本文系作者于 2015 年 5 月 23 日在广州召开的第十七届中国科协年会第一分会场“经济高速发展下的生态保护与生态文明建设研讨会”上所作报告的主要内容。

On the Construction of the First Demonstration Area of Ecological Civilization in Jiangxi Province

Abstract: On November 21，2014，Jiangxi radio network（www.jxradio.cn） good news: "The Implementation Scheme of The Construction of First Demonstration Area of Ecological Civilization in Jiangxi Province" was formally approved by the national six ministries（National Development and Reform Commission，Ministry of Finance，Ministry of Land and Resources，Ministry of Water Resources，Ministry of Agriculture，and State Forestry Administration）. Which marked that the construction of first demonstration area of ecological civilization in Jiangxi Province has risen to national level and a major national strategy in province. On November 22，2014，the start conference on the construction of ecological civilization of first demonstration area in Jiangxi Province was held，which marks that the construction of the ecological civilization opened a new journey in Jiangxi province. On January 31，2015，the resolution on vigorously promoting the construction of ecological civilization of first demonstration area in Jiangxi province(by the the people's congresses of Jiangxi Province) was passed in the Fourth meeting of the 12 th People's Congress in Jiangxi Province. Which is the first time in the general assembly resolution way to promote the implementation of the national strategy. in Jiangxi Province.There are a lot of significances in theory and practice in the construction of ecological civilization of first demonstration area in Jiangxi Province. There are many advantages in the construction of ecological civilization of the first demonstration area in Jiangxi province，such as superior in natural condition is，good ecological environment，rich experience in construction，and supportting by national policy，and broad participation of officials and the masses. At the same time，there are also adverse factors，such as inadequate understanding of importance of ecological civilization construction，personnel quality is not high，rather inadequate material，system and mechanism，lack of measures，and the effect not beautiful.In view of the existing problems，and to expedite the construction of ecological civilization of the first demonstration area in Jiangxi Province，the following strategic countermeasures and measures should be taken: ①to raise awareness; ②to improve quality; ③to do a good job in planning; ④to push forward steadily; ⑤to increase investment; ⑥to enhance communication; ⑦to strengthen management; ⑧to speed up research and development.

Key Words: construction of ecological civilization; first demonstration area of ecological civilization; Jiangxi Province

1 引言

2014 年 11 月 21 日，江西广播网（www.jxradio.cn）传来关乎江西经济社会发展的一个重大喜讯——国家发改委、财政部、国土资源部、水利部、农业部、国家林业局日前正式批复《江西省生态文明先行示范区建设实施方案》。作为全国首批全境列入生态文明先行示范区建设的省份之一，《江西省生态文明先行示范区建设实施方案》的获批，标志着江西省建设生态文明先行示范区上升为国家战略，成为全省继《鄱阳湖生态经济区规划》（包含全省 38 个县、市、区，2009 年 12 月 12 日获得国务院批复）和《赣南等原中央苏区振兴发展规划》（包含 54 个县、市、区，2012 年 6 月 28 日获得国务院批复）之后的第三个国家战略，也是江西省第一个全境列入的国家战略。这是江西发展史上的又一重要里程碑，标志着江西省生态文明建设开启了新征程。

2014 年 11 月 22 日，江西省委、省政府召开“全省生态文明先行示范区建设启动大会”，动员全省上下解放思想，锐意进取，扎实工作，不辱使命，为开创全省生态文明建设新局面、建设美丽江西而努力奋斗。省委书记强卫在大会上强调，要加强组织领导，注重协调配合，抓好推进实施，落实责任、任务、政策、项目，加强探索实践、积极先行先试，努力形成可供复制和推广的生态文明建设“江西模式”。2015 年 1 月 31 日，江西省第十二届人民代表大会第四次会议又通过了《江西省人民代表大会关于大力推进生态文明先行示范区建设的决议》，这是江西省首次以代表大会决议案方式推动国家战略的实施。

按照国家“生态文明先行示范区”的战略要求和省委、省政府的具体部署，江西全省上下正在全力推进“江西省生态文明示范先行区建设”的各项工作，其成效将逐步显现。本文拟对此作些探讨。

2 重大意义

在党中央、国务院的高度重视和亲切关怀下，在国家部委的大力支持和热情帮助下，江西正式启动和实施“江西省生态文明示范先行区建设”，是一件具有重大理论与实践意义的大事。这里，可从三个层次认识其意义所在。

2.1　从全省看：推进江西生态文明建设

从全省范围来说，实施《江西省生态文明先行示范区建设实施方案》，就是全省人民以实际行动推进江西生态文明建设，以实际行动实现“江西梦”“中国梦”。

2012 年 11 月召开的党的十八大提出“推进生态文明、建设美丽中国”的重大战略部署，全国各地积极贯彻落实党中央、国务院的战略部署，全力推进生态文明建设。与全国各地一样，江西省委、省政府先后提出了“生态立省、绿色发展”“发展升级、小康提速、绿色崛起、实干兴赣”等重大战略，促进了江西生态文明建设不断向前发展，尤其是当前实施国家六部委（发改委、财政部、国土资源部、水利部、农业部、国家林业局）批复的《江西省生态文明先行示范区建设实施方案》，将极大地推动江西生态文明建设迈上新台阶。

2.2　从全国看：树立中部生态文明典型

从全国角度来看，建设江西省生态文明示范先行区，就是树立中部生态文明典型。

我国中部地区（包括江西、湖南、湖北、安徽、河南、山西）依靠占全国 10%的土地，承载着占全国 28%的人口，创造了约占全国 20%的 GDP，是我国的人口大区、经济腹地和重要市场，在中国地域分工中扮演着重要角色。然而，与东部地区（包括北京、天津、上海、河北、山东、江苏、浙江、福建、广东、海南，以及香港、澳门、台湾）相比，尚有较大差距。如何实现“中部崛起”，推进中部地区经济社会发展、生态环境改善，是当前摆在面前的重要任务。

选择江西省作为全国“生态文明先行示范区”加以建设，形成可供复制和推广的生态文明建设“江西模式”，将为我国中部地区生态文明建设树立典型和榜样，从而有利于全面带动中部地区各省的生态文明建设，其现实意义不言而喻。

2.3　从全球看：展示中国生态文明形象

从全球视野来讲，建设江西省生态文明示范先行区，有利于展示中国生态文明形象。

改革开放以来，中国经济快速发展，年 GDP 增长速度位居世界前列，综合国力显著增强。但由此也引发一系列资源、生态和环境问题，尤其表现在资源消耗过大、过快，环境污染有增无减，“生态压力”空前提高。中国环境问题已不仅仅危及中国自己，也对周边邻国乃至世界其他相关国家的资源和生态环境产生不利影响，并由此引起对中国发展的“不满”，进而产生所谓的“中国环境威胁论”。

在这种形势下，节约、集约利用资源，实施节能减排，大力改善生态环境，走“资源节约型、环境友好型”发展道路，全面推进生态文明建设，是中国实现可持续发展的唯一选择。显然，建设江西省生态文明示范先行区，对于推进全国生态文明建设，向世界展示“中国生态文明形象”，并从根本上消除“中国环境威胁论”，将起到重要作用。

3 有利条件

建设江西省生态文明先行示范区，具有诸多有利条件。

3.1 自然条件优越

江西地处中亚热带湿润气候区，位于北纬 24°29′—30°04′，东经 113°34′—118°28′，光、热、水资源充足，气温适中，日照充足，雨量丰沛，无霜期长，冰冻期短，全年平均太阳总辐射量为 4 057～4 794 MJ/m^2，年平均日照时数为 1 473.3～2 077.3 h。总的来说，江西的气候条件适宜多种作物（生物）生长和繁殖。这正是建设生态文明示范先行区的有利自然条件之一。

3.2 生态环境良好

据 2014 年 6 月 5 日《大江网》报道，江西省环保厅正式对外发布的《江西省 2013 年环境质量状况公报》数据显示，2013 年，江西全省地表水 I～III 类水质断面（点位）达标率 80.8%，设区市城区集中式饮用水源地水质达标率为 100%；南昌市空气质量优良率为 60.82%，其余 10 个设区市城市环境空气质量均稳定达到国家二级标准。主要湖库Ⅰ～Ⅲ类水质点位比例为 68.0%，鄱阳湖部分点位水质为轻度污染。总体看，江西省生态环境“良好”，对建设生态文明示范先行区有利。

3.3 建设经验丰富

新中国成立以来，特别是改革开放 30 多年来，江西在生态环境保护、生态文明建设方面取得明显成效，同时也积累了丰富经验。一是在红壤资源的开发、利用、保护和治理方面，成效显著，经验丰富；二是在鄱阳湖的开发、利用、保护和治理方面，为维护鄱阳湖“一湖清水”作出突出贡献，也积累了相当宝贵的经验；三是“山江湖工程”的经验，即 1983 年江西省政府组织 600 多名专家对鄱阳湖及赣江流域进行多学科综合考察后，提出把三面环山、一面临江、覆盖全省辖区面积 97%的鄱阳湖流域视为整体，并进行系统治理，在治理过程中创造性地提出“治湖必须治江、治江必须治山、治山必须治穷、治穷必须治愚”的治理理念，以及“立足生态、着眼经济、系统开发、综合治理”治理理论和原则，这对建设江西省生态文明示范先行区极具现实参考价值。

3.4　国家政策支持

如前所述，近年来，江西省《鄱阳湖生态经济区规划》《赣南等原中央苏区振兴发展规划》等先后获得国务院批复，表明党中央、国务院对江西省的生态环境保护、生态文明建设和经济社会发展极度关怀和极为重视。如今，《江西省生态文明先行示范区建设实施方案》又获得国家六部委的联合批复，更进一步说明国家政策对江西省建设生态文明示范先行区的大力支持。这将极大地促进江西省生态文明建设更好、更快地向前发展。

3.5　干部群众参与

当前，江西全省上下干部、群众都积极投身到“鄱阳湖生态经济区建设”“赣南等原中央苏区振兴发展”和“江西省生态文明先行示范区建设”的实际工作，这对加速江西经济社会发展和生态文明建设，以及“美丽江西”“富裕和谐秀美江西”建设均十分有利。

4　不利因素

建设江西省生态文明先行示范区，既有诸多有利条件，同时也存在许多不利因素，如下所述。

4.1　认识不够

尽管党中央、国务院提出“推进生态文明、建设美丽中国”重大发展战略已经几年，且全国各地都在积极响应并采取切实措施，江西省也不例外，先后实施“生态立省、绿色崛起”“发展升级、小康提速、绿色崛起、实干兴赣”等发展战略，并取得显著成效，但即便如此，江西还有一些干部、群众对建设生态文明、建设生态文明先行示范区、建设“美丽江西”不够重视，一定程度上存在有“建设不建设，或建设好与坏，均与自己无关，或与自己关系不大”等不正确的认识，对建设生态文明和建设江西省生态文明先行示范区的重要性、必要性、紧迫性认识不够、“漠不关心”，这必须引起有关方面重视并采取有效措施。

4.2 素质不高

与全国经济发达地区（北京、上海、广东、江苏、浙江等）相比，江西省从事生态文明及其相关工作的理论与实践方面的人才数量不足、素质不高，对江西建设生态文明先行示范区带来一定的不利影响。

4.3 投入不足

从总体来看，由于江西属我国中部经济欠发达省份之一，对生态环境保护和生态文明建设的投入尚显不足。

4.4 体制不顺

应该说，新中国成立以来，特别是经过30多年的改革开放，全国、全省形成了一整套符合现代发展要求的体制和机制，对促进生态文明建设是有利的。但同时也要看到，在已形成的体制、机制中，尚有相当部分难以适应新形势发展的要求，有的可能对生态文明建设产生不利影响。如当前实行的干部评价标准和指标体系中，在一定程度上还存在着“唯GDP论英雄”的现象；对生态环境保护得好、生态文明建设做得好的地区或单位，“生态补偿”还没有完全到位，“生态补偿机制”还没有完全建立，即使建立了，也不尽完善；对生态环境保护和生态文明建设的“奖惩不力”等。

4.5 措施不力

现在或多或少地存在一种现象：生态环境保护、生态文明建设，讲得多，做得少；讲是一套，做又是另一套；真正用来抓环保、搞生态的“实招”不多，措施不力，动“真刀、真枪”的更少。全国有很多地方是这样，江西也不例外。

4.6　效果不佳

从近一二十年江西省生态环境保护和生态文明建设的演变与发展来看，由于存在上述几方面的问题，尽管采取了很多措施，也取得了一定成效，但与预期效果相比，还有相当差距，总体感觉生态文明建设的“效果不佳”。

5　战略对策

针对以上存在的问题，为推进江西省生态文明先行示范区建设，应采取如下战略对策和措施。

5.1　提高认识

当前，全省上下要认真学习新一届党中央成立以来加强生态文明建设和环境保护的一系列新思想、新论断、新要求，要深入学习贯彻习近平总书记系列重要讲话和党的十八届三中、四中全会精神，必须深化认识、全面把握、狠抓落实。江西省各地、各部门要用生态文明统一思想、凝聚力量、攻坚克难，做推进生态文明、建设生态文明示范先行区的引领者、推动者、实践者。

5.2　提升素质

在提高全省干部、群众对建设生态文明示范先行区认识的基础上，要重视提升全民生态文明素质。一是要大力建设和谐文化。坚持把中国文化中“天人合一”的传统精神与江西人民热爱自然、崇尚自然、亲近自然的淳朴情怀结合起来，培育和谐的现代文化。二是要大力倡导生态生活方式。生态生活方式就是从追求豪华、奢侈、浪费的生活转向崇尚简朴、节俭的文明生活，大力推广绿色产品，追求健康享受。三是要营造良好的社会风气。社会风气是衡量社会文明程度的重要标志，是社会价值导向的集中体现。当前，社会上存在一些歪风邪气，有的企业背信毁约，不讲诚信；有的单位少数工作人员吃、拿、卡、要，办事要请客送礼等，这些风气不改变，文明就无从谈起，发展环境就无从改善。要在全社会大力倡导社会主义荣辱观，弘扬正气，自觉维护社会公平正义，形成良好的社会风气。

5.3 搞好规划

“凡事预则立，不预则废。”推进江西省生态文明示范先行区建设，搞好规划是重要一环。各地要在国家六部委已批复的《江西省生态文明先行示范区建设实施方案》的基础上，结合各地区、各部门、各单位的具体实际，制订各自的“具体规划”“实施方案”和“细则”，明确各自的目标、任务、要求和具体措施与操作要点等。

5.4 稳步推进

在制定好各地生态文明建设规划的前提下和基础上，就有严格按照规划的各项要求，分地区、分阶段、有步骤地扎实推进，不留“死角”、不留“空地”，全面推进。

5.5 增加投入

生态文明建设不是“无本买卖”，必须要有投入，方能取得实效。推进江西省生态文明先行示范区建设，必须要增大资金投入。要多方融资、筹资、集资，既要争取国家投入，也是争取地方政府、企业、民间资金，还要千方百计吸引境外、国外投资。一句话，只有多途径、多渠道筹措资金，才能加快江西省生态文明先行示范区建设的步伐，才能早日见到成效。

5.6 增进交流

现在的世界，是开放的世界。建设江西省生态文明先行示范区，必须始终高度重视对外（省外、境外、国外）的交流与合作，要实施“走出去、请进来”发展战略，最大程度地吸收、利用“外面”的先进理念、先进技术、先进方法和先进经验等。

5.7 加强管理

“管理出效益。”只有科学的管理，才能产生事半功倍的效果。建设江西省生态文明先行示范区，必须高度重视和狠抓“管理”。要从一个方案、一件事情、一项措施等“具体内容”入手，抓好每个环节、每个细节的落实。真正做到真抓实干、扎实推进。

5.8 加快研发

建设江西省生态文明先行示范区，不仅要求推广应用好已有研究成果，更要根据发展的新形势和新常态，研究、开发新的生产力更高、效果更好、应用价值更大的成果。当前，要特别重视加强对以下问题（课题）的研究和开发：一是江西省生态文明先行示范区内涵拓展及战略要求；二是全国各生态文明先行示范区比较研究；三是国际上生态文明建设的成功经验与借鉴；四是推行《江西省生态文明先行示范区建设实施方案》前提下，全省各地措施及具体目标、任务与要求等。

参考文献

[1] 张雪，陶颖惠，方颖. 生态文明示范区　江西发展新动力[N]. 江西日报，2015-02-02.
[2] 江西省社会科学院课题组. 江西建设全国生态文明示范省研究[J]. 鄱阳湖学刊，2013（6）：5-12.
[3] 黄国勤. 生态文明建设的实践与探索[M]. 北京：中国环境科学出版社，2009.
[4] 黄国勤. 江西生态安全研究[M]. 北京：中国环境科学出版社，2006.
[5] 黄国勤. 探索鄱阳湖生态经济区建设[M]. 北京：中国环境科学出版社，2011.

论江西省生态文明先行示范区建设*

摘　要：当前，江西全省上下正在全力推进生态文明先行示范区建设。笔者基于调研和思考，分析了江西省生态文明先行示范区建设的内涵、重大意义、战略目标、重点任务及其应采取的对策和措施。全文对当前推进江西省生态文明先行示范区建设具有重要参考价值。

关键词：生态文明先行示范区　江西省

当前，江西全省上下正在全力推进生态文明先行示范区建设。本文拟就江西省生态文明先行示范区建设的意义、目标、任务及应采取的对策和措施等作一探讨，以供有关方面参考。

1　问题的提出

到底生态文明、生态文明先行示范区是何时提出来的呢？

这里，从两个方面进行考察：

首先，从学术界来看。根据《中国知识资源总库・中国知网》（http：//www.cnki.net/）检索，我国学术界于 1990 年 5 月首先提出"生态文明"这一概念，至今已 25 年了。

其次，从国家政府层面来看。2007 年 10 月，党的十七大报告中，第一次明确提出建设"生态文明"的战略思想。

2012 年 11 月，党的十八大报告，提出"把生态文明建设放在突出地位，融入经济建设、政治建设、文化建设、社会建设各方面和全过程，努力建设美丽中国，实现中华民族永续发展。"——首次提出了"五位一体"、建设"美丽中国"

---

* 作者：黄国勤。

本文系作者于 2014 年 12 月 27—28 日在江西省万年县召开的"江西省生态经济学会 2014 年学术年会暨江西省生态文明先行示范区建设研讨会"上所作报告的主要内容，并载《建设中的江西生态文明》（中国环境出版社，2015 年 9 月）第 3～13 页。

的总体布局和战略目标。

2013 年 8 月 1 日，《国务院关于加快发展节能环保产业的意见》（国发〔2013〕30 号）中，提出“在全国选择有代表性的 100 个地区开展生态文明先行示范区建设”。

2013 年 12 月，国家发展改革委、财政部、国土资源部、水利部、农业部、国家林业局六部门联合下发了《关于印发国家生态文明先行示范区建设方案（试行）的通知》（发改环资[2013]2420 号），启动了生态文明先行示范区建设。

2014 年 6 月 5 日，全国生态文明先行示范区建设名单（第一批）公示（见表 1），江西省成为 4 个全境纳入国家生态文明先行示范区建设的省份（江西省、贵州省、云南省、青海省）之一。

2015 年 4 月 25 日，《中共中央　国务院关于加快推进生态文明建设的意见》正式发布。

表 1　全国生态文明先行示范区建设名单（第一批）

序号	名称	序号	名称	序号	名称	序号	名称	序号	名称
1	北京市密云县	12	吉林省延边朝鲜族自治州	23	安徽省黄山市	34	广东省韶关市	45	西藏自治区山南地区
2	北京市延庆县	13	吉林省四平市	24	江西省	35	广西壮族自治区玉林市	46	西藏自治区林芝地区
3	天津市武清区	14	黑龙江省伊春市	25	山东省临沂市	36	广西壮族自治区富川瑶族自治县	47	陕西省西咸新区
4	河北省承德市	15	黑龙江省五常市	26	山东省淄博市	37	海南省万宁市	48	陕西省延安市
5	河北省张家口市	16	上海市闵行区	27	河南省郑州市	38	海南省琼海市	49	甘肃省甘南藏族自治州
6	山西省芮城县	17	上海市崇明县	28	河南省南阳市	39	重庆市渝东南武陵山区	50	甘肃省定西市
7	山西省娄烦县	18	江苏省镇江市	29	湖北省十堰市	40	重庆市渝东北三峡库区	51	青海省
8	内蒙古自治区鄂尔多斯市	19	江苏省淮河流域重点区域	30	湖北省宜昌市	41	四川省成都市	52	宁夏回族自治区永宁县
9	内蒙古自治区巴彦淖尔市	20	浙江省杭州市	31	湖南省湘江源头区域	42	四川省雅安市	53	宁夏回族自治区吴忠市利通区
10	辽宁省辽河流域	21	浙江省丽水市	32	湖南省武陵山片区	43	贵州省	54	新疆维吾尔自治区昌吉回族自治州玛纳斯县
11	辽宁省抚顺大伙房水源保护区	22	安徽省巢湖流域	33	广东省梅州市	44	云南省	55	新疆维吾尔自治区伊犁州特克斯县

2 生态文明先行示范区的内涵与特征

按照国家发展和改革委员会联合财政部、国土资源部、水利部、农业部、国家林业局制定并发布的《国家生态文明先行示范区建设方案（试行）》要求，“生态文明先行示范区”就是要把生态文明建设放在突出的战略地位，按照“五位一体”总布局要求，推动生态文明建设与经济、政治、文化、社会建设紧密结合、高度融合，加快建立系统完整的生态文明制度体系，形成节约资源和保护环境的空间格局、产业结构、生产方式、生活方式，提高发展的质量和效益，促进生态文明建设水平明显提升。

要通过 5 年左右的努力，生态文明先行示范区基本形成符合主体功能定位的开发格局，资源循环利用体系初步建立，节能减排和碳强度指标下降幅度超过上级政府下达的约束性指标，资源产出率、单位建设用地生产总值、万元工业增加值用水量、农业灌溉水有效利用系数、城镇（乡）生活污水处理率、生活垃圾无害化处理率等处于全国或本省（市）前列，城镇供水水源地全面达标，森林、草原、湖泊、湿地等面积逐步增加、质量逐步提高，水土流失和沙化、荒漠化、石漠化土地面积明显减少，耕地质量稳步提高，物种得到有效保护，覆盖全社会的生态文化体系基本建立，绿色生活方式普遍推行，最严格的耕地保护制度、水资源管理制度、环境保护制度得到有效落实，生态文明制度建设取得重大突破，形成可复制、可推广的生态文明建设典型模式。

生态文明先行示范区有 8 项主要任务：①科学谋划空间开发格局；②调整优化产业结构；③着力推动绿色、循环、低碳发展；④节约集约利用资源；⑤加大生态系统和环境保护力度；⑥建立生态文化体系；⑦创新体制机制；⑧加强基础能力建设。

国家生态文明先行示范区建设目标体系，包括五大方面和 51 项具体指标：①经济发展质量。包括：人均 GDP、城乡居民收入比例、三次产业增加值比例、战略性新兴产业增加值占 GDP 比重、农产品中无公害、绿色、有机农产品种植面积比例。②资源能源节约利用。包括国土开发强度、耕地保有量、单位建设用地生产总值、用水总量、水资源开发利用率、万元工业增加值用水量、农业灌溉水有效利用系数、非常规水资源利用率、GDP 能耗、GDP 二氧化碳排放量、非化石能源占一次能源消费比重、能源消费总量、资源产出率、矿产资源三率（开采回采、选矿回收、综合利用)、绿色矿山比例、工业固体废物综合利用率、新建绿色建筑比例、农作物秸秆综合利用率、主要再生资源回收利用率。③生态建设与环境保护。包括：林地保有量、森林覆盖率、森林蓄积量、草原植被综合盖度、湿地保有量、禁止开发区域面积、水土流失面积、新增沙化土地治理面积、自然岸线保有率、人均公共绿地面积、主要污染物排放总量、空气质量指数（AQI）达到优良天数占比、水功能区水质达标率、城镇（乡）供水水源地水质达标率、城镇（乡）污水集中处理率、城镇（乡）生活垃圾无害化处理率。④生态文化培育。包括：生态文明知识普及率、党政干部参加生态文明培训的比例、公共交通出行比例、二级及以上能效家电产品市场占有率、节水器具普及率、城区居住小区生活垃圾分类达标率、有关产品政府绿色采购比例。⑤体制机制建设。包括生态文明建设占党政绩效考核的比重、资源节约和生态环保投入占财政支出比例、研究与试验发展经费占 GDP 比重、环境信息公开率。

3　江西省生态文明先行示范区建设的重大意义

在党中央、国务院的高度重视和亲切关怀下，在国家部委的大力支持和热情帮助下，2014 年江西正式启动和实施“江西省生态文明先行示范区建设”，是一件具有重大理论与实践意义的大事。

按照《江西省生态文明先行示范区建设实施方案》，认为开展江西省生态文明先行示范区建设的重大意义在于：一是有利于提升江西在全国区域发展格局中的地位，形成发展新优势；二是有利于提升发展质量，加快全面建成小康社会进程；三是有利于巩固长江中下游生态安全屏障，促进长江经济带建设；四是有利于创新生态文明建设体制机制，率先走出一条绿色循环低碳发展的新路。

笔者在《江西省生态文明先行示范区建设探讨》（见第十七届中国科协年会“创新驱动先行”《论文集》，《中国学术期刊（光盘版）》电子杂志社有限公司出版，2015 年 5 月）一文中提出，江西省生态文明先行示范区建设的重大意义，可以从三个层面理解：首先，从全省看：推进江西生态文明建设；其次，从全国看：树立中部生态文明典型；最后，从全球看：展示中国生态文明形象。

4 江西省生态文明先行示范区建设的战略目标

4.1 总体目标

通过开展江西省生态文明先行示范区建设，努力使江西成为“三区”——中部地区绿色崛起先行区、全国大湖流域生态保护与科学开发典范区、生态文明体制机制创新区。

4.2 阶段目标

有步骤、分阶段推进江西省生态文明先行示范区建设，努力实现阶段目标：一年开好局、三年见成效、六年大进展。

一年开好局。到“十二五”末，《江西省生态文明先行示范区建设实施方案》确定的各项任务分解落实到位，生态文明先行示范区建设领导和组织协调机构建立健全，专项规划和配套政策制定出台，先行工程全面启动，全省上下形成推进生态文明建设的共识与合力。

三年见成效。《江西省生态文明先行示范区建设实施方案》提出的2017年各项目标顺利实现，部分领域和区域取得阶段性成果。生态建设和环境保护工程全面实施，生态环境质量继续位居全国前列，生态产业体系初步形成，生态文明制度体系基本形成。

六年大进展：到2020年，生态文明先行示范区建设取得重大进展。符合主体功能区定位的开发格局全面形成，产业结构明显优化，绿色生产、生活方式普遍推行，在若干生态文明重大制度建设上形成可复制、可推广的典型模式。

5 江西省生态文明先行示范区建设的重点任务

建设江西省生态文明先行示范区的重点任务，就是要着力构建“六大体系”、建设“十大工程”。

5.1 构建“六大体系”

推进江西省生态文明先行示范区建设，就是要正确处理生态环境保护与经济社会发展的关系，努力形成节约资源和保护环境的空间开发格局、产业结构、生产方式、生活方式，保护和建设好天蓝、地绿、水净的美丽家园。具体来说，应着力构建“六大体系”。

（1）构建定位清晰的国土空间开发体系。包括尽快完善主体功能区配套政策、全面落实主体功能区空间管制措施、建立健全河湖管理与保护制度、推动市县空间规划改革创新。

（2）构建环境友好的绿色产业体系。包括促进产业集聚发展、加快产业转型升级、完善绿色产业政策规划体系、推进循环化改造和清洁生产、着力优化能源结构。

（3）构建节约集约的资源能源利用体系。包括推进节能降耗、加强水资源节约、节约集约利用土地、促进矿产资源合理开发利用。

（4）构建安全可靠的生态环保体系。包括强化生态建设、严防土壤污染、加强自然生态修复与环境保护、推进大气污染防治和应对气候变化工作、着力改善城乡人居环境。

（5）构建崇尚自然的生态文化体系。包括倡导生态文明行为、传承发展生态文化、开展各类生态创建行动。

（6）构建科学长效的生态文明制度体系。包括完善体现生态文明要求的考评机制、建立自然资源资产产权管理制度、探索建立生态补偿机制、建立健全市场化机制、严格环境保护管理制度。

5.2　建设“十大工程”

（1）现代农业体系建设工程。包括千万亩高标准农田建设工程、五百万亩大型灌区续建配套与节水改造工程、万亩农业机械化示范区建设工程、百个农产品市场建设工程、百家现代农业示范园区建设工程、农业技术推广工程。

（2）十大战略性新兴产业重点工程。包括节能环保产业培育工程、新能源产业发展工程、新材料产业发展工程、生物和新医药产业提升工程、航空产业培育工程、先进装备制造产业提升工程、新一代信息技术产业培育工程、锂电及电动汽车产业培育工程、文化暨创意产业提升工程、绿色食品产业发展工程。

（3）现代服务业集聚区建设工程。包括现代物流产业园建设工程、金融服务业建设工程、电子商务基地示范建设工程、综合性生产服务集聚区等建设工程、养老服务业建设工程。

（4）旅游强省基础工程。包括百大景区质量提升工程、红色旅游二期建设工程、旅游基础设施建设工程、生态旅游设施建设工程、生态旅游示范目的地建设工程。

（5）清洁能源重大工程。包括高效安全核电建设工程、天然气新线入赣工程、高效清洁火电机组建设工程、可再生能源建设工程、高等级电网建设工程。

（6）推行绿色循环低碳生产方式重大工程。包括重点领域节能改造和节能产品产业化工程、“城市矿产”示范基地建设工程、再制造产业示范基地、循环经济重大试点示范工程、餐厨废弃物资源化利用示范工程、绿色矿山建设工程、清洁生产促进工程、林业碳汇工程。

（7）生态建设重点工程。包括水生态建设工程、赣抚尾闾整治及水系连通工程、湿地生态系统功能质量提升工程、鄱阳湖水资源保护适应试点示范工程、水生生物资源保护工程、森林质量提升工程、千万亩国家木材战略储备基地建设工程，以及自然保护区、风景名胜区、水产种质资源保护区和森林公园升级工程。

（8）环境保护重点工程。包括工业园区污水治理工程、城镇污水处理工程、土壤重金属污染修复工程、区域大气污染环境监测工程、矿区环境治理和恢复、防灾减灾体系建设工程。

（9）生态文化推广工程。包括生态文明宣传教育推广工程、生态文明教育基地建设工程、鄱阳湖生态经济区展示基地、文化遗产保护工程。

（10）绿色生活引导工程。包括绿色出行“135”计划（该计划是指“1 km 以内步行，3 km 以内骑自行车，5 km 以内坐公共交通工具”）、农村垃圾清洁工程、城市家庭垃圾分类处理工程。

6 江西省生态文明先行示范区建设的战略对策

6.1 基本原则

推进江西省生态文明先行示范区建设，必须遵循以下基本原则：

一是基本理念：坚持树立“既要金山银山，又要绿水青山；绿水青山，就是金山银山”的理念。这是贯穿江西省生态文明先行示范区建设全过程的“准则”和“原则”。如背离了这一“理念”，江西省生态文明先行示范区建设就会偏离方向、丧失良机，其结果必然是“事与愿违”，达不到预期效果，甚至出现相反效果或结果，或者出现不愿意看到的“恶果”。

二是布局原则：坚持“五位一体”的总体布局。就是按照党中央、国务院的战略要求，将生态文明建设融入经济建设、政治建设、文化建设、社会建设的全过程和各环节，实现“五者”的协调发展。

三是管理原则：坚持用严格的制度管理生态环境、保护生态环境，坚持预防为主、源头严控、过程严管、责任追究。

四是保护原则：坚持节约优先、保护优先、自然恢复为主的资源生态环境保护的根本方针和原则。即要求做到：将节约资源、生态保护、环境恢复放在优先位置，实现资源、生态、环境的协调发展和永续利用，最终实现可持续发展。

五是发展原则：坚持绿色发展、循环发展、低碳发展。将绿色产业技术、循环经济技术、低碳环保技术应用于江西省生态文明先行示范区建设的整个过程和各个环节，实现绿色、循环、低碳的全覆盖。

6.2 具体措施

推进江西省生态文明先行示范区建设是一项战略性系统工程，各地、各部门要大力弘扬实干精神，加强组织领导，注重协调配合，抓好推进实施，确保各项工作落到实处、取得实效。

（1）提高思想认识。全省上下要认真学习新一届党中央成立以来加强生态文明建设和环境保护的一系列新思想、新论断、新要求，要深入学习贯彻习近平总书记系列重要讲话和党的十八届三中、四中全会精神，必须深化认识、全面把握、狠抓落实。当前，尤其要认真学习《中共中央 国务院关于加快推进生态文明建设的意见》。江西全省各地、各部门要用生态文明统一思想、凝聚力量、攻坚克难，做推进生态文明、建设生态文明示范先行区的引领者、推动者、实践者。

（2）提升生态素质。在提高全省干部、群众对建设生态文明示范先行区思想认识的基础上，要重视提升全民生态文明素质。一是要大力建设和谐文化。坚持把中国文化中“天人合一”的传统精神与江西人民热爱自然、崇尚自然、亲近自然的淳朴情怀结合起来，培育和谐的现代文化。二是要大力倡导生态生活方式。生态生活方式就是从追求豪华、奢侈、浪费的生活转向崇尚简朴、节俭的文明生活，大力推广绿色产品，追求健康享受。三是要营造良好的社会风气。社会风气是衡量社会文明程度的重要标志，是社会价值导向的集中体现。当前，社会上存在一些歪风邪气，有的企业背信毁约，不讲诚信；有的单位少数工作人员吃、拿、卡、要，办事要请客送礼等，这些风气不改变，文明就无从谈起，发展环境就无从改善。要在全社会大力倡导社会主义荣辱观，弘扬正气，自觉维护社会公平正义，形成良好的社会风气。

（3）加强宣传动员。集中开展系列宣传活动，大力宣传生态文明先行示范区的重要意义和重大举措，营造全社会合力推进生态文明建设的良好氛围。积极搭建宣传平台，把“世界低碳生态经济大会”打造成国家级推动生态文明建设国际交流合作的重要宣传窗口和对外开放合作的高端平台。

（4）搞好实施规划。“凡事预则立，不预则废。”推进江西省生态文明示范先行区建设，搞好实施规划是重要一环。各地要在国家六部委已批复的《江西省生态文明先行示范区建设实施方案》的基础上，结合各地区、各部门、各单位的具体实际，制订各自的“具体规划”“实施方案”和“操作细则”，明确各自的目标、任务、要求和具体措施与操作要点等。

（5）强化统筹协调。省直单位是本行业责任主体，要积极争取国家政策支持，加强对各地的业务工作指导，组织开展试点示范。各市、县（市、区）是区域责任主体，主要负责同志是第一责任人、负总责，要确保本地区目标任务如期完成。构建省直单位与各市、县（市、区）之间的沟通机制，协调推进重大政策落实、重大资金争取和重大项目建设。

（6）加大政策支持。研究制订生态文明类产业发展目录，争取列入国家鼓励类投资项目清单。推动南昌临空经济区、共青先导区和赣南承接产业转移示范区列入国家重点产业布局调整和产业转移区，推动设立更多的战略性新兴产业创业投资基金。积极落实国家节能减排、资源综合利用和环境保护等有关税收优惠政策，逐步扩大“营改增”试点范围。对接落实中央资金支持全省生态文明先行示范区建设，争取国家在江西发行销售生态文明主题性即开型彩票。大力发展绿色信贷，加大对产业转型升级、资源节约、生态建设等项目的信贷投放力度，在符合规定的情况下，实施优惠利率并适当延长贷款期限。优先支持符合条件的节能环保企业上市及在“新三板”挂牌，推动生态环保项目利用国际金融机构优惠贷款。加大金融创新力度，完善林权、采矿权抵（质）押贷款制度，试行污水处理收费权等抵（质）押贷款，探索碳金融业务。各地各部门要结合实际，抓紧研究出台具体配套政策措施，完善生态文明先行示范区的政策体系。

（7）增强科技支撑。“科学技术是第一生产力。”推进江西省生态文明先行示范区建设，必须充分发挥科技的支撑作用。要求做到：第一，加强低碳与生态环保技术公共协同创新平台建设，在资源环境领域申报设立若干国家重点实验室、国家工程（技术）研究中心、国家认定企业技术中心，培育一批生态领域科技创新团队。第二，组织开展能源节约、资源循环利用、新能源开发、污染治理、生态修复等关键技术攻关。第三，建立和完善生态文明建设科技创新成果转化机制，形成一批成果转化平台、中介服务机构。

（8）培养专门人才。人才是成就事业的关键。建设江西省生态文明先行示范区，其最终成效和成功的关键在于人才——人才的使用和人才能力的发挥。首先，培养人才。全省各级政府，要千方百计培养人才，尤其是要把培养生态学人才、生态环境保护人才、生态文明建设人才放在突出位置，要按照《中共中央　国务院关于加快推进生态文明建设的意见》的要求，大力加强生态文明人才队伍建设。其次，发现人才。各级政府部门和领导干部，要善于发现人才，善于在生产实践和生态文明建设中，发现有“一技之长”“一方远见”的生态文明专门人才，要甘当“伯乐”，善于发现“千里马”，这对成就生态文明事业十分有利、十分重要。再次，使用人才。要将生态文明建设专门人才放在“关键”岗位、“要害”岗位，充分发挥其在生态文明建设中的积极性和创新性，使其真正成为全省生态文明先行示范区建设的主力军、生力军，成为生态文明先行示范区建设的创造者、开拓者。最后，爱护人才。要像爱护自己的眼睛一样，爱护生态文明专门人才，这对全省生态文明先行示范区至关重要。要切实解决人才的后顾之忧，让其安心工作，全身心地投入到建设生态文明先行示范区的伟大事业之中。

（9）开展国际合作。现在的世界，是开放的世界。建设江西省生态文明先行示范区，必须始终高度重视国际交流与合作，要实施“走出去、请进来”发展战略，最大限度地吸收、利用国外的先进理念、先进技术、先进方法和先进经验等。只有这样，江西省生态文明先行示范区建设才能快速推进，实现又好又快发展。

（10）加强组织领导。江西省委、省政府已经成立了江西省生态文明先行示范区建设领导小组，负责统筹推进生态文明先行示范区建设，研究解决重大事项；领导小组办公室设在省发改委，负责日常组织、协调和推进工作。各地要成立相应机构，把生态文明建设列入重要议事日程，与经济建设、政治建设、文化建设、社会建设同部署、同推进、同考核，确保生态文明建设各项工作部署落到实处。

参考文献

[1] 李绍东. 论生态意识和生态文明[J]. 西南民族学院学报（哲学社会科学版），1990（2）：104-110.

[2] 本书编写组. 十七大报告辅导读本[M]. 北京：人民出版社，2007.

[3] 十八大报告文件起草组. 十八大报告辅导读本[M]. 北京：人民出版社，2012.

[4] 中国科学技术协会，广东省人民政府. 第十七届中国科协年会——创新驱动先行论文集[M].《中国学术期刊（光盘版）》电子杂志社有限公司出版，2015.

[5] 黄国勤. 生态文明建设的实践与探索[M]. 北京：中国环境科学出版社，2009.

江西建设全国生态文明先行示范区战略思考*

摘　要：江西省委、省政府对生态文明建设高度重视，始终坚持走生态立省、可持续发展道路。江西省委十三届七次全体（扩大）会议明确提出“要坚持生态立省、在发展中最大限度巩固好、发挥好江西的生态优势，努力把江西建设成为全国生态文明示范省”。2014 年江西省全境列入生态文明先行示范区建设地区。本文分析了江西建设全国生态文明先行示范区的意义，并提出了江西建设全国生态文明先行示范区的战略措施和建议。

关键词：江西　生态文明示范省　意义　建议

生态是江西最大的优势，绿色是江西最亮的品牌。江西省委十三届七次全体（扩大）会议明确提出要坚持生态立省、在发展中最大限度巩固好、发挥好江西的生态优势，努力把江西建设成为全国生态文明示范省。2014 年 7 月，国家发改委、财政部、国土资源部、水利部、农业部、国家林业局六部委公示了国家生态文明先行示范区建设地区（第一批）名单，全国共有 55 个地区入选，其中江西、贵州、云南、青海 4 省全境列入生态文明先行示范区建设地区。2014 年 11 月，国家发改委、财政部、国土资源部、水利部、农业部、国家林业局正式批复《江西省生态文明先行示范区建设实施方案》。作为我国首批全境列入生态文明先行示范区建设的省份之一，实施方案的获批，标志着江西省建设生态文明先行示范区上升为国家战略，成为江西省继鄱阳湖生态经济区规划（包含 38 个县、市、区）和赣南等原中央苏区振兴发展（包含 54 个县、市、区）后的第三个国家战略，也是江西省第一个全境列入的国家战略。

---

* 作者：蒋海燕、黄国勤。

本文于 2014 年 12 月 27—28 日在江西省万年县召开的“江西省生态经济学会 2014 年学术年会暨江西省生态文明先行示范区建设研讨会”上进行了交流，并载《建设中的江西生态文明》（中国环境出版社，2015 年 9 月）第 31～35 页。

1 江西建设全国生态文明先行示范区的意义

1.1 生态文明是一种新型文明境界

江西生态环境良好，有能力达到生态文明。江西是全国生态环境质量最好的省份之一。经评估，“十一五”末江西森林生态效益价值达到了 8 233 亿元，位居全国第一。江西省森林覆盖率达到 63.1%，全省森林公园有 161 个，其中国家级 45 个。此外江西省城市绿地率和绿化覆盖率均为中部第一；人均公园绿地面积为 13 m^2，列中部第一。

江西是全国最重要的湿地省份之一。湿地是“地球之肾”，江西湿地面积达 5 478 万亩，占江西国土面积的 21.87%，居全国前列。鄱阳湖是亚洲最大的湿地，目前是我国五大淡水湖中唯一没有富营养化的湖泊之一，是候鸟的家园。

江西是全国生物多样性最丰富的省份之一。全省现有林业自然保护区 220 个，位居全国第 2 位。生物资源种类位于全国前列，全省已知的野生高等植物有 5 000 余种，占全国总数的 17%。国家一级重点保护陆生野生动物和二级保护野生动物，分别占全国总数的 22.4%和 50%。

工业文明给人类带来了物质的极大丰富，同时也带来了能源短缺、资源短缺、环境恶化等诸多问题。生态文明是人类文明发展的一个新的阶段，即工业文明之后的文明形态；生态文明是人类遵循人、自然、社会和谐发展这一客观规律而取得的物质与精神成果的总和；生态文明是以人与自然、人与人、人与社会和谐共生、良性循环、全面发展、持续繁荣为基本宗旨的社会形态。生态文明是人类为保护和建设美好生态环境而取得的物质成果、精神成果和制度成果的总和，是贯穿于经济建设、政治建设、文化建设、社会建设全过程和各方面的系统工程，反映了一个社会的文明进步状态。

1.2 建设全国生态文明先行示范区为实现“发展升级、小康提速、绿色崛起、实干兴赣”提供了前所未有的战略机遇

江西入选生态文明先行示范区，饱含了党中央、国务院的高度重视和亲切关怀，体现了国家部委的大力支持和热情帮助。国家站在战略和全局的高度，启动生态文明先行示范区建设，为江西推进生态和经济协调发展指明了方向和路径，

为江西实现“发展升级、小康提速、绿色崛起、实干兴赣”提供了前所未有的战略机遇，有利于提升江西省在全国发展格局中的地位，形成竞争新优势；有利于把生态优势转化为发展优势，加快全面建成小康进程；有利于巩固长江中下游生态安全屏障，更好地融入长江经济带建设；有利于探索生态文明建设体制机制创新，进一步推进绿色循环低碳发展。

2　江西建设全国生态文明先行示范区的战略措施建议

2.1　将国家要求和江西实际紧密结合起来，推进生态文明先行示范区建设

建设生态文明先行示范区，是进一步加快发展升级、推进绿色崛起的重大战略举措，有利于提升江西省在全国区域发展格局中的地位，加快形成发展新优势，有利于推进生态文明建设体制机制创新。建设生态文明先行示范区，要结合江西实际，打造生态文明建设的“江西模式”。应当加强探索实践、积极先行先试，大力弘扬实干精神，把建设生态文明先行示范区的各项工作落到实处。全省各地都要把生态文明建设放在更重要的位置，当作一项战略性的系统工程、开创性的生态工程、基础性的发展工程，上下齐心协力共同推进，全力开创江西省生态文明建设新局面。

2.2　建立绿色 GDP 考核体系

建设生态文明示范省的核心问题就是要强化绿色政绩观、生产观、消费观和绿色发展考核评价体系。当前，固投、招商引资和财政收入数据的不实，表象是基层所为，根源还在于考核体系的导向问题。建立绿色 GDP 考核体系，应对生态脆弱的地方必须考核生态修复，在生态富足的地方必须考核生态适度利用、生态产业的有序发展。要建立严格的绿色目标考核体系和严格的目标管理办法，要把责任落实到最基层。要建立生态文明的长效保障机制，建立和完善生态补偿机制。

2.3　加大宣传力度

着力抓好生态文化建设，加强生态文明宣传教育，倡导生态文明行为，传播生态文化，开展生态创建活动，在全社会树立生态文明理念；要形成绿色发展观、消费观，首先是意识养成，要学会尊重自然、顺应自然、保护自然。其次是规则

构建。建设生态文明先行示范区，一定要严格规范生态文明的行为准则。从旅游管理角度，也应加大标准体系建设，要从传统的模糊管理模式向标准化管理模式转型，不但景区有分级标准，连农家乐也应有分级标准。要建立旅游生态行为规范，再就是要在全省营造一种生态文明的环境氛围。要建立老百姓绿色消费观念，绿色居家，绿色交通，要从节水、节电、节能入手，倡导低碳节能生活。

2.4 加强生态环境保护

（1）要控制住环境污染源，不让污染进入生态系统。要把餐饮垃圾、农村垃圾、建筑垃圾等垃圾处理好。都说鄱阳湖是一湖清水，其实鄱阳湖是Ⅱ类水、Ⅲ类水，鄱阳湖流域的污染让人忧虑。

（2）要大力实施生态环境综合治理工程。如大力实施造林绿化工程、城镇生活污水处理工程、工业园区污水处理工程、农村清洁生态工程。重金属污染土地的修复工程等。

（3）大力发展生态农业。生态农业是按照生态学原理和经济学原理，运用现代科学技术成果和现代管理手段，以及传统农业的有效经验建立起来的，能获得较高的经济效益、生态效益和社会效益的现代化高效农业。它要求把发展粮食与多种经济作物生产，发展大田种植与林、牧、副、渔业，发展大农业与第二、三产业结合起来，利用传统农业精华和现代科技成果，通过人工设计生态工程、协调发展与环境之间、资源利用与保护之间的矛盾，形成生态上与经济上两个良性循环，经济、生态、社会三大效益的统一。

2.5 要建立绿色产业体系

构建绿色产业体系，包括发展绿色农业、绿色工业、绿色服务业。

绿色农业，就是要咬定“绿色”不放松，大力发展绿色食品、有机食品，这是江西的强项。要充分发挥江西生态环境好的优势，大力发展绿色食品项目。绿色食品所具备的条件严格标准，包括绿色食品生态环境质量标准；绿色食品生产操作规程；产品必须符合绿色食品标准；绿色食品包装贮运标准。油茶和毛竹是江西的两大优势产业，面积、产量均列全国第二位，发展潜力极大。林下经济是未来发展的重要领域，一根草，一棵树都可能发展成一个大产业。只有大力发展绿色产业经济，转变传统经济发展方式，才能从根本上实现更安全、更环保、更清洁的发展。

绿色工业是指实现清洁生产、生产绿色产品的工业，即在生产满足人的需要的产品时，能够合理使用自然资源和能源，自觉保护环境和实现生态平衡。绿色工业的实质是减少物料消耗，同时实现废物减量化、资源化和无害化。因为一切工业污染都是因为工业生产过程中对资源利用不当或利用不足所导致。绿色工业特别提倡发展循环经济，其中有一个很重要的产业就是能源产业。加速推进新型工业化，要紧紧抓住风电、核电、光伏、生物能源等能源产业。

绿色服务业是指有利于保护生态环境，节约资源和能源，无污、无害、无毒的、有益于人类健康的服务总称。绿色服务业强调采用绿色技术和绿色管理手段，在服务全过程中严格遵循“节约资源、降低消耗、防污治污”原则，尽可能地减少服务过程对生态环境以及人体健康的负面影响，最大限度地保护了生态环境，又能够降低服务成本和提高经济效益，同时，也能够满足客户的实际需求。长期以来，我国服务业大多为劳动密集型，习惯于粗放经营，即高投入、高消耗、低产出的经营方式，同时也显示：我国服务业在发展绿色服务、节约能源和资源、降低消耗方面确实存在较大潜力。实际上，绿色服务具有较高的附加价值，服务企业可从中获得额外的“绿色利润”。21 世纪将是一个绿色的世纪，一切破坏生态环境的行为都将被禁止。可以预见，绿色服务业将是未来服务业发展的必然趋势。旅游业是绿色服务业支柱。只要绿色农业、绿色工业、绿色服务业“三业”兴旺，绿色产业体系就一定可以构建完善。

3　结语

建设生态文明示范省必须先行推进生态文明示范区的建设，建设生态文明先行示范区的目的，是以制度创新为核心任务，以可复制、可推广为基本要求，鼓励示范地区紧紧围绕破解本地区生态文明建设的“瓶颈”制约，先行先试、大胆探索，释放政策活力，为全国生态文明建设积累有益经验，树立先进典型，发挥示范引领作用，也为建设生态文明示范省打下坚实基础。江西省要切实抓住宝贵历史机遇，利用好江西省的生态资源和生态优势，不断推动生态文明建设。

参考文献

[1] 江西省社会科学院研究组. 江西建设生态文明示范省研究[J]. 鄱阳湖学刊，2013（6）.

[2] 《江西省生态文明先行示范区建设实施方案》解读——江西省将打造中部绿色崛起先行区[N]. 江西晨报，2014-11-24.

[3] 开拓发展新境界之生态篇 建设生态文明示范省[J]. 大江网，2013-07-09.

[4] 打造生态文明建设“江西模式”[J]. 中国江西网，2014-11-23.

江西省农业生态文明建设存在的问题与对策*

摘　要：随着发展现代农业和推进工业化城镇化步伐的加快，生态环境与经济发展的矛盾日益突出，水资源短缺、水土流失严重、人口压力过大等一系列生态环境问题和高耗能、高污染、资源型的经济增长方式带来的结构性污染已成为制约江西农业可持续发展的重要因素。而农业生态文明是一种先进的发展理念，强调人与自然的和谐发展，农业、效益与生态的融合发展。推进农业生态文明建设，对破解现阶段江西农业发展中的种种难题有着重要意义。

关键词：农业　生态文明　问题　对策　江西省

引　言

农业是与自然生态联系最密切的产业，是整个国民经济发展的基础和保障，农业的特质决定了农业生产和农业生态资源保护工作在整个生态文明建设中具有极其重要的地位，如何建设农业生态文明，直接关系着中国未来农业发展和生态文明全面建设的进程。中国近年来对农业生态文明建设十分重视，在建设进程中，既有硬件方面的要求，同时也有软件方面的要求。因此，研究农业生态文明建设的发展路径对于中国社会主义现代化建设与构建和谐社会均具有重要的现实意义。农业生态文明，是指人类以一种对环境友好、资源节约的方式，促进农业可持续发展的各项成果的总称。中国共产党在十八大的报告中指出，要努力推进我国生态文明建设，并把“三农”问题作为生态文明建设的重点来抓。因为在我国这样一个历史悠久的农业大国，建设生态农业的文明是构建生态文明的核心和首

* 作者：马艳芹、黄国勤；通信作者：黄国勤。

本文于 2014 年 12 月 27—28 日在江西省万年县召开的“江西省生态经济学会 2014 年学术年会暨江西省生态文明先行示范区建设研讨会”上进行了交流，并载《建设中的江西生态文明》（中国环境出版社，2015 年 9 月）第 46～54 页。

要任务。农业生态文明建设提出重视农村生活中一切有生命的内在价值和发展的需要，认为人们在利用农业资源生活的同时，更要承担对生存环境的保护责任，有效地配置农业生产资源，解决农业发展中的生态平衡问题，为后代的持续发展留下足够的空间。

江西地处北回归线附近，全省气候温暖，光照充足，雨量充沛，无霜期长，非常适应农作物生长。全境土地肥沃，水资源丰富，有大小河流 2 400 余条和全国最大的淡水湖鄱阳湖。全省森林覆盖率达 63.1%，并居全国第一。农产品资源丰富，江西绿茶、赣南脐橙、南丰蜜橘、广昌白莲、泰和乌鸡、鄱阳湖大闸蟹等久负盛名，是我国重要的农业大省，是新中国成立以来全国两个从未间断输出商品粮的省份之一，粮食产量位居全国第 13 位，稻谷产量位居全国第 3 位，中部地区第 2 位，以占全国 2.3%的耕地和 3.3%的人口，生产了占全国 3.5%的粮食，是名副其实的粮食大省。近几年江西省省委、省政府高度重视生态文明建设，先后制定了相应的部署和政策措施，努力推动人与自然关系的和谐发展，例如通过实施“山江湖工程”“既要金山银山，更要绿水青山”“鄱阳湖生态经济区建设”战略，也取得了一些重大成就，但随着发展现代农业和推进工业化城镇化步伐的加快，生态环境与经济发展的矛盾日益突出，水资源短缺、水土流失严重、人口压力过大等一系列生态环境问题和高耗能、高污染、资源型的经济增长方式带来的结构性污染已成为制约江西农业可持续发展的重要因素。

1 江西省建设农业生态文明的意义

农业生态文明实质是一种先进的发展理念，强调人与自然的和谐发展，农业、效益与生态的融合发展。推进农业生态文明建设，对破解现阶段江西农业发展中的种种难题有着重要意义。

1.1 农业生态文明建设是实现全面建设小康社会的必然选择

党的十八大对全面建成小康社会的目标任务，从五个方面提出了新的更高要求。“建设生态文明”既是目标任务之一，也是实现“更高要求”的保障。一方面，面对资源约束趋紧、环境污染严重、生态系统退化的严峻形势，必须加快生态文明建设，使经济社会发展建立在资源能支撑，环境可容纳、生态受保护的基础上，确保加快发展有保障、有支撑。另一方面，面对增长方式比较粗放，农业投入高、产出低、污染重的严峻现实，必须加快生态文明建设，促进农业发展方式的转变，使经济社会发展建立在绿色循环低碳的可持续基础上，确保加快发展有质量、有效益。

1.2　农业生态文明建设是满足民众对安全食品需求的内在要求

随着社会的进步，发展的目的不仅要满足人民群众对农产品、工业品和服务的需要，还要满足人民群众对生态产品的需要。大力推进生态文明建设，让老百姓喝上干净的水、呼吸新鲜的空气、享用绿色的植被、吃上放心的食物、生活在宜居的环境中，是全面建成小康社会的应有之义。这既是我们党以人为本、执政为民理念的具体体现，还是提高人民福祉、建设美丽中国、幸福中国的出发点和落脚点。

1.3　农业生态文明建设是发挥比较优势、实现江西崛起的现实途径

面对江西省经济总量小、人均低、排位后、发展不足的严峻挑战，如果不考虑自身实际，按照一般的思维，紧随别人后面追赶，是难以实现跨越式发展、进位赶超的。唯有结合江西实际，发挥比较优势，寻找一条加快发展崛起的捷径，才有希望实现后发赶超。江西农业资源禀赋好，森林覆盖率高，水量大水质好，空气污染小，环境容量大，农业发展潜力大，加强农业生态文明建设将是江西省发挥比较优势，实现江西崛起的现实途径。

2　江西省农业生态文明建设面临的困境

尽管近些年江西省生态文明建设取得许多重大成就，但由于受到多种因素的影响，其农业生态文明建设仍存在以下几个方面的问题。

2.1　农业生态环境污染日益加剧

农业生态环境是农业可持续发展的基础条件，有良好的生态环境，才会使农业发展有根本的支撑和保证。造成农业生态环境污加剧的原因主要有以下几方面。

2.1.1　农药化肥污染

据调查数据反映，江西省广昌县年施用化肥量为 1.97 万 t，亩平均施用 41 kg，单位耕地面积化肥用量达到了 615 kg/hm^2，是全国平均 375 kg/hm^2 的 1.6 倍，远

远超过发达国家为防止化肥对水体污染设置的 225 kg/hm^2 的安全阈上限。而化肥在使用过程中约 30%流失于环境中，化肥大量使用，特别是氮肥用量过高，使部分化肥随降雨、灌溉和地表径流进入河、库污染水体，造成了水体富营养化。该县 2010 年农药使用量约 445 t，每公顷农药施用量达 13.35 kg，是 1997 年的 1.27 倍，比发达国家农药施用量高出 1 倍。由于农药的利用率低于 30%，所以施药时 70%以上的农药散失于环境之中，其中绝大部分落入土中，直接影响地表水和地下水的水质。

2.1.2 畜禽水产养殖污染

由于畜禽粪便处理技术要求高，投入资金多，建设不完善等因素使得大部分地区的畜禽养殖户的畜禽养殖粪便不经过处理直接排放到环境中，而水产养殖则污水 100%以不处理排入农田或河流。未经处理的畜禽水产养殖污水直接排入河道造成水中氨氮严重超标。

2.1.3 农村生活污染

过去，由于农村垃圾的数量和种类少，分解采用堆肥、简易填埋或自然腐烂等方式，基本就可以维持平衡。随着农村经济社会快速发展，目前农村垃圾不仅数量猛增，而且结构也发生明显变化，农村垃圾也逐渐向城市“看齐”，处理难度也越来越大。规模庞大的农村垃圾不仅占大量土地，其中一些有毒有害物质还极易破坏地表植被，影响农作物生长，造成土壤、河流环境污染，并成为农民健康的“隐形杀手”。随意焚烧垃圾还使得空气污染加重；长期暴露的垃圾容易滋生蚊蝇、老鼠等，成为各种疾病的传染源。

2.2 优质高效农业比例小

2013 年，江西全年作物种植面积 508.24 万 hm^2，其中粮食种植面积 369.09 万 hm^2，油料种植面积 74.31 万 hm^2，棉花种植面积 8.47 万 hm^2，蔬菜种植面积 56.37 万 hm^2，其中粮食种植面积占全年作物种植面积 72.62%，蔬菜种植面积占全年作物种植面积的 11.09%，由此可见，粮食作物仍然是江西省主要作物品种，粮食作物中主要是水稻为主，据江西省统计年鉴数据显示，2012 年江西省水稻种植面积占全部粮食作物播种面积的 90.54%。传统种植业仍然占据较大比重，而优质高效农业所占比重相对较小。农业种植结构单一，高效经济作物面积较小，优质农产品的比重依然很低，农产品附加值低，市场竞争力不强。

2.3　农业基础设施落后

江西农业基础设施落后主要表现在两个方面：一是交通条件差，江西以丘陵地为主，但农村地形地貌复杂，通电、通水、通路较为困难，许多农村地区特别是贫困地区几乎仍然处于未开发状态。很多农村交通设施落后，虽然基本实现了村村通公路，但农村公路通达深度不够，路桥不相配套，甚至大量设施损坏严重，公路质量较差，不仅不利于农产品外销和收购，也限制了农业机械的使用，导致了农业耕作成本增加。江西通公路的村为 17 004 个，占比为 97.7%，但水泥路面仅为 59.7%，柏油路面占 7.4%，而沙石路面占 27.6%，砖石、板路面占 0.1%，其他路面占 52%。二是基础设施缺乏维护，如河流方面缺乏维护，导致河道淤积和污染严重，农田排灌设施老化，由于缺乏相应管理机构，各级政府对于农田水利设施、农村生活性基础设施和生态环境基础设施常年不进行检修，功能老化、更新改造缓慢，加之配套管理机制不完善，由于没有维护资金，村里没有负责维护基础设施的机构，30%以上的设施“带病”运转或根本不能使用，损坏淤积严重，经常出现有人建设、有人使用，却没有人管理的情况。如近年来新开垦的农田，大部分没有田间配套设施，涝不能排旱不能灌，完全是靠天吃饭，全省有排灌站的村占比仅为 31.12%，农业抗灾害能力差。

2.4　农民文化素质不高

农业是弱势产业，对于大部分农民来说，农业经济收入在农民家庭中的比重较低。据统计 2012 年江西省农业人口 3 290 万，农业户数 899 万户，农村劳动力 2 053 万人，其中农业从业人员 831 万人。但大部分农村青壮年劳动力外出务工，对于农业生产倾注的精力较少，拥有知识的中青年劳动力只在收获和播种季节参与农事活动，生产过程中参与得很少，基本由留守在家的老年人、妇女、儿童完成田间管理，致使不能科学地施肥、灌溉、病虫害防治等，农业生产科技含量很低，导致大面积广种薄收。同时，农村儿童的教育问题也十分严峻，尤其是留守儿童的教育，因为疏于管理和缺少父母的日常关爱，许多孩子仅具有小学或初级中学文化程度，且易感染一些坏习惯，农村人口质量受到影响，长此以往不利于农业的可持续发展。

3 加强江西省农业生态文明建设的措施

3.1 提高农民保护生态环境的意识

"知是行之始"，凡事只有认识到位，才能积极主动地朝着方向去行动，否则，就显得盲目、被动。首先，要在各电视、报刊、网络等媒体，广泛宣传绿色消费、生态人居环境等生态文明建设的有关知识，将生态文明的理念渗透到生产、生活各个层面和千家万户，营造人人知晓、人人重视生态文明建设的氛围。其次，要抓好学校教育的环节，特别要重视青少年生态道德意识的培育和提高，将生态文明理念融入课堂教学。最后，倡导形成生态化的消费方式，变革人们的生态价值取向和消费方式，确立生态化的生活方式。通过倡导生态化的消费方式既能满足人的消费需求又能提高广大农民的生态文明意识。

3.2 调整优化农业种植结构

优化农业种植业结构，是进一步加快农业生产力发展，提高农业综合效益，全面振兴农村经济，进而促进国民经济增长的客观要求。坚持以市场为导向，发挥区域比较优势，获取比较利益，是优化农业产业结构必须遵循的重要原则。在保证粮食生产稳定增长的前提下，针对市场需求，种植业应以粮食作物和经济作物的二元结构发展成为集粮食作物、经济作物、饲料作物、蔬菜、瓜果、花卉等多元化种植结构。尤其是大力发展高产、高效、高附加值的经济作物和养殖业，推进农业产业结构升级，当前关键是要突出重点，改变地区农产品结构"资源型、趋同型、低级化"的劣势，大力发展农产品深加工和系列化加工，以满足市场优质化、多样化、无公害的需求。蔬菜产业重点发展环南昌优质蔬菜产业区、大广高速沿线优质蔬菜产业带、济广高速沿线优质蔬菜产业带及沪昆高速沿线优质蔬菜产业带。果业布局重点是建设以赣南脐橙、赣中南丰蜜橘、浙赣线江西甜柚、赣北早熟梨、赣中、赣西猕猴桃、葡萄为主的五大特色优势水果产业带。棉花产业突出抓好鄱阳湖棉花核心区和赣中棉花延伸区。茶叶产业以江西绿茶为主导产品，重点建设赣东北、赣西北、赣中、赣南四大茶区，以发展有机优质名优茶和特色茶为重点，扩大有机红绿茶出口。蚕桑重点发展以修水为主的赣西蚕区和以永新、东乡、乐安为主的赣中蚕区；苎麻重点发展以分宜、宜春为主的赣西麻区和以瑞昌为主的赣北麻区；糖料重点发展赣南、丰城、临川等产区；花卉重点发展南昌市郊花坛草皮基地、宜春花木基地和京九沿线花卉苗木基地；中药材重点发展樟树、新干、安远、泰和等基地。

3.3　加强保护农业生态环境

坚持农业发展和生态保护并重，积极策应鄱阳湖生态经济区建设，加快转变农业发展方式，促进人与自然和谐发展。一是大力发展特种水产、特色果业、无公害蔬菜、有机绿茶等绿色生态农业，全面推进畜禽标准化示范创建，积极开展“畜禽清洁生产行动”，继续推广“猪—沼—果”、发酵床养猪等循环农业模式和水产健康养殖。二是继续实施绿色植保工程和测土配方施肥，按照废物“减量化、再利用、资源化”原则重点推广废弃物综合利用技术（秸秆直接还田、过腹还田）、测土配方施肥技术、精量播种技术、喷（滴）灌灌溉技术，相关产业链接技术（如秸秆编织技术）和可再生能源开发利用技术（加工、提取、发酵），病虫害防治主要采用农业防治、物理防治和生物防治等，杜绝使用高毒高残留农药。三是加强农村农业节能减排，如大力推广先进适用、可靠的农机新机具、新技术，快速淘汰落后的农机，快速推广高性能农业机械，大力发展农村户用沼气、大中型沼气和农村清洁工程等节能减排农业生产技术，建设生产、生活废弃物利用和处理设施，优化农村居住环境。

3.4　加大建设农田基础设施的力度

体制创新和农产品提价已不能使农业摆脱困境，增加政府基础性投入是使农业摆脱困境的根本途径。加强农村基础设施建设既是社会主义新农村建设的一项重要内容，也是实现农业生态文明发展的主要途径之一，加大对农村基础设施建设的投入，对于改善农村的生产生活条件，提高农业综合生产能力，增加农民收入都具有重要的意义。农业基础设施建设应统筹兼顾、突出重点，充分利用国家的财政支持政策，重点加强农田水利基础设施建设，一要狠抓小型农田水利建设。抓紧编制和完善县级农田水利建设规划，整体推进农田水利工程建设和管理。大幅度增加农田水利建设投入。二要大力发展节水灌溉。继续把大型灌区节水改造作为农业固定资产投资的重点，力争早日完成大型灌区续建配套与节水改造任务。三要加快完成大中型和重点小型病险水库除险加固任务。只有不断加强基础设施建设，提高农业抵御自然灾害的能力，才能保证农业的高产、稳产。

3.5 发展循环农业，走资源节约道路

大力发展循环经济既是我国经济发展的重要方向，也是建设资源节约型和环境友好型社会，构建创新型国家以及实现经济社会全面协调可持续发展的必然途径，从农业角度来说，发展循环经济就是要大力发展循环农业。发展现代循环农业是牢固树立农业基础地位，彻底改变农村落后面貌，改善农村生态环境，增强农业国际竞争力，应对气候变化，从源头保障农产品安全，增加农民收入，落实民生之本，确保人民身体健康和生命安全的根本之道。发展循环农业，大力开发节约资源和保护环境的农业技术，推广节约化和生态化生产，积极发展节地、节水、节肥、无公害的资源节约型生产技术，选择科研创新成本低、效益高、环境友好，适应不同类型农村地区亟须的关键技术、共性技术，加快推进农业科技创新，研发和推广节约能源资源、减少农业面源污染、农业废弃物再生利用、保护生态环境等技术，促进农业可持续发展。

3.6 加大农业环境保护的执法力度和立法力度

加快农业生态文明建设除了进行宣传教育外，还要加强农业生态法制建设，全面清理现行法律法规中与生态文明建设不相适应的内容，对法律法规进行全面的衔接；完善法规体系，出台一批推动生态文明建设的法律、法规、规章、制度，把生态文明建设纳入法制化轨道。强化环境执法与刑事司法的有效衔接，严厉打击生态环境的违法犯罪行为。建立严格损害责任赔偿制度，对造成生态环境损害的地方领导要终身追究责任，对企业要严厉惩罚。

4 结语

“生态兴文明兴，生态衰则文明衰”，走农业生态文明建设之路，既是贯彻十七大精神和江西省省委、省政府决策部署的重要内容，又是全面建设小康社会、实现江西崛起的新要求；既是江西省发挥农业的比较优势、利用后发优势的正确选择，又是解决江西省发展中的突出矛盾、实现农业可持续发展的关键；既符合“既要金山银山，又要绿水青山 ”的理念，又符合现阶段江西省力争建设现代农业强省的战略决策的需要。

参考文献

[1] 方杰. 农业循环经济：建设农业生态文明的必然选择[J]. 西南大学学报，社会科学版，2008（6）：122-124.

[2] 王晓东. 农业生态文明建设——澳大利亚经验[J]. 世界农业，2013（12）：130-133.

[3] 工大明. 构建农业生态文明的产业支撑——以四川宜宾为例[J]. 学术交流，2008（12）：146-150.

[4] 胡美伦. 对农业生态文明建设的思考[J]. 新西部，2014（24）：40-41.

[5] 蔡承智，梁颖. 贵州农业生态文明建设研究综述[J]. 生态经济，2010（3）：103-105.

[6] 齐晓安，朴晓迎，邴育文. 我国农业可持续发展对策研究[J].东北师大学报（哲学社会科学版），2001（1）：41-47.

[7] 钟卫稼. 江西农村基础设施建设中存在的问题分析[J]. 农业经济，2011（4）：41-42.

[8] 尹昌斌，周颖. 循环农业发展理论与模式[M]. 北京：中国农业出版社，2008.

[9] 支援. 生态文明视域下的贵州可持续发展路径探析[J]. 黄河科技大学学报，2013，15（1）：83-86.

[10] 马兰，蔡建霞. 河南农业发展存在的问题及对策研究[J]. 河南科学，2005，23（5）：778-780.

[11] 洪渡，刘向阳，袁庄朝. 循环农业是实现农业可持续发展的必然选择[J]. 新经济，2014（1）：107-109.

[12] 杨传喜，张俊溅. 生态文明视域下的农业科技路径选择[J]. 生态经济，2010（11）：129-132.

江西省上饶市“最美上饶”建设探讨*

摘　要：上饶是江西省 11 个设区市之一。近年来，上饶市响应党中央“建设生态文明”的号召，提出了建设“最美上饶”的新战略、新理念、新目标，对于推进上饶市生态文明建设起到了积极作用。本文对“最美上饶”的含义、意义，以及建设“最美上饶”面临的问题进行了分析，提出了建设“最美上饶”的对策与措施，对促进当前正在进行的“最美上饶”建设具有一定的参考价值。

关键词：最美上饶　生态文明　生态建设　环境保护　江西省上饶市

1　上饶市概况

上饶是江西省 11 个设区市之一，辖 12 个区（县、市），位居江西省东北部，北纬 27°34′—29°34′，东经 116°13′—118°29′，东联浙江、南挺福建、北接安徽，处于长三角经济区、海西经济区、鄱阳湖生态经济区三区交汇处。2012 年，上饶市总人口为 664.290 2 万人，是全省总人口（4 503.932 1 万人）的 14.75%。全市土地总面积 22 791 km^2，占全省土地总面积的 13.65%。2012 年，上饶市森林覆盖率为 61.67%，有自然保护区 26 个（其中国家级 1 个），自然保护区面积 18.542 万 hm^2（其中，国家级自然保护区 1.601 万 hm^2），自然保护区占辖区面积比重为 8.14%，比全省 7.15%的比重高近 1 个百分点。2013 年，上饶市实现地区生产总值（GDP）1 401 亿元，是全省 GDP（14 338.5 亿元）的 9.77%。

---

* 作者：黄国勤。

本文于 2014 年 9 月 17—19 日在沈阳召开的“第 13 届中国生态学大会”上进行了交流，并载《第 13 届中国生态学大会论文集》（中国生态学学会、中国科学院沈阳应用生态研究所，2014 年 9 月）第 40～41 页。

2　“最美上饶”的提出

2007年，党的十七大首次提出“建设生态文明”的战略目标；2012年，党的十八大又进一步作出“推进生态文明、建设美丽中国”的重大战略部署。江西省积极响应党中央的号召，先后提出并实施“生态立省、绿色崛起”战略、“建设鄱阳湖生态经济区”发展战略、“科学发展、进位赶超、绿色崛起”战略、“建设富裕和谐秀美江西”战略、“发展升级、小康提速、绿色崛起、实干兴赣”战略等。上饶市根据全国、全省生态文明建设的形势，并结合上饶自身的自然资源条件、生态环境优势与经济社会发展的特点，于近年提出了建设“最美上饶”的新战略、新理念、新目标，对于推进上饶市生态文明建设起到了积极作用。

3　“最美上饶”的含义

上饶生态环境优势突出，上饶有全国最美乡村——婺源、世界最美的山——三清山、国家最美的湿地公园——鄱阳湖湿地公园。建设“最美上饶”，就是要在保持上饶现有生态环境优势的基础上，进一步加大生态治理、保护和建设的力度，使上饶的生态环境质量再上一个台阶——水更清、土更净、天更蓝、空气更新鲜、生物更丰富、食物更安全、人民更健康，使之真正成为全省、全国，甚全全世界的“生态标兵”和“生态旗帜”。

4　建设“最美上饶”的意义

建设“最美上饶”，是实现“中国梦”的具体实践；建设“最美上饶”，是促进经济发展的战略举措；建设“最美上饶”，是推进生态文明建设的组成内容；建设“最美上饶”，是优化社会环境、构建和谐社会的重要抓手；建设“最美上饶”，是传承生态文化的有效途径；建设“最美上饶”，是提升综合竞争力的关键之举。

5　建设“最美上饶”面临的问题

当前，上饶存在着一系列生态环境问题，对“最美上饶”的建设带来不利与挑战。如部分干部、群众对生态环境仍然不够重视，生态意识淡薄；全市生态破坏仍然比较严重；由生态破坏引发的水土流失有增无减；存在严重的资源浪费现象；环境污染越来越突出；由资源、生态、环境问题引起的食品安全形势越来越严峻，食品安全面临严重威胁。

6 建设“最美上饶”的对策与措施

为推进“最美上饶”建设，应采取以下对策和措施：①提高生态素质；②搞好生态规划；③发展生态农业；④推进新型工业；⑤大兴生态旅游；⑥做强生态服务；⑦实施生态减灾；⑧开展环境整治；⑨大搞生态建设；⑩增加生态投入；⑪完善法规制度；⑫强化科学研究。

吉水县生态文明建设探讨*

摘　要：本文在实地考察的基础上，总结和分析了吉水县生态文明建设的有利条件及其取得的实际成效，提出了进一步推进吉水县生态文明建设的对策和措施。该文对当前全县正在进行的生态文明建设具有一定的参考价值和指导意义。

关键词：生态文明建设　吉水县

在全国、全省大力推进生态文明，建设“美丽中国”“秀美江西”的今天，吉水县紧跟时代发展步伐，不失时机地提出推进生态文明和建设“美丽吉水”的宏伟目标。应吉水县之邀，笔者于2015年5月17—19日对吉水县生态文明建设进行了实地考察。现根据该次考察及相关资料，对吉水县生态文明建设的相关问题作一探讨，以供吉水县有关领导和部门参考。不对之处，还请同志们多多批评指正。

1　吉水县概况

吉水县地处江西省中部，赣江中游，吉安市东北部。地跨东经114°38′—115°36′、北纬26°52′—27°33′。东与永丰县接壤，南与青原区相连，西与吉州区、吉安县毗邻，北与峡江县交界。吉水县因赣江与恩江合行洲渚间，形若“吉”字，吉水由此得名。吉水县下辖18个乡镇，249个行政村，总人口50多万人，国土面积2 509 km^2。

吉水县自隋朝建县以来已有1 300余年，文风鼎盛，人才辈出，自古就是“文

* 作者：黄国勤。

本文于2014年12月27—28日在江西省万年县召开的“江西省生态经济学会2014年学术年会暨江西省生态文明先行示范区建设研讨会”上进行了交流，并载《建设中的江西生态文明》（中国环境出版社，2015年9月）第152～159页。

章节义之邦，人文渊源之地”。南宋诗人杨万里，民族英雄文天祥，《永乐大典》总纂解缙，嘉靖状元、地理学家罗洪先，《中华大字典》和《辞海》主编徐元诰等均是吉水县人。吉水县也是庐陵文化的发源地之一。

吉水县是一个“七山半水二分田，半分道路和庄园”的山地丘陵县，地形兼有山地、丘陵、平原三大类，以丘陵为主。东、北、南三面地势稍高，西与西北稍低，并依序由东向西倾斜形成一个半开口的盆地；东南与西北两头大，中部狭窄。最高点为县城东北部的大东山，海拔 891.3 m；最低处为县城北新码头，海拔仅 38.0 m。

吉水县属中亚热带区域，气候温和，雨量充沛，光照充足，四季分明，具有东亚季风湿润气候特征。其气候特点是：春寒、夏热、秋旱、冬冷。冷、暖气流交换于境内，造成梅雨连绵；盛夏伏热高温，多呈旱象；夏秋之际，晴热少雨；深秋则秋高气爽；冬日寒冷。据历年气温记载，年平均无霜期 290 天，最长年份达 348 天（1965 年），最短年份为 247 天（1988 年）。初霜日期平均在每年的 12 月 4 日前后，终霜日期平均在次年的 2 月 16 日前后；年日照时数为 1 711 h，年降雨量为 1 541.8 mm，年蒸发量为 1 547.2 mm，年平均地温 21.5℃。

吉水县内土壤可分为 5 个土类（水稻土、红壤土、潮土、紫色土和石灰土），11 个亚类（淹育型水稻土、潴育型水稻土、潜育型水稻土、漂洗型水稻土；红壤、红壤性土、黄红壤；壤质潮土、少质潮土；酸性紫色土、石灰性紫色土和棕色石灰土），40 个土属，136 个土种。

吉水县土壤以水稻土的面积最大，分布最广，是县内一类耕作土壤，共有面积 706 581 亩，占吉水县版图面积的 17.15%，占总耕地面积的 88.8%。红土壤分布从海拔 50 m 以上岗地低丘到海拔 891 m 大东山，面积 2 542 765.45 亩（其中旱作土壤 46 352.49 亩），占土地面积的 61.72%。潮土土壤分布在吉水县五大江和水溪两岸的河谷阶地上，由河流冲积物风化发育形成，面积 73 235.34 亩，占土地面积的 1.8%，占耕地面积的 9.2%。紫色土壤面积 363 042.61 亩，占土地面积 8.81%。石灰土壤面积 12 322.69 亩，占土地面积的 0.3%。

2 吉水县生态文明建设的有利条件

吉水县推进生态文明建设，具有许多有利条件。

2.1 自然条件优越

吉水县地处江西省中部，赣江中游，吉安市东北部。气候温和，雨量充沛，光照充足，四季分明，无霜期长，生物多样性丰富，不仅适宜发展农、林、牧、副、渔各业生产，还适宜发展相关工业、旅游业和服务业，对建设生态文明有利。

2.2 资源多样丰富

一是土地（土壤）资源丰富。吉水县内土壤可分为 5 个土类、11 个亚类、40 个土属、136 个土种。根据土壤利用现状，县内土壤可分为农耕地（水田、旱地、菜地），园林地（茶园、果园），林地（阔叶林地、杉木林地、马尾松林地、竹林地、油茶林地、油桐林地、灌木林地、疏林地、苗圃），荒山（灌丛地、草地、迹地），难利用地（裸露半裸露地，包括砾石地），水面（河流、水渠、水库、水塘），其他用地（建筑用地、河堤、公路、机耕道、田埂）七类。吉水县土壤以水稻土的面积最大，分布最广，是县内一类耕作土壤，共有面积 706 581 亩，占吉水县版图面积的 17.15%，占总耕地面积的 88.8%。

二是森林资源丰富。全县有林业用地面积 16.8 万 hm^2，占国土总面积的 65.8%，活立木总蓄积量 503 万 m^3，是江西省林业重点县之一。

三是坡地资源丰富。据《江西省坡地资源调查报告》可知，吉水县坡地总面积为 18.05 万 hm^2，其中大于 25°的陡坡地面积为 3.92 万 hm^2，占全县土地面积的 14.6%；15°～25°的斜坡地面积为 6.15 万 hm^2，占全县土地面积的 22%；小于 15°的缓坡地面积为 5.61 万 hm^2，占全县土地面积的 20.9%；2°～6°的岗（台）地面积 2.37 万 hm^2，占全县土地面积的 8.9%。全县坡地资源主要分布在赣江以东（水东）地区，赣江以西由于地势比较平缓，坡度较小，坡地资源较少。

四是旅游资源丰富。吉水县的“古色、绿色、红色”旅游资源十分丰富，可谓“美不胜收”。吉水县自然景观与人文景观交相辉映，构成了独具特色的“旅游资源大县”。

2.3 生态环境良好

吉水县山地多（占国土面积的 70%），森林覆盖率较高。全县森林覆盖率为 63.4%，高于全省 63.1%的平均水平；人均公园绿地面积达到 10.05 m^2，是全国平均水平的 3 倍。加上工业相对较少，空气、水、土壤等受污染较少。因此，吉水县生态环境总体良好。

2.4 文化底蕴深厚

吉水县历史悠久，人才辈出。自古即有“人文渊源之地、文章节义之邦”美誉，不仅有“一门三进士、隔河两宰相、五里三状元、十里九布政”的人文盛况，更有杨万里、解缙、邹元标、罗洪先等一大批“文节俱高”的仁人志士。其文化底蕴十分深厚，是当今生态文明建设的宝贵财富，可谓“十分罕见，不可多得”。

2.5 交通条件改善

近年来，动车、高铁等的快速发展，极大地改善了全国、全省的交通条件。同样，在这样的大背景下，吉水县的交通条件也得到了前所未有的发展。如赣粤高速、抚吉高速、105 国道等交通线路的开通及快速发展，大大改善了吉水县的交通运输状况，这对推进全县生态文明建设的快速发展必然是有益的。

2.6 经济基础较好

吉水县尽管是山地、丘陵县，由于改革开放及国家政策扶持，全县经济条件逐年改善，经济总量连年增加。可以说，吉水县的经济基础和经济实力已达到相对较好的程度，这为开展全县生态文明建设奠定了一定的基础，对建设“美丽吉水”有利。

2.7 充满发展机遇

当前，吉水县生态文明建设，除了有国家和全省政策支持的良好机遇外，还有苏区振兴、峡江水利枢纽工程、吉泰走廊建设等“三大机遇”。可以说，未来吉水县生态文明建设充满着前所未有、千载难逢的战略机遇。把握好了这些机遇，吉水县生态文明建设必将实现历史性飞跃。

3 吉水县生态文明建设取得的主要成效

绿色生态，是吉水最大的财富、最大的优势、最大的潜力、最大的品牌，吉水在生态文明发展的道路上迈出了铿锵的步伐，取得了显著成就。新中国成立以来，特别是改革开放 30 多年来，在党和政府的正确领导下，吉水县发生了翻天覆地的变化，经济社会发展、生态文明建设等各方面均取得了巨大的成就。

近年来，吉水县在生态文明建设方面取得的突出成效主要表现在以下几方面。

3.1　实行退耕还林，生态环境明显改善

20 世纪 90 年代初，按照中央“退耕还林”的要求，吉水县积极实施退耕还林工程，截至 2010 年，全县累计增加有林地面积 11.8 万亩，治理坡耕地、滩涂地、沙化耕地 4 万亩，治理水土流失的荒山荒坡 7.8 万亩。退耕还林开展较早的乡村林木已经郁闭成林，水土流失得到控制，森林蓄水量大幅度提高，确保了水库、山塘常年蓄水，许多乡村实现了“水不下山，泥不出沟”。

据调查资料显示，退耕还林实施前，赣江年平均含沙量为 0.234 2 kg/m^3，年输沙量 926 万 t，而自从实施退耕还林工程后，2009 年赣江输沙量、年平均含沙量与多年平均值相比均明显减少。研究认为，赣江输沙量减少的主要原因是赣江两岸的乡村实施退耕还林等水土保持措施发挥作用，使长期超负荷运行的自然生态系统得到休养生息，多年未见的动物重新出现，生物多样性增加。据有关专家预测，再经过几年的经营管理，已经完成的工程造林将陆续郁闭成林，森林生态效益将更加明显。

3.2　开展社会主义新农村建设，推进农村生态文明发展

据《井冈山报》(2012 年 8 月 2 日）报道，通过开展社会主义新农村建设，吉水县白沙镇农村生态文明水平有了明显提升。如今，在白沙镇新农村随处可以见到，家家窗明几净，村村桃红柳绿。吉水县目前已有 623 个新农村建设点，10 万余农民受益于新农村建设，他们不但过上了“走平坦路，喝干净水，上卫生厕，住整洁房，用洁净能源”的文明新生活，还因为乡村旅游等相关产业的兴旺而获得了实实在在的“经济实惠”。

该县聘请专家为农民建房设计了 A、B 图等五种徽派建筑式样，免费供农民自主选用；实施了以封山育林、花开百村为重点的绿化工程，以改燃改灶为重点的能源替代工程。1996—2012 年的 6 年间，该县先后投入资金 2.2 亿元，完成村内主干道硬化 2 677.45 km，改水、安装自来水 23 978 户，95%的人口用上了清洁自来水，90%的村开通了互联网，97%的村开通了广播电视，移动电话实现了全覆盖。该县还围绕乡村旅游发展“一村一品”，积极培育和发展旅游服务、农家乐等产业，使更多农民走上致富路。几年来，该县涌现出水南镇腐竹、白沙镇白鹅、

螺田镇生姜大蒜、尚贤乡高粱等一批产业特色村。同时，白沙镇木口、金滩镇燕坊、文峰镇玉山等村大力发展乡村旅游，村民每年可增收近千元，还带动 1 946 户农户办起了农家乐。

3.3 策应全省生态文明先行示范区建设，积极推进吉水生态文明建设上台阶、上水平

据《井冈山报》（2015 年 4 月 24 日）报道，为策应全省生态文明先行示范区建设，吉水县大力推进生态文明建设上台阶、上水平，并取得实际成效。一是 2015 年 1 月，在吉水县召开的“两会”上，人大代表、政协委员们决议并通过了《关于加强吉泰走廊吉水区域生态保护的决议》，确定了保护范围、保护目标、保护内容、保护措施、审批程序、监督管理等九个方面内容。保护范围为文峰、乌江等 8 个乡镇，129 个村（居）委会以及工业园区，面积达 1 110.78 km^2。在坚持统筹规划、生态优先、科学发展的原则下，将保护范围内的城镇绿地、山林、河湖水系等纳入生态保护区范围，并按生态敏感程度划分为禁止建设区和限制建设区，实行严格保护。

二是依托大东山和赣江等独特山水脉络，让吉水融入大自然。吉水全面实施了生态红线管控，大力推进“精品公园+生态绿廊+郊野公园”建设，完善了城镇三级生态梯度格局。2015 年，吉水启动了城西湿地公园二期、城北郊野公园，以及国防科技文化主题公园建设；完善了城南公园绿化、小品、水上设施等；提升了八都公园、水南水北公园等已有的乡镇公园品位，18 个乡镇每个乡镇将至少建设一个中心公园，该县生态乡镇达到 60%。该县还进一步巩固了省级森林城市创建成果，通过拆墙透绿、治脏变绿、见缝插绿等形式，推动城市增绿。并以此为契机，开展了净空、净水、净土行动，进一步加强中小河流与水库水质治理，狠抓农村面源污染防治。

三是库区江岸生态绿化、古城墙美丽庄重，湿地公园花香鸟语，移民新村山清水秀，生态文明旅游是吉水的一张王牌。吉水积极策应吉安市“三山一江”战略和“两带一区”建设，将赣江两岸风光带由神岗山至桃花岛延伸到峡江大坝，重点打造赣江东岸城区段 12.8 km 的滨江生态景观带，提升新城活力、古城遗韵、郊野湿地、漫步休闲四大主题区的品位。同时，全面启动了城西游客集散中心建设，燕坊古村国家 4A 级景区创建，大东山佛教圣地建设，城北森林郊野公园建设；并结合金滩、醪桥、双村、水田等乡镇的花卉苗木、井冈蜜柚和现代农业示

范园建设，沿江规划建设生态农业旅游休闲观光带，形成了全域联动的生态文明旅游发展新格局。

3.4 开展生态文明建设试点，探索生态文明建设新路

2014 年 10 月 31 日，吉水县八都镇太山村委会港边自然村入选江西省水利厅第一批“水生态文明建设试点村”。通过试点，将探索出一条适合吉水农村生态文明建设的新路子、新模式，必将取得新进展、新成效。

4 吉水县生态文明建设的重点、对策和措施

今后，为进一步推进吉水县生态文明建设向前发展，必须确定其重点领域，并采取切实对策和措施。

根据 2015 年 3 月 26 日吉水县委中心组理论学习的相关材料，可以看出，今后 3～5 年之内，吉水县生态文明建设将在以下几方面取得显著进展甚至实现“突破”。

4.1 不断夯实现代农业发展基础，推进农业生态文明上新台阶

围绕示范区十大重点工程之一的现代农业体系建设工程，一要抓好高标准农田建设。推进高标准农田“上图入库”，以省涉农资金整合试点为契机，继续整合千亿斤粮食工程、小农水、土地整治、农业开发等项目资金，力争年内新建高标准农田 3.6 万亩。二要抓好水利工程建设。抓好小农水重点县建设，逐步完善灌溉渠系和田间工程配套，改善灌溉面积 5 万亩以上。扎实推进 29 座小（二）型病险水库除险加固，30 座山塘增容扩效改造以及 3 个乡镇抗旱应急引调提水工程项目建设。抓好农村饮水安全工程，重点推进“千吨万人”“百吨千人”集中供水工程建设，解决 4.457 万农村居民和 0.189 万农村学校师生安全饮水问题。

4.2 整治农村面源污染，优化农村生态环境

以治水、防污为重点，努力建设清洁家园、清洁水源、清洁田园。治水，就是做好两项工作，一是规范管理库区水面经营管理，严格控制库区水面经营，全面实行人放天养，严厉打击私自开发、肥水养鱼等行为，对破坏生态环境的行为，要依法处理。二是继续推进水库水质治理，按照全市的要求实行“一票否决”，要

实行目标责任管理，层层落实责任制度，将责任落实到乡镇村组、到产权单位、承包人，确保2014年年底前所有水库水质全面达标。防污，就是积极推行畜禽清洁生产，落实畜禽养殖“三区”规划，抓好病死畜禽无害化处理，大力推广有机肥和生物农药。

4.3 大力推进区域生态保护，全面提升生态环境质量

抓好《关于加强吉泰走廊吉水区域生态保护的决议》的落实，加快设定禁止建设区和限制建设区，2014年重点抓好大东山的保护与开发，将大东山的生态资源优势和历史文化优势充分结合起来，打造精品生态工程。不断巩固森林城市创建成果，大力植树造林，年内完成造林3.6万亩，封山育林1.5万亩，继续开展“森林十创”，在全县建设18个高标准风景林示范点。积极策应全市“两带一区建设”，重点打造赣江沿岸生态农村建设，做好“减量、透绿、留白、传承、坚守”五篇文章，推进农村生态复兴，形成村庄绕绿的生态景观。

4.4 加强工业园区环境保护，推进工业生态文明发展

工业园区的污染物质主要来源于各生产企业。吉水县应对工业园区实行污染物排放总量控制，将园区总量指标和项目总量指标作为入园项目环评审批的前置条件，鼓励园区通过结构调整、产业升级、循环经济、技术创新和技术改造等措施减少园区污染物排放总量。同时，加大对入园企业污水污气排放情况的检查力度，对污水污气不能稳定达标排放的，责令限期治理，督促其外排废水污气污染物浓度达到国家规定的标准，同时支持各界人士对园区环境的监督检查。在打造省级生态工业示范园区，探索走出一条“科技含量高、经济效益好、资源消耗低、环境污染少、人力资源优势得到充分发挥的新型工业化路子”。可以说，只有制定严格的工业园区环境保护制度，并采取相关措施，才能有效保护工业园区生态环境，推进工业生态文明发展。

4.5 规范城市环境管理，建设城市生态文明

吉水县正在开展“四城同创”活动（即从2013年4月21日开始，该县计划用三年时间，实现争创省级文明城市、省级森林城市、国家园林县城、国家卫生县城的目标），这是全县生态文明建设的一个重要举措。城市的街容街貌是城市的“门面”，是百姓生活的一个缩影。全县应加大中心城区马路市场管控力度，对于

流动摊贩占道经营等情况予以整治处理；加大推行“门前三包”责任制力度，确保店铺门前市容整洁、环境卫生整洁、责任区内的设施设备整洁；加大打造车畅人欢的交通环境力度，面对城区机动车违章停车高发、多发的严峻现实，一方面增设临时停车泊位，缓解停车难问题；另一方面坚持“教育劝离”与“锁车处罚”双管齐下，疏堵结合治理机动车占压人行道停车行为的发生，大大提高了道路通行效率。只有规范城市管理，并采取有效措施，吉水县城市生态文明才能早日实现。

参考文献

[1]　黄国勤. 生态文明建设的实践与探索[M]. 北京：中国环境科学出版社，2009.

[2]　黄国勤. 发展中的江西生态经济[M]. 北京：中国环境科学出版社，2009.

附 录

中共中央　国务院关于加快推进生态文明建设的意见*

（2015年4月25日）

生态文明建设是中国特色社会主义事业的重要内容，关系人民福祉，关乎民族未来，事关“两个一百年”奋斗目标和中华民族伟大复兴中国梦的实现。党中央、国务院高度重视生态文明建设，先后出台了一系列重大决策部署，推动生态文明建设取得了重大进展和积极成效。但总体上看，我国生态文明建设水平仍滞后于经济社会发展，资源约束趋紧，环境污染严重，生态系统退化，发展与人口资源环境之间的矛盾日益突出，已成为经济社会可持续发展的重大瓶颈制约。

加快推进生态文明建设是加快转变经济发展方式、提高发展质量和效益的内在要求，是坚持以人为本、促进社会和谐的必然选择，是全面建成小康社会、实现中华民族伟大复兴中国梦的时代抉择，是积极应对气候变化、维护全球生态安全的重大举措。要充分认识加快推进生态文明建设的极端重要性和紧迫性，切实增强责任感和使命感，牢固树立尊重自然、顺应自然、保护自然的理念，坚持绿水青山就是金山银山，动员全党、全社会积极行动、深入持久地推进生态文明建设，加快形成人与自然和谐发展的现代化建设新格局，开创社会主义生态文明新时代。

一、总体要求

（一）指导思想。以邓小平理论、“三个代表”重要思想、科学发展观为指导，全面贯彻党的十八大和十八届二中、三中、四中全会精神，深入贯彻习近平总书记系列重要讲话精神，认真落实党中央、国务院的决策部署，坚持以人为本、依法推进，坚持节约资源和保护环境的基本国策，把生态文明建设放在突出的战略位置，融入经济建设、政治建设、文化建设、社会建设各方面和全过程，协同推进新型工业化、信息化、城镇化、农业现代化和绿色化，以健全

* 原载《人民日报》2015年5月6日第1版。

生态文明制度体系为重点，优化国土空间开发格局，全面促进资源节约利用，加大自然生态系统和环境保护力度，大力推进绿色发展、循环发展、低碳发展，弘扬生态文化，倡导绿色生活，加快建设美丽中国，使蓝天常在、青山常在、绿水常在，实现中华民族永续发展。

（二）基本原则

坚持把节约优先、保护优先、自然恢复为主作为基本方针。在资源开发与节约中，把节约放在优先位置，以最少的资源消耗支撑经济社会持续发展；在环境保护与发展中，把保护放在优先位置，在发展中保护、在保护中发展；在生态建设与修复中，以自然恢复为主，与人工修复相结合。

坚持把绿色发展、循环发展、低碳发展作为基本途径。经济社会发展必须建立在资源得到高效循环利用、生态环境受到严格保护的基础上，与生态文明建设相协调，形成节约资源和保护环境的空间格局、产业结构、生产方式。

坚持把深化改革和创新驱动作为基本动力。充分发挥市场配置资源的决定性作用和更好发挥政府作用，不断深化制度改革和科技创新，建立系统完整的生态文明制度体系，强化科技创新引领作用，为生态文明建设注入强大动力。

坚持把培育生态文化作为重要支撑。将生态文明纳入社会主义核心价值体系，加强生态文化的宣传教育，倡导勤俭节约、绿色低碳、文明健康的生活方式和消费模式，提高全社会生态文明意识。

坚持把重点突破和整体推进作为工作方式。既立足当前，着力解决对经济社会可持续发展制约性强、群众反映强烈的突出问题，打好生态文明建设攻坚战；又着眼长远，加强顶层设计与鼓励基层探索相结合，持之以恒全面推进生态文明建设。

（三）主要目标

到 2020 年，资源节约型和环境友好型社会建设取得重大进展，主体功能区布局基本形成，经济发展质量和效益显著提高，生态文明主流价值观在全社会得到推行，生态文明建设水平与全面建成小康社会目标相适应。

——国土空间开发格局进一步优化。经济、人口布局向均衡方向发展，陆海空间开发强度、城市空间规模得到有效控制，城乡结构和空间布局明显优化。

——资源利用更加高效。单位国内生产总值二氧化碳排放强度比 2005 年下降 40%～45%，能源消耗强度持续下降，资源产出率大幅提高，用水总量力争控制在 6 700 亿立方米以内，万元工业增加值用水量降低到 65 立方米以下，农田灌溉水有效利用系数提高到 0.55 以上，非化石能源占一次能源消费比重达到 15%左右。

——生态环境质量总体改善。主要污染物排放总量继续减少，大气环境质量、重点流域和近岸海域水环境质量得到改善，重要江河湖泊水功能区水质达标率提高到80%以上，饮用水安全保障水平持续提升，土壤环境质量总体保持稳定，环境风险得到有效控制。森林覆盖率达到23%以上，草原综合植被覆盖度达到56%，湿地面积不低于8亿亩，50%以上可治理沙化土地得到治理，自然岸线保有率不低于35%，生物多样性丧失速度得到基本控制，全国生态系统稳定性明显增强。

——生态文明重大制度基本确立。基本形成源头预防、过程控制、损害赔偿、责任追究的生态文明制度体系，自然资源资产产权和用途管制、生态保护红线、生态保护补偿、生态环境保护管理体制等关键制度建设取得决定性成果。

二、强化主体功能定位，优化国土空间开发格局

国土是生态文明建设的空间载体。要坚定不移地实施主体功能区战略，健全空间规划体系，科学合理布局和整治生产空间、生活空间、生态空间。

（四）积极实施主体功能区战略。全面落实主体功能区规划，健全财政、投资、产业、土地、人口、环境等配套政策和各有侧重的绩效考核评价体系。推进市县落实主体功能定位，推动经济社会发展、城乡、土地利用、生态环境保护等规划“多规合一”，形成一个市县一本规划、一张蓝图。区域规划编制、重大项目布局必须符合主体功能定位。对不同主体功能区的产业项目实行差别化市场准入政策，明确禁止开发区域、限制开发区域准入事项，明确优化开发区域、重点开发区域禁止和限制发展的产业。编制实施全国国土规划纲要，加快推进国土综合整治。构建平衡适宜的城乡建设空间体系，适当增加生活空间、生态用地，保护和扩大绿地、水域、湿地等生态空间。

（五）大力推进绿色城镇化。认真落实《国家新型城镇化规划（2014—2020年）》，根据资源环境承载能力，构建科学合理的城镇化宏观布局，严格控制特大城市规模，增强中小城市承载能力，促进大中小城市和小城镇协调发展。尊重自然格局，依托现有山水脉络、气象条件等，合理布局城镇各类空间，尽量减少对自然的干扰和损害。保护自然景观，传承历史文化，提倡城镇形态多样性，保持特色风貌，防止“千城一面”。科学确定城镇开发强度，提高城镇土地利用效率、建成区人口密度，划定城镇开发边界，从严供给城市建设用地，推动城镇化发展由外延扩张式向内涵提升式转变。严格新城、新区设立条件和程序。强化城镇化过程中的节能理念，大力发展绿色建筑和低碳、便捷的交通体系，推进绿色生态城区建设，提高城镇供排水、防涝、雨水收集利用、供热、供气、环境等基础设施建设水平。所有县城和重点镇都要具备污水、垃圾处理能力，提高建设、运行、管理水平。加强城乡规划“三区四线”（禁建区、限建区和适建区，绿线、蓝线、紫线和黄线）管理，维护城乡规划的权威性、严肃性，杜绝大

拆大建。

（六）加快美丽乡村建设。完善县域村庄规划，强化规划的科学性和约束力。加强农村基础设施建设，强化山水林田路综合治理，加快农村危旧房改造，支持农村环境集中连片整治，开展农村垃圾专项治理，加大农村污水处理和改厕力度。加快转变农业发展方式，推进农业结构调整，大力发展农业循环经济，治理农业污染，提升农产品质量安全水平。依托乡村生态资源，在保护生态环境的前提下，加快发展乡村旅游休闲业。引导农民在房前屋后、道路两旁植树护绿。加强农村精神文明建设，以环境整治和民风建设为重点，扎实推进文明村镇创建。

（七）加强海洋资源科学开发和生态环境保护。根据海洋资源环境承载力，科学编制海洋功能区划，确定不同海域主体功能。坚持“点上开发、面上保护”，控制海洋开发强度，在适宜开发的海洋区域，加快调整经济结构和产业布局，积极发展海洋战略性新兴产业，严格生态环境评价，提高资源集约节约利用和综合开发水平，最大程度减少对海域生态环境的影响。严格控制陆源污染物排海总量，建立并实施重点海域排污总量控制制度，加强海洋环境治理、海域海岛综合整治、生态保护修复，有效保护重要、敏感和脆弱海洋生态系统。加强船舶港口污染控制，积极治理船舶污染，增强港口码头污染防治能力。控制发展海水养殖，科学养护海洋渔业资源。开展海洋资源和生态环境综合评估。实施严格的围填海总量控制制度、自然岸线控制制度，建立陆海统筹、区域联动的海洋生态环境保护修复机制。

三、推动技术创新和结构调整，提高发展质量和效益

从根本上缓解经济发展与资源环境之间的矛盾，必须构建科技含量高、资源消耗低、环境污染少的产业结构，加快推动生产方式绿色化，大幅提高经济绿色化程度，有效降低发展的资源环境代价。

（八）推动科技创新。结合深化科技体制改革，建立符合生态文明建设领域科研活动特点的管理制度和运行机制。加强重大科学技术问题研究，开展能源节约、资源循环利用、新能源开发、污染治理、生态修复等领域关键技术攻关，在基础研究和前沿技术研发方面取得突破。强化企业技术创新主体地位，充分发挥市场对绿色产业发展方向和技术路线选择的决定性作用。完善技术创新体系，提高综合集成创新能力，加强工艺创新与试验。支持生态文明领域工程技术类研究中心、实验室和实验基地建设，完善科技创新成果转化机制，形成一批成果转化平台、中介服务机构，加快成熟适用技术的示范和推广。加强生态文明基础研究、试验研发、工程应用和市场服务等科技人才队伍建设。

（九）调整优化产业结构。推动战略性新兴产业和先进制造业健康发展，采用先进适用节能低碳环保技术改造提升传统产业，发展壮大服务业，合理布局建设基础设施和基础产业。积

极化解产能严重过剩矛盾，加强预警调控，适时调整产能严重过剩行业名单，严禁核准产能严重过剩行业新增产能项目。加快淘汰落后产能，逐步提高淘汰标准，禁止落后产能向中西部地区转移。做好化解产能过剩和淘汰落后产能企业职工安置工作。推动要素资源全球配置，鼓励优势产业“走出去”，提高参与国际分工的水平。调整能源结构，推动传统能源安全绿色开发和清洁低碳利用，发展清洁能源、可再生能源，不断提高非化石能源在能源消费结构中的比重。

（十）发展绿色产业。大力发展节能环保产业，以推广节能环保产品拉动消费需求，以增强节能环保工程技术能力拉动投资增长，以完善政策机制释放市场潜在需求，推动节能环保技术、装备和服务水平显著提升，加快培育新的经济增长点。实施节能环保产业重大技术装备产业化工程，规划建设产业化示范基地，规范节能环保市场发展，多渠道引导社会资金投入，形成新的支柱产业。加快核电、风电、太阳能光伏发电等新材料、新装备的研发和推广，推进生物质发电、生物质能源、沼气、地热、浅层地温能、海洋能等应用，发展分布式能源，建设智能电网，完善运行管理体系。大力发展节能与新能源汽车，提高创新能力和产业化水平，加强配套基础设施建设，加大推广普及力度。发展有机农业、生态农业，以及特色经济林、林下经济、森林旅游等林产业。

四、全面促进资源节约循环高效使用，推动利用方式根本转变

节约资源是破解资源瓶颈约束、保护生态环境的首要之策。要深入推进全社会节能减排，在生产、流通、消费各环节大力发展循环经济，实现各类资源节约高效利用。

（十一）推进节能减排。发挥节能与减排的协同促进作用，全面推动重点领域节能减排。开展重点用能单位节能低碳行动，实施重点产业能效提升计划。严格执行建筑节能标准，加快推进既有建筑节能和供热计量改造，从标准、设计、建设等方面大力推广可再生能源在建筑上的应用，鼓励建筑工业化等建设模式。优先发展公共交通，优化运输方式，推广节能与新能源交通运输装备，发展甩挂运输。鼓励使用高效节能农业生产设备。开展节约型公共机构示范创建活动。强化结构、工程、管理减排，继续削减主要污染物排放总量。

（十二）发展循环经济。按照减量化、再利用、资源化的原则，加快建立循环型工业、农业、服务业体系，提高全社会资源产出率。完善再生资源回收体系，实行垃圾分类回收，开发利用“城市矿产”，推进秸秆等农林废弃物以及建筑垃圾、餐厨废弃物资源化利用，发展再制造和再生利用产品，鼓励纺织品、汽车轮胎等废旧物品回收利用。推进煤矸石、矿渣等大宗固体废弃物综合利用。组织开展循环经济示范行动，大力推广循环经济典型模式。推进产业循环式组合，促进生产和生活系统的循环链接，构建覆盖全社会的资源循环利用体系。

（十三）加强资源节约。节约集约利用水、土地、矿产等资源，加强全过程管理，大幅降

低资源消耗强度。加强用水需求管理，以水定需、量水而行，抑制不合理用水需求，促进人口、经济等与水资源相均衡，建设节水型社会。推广高效节水技术和产品，发展节水农业，加强城市节水，推进企业节水改造。积极开发利用再生水、矿井水、空中云水、海水等非常规水源，严控无序调水和人造水景工程，提高水资源安全保障水平。按照严控增量、盘活存量、优化结构、提高效率的原则，加强土地利用的规划管控、市场调节、标准控制和考核监管，严格土地用途管制，推广应用节地技术和模式。发展绿色矿业，加快推进绿色矿山建设，促进矿产资源高效利用，提高矿产资源开采回采率、选矿回收率和综合利用率。

五、加大自然生态系统和环境保护力度，切实改善生态环境质量

良好生态环境是最公平的公共产品，是最普惠的民生福祉。要严格源头预防、不欠新账，加快治理突出生态环境问题、多还旧账，让人民群众呼吸新鲜的空气，喝上干净的水，在良好的环境中生产生活。

（十四）保护和修复自然生态系统。加快生态安全屏障建设，形成以青藏高原、黄土高原—川滇、东北森林带、北方防沙带、南方丘陵山地带、近岸近海生态区以及大江大河重要水系为骨架，以其他重点生态功能区为重要支撑，以禁止开发区域为重要组成的生态安全战略格局。实施重大生态修复工程，扩大森林、湖泊、湿地面积，提高沙区、草原植被覆盖率，有序实现休养生息。加强森林保护，将天然林资源保护范围扩大到全国；大力开展植树造林和森林经营，稳定和扩大退耕还林范围，加快重点防护林体系建设；完善国有林场和国有林区经营管理体制，深化集体林权制度改革。严格落实禁牧休牧和草畜平衡制度，加快推进基本草原划定和保护工作；加大退牧还草力度，继续实行草原生态保护补助奖励政策；稳定和完善草原承包经营制度。启动湿地生态效益补偿和退耕还湿。加强水生生物保护，开展重要水域增殖放流活动。继续推进京津风沙源治理、黄土高原地区综合治理、石漠化综合治理，开展沙化土地封禁保护试点。加强水土保持，因地制宜推进小流域综合治理。实施地下水保护和超采漏斗区综合治理，逐步实现地下水采补平衡。强化农田生态保护，实施耕地质量保护与提升行动，加大退化、污染、损毁农田改良和修复力度，加强耕地质量调查监测与评价。实施生物多样性保护重大工程，建立监测评估与预警体系，健全国门生物安全查验机制，有效防范物种资源丧失和外来物种入侵，积极参加生物多样性国际公约谈判和履约工作。加强自然保护区建设与管理，对重要生态系统和物种资源实施强制性保护，切实保护珍稀濒危野生动植物、古树名木及自然生境。建立国家公园体制，实行分级、统一管理，保护自然生态和自然文化遗产原真性、完整性。研究建立江河湖泊生态水量保障机制。加快灾害调查评价、监测预警、防治和应急等防灾减灾体系建设。

（十五）全面推进污染防治。按照以人为本、防治结合、标本兼治、综合施策的原则，建

立以保障人体健康为核心、以改善环境质量为目标、以防控环境风险为基线的环境管理体系，健全跨区域污染防治协调机制，加快解决人民群众反映强烈的大气、水、土壤污染等突出环境问题。继续落实大气污染防治行动计划，逐渐消除重污染天气，切实改善大气环境质量。实施水污染防治行动计划，严格饮用水源保护，全面推进涵养区、源头区等水源地环境整治，加强供水全过程管理，确保饮用水安全；加强重点流域、区域、近岸海域水污染防治和良好湖泊生态环境保护，控制和规范淡水养殖，严格入河（湖、海）排污管理；推进地下水污染防治。制定实施土壤污染防治行动计划，优先保护耕地土壤环境，强化工业污染场地治理，开展土壤污染治理与修复试点。加强农业面源污染防治，加大种养业特别是规模化畜禽养殖污染防治力度，科学施用化肥、农药，推广节能环保型炉灶，净化农产品产地和农村居民生活环境。加大城乡环境综合整治力度。推进重金属污染治理。开展矿山地质环境恢复和综合治理，推进尾矿安全、环保存放，妥善处理处置矿渣等大宗固体废物。建立健全化学品、持久性有机污染物、危险废物等环境风险防范与应急管理工作机制。切实加强核设施运行监管，确保核安全万无一失。

（十六）积极应对气候变化。坚持当前长远相互兼顾、减缓适应全面推进，通过节约能源和提高能效，优化能源结构，增加森林、草原、湿地、海洋碳汇等手段，有效控制二氧化碳、甲烷、氢氟碳化物、全氟化碳、六氟化硫等温室气体排放。提高适应气候变化特别是应对极端天气和气候事件能力，加强监测、预警和预防，提高农业、林业、水资源等重点领域和生态脆弱地区适应气候变化的水平。扎实推进低碳省区、城市、城镇、产业园区、社区试点。坚持共同但有区别的责任原则、公平原则、各自能力原则，积极建设性地参与应对气候变化国际谈判，推动建立公平合理的全球应对气候变化格局。

六、健全生态文明制度体系

加快建立系统完整的生态文明制度体系，引导、规范和约束各类开发、利用、保护自然资源的行为，用制度保护生态环境。

（十七）健全法律法规。全面清理现行法律法规中与加快推进生态文明建设不相适应的内容，加强法律法规间的衔接。研究制定节能评估审查、节水、应对气候变化、生态补偿、湿地保护、生物多样性保护、土壤环境保护等方面的法律法规，修订土地管理法、大气污染防治法、水污染防治法、节约能源法、循环经济促进法、矿产资源法、森林法、草原法、野生动物保护法等。

（十八）完善标准体系。加快制定修订一批能耗、水耗、地耗、污染物排放、环境质量等方面的标准，实施能效和排污强度“领跑者”制度，加快标准升级步伐。提高建筑物、道路、桥梁等建设标准。环境容量较小、生态环境脆弱、环境风险高的地区要执行污染物特别排放限值。鼓励各地区依法制定更加严格的地方标准。建立与国际接轨、适应我国国情的能效和环保标识认证制度。

（十九）健全自然资源资产产权制度和用途管制制度。对水流、森林、山岭、草原、荒地、滩涂等自然生态空间进行统一确权登记，明确国土空间的自然资源资产所有者、监管者及其责任。完善自然资源资产用途管制制度，明确各类国土空间开发、利用、保护边界，实现能源、水资源、矿产资源按质量分级、梯级利用。严格节能评估审查、水资源论证和取水许可制度。坚持并完善最严格的耕地保护和节约用地制度，强化土地利用总体规划和年度计划管控，加强土地用途转用许可管理。完善矿产资源规划制度，强化矿产开发准入管理。有序推进国家自然资源资产管理体制改革。

（二十）完善生态环境监管制度。建立严格监管所有污染物排放的环境保护管理制度。完善污染物排放许可证制度，禁止无证排污和超标准、超总量排污。违法排放污染物、造成或可能造成严重污染的，要依法查封扣押排放污染物的设施设备。对严重污染环境的工艺、设备和产品实行淘汰制度。实行企事业单位污染物排放总量控制制度，适时调整主要污染物指标种类，纳入约束性指标。健全环境影响评价、清洁生产审核、环境信息公开等制度。建立生态保护修复和污染防治区域联动机制。

（二十一）严守资源环境生态红线。树立底线思维，设定并严守资源消耗上限、环境质量底线、生态保护红线，将各类开发活动限制在资源环境承载能力之内。合理设定资源消耗“天花板”，加强能源、水、土地等战略性资源管控，强化能源消耗强度控制，做好能源消费总量管理。继续实施水资源开发利用控制、用水效率控制、水功能区限制纳污三条红线管理。划定永久基本农田，严格实施永久保护，对新增建设用地占用耕地规模实行总量控制，落实耕地占补平衡，确保耕地数量不下降、质量不降低。严守环境质量底线，将大气、水、土壤等环境质量“只能更好、不能变坏”作为地方各级政府环保责任红线，相应确定污染物排放总量限值和环境风险防控措施。在重点生态功能区、生态环境敏感区和脆弱区等区域划定生态红线，确保生态功能不降低、面积不减少、性质不改变；科学划定森林、草原、湿地、海洋等领域生态红线，严格自然生态空间征（占）用管理，有效遏制生态系统退化的趋势。探索建立资源环境承载能力监测预警机制，对资源消耗和环境容量接近或超过承载能力的地区，及时采取区域限批等限制性措施。

（二十二）完善经济政策。健全价格、财税、金融等政策，激励、引导各类主体积极投身生态文明建设。深化自然资源及其产品价格改革，凡是能由市场形成价格的都交给市场，政府定价要体现基本需求与非基本需求以及资源利用效率高低的差异，体现生态环境损害成本和修复效益。进一步深化矿产资源有偿使用制度改革，调整矿业权使用费征收标准。加大财政资金投入，统筹有关资金，对资源节约和循环利用、新能源和可再生能源开发利用、环境基础设施建设、生态修复与建设、先进适用技术研发示范等给予支持。将高耗能、高污染产品纳入消费税征收范围。推动环境保护费改税。加快资源税从价计征改革，清理取消相关收费基金，逐步将资源税征收范围扩展到占用各种自然生态空间。完善节能环保、新能源、生态建设的税收优惠政策。推广绿色信贷，支持符合条件的项目通过资本市场融资。探索排污权抵押等融资模式。深化环境污染责任保险试点，研究建立巨灾保险制度。

（二十三）推行市场化机制。加快推行合同能源管理、节能低碳产品和有机产品认证、能效标识管理等机制。推进节能发电调度，优先调度可再生能源发电资源，按机组能耗和污染物排放水平依次调用化石类能源发电资源。建立节能量、碳排放权交易制度，深化交易试点，推动建立全国碳排放权交易市场。加快水权交易试点，培育和规范水权市场。全面推进矿业权市场建设。扩大排污权有偿使用和交易试点范围，发展排污权交易市场。积极推进环境污染第三方治理，引入社会力量投入环境污染治理。

（二十四）健全生态保护补偿机制。科学界定生态保护者与受益者权利义务，加快形成生态损害者赔偿、受益者付费、保护者得到合理补偿的运行机制。结合深化财税体制改革，完善转移支付制度，归并和规范现有生态保护补偿渠道，加大对重点生态功能区的转移支付力度，逐步提高其基本公共服务水平。建立地区间横向生态保护补偿机制，引导生态受益地区与保护地区之间、流域上游与下游之间，通过资金补助、产业转移、人才培训、共建园区等方式实施补偿。建立独立公正的生态环境损害评估制度。

（二十五）健全政绩考核制度。建立体现生态文明要求的目标体系、考核办法、奖惩机制。把资源消耗、环境损害、生态效益等指标纳入经济社会发展综合评价体系，大幅增加考核权重，强化指标约束，不唯经济增长论英雄。完善政绩考核办法，根据区域主体功能定位，实行差别化的考核制度。对限制开发区域、禁止开发区域和生态脆弱的国家扶贫开发工作重点县，取消地区生产总值考核；对农产品主产区和重点生态功能区，分别实行农业优先和生态保护优先的绩效评价；对禁止开发的重点生态功能区，重点评价其自然文化资源的原真性、完整性。根据考核评价结果，对生态文明建设成绩突出的地区、单位和个人给予表彰奖励。探索编制自然资源资产负债表，对领导干部实行自然资源资产和环境责任离任审计。

（二十六）完善责任追究制度。建立领导干部任期生态文明建设责任制，完善节能减排目标责任考核及问责制度。严格责任追究，对违背科学发展要求、造成资源环境生态严重破坏的要记录在案，实行终身追责，不得转任重要职务或提拔使用，已经调离的也要问责。对推动生态文明建设工作不力的，要及时诫勉谈话；对不顾资源和生态环境盲目决策、造成严重后果的，要严肃追究有关人员的领导责任；对履职不力、监管不严、失职渎职的，要依纪依法追究有关人员的监管责任。

七、加强生态文明建设统计监测和执法监督

坚持问题导向，针对薄弱环节，加强统计监测、执法监督，为推进生态文明建设提供有力保障。

（二十七）加强统计监测。建立生态文明综合评价指标体系。加快推进对能源、矿产资源、水、大气、森林、草原、湿地、海洋和水土流失、沙化土地、土壤环境、地质环境、温室气体等的统计监测核算能力建设，提升信息化水平，提高准确性、及时性，实现信息共享。加快重点用能单位能源消耗在线监测体系建设。建立循环经济统计指标体系、矿产资源合理开发利用评价指标体系。利用卫星遥感等技术手段，对自然资源和生态环境保护状况开展全天候监测，健全覆盖所有资源环境要素的监测网络体系。提高环境风险防控和突发环境事件应急能力，健全环境与健康调查、监测和风险评估制度。定期开展全国生态状况调查和评估。加大各级政府预算内投资等财政性资金对统计监测等基础能力建设的支持力度。

（二十八）强化执法监督。加强法律监督、行政监察，对各类环境违法违规行为实行"零容忍"，加大查处力度，严厉惩处违法违规行为。强化对浪费能源资源、违法排污、破坏生态环境等行为的执法监察和专项督察。资源环境监管机构独立开展行政执法，禁止领导干部违法违规干预执法活动。健全行政执法与刑事司法的衔接机制，加强基层执法队伍、环境应急处置救援队伍建设。强化对资源开发和交通建设、旅游开发等活动的生态环境监管。

八、加快形成推进生态文明建设的良好社会风尚

生态文明建设关系各行各业、千家万户。要充分发挥人民群众的积极性、主动性、创造性，凝聚民心、集中民智、汇集民力，实现生活方式绿色化。

（二十九）提高全民生态文明意识。积极培育生态文化、生态道德，使生态文明成为社会主流价值观，成为社会主义核心价值观的重要内容。从娃娃和青少年抓起，从家庭、学校教育抓起，引导全社会树立生态文明意识。把生态文明教育作为素质教育的重要内容，纳入国民教育体系和干部教育培训体系。将生态文化作为现代公共文化服务体系建设的重要内容，挖掘优秀传统生态文化思想和资源，创作一批文化作品，创建一批教育基地，满足广大人民群众对生态文化的需求。通过典型示范、展览展示、岗位创建等形式，广泛动员全民参与生态文明建设。组织好世界地球日、世界环境日、世界森林日、世界水日、世界海洋日和全国节能宣传周等主题宣传活动。充分发挥新闻媒体作用，树立理性、积极的舆论导向，加强资源环境国情宣传，普及生态文明法律法规、科学知识等，报道先进典型，曝光反面事例，提高公众节约意识、环保意识、生态意识，形成人人、事事、时时崇尚生态文明的社会氛围。

（三十）培育绿色生活方式。倡导勤俭节约的消费观。广泛开展绿色生活行动，推动全民在衣、食、住、行、游等方面加快向勤俭节约、绿色低碳、文明健康的方式转变，坚决抵制和反对各种形式的奢侈浪费、不合理消费。积极引导消费者购买节能与新能源汽车、高能效家电、节水型器具等节能环保低碳产品，减少一次性用品的使用，限制过度包装。大力推广绿色低碳出行，倡导绿色生活和休闲模式，严格限制发展高耗能、高耗水服务业。在餐饮企业、单位食堂、家庭全方位开展反食品浪费行动。党政机关、国有企业要带头厉行勤俭节约。

（三十一）鼓励公众积极参与。完善公众参与制度，及时准确披露各类环境信息，扩大公开范围，保障公众知情权，维护公众环境权益。健全举报、听证、舆论和公众监督等制度，构建全民参与的社会行动体系。建立环境公益诉讼制度，对污染环境、破坏生态的行为，有关组织可提起公益诉讼。在建设项目立项、实施、后评价等环节，有序增强公众参与程度。引导生态文明建设领域各类社会组织健康有序发展，发挥民间组织和志愿者的积极作用。

九、切实加强组织领导

健全生态文明建设领导体制和工作机制，勇于探索和创新，推动生态文明建设蓝图逐步成为现实。

（三十二）强化统筹协调。各级党委和政府对本地区生态文明建设负总责，要建立协调机制，形成有利于推进生态文明建设的工作格局。各有关部门要按照职责分工，密切协调配合，形成生态文明建设的强大合力。

（三十三）探索有效模式。抓紧制定生态文明体制改革总体方案，深入开展生态文明先行示范区建设，研究不同发展阶段、资源环境禀赋、主体功能定位地区生态文明建设的有效模式。各地区要抓住制约本地区生态文明建设的瓶颈，在生态文明制度创新方面积极实践，力争取得重大突破。及时总结有效做法和成功经验，完善政策措施，形成有效模式，加大推广力度。

（三十四）广泛开展国际合作。统筹国内国际两个大局，以全球视野加快推进生态文明建设，树立负责任大国形象，把绿色发展转化为新的综合国力、综合影响力和国际竞争新优势。发扬包容互鉴、合作共赢的精神，加强与世界各国在生态文明领域的对话交流和务实合作，引进先进技术装备和管理经验，促进全球生态安全。加强南南合作，开展绿色援助，对其他发展中国家提供支持和帮助。

（三十五）抓好贯彻落实。各级党委和政府及中央有关部门要按照本意见要求，抓紧提出实施方案，研究制定与本意见相衔接的区域性、行业性和专题性规划，明确目标任务、责任分工和时间要求，确保各项政策措施落到实处。各地区各部门贯彻落实情况要及时向党中央、国务院报告，同时抄送国家发展改革委。中央就贯彻落实情况适时组织开展专项监督检查。

中共中央　国务院印发《生态文明体制改革总体方案》*

近日，中共中央、国务院印发了《生态文明体制改革总体方案》，并发出通知，要求各地区各部门结合实际认真贯彻执行。

《生态文明体制改革总体方案》主要内容如下。

为加快建立系统完整的生态文明制度体系，加快推进生态文明建设，增强生态文明体制改革的系统性、整体性、协同性，制定本方案。

一、生态文明体制改革的总体要求

（一）生态文明体制改革的指导思想。全面贯彻党的十八大和十八届二中、三中、四中全会精神，以邓小平理论、“三个代表”重要思想、科学发展观为指导，深入贯彻落实习近平总书记系列重要讲话精神，按照党中央、国务院决策部署，坚持节约资源和保护环境基本国策，坚持节约优先、保护优先、自然恢复为主方针，立足我国社会主义初级阶段的基本国情和新的阶段性特征，以建设美丽中国为目标，以正确处理人与自然关系为核心，以解决生态环境领域突出问题为导向，保障国家生态安全，改善环境质量，提高资源利用效率，推动形成人与自然和谐发展的现代化建设新格局。

（二）生态文明体制改革的理念

树立尊重自然、顺应自然、保护自然的理念，生态文明建设不仅影响经济持续健康发展，也关系政治和社会建设，必须放在突出地位，融入经济建设、政治建设、文化建设、社会建设各方面和全过程。

树立发展和保护相统一的理念，坚持发展是硬道理的战略思想，发展必须是绿色发展、循环发展、低碳发展，平衡好发展和保护的关系，按照主体功能定位控制开发强度，调整空间结构，给子孙后代留下天蓝、地绿、水净的美好家园，实现发展与保护的内在统一、相互促进。

树立绿水青山就是金山银山的理念，清新空气、清洁水源、美丽山川、肥沃土地、生物多样性是人类生存必需的生态环境，坚持发展是第一要务，必须保护森林、草原、河流、湖泊、

* 原载《中国政府网》2015 年 9 月 23 日。

湿地、海洋等自然生态。

树立自然价值和自然资本的理念，自然生态是有价值的，保护自然就是增值自然价值和自然资本的过程，就是保护和发展生产力，就应得到合理回报和经济补偿。

树立空间均衡的理念，把握人口、经济、资源环境的平衡点推动发展，人口规模、产业结构、增长速度不能超出当地水土资源承载能力和环境容量。

树立山水林田湖是一个生命共同体的理念，按照生态系统的整体性、系统性及其内在规律，统筹考虑自然生态各要素、山上山下、地上地下、陆地海洋以及流域上下游，进行整体保护、系统修复、综合治理，增强生态系统循环能力，维护生态平衡。

（三）生态文明体制改革的原则

坚持正确改革方向，健全市场机制，更好发挥政府的主导和监管作用，发挥企业的积极性和自我约束作用，发挥社会组织和公众的参与和监督作用。

坚持自然资源资产的公有性质，创新产权制度，落实所有权，区分自然资源资产所有者权利和管理者权力，合理划分中央地方事权和监管职责，保障全体人民分享全民所有自然资源资产收益。

坚持城乡环境治理体系统一，继续加强城市环境保护和工业污染防治，加大生态环境保护工作对农村地区的覆盖，建立健全农村环境治理体制机制，加大对农村污染防治设施建设和资金投入力度。

坚持激励和约束并举，既要形成支持绿色发展、循环发展、低碳发展的利益导向机制，又要坚持源头严防、过程严管、损害严惩、责任追究，形成对各类市场主体的有效约束，逐步实现市场化、法治化、制度化。

坚持主动作为和国际合作相结合，加强生态环境保护是我们的自觉行为，同时要深化国际交流和务实合作，充分借鉴国际上的先进技术和体制机制建设有益经验，积极参与全球环境治理，承担并履行好同发展中大国相适应的国际责任。

坚持鼓励试点先行和整体协调推进相结合，在党中央、国务院统一部署下，先易后难、分步推进，成熟一项推出一项。支持各地区根据本方案确定的基本方向，因地制宜，大胆探索、大胆试验。

（四）生态文明体制改革的目标。到2020年，构建起由自然资源资产产权制度、国土空间开发保护制度、空间规划体系、资源总量管理和全面节约制度、资源有偿使用和生态补偿制度、环境治理体系、环境治理和生态保护市场体系、生态文明绩效评价考核和责任追究制度等八项制度构成的产权清晰、多元参与、激励约束并重、系统完整的生态文明制度体系，推进生态文明领域国家治理体系和治理能力现代化，努力走向社会主义生态文明新时代。

构建归属清晰、权责明确、监管有效的自然资源资产产权制度，着力解决自然资源所有者不到位、所有权边界模糊等问题。

构建以空间规划为基础、以用途管制为主要手段的国土空间开发保护制度，着力解决因无序开发、过度开发、分散开发导致的优质耕地和生态空间占用过多、生态破坏、环境污染等问题。

构建以空间治理和空间结构优化为主要内容，全国统一、相互衔接、分级管理的空间规划体系，着力解决空间性规划重叠冲突、部门职责交叉重复、地方规划朝令夕改等问题。

构建覆盖全面、科学规范、管理严格的资源总量管理和全面节约制度，着力解决资源使用浪费严重、利用效率不高等问题。

构建反映市场供求和资源稀缺程度、体现自然价值和代际补偿的资源有偿使用和生态补偿制度，着力解决自然资源及其产品价格偏低、生产开发成本低于社会成本、保护生态得不到合理回报等问题。

构建以改善环境质量为导向，监管统一、执法严明、多方参与的环境治理体系，着力解决污染防治能力弱、监管职能交叉、权责不一致、违法成本过低等问题。

构建更多运用经济杠杆进行环境治理和生态保护的市场体系，着力解决市场主体和市场体系发育滞后、社会参与度不高等问题。

构建充分反映资源消耗、环境损害和生态效益的生态文明绩效评价考核和责任追究制度，着力解决发展绩效评价不全面、责任落实不到位、损害责任追究缺失等问题。

二、健全自然资源资产产权制度

（五）建立统一的确权登记系统。坚持资源公有、物权法定，清晰界定全部国土空间各类自然资源资产的产权主体。对水流、森林、山岭、草原、荒地、滩涂等所有自然生态空间统一进行确权登记，逐步划清全民所有和集体所有之间的边界，划清全民所有、不同层级政府行使所有权的边界，划清不同集体所有者的边界。推进确权登记法治化。

（六）建立权责明确的自然资源产权体系。制定权利清单，明确各类自然资源产权主体权利。处理好所有权与使用权的关系，创新自然资源全民所有权和集体所有权的实现形式，除生态功能重要的外，可推动所有权和使用权相分离，明确占有、使用、收益、处分等权利归属关系和权责，适度扩大使用权的出让、转让、出租、抵押、担保、入股等权能。明确国有农场、林场和牧场土地所有者与使用者权能。全面建立覆盖各类全民所有自然资源资产的有偿出让制度，严禁无偿或低价出让。统筹规划，加强自然资源资产交易平台建设。

（七）健全国家自然资源资产管理体制。按照所有者和监管者分开和一件事情由一个部门负责的原则，整合分散的全民所有自然资源资产所有者职责，组建对全民所有的矿藏、水流、森林、山岭、草原、荒地、海域、滩涂等各类自然资源统一行使所有权的机构，负责全民所有自然资源的出让等。

（八）探索建立分级行使所有权的体制。对全民所有的自然资源资产，按照不同资源种类和在生态、经济、国防等方面的重要程度，研究实行中央和地方政府分级代理行使所有权职责的体制，实现效率和公平相统一。分清全民所有中央政府直接行使所有权、全民所有地方政府行使所有权的资源清单和空间范围。中央政府主要对石油天然气、贵重稀有矿产资源、重点国有林区、大江大河大湖和跨境河流、生态功能重要的湿地草原、海域滩涂、珍稀野生动植物种和部分国家公园等直接行使所有权。

（九）开展水流和湿地产权确权试点。探索建立水权制度，开展水域、岸线等水生态空间确权试点，遵循水生态系统性、整体性原则，分清水资源所有权、使用权及使用量。在甘肃、宁夏等地开展湿地产权确权试点。

三、建立国土空间开发保护制度

（十）完善主体功能区制度。统筹国家和省级主体功能区规划，健全基于主体功能区的区域政策，根据城市化地区、农产品主产区、重点生态功能区的不同定位，加快调整完善财政、产业、投资、人口流动、建设用地、资源开发、环境保护等政策。

（十一）健全国土空间用途管制制度。简化自上而下的用地指标控制体系，调整按行政区和用地基数分配指标的做法。将开发强度指标分解到各县级行政区，作为约束性指标，控制建设用地总量。将用途管制扩大到所有自然生态空间，划定并严守生态红线，严禁任意改变用途，防止不合理开发建设活动对生态红线的破坏。完善覆盖全部国土空间的监测系统，动态监测国土空间变化。

（十二）建立国家公园体制。加强对重要生态系统的保护和永续利用，改革各部门分头设置自然保护区、风景名胜区、文化自然遗产、地质公园、森林公园等的体制，对上述保护地进行功能重组，合理界定国家公园范围。国家公园实行更严格保护，除不损害生态系统的原住民生活生产设施改造和自然观光科研教育旅游外，禁止其他开发建设，保护自然生态和自然文化遗产原真性、完整性。加强对国家公园试点的指导，在试点基础上研究制定建立国家公园体制总体方案。构建保护珍稀野生动植物的长效机制。

（十三）完善自然资源监管体制。将分散在各部门的有关用途管制职责，逐步统一到一个部门，统一行使所有国土空间的用途管制职责。

四、建立空间规划体系

（十四）编制空间规划。整合目前各部门分头编制的各类空间性规划，编制统一的空间规划，实现规划全覆盖。空间规划是国家空间发展的指南、可持续发展的空间蓝图，是各类开发建设活动的基本依据。空间规划分为国家、省、市县（设区的市空间规划范围为市辖区）三级。研究建立统一规范的空间规划编制机制。鼓励开展省级空间规划试点。编制京津冀空间规划。

（十五）推进市县"多规合一"。支持市县推进"多规合一"，统一编制市县空间规划，逐步形成一个市县一个规划、一张蓝图。市县空间规划要统一土地分类标准，根据主体功能定位和省级空间规划要求，划定生产空间、生活空间、生态空间，明确城镇建设区、工业区、农村居民点等的开发边界，以及耕地、林地、草原、河流、湖泊、湿地等的保护边界，加强对城市地下空间的统筹规划。加强对市县"多规合一"试点的指导，研究制定市县空间规划编制指引和技术规范，形成可复制、能推广的经验。

（十六）创新市县空间规划编制方法。探索规范化的市县空间规划编制程序，扩大社会参与，增强规划的科学性和透明度。鼓励试点地区进行规划编制部门整合，由一个部门负责市县空间规划的编制，可成立由专业人员和有关方面代表组成的规划评议委员会。规划编制前应当进行资源环境承载能力评价，以评价结果作为规划的基本依据。规划编制过程中应当广泛征求各方面意见，全文公布规划草案，充分听取当地居民意见。规划经评议委员会论证通过后，由当地人民代表大会审议通过，并报上级政府部门备案。规划成果应当包括规划文本和较高精度的规划图，并在网络和其他本地媒体公布。鼓励当地居民对规划执行进行监督，对违反规划的开发建设行为进行举报。当地人民代表大会及其常务委员会定期听取空间规划执行情况报告，对当地政府违反规划行为进行问责。

五、完善资源总量管理和全面节约制度

（十七）完善最严格的耕地保护制度和土地节约集约利用制度。完善基本农田保护制度，划定永久基本农田红线，按照面积不减少、质量不下降、用途不改变的要求，将基本农田落地到户、上图入库，实行严格保护，除法律规定的国家重点建设项目选址确实无法避让外，其他任何建设不得占用。加强耕地质量等级评定与监测，强化耕地质量保护与提升建设。完善耕地占补平衡制度，对新增建设用地占用耕地规模实行总量控制，严格实行耕地占一补一、先补后占、占优补优。实施建设用地总量控制和减量化管理，建立节约集约用地激励和约束机制，调整结构，盘活存量，合理安排土地利用年度计划。

（十八）完善最严格的水资源管理制度。按照节水优先、空间均衡、系统治理、两手发力

的方针，健全用水总量控制制度，保障水安全。加快制定主要江河流域水量分配方案，加强省级统筹，完善省市县三级取用水总量控制指标体系。建立健全节约集约用水机制，促进水资源使用结构调整和优化配置。完善规划和建设项目水资源论证制度。主要运用价格和税收手段，逐步建立农业灌溉用水量控制和定额管理、高耗水工业企业计划用水和定额管理制度。在严重缺水地区建立用水定额准入门槛，严格控制高耗水项目建设。加强水产品产地保护和环境修复，控制水产养殖，构建水生动植物保护机制。完善水功能区监督管理，建立促进非常规水源利用制度。

（十九）建立能源消费总量管理和节约制度。坚持节约优先，强化能耗强度控制，健全节能目标责任制和奖励制。进一步完善能源统计制度。健全重点用能单位节能管理制度，探索实行节能自愿承诺机制。完善节能标准体系，及时更新用能产品能效、高耗能行业能耗限额、建筑物能效等标准。合理确定全国能源消费总量目标，并分解落实到省级行政区和重点用能单位。健全节能低碳产品和技术装备推广机制，定期发布技术目录。强化节能评估审查和节能监察。加强对可再生能源发展的扶持，逐步取消对化石能源的普遍性补贴。逐步建立全国碳排放总量控制制度和分解落实机制，建立增加森林、草原、湿地、海洋碳汇的有效机制，加强应对气候变化国际合作。

（二十）建立天然林保护制度。将所有天然林纳入保护范围。建立国家用材林储备制度。逐步推进国有林区政企分开，完善以购买服务为主的国有林场公益林管护机制。完善集体林权制度，稳定承包权，拓展经营权能，健全林权抵押贷款和流转制度。

（二十一）建立草原保护制度。稳定和完善草原承包经营制度，实现草原承包地块、面积、合同、证书“四到户”，规范草原经营权流转。实行基本草原保护制度，确保基本草原面积不减少、质量不下降、用途不改变。健全草原生态保护补奖机制，实施禁牧休牧、划区轮牧和草畜平衡等制度。加强对草原征用使用审核审批的监管，严格控制草原非牧使用。

（二十二）建立湿地保护制度。将所有湿地纳入保护范围，禁止擅自征用占用国际重要湿地、国家重要湿地和湿地自然保护区。确定各类湿地功能，规范保护利用行为，建立湿地生态修复机制。

（二十三）建立沙化土地封禁保护制度。将暂不具备治理条件的连片沙化土地划为沙化土地封禁保护区。建立严格保护制度，加强封禁和管护基础设施建设，加强沙化土地治理，增加植被，合理发展沙产业，完善以购买服务为主的管护机制，探索开发与治理结合新机制。

（二十四）健全海洋资源开发保护制度。实施海洋主体功能区制度，确定近海海域海岛主体功能，引导、控制和规范各类用海用岛行为。实行围填海总量控制制度，对围填海面积实行约束性指标管理。建立自然岸线保有率控制制度。完善海洋渔业资源总量管理制度，严格执行休渔禁渔制度，推行近海捕捞限额管理，控制近海和滩涂养殖规模。健全海洋督察制度。

（二十五）健全矿产资源开发利用管理制度。建立矿产资源开发利用水平调查评估制度，加强矿产资源查明登记和有偿计时占用登记管理。建立矿产资源集约开发机制，提高矿区企业集中度，鼓励规模化开发。完善重要矿产资源开采回采率、选矿回收率、综合利用率等国家标准。健全鼓励提高矿产资源利用水平的经济政策。建立矿山企业高效和综合利用信息公示制度，建立矿业权人“黑名单”制度。完善重要矿产资源回收利用的产业化扶持机制。完善矿山地质环境保护和土地复垦制度。

（二十六）完善资源循环利用制度。建立健全资源产出率统计体系。实行生产者责任延伸制度，推动生产者落实废弃产品回收处理等责任。建立种养业废弃物资源化利用制度，实现种养业有机结合、循环发展。加快建立垃圾强制分类制度。制定再生资源回收目录，对复合包装物、电池、农膜等低值废弃物实行强制回收。加快制定资源分类回收利用标准。建立资源再生产品和原料推广使用制度，相关原材料消耗企业要使用一定比例的资源再生产品。完善限制一次性用品使用制度。落实并完善资源综合利用和促进循环经济发展的税收政策。制定循环经济技术目录，实行政府优先采购、贷款贴息等政策。

六、健全资源有偿使用和生态补偿制度

（二十七）加快自然资源及其产品价格改革。按照成本、收益相统一的原则，充分考虑社会可承受能力，建立自然资源开发使用成本评估机制，将资源所有者权益和生态环境损害等纳入自然资源及其产品价格形成机制。加强对自然垄断环节的价格监管，建立定价成本监审制度和价格调整机制，完善价格决策程序和信息公开制度。推进农业水价综合改革，全面实行非居民用水超计划、超定额累进加价制度，全面推行城镇居民用水阶梯价格制度。

（二十八）完善土地有偿使用制度。扩大国有土地有偿使用范围，扩大招拍挂出让比例，减少非公益性用地划拨，国有土地出让收支纳入预算管理。改革完善工业用地供应方式，探索实行弹性出让年限以及长期租赁、先租后让、租让结合供应。完善地价形成机制和评估制度，健全土地等级价体系，理顺与土地相关的出让金、租金和税费关系。建立有效调节工业用地和居住用地合理比价机制，提高工业用地出让地价水平，降低工业用地比例。探索通过土地承包经营、出租等方式，健全国有农用地有偿使用制度。

（二十九）完善矿产资源有偿使用制度。完善矿业权出让制度，建立符合市场经济要求和矿业规律的探矿权采矿权出让方式，原则上实行市场化出让，国有矿产资源出让收支纳入预算管理。理清有偿取得、占用和开采中所有者、投资者、使用者的产权关系，研究建立矿产资源国家权益金制度。调整探矿权采矿权使用费标准、矿产资源最低勘查投入标准。推进实现全国

统一的矿业权交易平台建设，加大矿业权出让转让信息公开力度。

（三十）完善海域海岛有偿使用制度。建立海域、无居民海岛使用金征收标准调整机制。建立健全海域、无居民海岛使用权招拍挂出让制度。

（三十一）加快资源环境税费改革。理顺自然资源及其产品税费关系，明确各自功能，合理确定税收调控范围。加快推进资源税从价计征改革，逐步将资源税扩展到占用各种自然生态空间，在华北部分地区开展地下水征收资源税改革试点。加快推进环境保护税立法。

（三十二）完善生态补偿机制。探索建立多元化补偿机制，逐步增加对重点生态功能区转移支付，完善生态保护成效与资金分配挂钩的激励约束机制。制定横向生态补偿机制办法，以地方补偿为主，中央财政给予支持。鼓励各地区开展生态补偿试点，继续推进新安江水环境补偿试点，推动在京津冀水源涵养区、广西广东九洲江、福建广东汀江－韩江等开展跨地区生态补偿试点，在长江流域水环境敏感地区探索开展流域生态补偿试点。

（三十三）完善生态保护修复资金使用机制。按照山水林田湖系统治理的要求，完善相关资金使用管理办法，整合现有政策和渠道，在深入推进国土江河综合整治的同时，更多用于青藏高原生态屏障、黄土高原－川滇生态屏障、东北森林带、北方防沙带、南方丘陵山地带等国家生态安全屏障的保护修复。

（三十四）建立耕地草原河湖休养生息制度。编制耕地、草原、河湖休养生息规划，调整严重污染和地下水严重超采地区的耕地用途，逐步将 25 度以上不适宜耕种且有损生态的陡坡地退出基本农田。建立巩固退耕还林还草、退牧还草成果长效机制。开展退田还湖还湿试点，推进长株潭地区土壤重金属污染修复试点、华北地区地下水超采综合治理试点。

七、建立健全环境治理体系

（三十五）完善污染物排放许可制。尽快在全国范围建立统一公平、覆盖所有固定污染源的企业排放许可制，依法核发排污许可证，排污者必须持证排污，禁止无证排污或不按许可证规定排污。

（三十六）建立污染防治区域联动机制。完善京津冀、长三角、珠三角等重点区域大气污染防治联防联控协作机制，其他地方要结合地理特征、污染程度、城市空间分布以及污染物输送规律，建立区域协作机制。在部分地区开展环境保护管理体制创新试点，统一规划、统一标准、统一环评、统一监测、统一执法。开展按流域设置环境监管和行政执法机构试点，构建各流域内相关省级涉水部门参加、多形式的流域水环境保护协作机制和风险预警防控体系。建立陆海统筹的污染防治机制和重点海域污染物排海总量控制制度。完善突发环境事件应急机制，提高与环境风险程度、污染物种类等相匹配的突发环境事件应急处置能力。

（三十七）建立农村环境治理体制机制。建立以绿色生态为导向的农业补贴制度，加快制定和完善相关技术标准和规范，加快推进化肥、农药、农膜减量化以及畜禽养殖废弃物资源化和无害化，鼓励生产使用可降解农膜。完善农作物秸秆综合利用制度。健全化肥农药包装物、农膜回收贮运加工网络。采取财政和村集体补贴、住户付费、社会资本参与的投入运营机制，加强农村污水和垃圾处理等环保设施建设。采取政府购买服务等多种扶持措施，培育发展各种形式的农业面源污染治理、农村污水垃圾处理市场主体。强化县乡两级政府的环境保护职责，加强环境监管能力建设。财政支农资金的使用要统筹考虑增强农业综合生产能力和防治农村污染。

（三十八）健全环境信息公开制度。全面推进大气和水等环境信息公开、排污单位环境信息公开、监管部门环境信息公开，健全建设项目环境影响评价信息公开机制。健全环境新闻发言人制度。引导人民群众树立环保意识，完善公众参与制度，保障人民群众依法有序行使环境监督权。建立环境保护网络举报平台和举报制度，健全举报、听证、舆论监督等制度。

（三十九）严格实行生态环境损害赔偿制度。强化生产者环境保护法律责任，大幅度提高违法成本。健全环境损害赔偿方面的法律制度、评估方法和实施机制，对违反环保法律法规的，依法严惩重罚；对造成生态环境损害的，以损害程度等因素依法确定赔偿额度；对造成严重后果的，依法追究刑事责任。

（四十）完善环境保护管理制度。建立和完善严格监管所有污染物排放的环境保护管理制度，将分散在各部门的环境保护职责调整到一个部门，逐步实行城乡环境保护工作由一个部门进行统一监管和行政执法的体制。有序整合不同领域、不同部门、不同层次的监管力量，建立权威统一的环境执法体制，充实执法队伍，赋予环境执法强制执行的必要条件和手段。完善行政执法和环境司法的衔接机制。

八、健全环境治理和生态保护市场体系

（四十一）培育环境治理和生态保护市场主体。采取鼓励发展节能环保产业的体制机制和政策措施。废止妨碍形成全国统一市场和公平竞争的规定和做法，鼓励各类投资进入环保市场。能由政府和社会资本合作开展的环境治理和生态保护事务，都可以吸引社会资本参与建设和运营。通过政府购买服务等方式，加大对环境污染第三方治理的支持力度。加快推进污水垃圾处理设施运营管理单位向独立核算、自主经营的企业转变。组建或改组设立国有资本投资运营公司，推动国有资本加大对环境治理和生态保护等方面的投入。支持生态环境保护领域国有企业实行混合所有制改革。

（四十二）推行用能权和碳排放权交易制度。结合重点用能单位节能行动和新建项目能评

审查，开展项目节能量交易，并逐步改为基于能源消费总量管理下的用能权交易。建立用能权交易系统、测量与核准体系。推广合同能源管理。深化碳排放权交易试点，逐步建立全国碳排放权交易市场，研究制定全国碳排放权交易总量设定与配额分配方案。完善碳交易注册登记系统，建立碳排放权交易市场监管体系。

（四十三）推行排污权交易制度。在企业排污总量控制制度基础上，尽快完善初始排污权核定，扩大涵盖的污染物覆盖面。在现行以行政区为单元层层分解机制基础上，根据行业先进排污水平，逐步强化以企业为单元进行总量控制、通过排污权交易获得减排收益的机制。在重点流域和大气污染重点区域，合理推进跨行政区排污权交易。扩大排污权有偿使用和交易试点，将更多条件成熟地区纳入试点。加强排污权交易平台建设。制定排污权核定、使用费收取使用和交易价格等规定。

（四十四）推行水权交易制度。结合水生态补偿机制的建立健全，合理界定和分配水权，探索地区间、流域间、流域上下游、行业间、用水户间等水权交易方式。研究制定水权交易管理办法，明确可交易水权的范围和类型、交易主体和期限、交易价格形成机制、交易平台运作规则等。开展水权交易平台建设。

（四十五）建立绿色金融体系。推广绿色信贷，研究采取财政贴息等方式加大扶持力度，鼓励各类金融机构加大绿色信贷的发放力度，明确贷款人的尽职免责要求和环境保护法律责任。加强资本市场相关制度建设，研究设立绿色股票指数和发展相关投资产品，研究银行和企业发行绿色债券，鼓励对绿色信贷资产实行证券化。支持设立各类绿色发展基金，实行市场化运作。建立上市公司环保信息强制性披露机制。完善对节能低碳、生态环保项目的各类担保机制，加大风险补偿力度。在环境高风险领域建立环境污染强制责任保险制度。建立绿色评级体系以及公益性的环境成本核算和影响评估体系。积极推动绿色金融领域各类国际合作。

（四十六）建立统一的绿色产品体系。将目前分头设立的环保、节能、节水、循环、低碳、再生、有机等产品统一整合为绿色产品，建立统一的绿色产品标准、认证、标识等体系。完善对绿色产品研发生产、运输配送、购买使用的财税金融支持和政府采购等政策。

九、完善生态文明绩效评价考核和责任追究制度

（四十七）建立生态文明目标体系。研究制定可操作、可视化的绿色发展指标体系。制定生态文明建设目标评价考核办法，把资源消耗、环境损害、生态效益纳入经济社会发展评价体系。根据不同区域主体功能定位，实行差异化绩效评价考核。

（四十八）建立资源环境承载能力监测预警机制。研究制定资源环境承载能力监测预警指标体系和技术方法，建立资源环境监测预警数据库和信息技术平台，定期编制资源环境承载能

力监测预警报告，对资源消耗和环境容量超过或接近承载能力的地区，实行预警提醒和限制性措施。

（四十九）探索编制自然资源资产负债表。制定自然资源资产负债表编制指南，构建水资源、土地资源、森林资源等的资产和负债核算方法，建立实物量核算账户，明确分类标准和统计规范，定期评估自然资源资产变化状况。在市县层面开展自然资源资产负债表编制试点，核算主要自然资源实物量账户并公布核算结果。

（五十）对领导干部实行自然资源资产离任审计。在编制自然资源资产负债表和合理考虑客观自然因素基础上，积极探索领导干部自然资源资产离任审计的目标、内容、方法和评价指标体系。以领导干部任期内辖区自然资源资产变化状况为基础，通过审计，客观评价领导干部履行自然资源资产管理责任情况，依法界定领导干部应当承担的责任，加强审计结果运用。在内蒙古呼伦贝尔市、浙江湖州市、湖南娄底市、贵州赤水市、陕西延安市开展自然资源资产负债表编制试点和领导干部自然资源资产离任审计试点。

（五十一）建立生态环境损害责任终身追究制。实行地方党委和政府领导成员生态文明建设一岗双责制。以自然资源资产离任审计结果和生态环境损害情况为依据，明确对地方党委和政府领导班子主要负责人、有关领导人员、部门负责人的追责情形和认定程序。区分情节轻重，对造成生态环境损害的，予以诫勉、责令公开道歉、组织处理或党纪政纪处分，对构成犯罪的依法追究刑事责任。对领导干部离任后出现重大生态环境损害并认定其需要承担责任的，实行终身追责。建立国家环境保护督察制度。

十、生态文明体制改革的实施保障

（五十二）加强对生态文明体制改革的领导。各地区各部门要认真学习领会中央关于生态文明建设和体制改革的精神，深刻认识生态文明体制改革的重大意义，增强责任感、使命感、紧迫感，认真贯彻党中央、国务院决策部署，确保本方案确定的各项改革任务加快落实。各有关部门要按照本方案要求抓紧制定单项改革方案，明确责任主体和时间进度，密切协调配合，形成改革合力。

（五十三）积极开展试点试验。充分发挥中央和地方两个积极性，鼓励各地区按照本方案的改革方向，从本地实际出发，以解决突出生态环境问题为重点，发挥主动性，积极探索和推动生态文明体制改革，其中需要法律授权的按法定程序办理。将各部门自行开展的综合性生态文明试点统一为国家试点试验，各部门要根据各自职责予以指导和推动。

（五十四）完善法律法规。制定完善自然资源资产产权、国土空间开发保护、国家公园、空间规划、海洋、应对气候变化、耕地质量保护、节水和地下水管理、草原保护、湿地保护、排污许可、生态环境损害赔偿等方面的法律法规，为生态文明体制改革提供法治保障。

（五十五）加强舆论引导。面向国内外，加大生态文明建设和体制改革宣传力度，统筹安排、正确解读生态文明各项制度的内涵和改革方向，培育普及生态文化，提高生态文明意识，倡导绿色生活方式，形成崇尚生态文明、推进生态文明建设和体制改革的良好氛围。

（五十六）加强督促落实。中央全面深化改革领导小组办公室、经济体制和生态文明体制改革专项小组要加强统筹协调，对本方案落实情况进行跟踪分析和督促检查，正确解读和及时解决实施中遇到的问题，重大问题要及时向党中央、国务院请示报告。

中共中央办公厅、国务院办公厅印发《党政领导干部生态环境损害责任追究办法（试行）》*

新华网北京 8 月 17 日电　近日，中共中央办公厅、国务院办公厅印发了《党政领导干部生态环境损害责任追究办法（试行）》，并发出通知，要求各地区各部门遵照执行。

《党政领导干部生态环境损害责任追究办法（试行）》全文如下。

第一条　为贯彻落实党的十八大和十八届三中、四中全会精神，加快推进生态文明建设，健全生态文明制度体系，强化党政领导干部生态环境和资源保护职责，根据有关党内法规和国家法律法规，制定本办法。

第二条　本办法适用于县级以上地方各级党委和政府及其有关工作部门的领导成员，中央和国家机关有关工作部门领导成员；上列工作部门的有关机构领导人员。

第三条　地方各级党委和政府对本地区生态环境和资源保护负总责，党委和政府主要领导成员承担主要责任，其他有关领导成员在职责范围内承担相应责任。

中央和国家机关有关工作部门、地方各级党委和政府的有关工作部门及其有关机构领导人员按照职责分别承担相应责任。

第四条　党政领导干部生态环境损害责任追究，坚持依法依规、客观公正、科学认定、权责一致、终身追究的原则。

第五条　有下列情形之一的，应当追究相关地方党委和政府主要领导成员的责任：

（一）贯彻落实中央关于生态文明建设的决策部署不力，致使本地区生态环境和资源问题突出或者任期内生态环境状况明显恶化的；

（二）作出的决策与生态环境和资源方面政策、法律法规相违背的；

（三）违反主体功能区定位或者突破资源环境生态红线、城镇开发边界，不顾资源环境承载能力盲目决策造成严重后果的；

* 原载《新华网》2015 年 8 月 20 日。

（四）作出的决策严重违反城乡、土地利用、生态环境保护等规划的；

（五）地区和部门之间在生态环境和资源保护协作方面推诿扯皮，主要领导成员不担当、不作为，造成严重后果的；

（六）本地区发生主要领导成员职责范围内的严重环境污染和生态破坏事件，或者对严重环境污染和生态破坏（灾害）事件处置不力的；

（七）对公益诉讼裁决和资源环境保护督察整改要求执行不力的；

（八）其他应当追究责任的情形。

有上述情形的，在追究相关地方党委和政府主要领导成员责任的同时，对其他有关领导成员及相关部门领导成员依据职责分工和履职情况追究相应责任。

第六条　有下列情形之一的，应当追究相关地方党委和政府有关领导成员的责任：

（一）指使、授意或者放任分管部门对不符合主体功能区定位或者生态环境和资源方面政策、法律法规的建设项目审批（核准）、建设或者投产（使用）的；

（二）对分管部门违反生态环境和资源方面政策、法律法规行为监管失察、制止不力甚至包庇纵容的；

（三）未正确履行职责，导致应当依法由政府责令停业、关闭的严重污染环境的企业事业单位或者其他生产经营者未停业、关闭的；

（四）对严重环境污染和生态破坏事件组织查处不力的；

（五）其他应当追究责任的情形。

第七条　有下列情形之一的，应当追究政府有关工作部门领导成员的责任：

（一）制定的规定或者采取的措施与生态环境和资源方面政策、法律法规相违背的；

（二）批准开发利用规划或者进行项目审批（核准）违反生态环境和资源方面政策、法律法规的；

（三）执行生态环境和资源方面政策、法律法规不力，不按规定对执行情况进行监督检查，或者在监督检查中敷衍塞责的；

（四）对发现或者群众举报的严重破坏生态环境和资源的问题，不按规定查处的；

（五）不按规定报告、通报或者公开环境污染和生态破坏（灾害）事件信息的；

（六）对应当移送有关机关处理的生态环境和资源方面的违纪违法案件线索不按规定移送的；

（七）其他应当追究责任的情形。

有上述情形的，在追究政府有关工作部门领导成员责任的同时，对负有责任的有关机构领导人员追究相应责任。

第八条 党政领导干部利用职务影响，有下列情形之一的，应当追究其责任：

（一）限制、干扰、阻碍生态环境和资源监管执法工作的；

（二）干预司法活动，插手生态环境和资源方面具体司法案件处理的；

（三）干预、插手建设项目，致使不符合生态环境和资源方面政策、法律法规的建设项目得以审批（核准）、建设或者投产（使用）的；

（四）指使篡改、伪造生态环境和资源方面调查和监测数据的；

（五）其他应当追究责任的情形。

第九条 党委及其组织部门在地方党政领导班子成员选拔任用工作中，应当按规定将资源消耗、环境保护、生态效益等情况作为考核评价的重要内容，对在生态环境和资源方面造成严重破坏负有责任的干部不得提拔使用或者转任重要职务。

第十条 党政领导干部生态环境损害责任追究形式有：诫勉、责令公开道歉；组织处理，包括调离岗位、引咎辞职、责令辞职、免职、降职等；党纪政纪处分。

组织处理和党纪政纪处分可以单独使用，也可以同时使用。

追责对象涉嫌犯罪的，应当及时移送司法机关依法处理。

第十一条 各级政府负有生态环境和资源保护监管职责的工作部门发现有本办法规定的追责情形的，必须按照职责依法对生态环境和资源损害问题进行调查，在根据调查结果依法作出行政处罚决定或者其他处理决定的同时，对相关党政领导干部应负责任和处理提出建议，按照干部管理权限将有关材料及时移送纪检监察机关或者组织（人事）部门。需要追究党纪政纪责任的，由纪检监察机关按照有关规定办理；需要给予诫勉、责令公开道歉和组织处理的，由组织（人事）部门按照有关规定办理。

负有生态环境和资源保护监管职责的工作部门、纪检监察机关、组织（人事）部门应当建立健全生态环境和资源损害责任追究的沟通协作机制。

司法机关在生态环境和资源损害等案件处理过程中发现有本办法规定的追责情形的，应当向有关纪检监察机关或者组织（人事）部门提出处理建议。

负责作出责任追究决定的机关和部门，一般应当将责任追究决定向社会公开。

第十二条 实行生态环境损害责任终身追究制。对违背科学发展要求、造成生态环境和资源严重破坏的，责任人不论是否已调离、提拔或者退休，都必须严格追责。

第十三条 政府负有生态环境和资源保护监管职责的工作部门、纪检监察机关、组织（人事）部门对发现本办法规定的追责情形应当调查而未调查，应当移送而未移送，应当追责而未追责的，追究有关责任人员的责任。

第十四条 受到责任追究的人员对责任追究决定不服的，可以向作出责任追究决定的机关和部门提出书面申诉。作出责任追究决定的机关和部门应当依据有关规定受理并作出处理。

申诉期间，不停止责任追究决定的执行。

第十五条　受到责任追究的党政领导干部，取消当年年度考核评优和评选各类先进的资格。

受到调离岗位处理的，至少一年内不得提拔；单独受到引咎辞职、责令辞职和免职处理的，至少一年内不得安排职务，至少两年内不得担任高于原任职务层次的职务；受到降职处理的，至少两年内不得提升职务。同时受到党纪政纪处分和组织处理的，按照影响期长的规定执行。

第十六条　乡（镇、街道）党政领导成员的生态环境损害责任追究，参照本办法有关规定执行。

第十七条　各省、自治区、直辖市党委和政府可以依据本办法制定实施细则。国务院负有生态环境和资源保护监管，职责的部门应当制定落实本办法的具体制度和措施。

第十八条　本办法由中央组织部、监察部负责解释。

第十九条　本办法自 2015 年 8 月 9 日起施行。

中共江西省委　江西省人民政府
关于建设生态文明先行示范区的实施意见

（赣发[2014]26 号　2014 年 12 月 31 日）

各市、县（市、区）党委和人民政府，省委各部门，省直各单位，各人民团体：

根据党的十八大、十八届三中、四中全会和省委十三届七次、八次、九次、十次全会精神，为贯彻落实国家发展改革委、财政部、国土资源部、水利部、农业部、国家林业局等六部委批复的《江西省生态文明先行示范区建设实施方案》（以下简称《实施方案》），探索江西生态文明建设的有效模式，努力走出一条具有江西特色的生态文明建设新路子，现提出如下实施意见。

一、提高认识，全面把握《实施方案》的总体要求

（一）充分认识重大意义。江西省生态环境优良、生态区位重要，开展生态文明先行示范区建设，有利于提升江西省在全国区域发展格局中的地位，形成发展新优势；有利于提升发展质量，加快全面建成小康社会进程；有利于巩固长江中下游生态安全屏障，促进长江经济带建设；有利于创新生态文明建设体制机制，率先走出一条绿色循环低碳发展的新路。

（二）准确把握实施重点。以邓小平理论、“三个代表”重要思想、科学发展观为指导，深入贯彻习近平总书记系列重要讲话精神，坚持“五位一体”的总体布局，坚持节约优先、保护优先、自然恢复为主的根本方针，坚持绿色循环低碳发展的基本途径，坚持用严格的制度保护生态环境，着力构建“六大体系”，推进“十大工程”建设，努力使江西省成为中部地区绿色崛起先行区、全国大湖流域生态保护与科学开发典范区、生态文明体制机制创新区。

（三）努力实现各项目标。有步骤、分阶段推进生态文明先行示范区建设，努力实现一年开好局、三年见成效、六年大进展。

一年开好局：到“十二五”末，《实施方案》确定的各项任务分解落实到位，生态文明先行示范区建设领导和组织协调机构建立健全，专项规划和配套政策制定出台，先行工程全面启

动，全省上下形成推进生态文明建设的共识与合力。

三年见成效：《实施方案》提出的 2017 年各项目标顺利实现，部分领域和区域取得阶段性成果。生态建设和环境保护工程全面实施，生态环境质量继续位居全国前列，生态产业体系初步形成，生态文明制度体系基本形成。

六年大进展：到 2020 年，生态文明先行示范区建设取得重大进展。符合主体功能区定位的开发格局全面形成，产业结构明显优化，绿色生产、生活方式普遍推行，在若干生态文明重大制度建设上形成可复制、可推广的典型模式。

二、突出重点，构建生态文明建设的“六大体系”

树立“既要金山银山、更要绿水青山、绿水青山就是金山银山”的理念，正确处理生态环境保护与经济社会发展的关系，坚持预防为主、源头严控、过程严管、责任追究，努力形成节约资源和保护环境的空间开发格局、产业结构、生产方式、生活方式，保护和建设好天蓝、地绿、水净的美丽家园。

（一）构建定位清晰的国土空间开发体系

1. 尽快完善主体功能区配套政策。结合预算管理制度改革，加大省级财政对限制开发和禁止开发区域的均衡性转移支付和奖励补助力度，增强地方公共服务供给能力。研究制定针对不同功能区的产业指导目录，进一步明确不同区域的鼓励类、限制类、禁止类产业，对不同区域的投资项目实行不同的资源消耗、土地利用和生态保护等管理措施。探索实行城镇建设用地增加规模与吸纳农业转移人口落户数量挂钩政策，引导产业、人口等要素向重点开发区集中。切实抓好国家主体功能区建设试点，尽快启动省级试点，出台省级层面支持限制开发区域的政策措施。积极争取将江西省武夷山脉、罗霄山脉、幕阜山脉、怀玉山脉、雩山山脉核心区域县（市）和重要江河源头县（市）、鄱阳湖湿地调整纳入国家重点生态功能区范围。

2. 全面落实主体功能区空间管制措施。加快推进国家生态红线划定试点工作，将禁止开发区和重要江河源头、主要山脉、重点湖泊等生态功能极重要地区划入红线范围。严守耕地保护红线，将耕地林地保有量、基本农田保护面积列入市县科学发展综合考核评价体系。严格执行矿产资源规划分区管理制度。强化城乡规划约束力，划定城市禁建区、限建区、适建区，严格“绿线、蓝线、紫线、黄线”四线管制，坚决制止城镇建设用地盲目无序扩张。

3. 建立健全河湖管理与保护制度。建立以鄱阳湖为核心，以“五河”为纽带，干支流、上下游市县政府共同参与的河湖管理制度，加强跨界流域水质及水量断面监测，建立跨行政区的水环境保护奖惩机制。在环境敏感区、生态脆弱区、水环境容量不足的区域，制订比国家标准更严格的水污染排放标准，市县生活、工业污水处理设施必须配套建设脱氮除磷设施。严格划定规模化畜禽养殖禁养区和适养区，在鄱阳湖最高水位线外一公里内严格控制化肥施用量大的农业活动。修订完善涉河、涉湖规划制度，制定和完善技术标准。建立流域规划治导线管理制度，落实水域岸线用途管制，合理划分岸线保护区、保留区、限制开发区和开发利用区，严格分区管理。创新河湖管理模式，探索建立政府一把手负责的“河长制”，对河湖的生命健康负总责。“十三五”末全面完成河湖水域岸线登记、河湖管理范围划定、水利工程确权划界工作。推进出台《江西省湖泊保护条例》，建立以河湖水环境、岸线管理、河道采砂等为重点的综合管理信息平台，开展联合执法，严厉打击破坏河湖水环境的违法违规行为。

4. 推动市县空间规划改革创新。鼓励和支持县（市）探索国民经济社会发展、城乡建设、土地利用、环境保护等规划的“多规合一”，形成一个市县、一本规划、一张蓝图。探索整合相关规划的空间管制分区，科学划定并落实用地、产业、生态等管控边界红线，形成合理的城镇、农业、生态空间布局。探索建立市县空间规划协调工作机制，形成“多规合一”常态化管理。搭建统一的“多规合一”空间信息管理服务平台，整合项目审批流程。支持鹰潭市、樟树市开展全国新型城镇化综合改革试点，支持于都县国家级和鹰潭市、萍乡市、乐平市、丰城市、吉安县、湖口县、婺源县省级“多规合一”试点工作，赋予相关先行先试权力。

（二）构建环境友好的绿色产业体系

1. 促进产业集聚发展。大力发展产业集群，重点培育 60 个重点工业产业集群和 20 个省级工业示范产业集群，发展壮大 75 个农业产业集群、35 个旅游产业集群、16 个现代物流产业集群，扶持一批现代服务业集聚区。加大龙头企业培育扶持力度，打造一批优强工业企业、销售收入超亿元的绿色食品企业和省级服务业龙头企业。

2. 加快产业转型升级。发展特色生态农业。大力推进农产品规模化、标准化、生态化生产，实施现代农业示范园区建设工程，积极创建一批国家级现代农业示范区和国家有机产品认证示范区。实施农产品注册商标和地理证明商标保护工程，打响江西绿色农产品品牌，打造一批全国知名的绿色食品原料基地。发展绿色工业。突出发展节能环保、新材料、新能源、装备制造等十大战略性新兴产业，扎实推进重大新兴产业高端项目建设。推进传统产业绿色转型升级，重点推进一批技术改造和结构调整的重大项目建设，着力延伸产业链条，促进传统产业向高端高质高效方向发展。严格执行产能过剩行业项目禁批限批政策。发展现代服务业。围绕发展物流产业，加快推进骨干物流工程，大力发展第三方物流，开展国家级和省级工业园区“物流港”试点。围绕发展金融业，加快推进南昌金融商务区和金融产业服务园建设，抓紧组建江西省地方法人银行和保险公司。围绕发展养老服务业，建立全省统一养老服务信息平台，培育一批新型养老产业集聚区和养老产业连锁集团。围绕发展电子商务，建设陶瓷、特色农产品等一批电子商务服务平台，培育一批电子商务集聚区。围绕发展旅游业，大力实施生态旅游示范工程，努力把江西生态优势转化为旅游产业优势，巩固和提升“江西风景独好”品牌形象。

3. 完善绿色产业政策规划体系。抓紧编制现代农业强省建设规划，加快制定完善新型农业经营体系、农村产权制度等方面的政策意见。认真落实关于深入实施工业强省战略加速推进新型工业化的意见、十大战略性新兴产业发展规划等政策，进一步制定支持新能源汽车、智能装备等产业发展的措施。抓紧出台促进健康服务业、生产性服务业、旅游产业、体育产业发展的政策措施，编制全省电子商务发展、文化创意和设计服务与相关产业融合发展等专项规划。

4. 推进循环化改造和清洁生产。加快工业园区循环化改造，着力争取和推进一批国家级和省级“城市矿产”示范基地、循环经济示范园区、再制造产业示范基地、清洁化园区等试点示范。实施工业清洁生产促进工程，重点在重金属污染防治重点防控行业、产能过剩行业实施一批清洁生产项目。全面推广农业清洁生产技术，推动农业生产循环化改造，加快创建一批“猪—沼—果”“秸秆—食用菌—有机肥—种植”、林禽渔立体复合种养等模式的循环型生态农业示范园。

5. 着力优化能源结构。按照国家统一部署，争取尽快启动彭泽核电站一期工程，做好万安烟家山核电厂址保护工作和吉安何魁、鹰潭铁山岭核电厂址论证工作。积极推进新干、井冈山等大中型水电项目前期工作，积极推进金沙江下游水电等直流特高压入赣工程。推进天然气建设工程，加快西气东输三线、新粤浙线、省级天然气管网工程等建设，推进赣州、新余新能源示范城市建设。加快光伏发电应用。积极有序推进一批风电、生物质发电项目建设。加大火电清洁化改造力度，加快“上大压小”工程建设。

（二）构建节约集约的资源能源利用体系

1. 推进节能降耗。加强能源消费总量和能耗强度双控制，严格节能标准和节能监管。加快推进钢铁、有色、水泥、焦炭、造纸、印染等行业企业节能降耗技术改造。大力推广应用可再生、绿色建筑材料。大力倡导和推行公共交通出行，推广节能与新能源汽车，推进“车船路港”低碳交通运输专项行动。制定城市综合体、公共机构办公场所等能源使用定额标准和效能标准，推行街道和楼宇能源智能管理系统。

2. 加强水资源节约。深入落实“节水优先”方针，全面推进节水型社会建设。实行最严格的水资源管理制度，加强“三条红线”管理，落实用水总量控制制度、用水效率控制制度、水资源管理责任制度和考核制度，进一步推进和完善阶梯水价制度。加快城乡供水管网改造和水资源管理监测系统建设。制定完善重点行业节水标准，推进一批企业节水技术改造项目，制定出台推广节水技术、产品和鼓励非常规水源开发利用的激励政策，严格计划用水管理。实施一批农业高效节水灌溉重大项目。

3. 节约集约利用土地。实行最严格的耕地、林地保护制度，支持赣南等原中央苏区开展农村土地综合整治，对损毁建设用地和未利用地开发整理成园地，经认定可视作补充耕地，验收后用于占补平衡，在非农建设占用时除需按照法律程序报批外，仍要实行“占一补一”。继续抓好城乡建设用地增减挂钩、工矿废弃地复垦利用、低丘缓坡荒滩等未利用地开发利用等试点工作。严格执行土地使用标准和投资强度要求，推进项目入园和标准化厂房建设。深入开展建设用地专项清理，依法收回闲置土地，切实提高土地利用率。

4. 促进矿产资源合理开发利用。实施深部找矿专项行动，建设南方离子型稀土、硬岩性铀矿战略资源储备基地，组建中国南方大型稀土集团。加快江西铜矿、赣州稀土等国家级矿产资源综合利用示范基地建设，支持赣南地方钨矿、赣中铁矿田项目等列入第二批国家级矿产资源综合利用示范基地，支持萍乡市建设煤矸石综合利用基地、赣州市建设共伴生矿及尾矿综合利用基地和吉安市建设尾矿综合利用基地。在矿山分布相对集中的地区推进建设一批绿色矿业发展示范区。通过复垦还绿、绿色矿山建设等方式，引导和鼓励社会资金投入矿山环境治理。加强市场准入管理，强化矿产资源和矿山环境保护执法监察，坚决制止乱挖滥采。

（四）构建安全可靠的生态环保体系

1. 强化生态建设。加强对水源涵养区、江河源头区和湿地的保护，加快推进以赣江抚河下游尾闾地区水系综合整治工程为重点的“五河”尾闾河道疏浚、生态堤防建设、水系连通和生态整治。争取国家将鄱阳湖纳入重点流域治理范围，推进鄱阳湖流域水环境综合治理项目建设，做好鄱阳湖水利枢纽工程前期工作。编制江西省水生态文明建设规划，推进南昌、新余、萍乡水生态文明城市试点，积极开展水生态文明县、乡（镇）、村建设，构建四级联动水生态文明建设体系。大力实施人工造林和封山育林，加大中幼林抚育力度，启动实施低产低效林改造和珍贵阔叶林培育工程，调整和优化林分结构，提高森林资源质量。加强生态公益林保护，启动水源涵养林建设，完成国家下达的林地和湿地保有量任务。提升森林火灾和林业有害生物综合防控能力，确保全省森林资源安全。推进生物多样性优先区域物种资源调查、监测、预警和评价体系建设，实施国家级自然保护区生物廊道建设，打造国际生物多样性科普教育和研究基地。

2. 严防土壤污染。以保护耕地和饮用水水源地土壤环境、严格控制新增土壤污染和提升土壤环境保护监督管理能力为重点，有针对性地开展保护和治理。严禁施用高毒禁限用农药，大力推广绿色防控技术和专业化统防统治，科学施用化肥，提高肥效、减少施用量，禁止使用重金属等有毒有害物质超标的肥料。

3. 加强自然生态修复与环境保护。积极推进污水处理设施建设，大力实施污水配套管网工程，促进污水再生水利用，到 2017 年，实现全省工业园区污水处理设施建设全覆盖，城镇生活污水集中处理率达到 85%以上，再生水利用率达到 9%。大力推进南昌市、赣州市国家餐厨垃圾资源化利用和无害化处理试点工作。着力推进农村人居环境综合治理，积极推广农业面源和农村生活污水与垃圾处理适用技术，按照“户分类、村收集、镇搬运、县处理”的模式，加大农村生活垃圾收运和无害化处理力度。严格入河湖排污口监督管理，抓紧制定监督管理细则。建立以限制入河排污总量为控制核心的水功能区限制纳污制度，实施跨流域、跨市（县）水质联防联控考核制度。实施土壤重金属污染修复工程，推进赣江源头、乐安河流域、信江流域、袁河流域、湘江源头等区域修复治理历史遗留重金属污染。支持鹰潭、新余、萍乡等地开展农村重金属污染耕地农业结构调整试点。实施历史遗留废弃矿山和国有老矿山地质环境恢复治理工程。支持有条件的矿山申报建设绿色矿山和矿山公园。推进丰城工业固体废物综合利用基地建设试点。加大农业面源污染防治力度，建设一批重要农产品产区病虫害安全用药示范区。

4. 推进大气污染防治和应对气候变化工作。实施重点行业脱硫、脱硝、除尘设施改造升级重点工程，2015 年起，所有设区市开展 $PM_{2.5}$ 数据实时监测，逐步在各设区市开展负氧离子数据实时监测，加快鄱阳湖气候与生态遥感监测中心建设。加强温室气体排放制度建设，逐步在全省各设区市建立温室气体监测网。支持南昌、景德镇、赣州等城市开展低碳试点，支持南昌开展国家低碳交通试点城市建设，支持南昌、新余开展低碳工业园区试点建设，组织开展低碳社区试点工作。充分利用“世界低碳生态经济大会”等平台，加大国际合作项目引进力度，推动企业参与低碳领域的国际互惠交易活动。完善防灾减灾系统，加快灾害调查评价、监测预警、综合治理、应急救援等体系建设。

5. 着力改善城乡人居环境。以“净化、绿化、美化”为重点，全面推进城乡人居环境综合整治。保护和扩大城市绿地、水域、湿地空间，着力推动城镇湿地公园和绿化工程建设，提升人居生活环境绿化质量，到 2020 年全省城市建成区绿地率达到 43%。统筹城乡环保设施建设，推动城镇污水收集管网、垃圾收运体系向城乡结合部延伸。大力开展农村环境连片整治，争取列入全国农村环境连片整治示范省。推进美丽乡村建设，实施 105 国道、320 国道等干道沿线乡村“六化”综合整治和乡村改造提升工程，打造昌铜高速生态经济带，加强历史文化名镇名村、传统村落保护开发，努力建成一批美丽宜居村镇。

（五）构建崇尚自然的生态文化体系

1. 倡导生态文明行为。深入开展保护生态、爱护环境、节约资源的宣传教育和知识普及活动，增强全社会践行生态文明的凝聚力。全面推行生态文明教育，将生态文化知识和生态意识教育纳入国民教育、继续教育、干部培训和企业培训计划，大力开展生态文明教育进机关、进企业、进社区、进农村、进学校活动。积极开展“绿色回收”进机关、进商场、进园区、进社区、进学校等“五进”活动，促进资源循环利用。积极推行绿色出行“135”计划，倡导公众 1 千米步行、3 千米骑自行车、5 千米乘坐公交车。积极推动家庭垃圾分类处理计划，开展家庭垃圾分类处理试点。积极引导绿色消费，鼓励使用节能节水节材产品和可再生产品。推进政府绿色采购，推行无纸化和绿色节能办公。组织好世界环境日、世界水日、全国节能宣传周等主题宣传活动。

2. 传承发展生态文化。充分挖掘、保护和弘扬赣鄱优秀传统生态文化，推进生态文化创新，积极开发体现江西自然山水、生态资源特色和倡导生态文明、普及生态知识的图书、音像等文化产品。充分利用各类媒体、活动中心、鄱阳湖生态经济区规划馆以及其他文化科技场馆等传播生态文化，支持在生态文化遗产丰富、保持较完整的区域建设生态文化保护区。办好鄱阳湖国际生态文化节、龙虎山国际道教论坛、赣州国际脐橙文化节等生态文明主题活动，提升赣鄱文化品牌影响力。做大做强生态文化产业，建设一批特色生态文化产业示范园区、基地，培育一批生态文化企业、产品和品牌，引导实施一批生态文化产业项目。

3. 开展各类生态创建行动。实施生态家园创建工程，创建一批国家级生态市、生态县和生态乡镇。加快推进生态文明村、美丽乡村创建示范工程，建成一批宜居宜业宜游的生态文明示范村和秀美示范乡村。大力开展绿色示范单位创建活动，建设一批绿色机关、绿色学校、绿色社区、绿色企业和绿色家庭，打造一批以绿色示范单位为主体的生态文化宣传教育基地。支持有条件的地区创建国家级文明城市、园林城市、森林城市、卫生城市。

（六）构建科学长效的生态文明制度体系

1. 完善体现生态文明要求的考评机制。建立科学完整的生态文明建设考核评价体系，把生态文明建设工作纳入领导干部年度述职重要内容，引导形成节约资源和保护环境的政绩观。进一步完善市县科学发展综合考核评价实施意见，逐步提高资源消耗、环境损害、生态效益等指标权重，形成与主体功能区相适应的考核评价制度和奖惩机制。探索自然资源资产负债表编制工作，实行领导干部自然资源资产离任审计，实施与生态环境质量监测结果相挂钩的领导干部约谈制度，建立生态环境损害责任终身追究制度。

2. 建立自然资源资产产权管理制度。在开展自然资源调查的基础上，对水流、湖泊、森林、荒地、滩涂等自然生态空间进行统一确权登记。整合不动产登记职能，统一不动产登记信息平台，构建统一的自然资源监管体制机制。争取有条件的地区纳入国家公园体制试点。全面推行矿业权评估、挂牌、交易制度。加快完成农村土地承包经营权确权登记颁证工作。鼓励农户采取多种形式自主流转土地承包经营权，完善农村宅基地管理制度。

3. 探索建立生态补偿机制。制定出台建立健全生态补偿机制的实施意见，建立财政转移支付与地方配套相结合的补偿方式，通过对口支援、产业园区共建、增量受益、社会捐赠等形式，探索建立多元化的生态补偿机制。争取国家加大对重点生态功能区的转移支付力度，尽快批复实施东江源生态补偿试点方案。研究推进赣江源、抚河源等流域生态补偿试点和鄱阳湖实施湿地生态补偿试点。健全矿产资源有偿使用、矿山地质环境保护和恢复治理保证金制度，建立矿产资源开发生态补偿长效机制。研究探索产业生态补偿机制，对企业生产过程中产生的资源消耗和环境污染承担相应的生态补偿责任。

4. 建立健全市场化机制。加快推进阶梯气价、水资源价格等制度改革，推动建立重要矿产资源开采回采率、选矿回收率、综合利用率激励约束机制。大力推进环境污染第三方治理，逐步开展排污权交易，在城镇污水垃圾处理和工业园区污染集中治理等重点领域开展特许经营试点。建立江西省碳排放权交易平台，探索设立中国南方（江西）林业碳汇基金，推进碳汇造林和碳减排指标有偿使用交易，支持南方林业产权交易所建设成为辐射南方的区域性林权交易市场。探索建立水权交易制度，鼓励和引导地区间、用水户间的水权交易。

5. 严格环境保护管理制度。加强生态环境保护立法工作，完善建设国家生态文明先行示范区的有关地方性法规。实行严格的污染物源头控制制度，严格落实新建项目环保准入机制，严格执行污染物排放许可制度。制定重点流域、区域的环境容量及总量控制标准，实行企事业单位污染物排放总量控制制度，落实建设项目主要污染物排放总量指标管理办法。加强环境损害鉴定评估能力建设，推动开展环境损害司法鉴定，对造成生态环境损害的责任者严格实行赔偿制度，依法追究刑事责任。加强环境执法能力建设，完善环境举报投诉受理处置机制，制定突发环境事件调查处理办法。创新环境公益诉讼制度，健全法律援助机制，推进环保法庭建设，鼓励公众参与环境违法监督。

三、狠抓落实，确保生态文明先行示范区建设取得实效

推进生态文明先行示范区建设是一项战略性系统工程，各地各部门要大力弘扬实干精神，加强组织领导，注重协调配合，抓好推进实施，确保各项工作落到实处、取得实效。

（一）加强组织领导。省委、省政府成立江西省生态文明先行示范区建设领导小组，负责统筹推进生态文明先行示范区建设，研究解决重大事项；领导小组办公室设在省发改委，负责日常组织、协调和推进工作。各地要成立相应机构，把生态文明建设列入重要议事日程，与经济建设、政治建设、文化建设、社会建设同部署、同推进、同考核，确保生态文明建设各项工作部署落到实处。

（二）强化统筹协调。省直单位是本行业责任主体，要积极争取国家政策支持，加强对各地的业务工作指导，组织开展试点示范。各市、县（市、区）是区域责任主体，主要负责同志是第一责任人、负总责，要确保本地区目标任务如期完成。构建省直单位与各市、县（市、区）之间的沟通机制，协调推进重大政策落实、重大资金争取和重大项目建设。

（三）加大政策支持。研究制定生态文明类产业发展目录，争取列入国家鼓励类投资项目

清单。推动南昌临空经济区、共青先导区和赣南承接产业转移示范区列入国家重点产业布局调整和产业转移区，推动设立更多的战略性新兴产业创业投资基金。积极落实国家节能减排、资源综合利用和环境保护等有关税收优惠政策，逐步扩大“营改增”试点范围。对接落实中央资金支持江西省生态文明先行示范区建设，争取国家在江西省发行销售生态文明主题性即开型彩票。大力发展绿色信贷，加大对产业转型升级、资源节约、生态建设等项目的信贷投放力度，在符合规定的情况下，实施优惠利率并适当延长贷款期限。优先支持符合条件的节能环保企业上市及在“新三板”挂牌，推动生态环保项目利用国际金融机构优惠贷款。加大金融创新力度，完善林权、采矿权抵（质）押贷款制度，试行污水处理收费权等抵（质）押贷款，探索碳金融业务。各地各部门要结合实际，抓紧研究出台具体配套政策措施，完善生态文明先行示范区的政策体系。

（四）增强科技支撑。加强低碳与生态环保技术公共协同创新平台建设，在资源环境领域申报设立若干国家重点实验室、国家工程（技术）研究中心、国家认定企业技术中心，培育一批生态领域科技创新团队。组织开展能源节约、资源循环利用、新能源开发、污染治理、生态修复等关键技术攻关。建立和完善生态文明建设科技创新成果转化机制，形成一批成果转化平台、中介服务机构。

（五）广泛宣传动员。集中开展系列宣传活动，大力宣传生态文明先行示范区的重要意义和重大举措，营造全社会合力推进生态文明建设的良好氛围。积极搭建宣传平台，把“世界低碳生态经济大会”打造成国家级推动生态文明建设国际交流合作的重要宣传窗口和对外开放合作的高端平台。

（六）加强督促落实。各地各部门要根据本实施意见，研究制定具体工作方案，认真抓好各项工作的落实，于每年年底前向省发改委报送工作进展情况。省发改委要组织对本实施意见的落实情况进行检查，并向省委、省政府报告。

附件：1. 江西省生态文明先行示范区建设目标体系

2. 江西省建设生态文明先行示范区十大重点工程

3. 江西省生态文明先行示范区建设任务分解落实方案

4. 江西省生态文明先行示范区十大重点工程任务分解落实方案

附件 1

江西省生态文明先行示范区建设目标体系

类别	指标名称		单位	指标值			
				2012 年	2015 年	2017 年	2020 年
经济发展质量	1	人均 GDP	万元	2.88	3.8	4.4	5.8
	2	城乡居民收入比例	—	2.54∶1	2.39∶1	2.3∶1	2.2∶1
	3	三次产业增加值比例	—	11.7∶53.8∶34.5	10.7∶53.3∶36.0	10∶52∶38	9∶50.5∶40.5
	4	战略性新兴产业工业增加值占 GDP 比重	%	14.9	16	18	20
	5	获得无公害、绿色、有机、良好农业规范等认证的农产品种植面积比例	%	41	45	52	60
资源能源节约利用	6	国土开发强度	%	7.22	7.25	7.32	7.38
	7	耕地保有量	万 hm^2	286.67	286.67	286.67	286.67
	8	单位建设用地生产总值	亿元/km^2	1.07	1.3	2	2.44
资源能源节约利用	9	用水总量	亿 m^3	242.5	245	252	260
	10	水资源开发利用率	%	15	15.5	16	17
	11	万元工业增加值用水量	t 水	100	84	65	52
	12	农业灌溉水有效利用系数	—	0.471	0.48	0.5	0.55
	13	非常规水资源利用率	%	0.7	0.8	1	1.5
	14	单位 GDP 能耗	t 标准煤/万元	0.613	0.565	国家下达的控制目标	国家下达的控制目标
	15	单位 GDP 二氧化碳排放量	t/万元	1.424	1.296	国家下达的控制目标	国家下达的控制目标
	16	非化石能源占一次能源消费比重	%	7.7	8	8.4	8.8
	17	能源消费总量	万 t 标准煤	7 232.9	8 183	国家下达的控制目标	国家下达的控制目标

类别	指标名称		单位	指标值			
				2012 年	2015 年	2017 年	2020 年
资源能源节约利用	18	资源产出率	万元/t	—	—	比 2012 年提高 15%	—
	19	矿产资源三率（开采回采、选矿回收、综合利用）（铜露采）	%	95、84、80	95、84、80	95、85、81	95、85、81
		矿产资源三率（开采回采、选矿回收、综合利用）（铜硐采）	%	82、84、68.9	82.5、84、70	83、85、71.6	85、85、72.3
		矿产资源三率（开采回采、选矿回收、综合利用）（钨）	%	90、85、76.5	90、85、76.5	90、85、76.5	90、85、76.5
		矿产资源三率（开采回采、选矿回收、综合利用）（稀土）	%	总回收率 80	总回收率 82	总回收率 85	总回收率 85
		矿产资源三率（开采回采、选矿回收、综合利用）（钽铌露采）	%	95、45、43	95、45、43	95、45、43	95、45、43
资源能源节约利用	20	绿色矿山比例	%	0.49	2	17	30
	21	工业固体废物综合利用率	%	54.53	57	61	65
	22	城镇新建绿色建筑比例	%	5	10	20	50
	23	农作物秸秆综合利用率	%	75.2	80	82	85.9
	24	主要再生资源回收利用率	%	63	65	70	75
生态建设与环境保护	25	森林覆盖率	%	63.1	64	64	64
	26	森林蓄积量	万 m^3	49 000	54 000	58 000	60 000
	27	草原植被综合盖度	%	—	—	—	—
	28	林地保有量	万 hm^2	1 072	1 073	1 074	1 076
	29	湿地保有量	万 hm^2	91.01	91.01	91.01	91.01
	30	禁止开发区域面积	万 hm^2	201.32	按照国家要求落实	按照国家要求落实	按照国家要求落实
	31	国家级水产种质资源保护区个数	个	19	21	27	31
	32	沙化土地治理面积	万 hm^2	0.3	0.4	0.45	0.5

类别	序号	指标名称		单位	指标值			
					2012 年	2015 年	2017 年	2020 年
生态建设与环境保护	33	设区市建成区空气负氧离子含量达到WHO 标准的地区*		%	0	—	70	85
	34	“五河”+鄱阳湖自然岸线保有率		%	98	97	95	90
	35	河湖水域面积保有率		%	7.7	7.7	7.7	7.7
	36	城市人均公园绿地面积		m^2	14.10	14.20	14.30	14.50
	37	主要污染物排放总量	化学需氧量	万 t	74.8	73.2	完成国家下达的目标任务	完成国家下达的目标任务
			氨氮		9.1	8.52		
			二氧化硫		56.8	54.9		
			氮氧化物		57.7	54.2		
	38	空气质量指数（AQI）达到优良天数占比		%	达到国内先进水平			
	39	重要水功能区水质达标率		%	87.1	88	89	91
生态建设与环境保护	40	集中式饮用水水源地水质达标率（设区市城区）		%	100	100	100	100
	41	城镇污水集中处理率		%	77.18	80	85	90
	42	城镇生活垃圾无害化处理率		%	57.06	63	70	85
	43	城市步行和自行车出行比例		%	16	17	18	20
生态文化培育	44	生态文明知识普及率		%	70	75	80	85
	45	党政干部参加生态文明培训的比例		%	70	80	90	100
	46	公共交通出行比例		%	25	30	40	50
	47	二级及以上能效家电产品市场占有率		%	70	75	80	90
	48	节水器具普及率		%	65	70	78	85
生态文化培育	49	城区居住小区生活垃圾分类达标率		%	0	10	20	40
	50	有关产品政府绿色采购比例		%	15	30	60	85
体制机制建设	51	生态文明建设占党政绩效考核的比重		%	—	5	10	15
	52	环境信息公开率（涉密信息除外）		%	100	100	100	100

附件 2

江西省建设生态文明先行示范区十大重点工程

工程名称	项目类别
一、现代农业体系建设工程	1. 千万亩高标准农田建设工程；2. 五百万亩大型灌区续建配套与节水改造工程；3. 万亩农业机械化示范区建设工程；4. 百个农产品市场建设工程；5. 百家现代农业示范园区建设工程；6. 农业技术推广工程
二、十大战略性新兴产业重点工程	1. 节能环保产业培育工程；2. 新能源产业发展工程；3. 新材料产业发展工程；4. 生物和新医药产业提升工程；5. 航空产业培育工程；6. 先进装备制造产业提升工程；7. 新一代信息技术产业培育工程；8. 锂电及电动汽车产业培育工程；9. 文化暨创意产业提升工程；10. 绿色食品产业发展工程
三、现代服务业集聚区建设工程	1. 现代物流产业园建设工程；2. 金融服务业建设工程；3. 电子商务基地示范建设工程；4. 综合性生产服务集聚区等建设工程；5. 养老服务业建设工程
四、旅游强省基础工程	1. 百大景区质量提升工程；2. 红色旅游二期建设工程；3. 旅游基础设施建设工程；4. 生态旅游设施建设工程；5. 生态旅游示范目的地建设工程
五、清洁能源重大工程	1. 高效安全核电建设工程；2. 天然气新线入赣工程；3. 高效清洁火电机组建设工程；4. 可再生能源建设工程；5. 高等级电网建设工程
六、推行绿色循环低碳生产方式重大工程	1. 重点领域节能改造和节能产品产业化工程；2. “城市矿产”示范基地建设工程；3. 再制造产业示范基地；4. 循环经济重大试点示范工程；5. 餐厨废弃物资源化利用示范工程；6. 绿色矿山建设工程；7. 清洁生产促进工程；8. 林业碳汇工程
七、生态建设重点工程	1. 水生态建设工程；2. 赣抚尾闾整治及水系连通工程；3. 湿地生态系统功能质量提升工程；4. 鄱阳湖水资源保护适应试点示范工程；5. 水生生物资源保护工程；6. 森林质量提升工程；7. 千万亩国家木材战略储备基地建设工程；8. 自然保护区、风景名胜区、水产种质资源保护区和森林公园升级工程
八、环境保护重点工程	1. 工业园区污水治理工程；2. 城镇污水处理工程；3. 土壤、重金属污染修复工程；4. 区域大气污染环境监测工程；5. 矿区环境治理和恢复；6. 防灾减灾体系建设工程
九、生态文化推广工程	1. 生态文明宣传教育推广工程；2. 生态文明教育基地建设工程；3. 鄱阳湖生态经济区展示基地；4. 文化遗产保护工程
十、绿色生活引导工程	1. 绿色出行“135”计划；2. 农村垃圾清洁工程；3. 城市家庭垃圾分类处理工程

附件 3

江西省生态文明先行示范区建设任务分解落实方案

序号	建设任务	建设内容	建设目标与时间节点	牵头责任部门	配合部门
（一）构建定位清晰的国土空间开发体系					
1	尽快完善主体功能区配套政策体系	结合预算管理制度改革，加大省级财政对限制开发和禁止开发区域的均衡性转移支付和奖励补助力度，增强地方公共服务供给能力	2015 年启动，2017 年初步形成，2020 年取得重大进展	省财政厅	省发改委、省国土资源厅等，各设区市政府
2		研究制定针对不同功能区的产业指导目录，进一步明确不同区域的鼓励类、限制类、禁止类产业，对不同区域的投资项目实行不同的资源消耗、土地利用和生态保护等管理措施	2015 年启动，2017 年初步形成	省发改委	省国土资源厅、省工信委、省环保厅、省农业厅、省林业厅、省水利厅等
3		探索实行城镇建设用地增加规模与吸纳农业转移人口落户数量挂钩政策，引导产业、人口等要素向重点开发区集中	2015 年启动，2017 年初步形成	省国土资源厅	省住建厅、省发改委、省工信委、省公安厅等
4		切实抓好国家主体功能区建设试点，尽快启动省级试点，出台省级层面支持限制开发区域的政策措施	2015 年启动试点并出台政策	省发改委	省环保厅、省财政厅等
5		积极争取将江西省武夷山脉、罗霄山脉、幕阜山脉、怀玉山脉、雩山山脉核心区域县（市）和重要江河源头县（市）、鄱阳湖湿地调整纳入国家重点生态功能区范围	争取 2016 年前获得批复	省发改委	省环保厅等，相关设区市政府
6	全面落实主体功能区空间管制措施	加快推进国家生态红线划定试点工作，将禁止开发区和重要江河源头、主要山脉、重点湖泊等生态功能极重要地区划入红线范围，研究出台生态红线内的管制措施	2015 年完成划线工作，2017 年前出台生态红线内管制措施	省环保厅	省水利厅、省林业厅等，相关设区市政府
7		鄱阳湖及其湿地生态保护区，重点保护湖泊面积和水质、水生生物、湿地、候鸟、植被及生物多样性，发挥调蓄“五河”及长江洪水的重要作用，保障长江流域水生态安全	2014—2020 年	省林业厅	省水利厅、省环保厅等

序号	建设任务	建设内容	建设目标与时间节点	牵头责任部门	配合部门
8	全面落实主体功能区空间管制措施	加强城乡饮用水水源保护以及陡水湖、万安水库生态环境保护与治理	2014—2020年	省水利厅 省环保厅	赣州市、吉安市政府等
9		“五河”流域水资源和水产种质资源保护区，重点加强“五河”源头水土保持、生态堤防建设、污染治理，保护恢复河道生态系统及功能，维护水域内生物多样性，保障鄱阳湖水源供给和水质安全	2014—2020年	省水利厅	省农业厅、省环保厅、省林业厅等
10		赣东北—赣东山地森林生态屏障，重点加强水土保持和生物多样性保护功能；赣西北—赣西山地森林生态屏障，重点保护生物多样性、水源涵养功能及其独特的生态系统；赣南山地森林生态屏障，重点加强水源涵养、水土流失防治和天然植被保护，巩固赣江及东江水生态功能，保障珠江流域及粤港地区饮用水安全	2014—2020年	省林业厅	省水利厅、省环保厅、省农业厅等
11	全面落实主体功能区空间管制措施	严守耕地保护红线，将耕地林地保有量、基本农田保护面积列入市县科学发展综合考核评价体系	耕地保有量2015年、2017年、2020年维持在286.67万hm^2，林地保有量2015年、2017年、2020年分别达到1 073万hm^2、1 074万hm^2、1 076万hm^2	省国土资源厅 省林业厅	省统计局、省农业厅等，各设区市政府
12		严格执行矿产资源规划分区管理制度	2014—2020年	省国土资源厅	
13		强化城乡规划约束力，划定城市禁建区、限建区、适建区，严格“绿线、蓝线、紫线、黄线”四线管制，坚决制止城镇建设用地盲目无序扩张	2015年启动，2017年基本形成制度体系	省住建厅	省发改委、省国土资源厅等，各设区市政府
14		重点打造昌九一体化和南昌核心增长极，着力推进南昌临空经济区和共青先导区建设	2014—2020年	省发改委	南昌市、九江市政府等

序号	建设任务	建设内容	建设目标与时间节点	牵头责任部门	配合部门
15	建立健全河湖管理与保护制度	建立以鄱阳湖为核心，以“五河”为纽带，干支流、上下游市县政府共同参与的河湖管理制度，加强跨界流域水质及水量断面监测，建立跨行政区的水环境保护奖惩机制	2015 年启动，2017 年初步形成	省水利厅	省环保厅、省财政厅、省交通运输厅等，各设区市政府
16		在环境敏感区、生态脆弱区、水环境容量不足的区域，制订比国家标准更严格的水污染排放标准，市县生活、工业污水处理设施必须配套建设脱氮除磷设施	2015 年启动，2017 年初步形成	省环保厅	省住建厅、省发改委等，各设区市政府
17		严格划定规模化畜禽养殖禁养区和适养区，在鄱阳湖最高水位线外一公里内严格控制化肥施用量大的农业活动	2015 年前完成划定工作	省农业厅	相关设区市政府
18		修订完善涉河、涉湖规划制度，制定和完善技术标准	2015 年启动，2017 年完成相关制度和技术标准修订工作	省水利厅	省质监局等
19	建立健全河湖管理与保护制度	建立流域规划治导线管理制度，落实水域岸线用途管制，合理划分岸线保护区、保留区、限制开发区和开发利用区，严格分区管理	2015 年启动，2017 年初步形成	省水利厅	省交通运输厅等
20		创新河湖管理模式，探索建立政府一把手负责的“河长制”，对河湖的生命健康负总责	2020 年前全面完成河湖水域岸线登记、河湖管理范围划定、水利工程确权划界工作	省水利厅	各设区市政府
21		推进出台《江西省湖泊保护条例》，建立以河湖水环境、岸线管理、河道采砂等为重点的综合管理信息平台，开展联合执法，严厉打击破坏河湖水环境的违法违规行为	2015 年前出台《江西省湖泊保护条例》，2017 年前建立以河湖水环境、岸线管理、河道采砂等为重点的综合管理信息平台	省水利厅	省公安厅、省交通运输厅等

序号	建设任务	建设内容	建设目标与时间节点	牵头责任部门	配合部门
22	推动市县空间规划改革创新	鼓励和支持县（市）探索国民经济社会发展、城乡建设、土地利用、环境保护等规划的“多规合一”，形成一个市县、一本规划、一张蓝图	2015 年启动，2017 年初步形成	省住建厅	省发改委、省国土资源厅、省环保厅等，相关设区市政府
23		探索整合相关规划的空间管制分区，科学划定并落实用地、产业、生态等管控边界红线，形成合理的城镇、农业、生态空间布局	2015 年启动，2017 年初步形成	省国土资源厅	省住建厅、省发改委、省工信委、省环保厅、省农业厅、省林业厅、省水利厅等
24		探索建立市县空间规划协调工作机制，形成“多规合一”常态化管理	2015 年启动，2017 年初步形成	省住建厅	省发改委、省国土资源厅、省环保厅等，相关设区市政府
25	推动市县空间规划改革创新	搭建统一的“多规合一”空间信息管理服务平台，整合项目审批流程	2015 年启动，2017 年初步形成	省住建厅	省发改委、省工信委、省国土资源厅、省环保厅等，相关设区市政府
26		支持鹰潭市、樟树市开展全国新型城镇化综合试点	2014 年启动	省发改委	鹰潭市、宜春市政府等
27		支持于都县国家级和鹰潭市、萍乡市、乐平市、丰城市、吉安县、湖口县、婺源县省级“多规合一”试点工作，赋予相关先行先试权力	2014 年启动	省住建厅	省发改委、省国土资源厅、省环保厅、省林业厅等，相关设区市政府
（二）构建环境友好的绿色产业体系					
28	促进产业集聚发展	大力发展产业集群，重点培育 60 个重点工业产业集群和 20 个省级工业示范产业集群	到 2017 年全省产业集群主营业务收入占工业比重达到 50%以上	省工信委	省发改委等
29		着力发展壮大 75 个农业产业集群	2014—2020 年	省农业厅	省发改委、省林业厅、省水利厅、省国土资源厅等
30		着力发展壮大 35 个旅游产业集群	2014—2020 年	省旅发委	省发改委等
31		着力发展壮大 16 个现代物流产业集群	2014—2020 年	省商务厅	省发改委等

序号	建设任务	建设内容	建设目标与时间节点	牵头责任部门	配合部门
32	促进产业集聚发展	每年重点扶持一批现代服务业集聚区和省级服务业龙头企业	到2017年，省级现代服务业集聚区达到100家左右，省级服务业龙头企业达到150家	省发改委	省商务厅、省文化厅等
33		加大龙头企业培育扶持力度，打造一批优强工业企业和销售收入超亿元的绿色食品企业	到2017年，形成优强工业企业100户、销售收入超亿元的绿色食品企业70家	省工信委	省发改委、省商务厅等
34	加快产业转型升级	实施现代农业示范园区建设工程，积极创建一批国家级现代农业示范区和国家有机产品认证示范区推进井冈山国家农业科技示范园、抚州智慧农业示范区、江西现代农业示范园物联网信息技术展示区建设	到2020年建成100个左右现代农业示范园区获得无公害、绿色、有机、良好农业规范等认证的农产品种植面积比例2015年达到45%，2017年达到52%，2020年达到60%	省农业厅	省质监局、省商务厅等
35		实施农产品注册商标和地理证明商标保护工程，打响江西绿色农产品品牌，打造一批全国知名的绿色食品原料基地	2014—2020年	省农业厅	省工商局等
36		完善农业金融与保险服务，建立生猪价格指数保险，开展脐橙、白莲、蜜橘、水稻制种等农产品保险	2015年启动，2017年初步形成	省政府金融办	江西保监局等
37		突出发展节能环保、新材料、新能源、装备制造等十大战略性新兴产业，扎实推进重大新兴产业高端项目建设	到2020年战略性新兴产业工业增加值占GDP比重达到20%	省发改委	省工信委、省农业厅、省林业厅、省科技厅、省环保厅、省国防科工办、省商务厅、省文化厅等
38	加快产业转型升级	推进传统产业绿色转型升级，重点推进一批技术改造和结构调整的重大项目建设，着力延伸产业链条，促进传统产业向高端高质高效方向发展	2014—2020年	省发改委	省工信委等
39		严格执行产能过剩行业项目禁批限批政策	确保到2017年基本完成化解产能过剩矛盾任务	省发改委	省工信委、省环保厅等

序号	建设任务	建设内容	建设目标与时间节点	牵头责任部门	配合部门
40	加快产业转型升级	加快实施全省钢铁产业结构调整，在不增加全省钢铁产能的基础上，推进企业兼并重组，着力打造九江千万吨级钢铁产业基地	2014—2020 年	省国资委	省发改委、省工信委、九江市政府等
41		着力打造景德镇高端陶瓷基地、萍乡工业陶瓷基地、宜春高安和丰城建筑陶瓷基地	2014—2020 年	省工信委	景德镇市、萍乡市、宜春市政府等
42		着力打造国内新兴纺织服装产业基地	2014—2020 年	省工信委	相关设区市政府
43		加快推进骨干物流工程，大力发展第三方物流，开展国家级和省级工业园区“物流港”试点	2014—2020 年	省发改委	省商务厅、省工信委、省国资委等
44		加快推进南昌金融商务区和金融产业服务园建设，抓紧组建江西省地方法人银行和保险公司	2015 年启动，力争 2017 年前成立省地方法人银行和保险公司	省政府金融办	人行南昌中心支行、江西银监局、江西保监局等
45		建立全省统一养老服务信息平台，培育一批新型养老产业集聚区和养老产业连锁集团	2015 年启动，2017 年初步形成	省民政厅	省发改委、省卫计委、省人社厅、省工信委、省财政厅、省公安厅、省旅发委等，相关设区市政府
46	加快产业转型升级	建设陶瓷、特色农产品等一批电子商务服务平台，培育一批电子商务集聚区	2015 年启动，2017 年初步形成	省商务厅	省工信委、省农业厅等
47		大力实施生态旅游示范工程，努力把江西生态优势转化为旅游产业优势，巩固和提升“江西风景独好”品牌形象	到2020年创建20个省级生态旅游示范区、100 个生态旅游示范乡镇	省旅发委	相关设区市政府

序号	建设任务	建设内容	建设目标与时间节点	牵头责任部门	配合部门
48	完善绿色产业政策规划体系	抓紧编制现代农业强省建设规划，加快制定完善新型农业经营体系、农村产权制度等方面的政策意见	2015 年启动，2017 年初步形成	省农业厅	省住建厅等
49		认真落实关于深入实施工业强省战略加速推进新型工业化的意见、十大战略性新兴产业规划等政策，进一步制定支持新能源汽车、智能装备等产业发展的措施	2014—2020 年	省工信委	省发改委等
50		出台促进健康服务业发展的政策措施	2014 年省政府已出台《关于促进健康服务业发展的实施意见》（赣府发〔2014〕40 号），2015 年出台相关具体落实方案或政策	省卫计委 省发改委	
51		出台加快生产性服务业发展的政策措施	2015 年出台	省发改委	省工信委、省财政厅、省国税局、省地税局等
52	完善绿色产业政策规划体系	支持旅游产业发展的政策措施	2015 年出台	省旅发委 省发改委	省财政厅、省交通运输厅、省林业厅、省科技厅、省人社厅、省国土资源厅、省住建厅、省文化厅、省新闻出版广电局等
53		出台支持体育产业发展的政策措施	2015 年出台	省体育局 省发改委	省编办、省工信委、省新闻出版广电局、省民政厅、省商务厅、省文化厅、省国资委、省旅发委、省教育厅、省卫计委、省交通运输厅、省国土资源厅、省住建厅、省财政厅、省科技厅、省公安厅等

序号	建设任务	建设内容	建设目标与时间节点	牵头责任部门	配合部门
54	完善绿色产业政策规划体系	依托江南名楼滕王阁、千年书院白鹿洞、瓷都景德镇、中国最美乡村婺源等“古色”旅游资源，开发“观光度假休闲”为主题的特色文化旅游景区	2014—2020 年	省旅发委	南昌市、九江市、景德镇市、上饶市政府等
55		编制全省电子商务发展、文化创意和设计服务与相关产业融合发展等专项规划	2016 年上半年出台相关专项规划	省发改委 省商务厅 省文化厅	省工信委等
56	推进循环化改造和清洁生产	加快工业园区循环化改造，着力争取和推进一批国家级和省级“城市矿产”示范基地、循环经济示范园区、再制造产业示范基地、清洁化园区等试点示范	到 2017 年，全省 60%的国家级园区和 40%的省级园区实施循环化改造	省发改委	省工信委等
57		实施工业清洁生产促进工程，重点在重金属污染防治重点防控行业、产能过剩行业实施一批清洁生产项目	2014—2020 年	省工信委	省环保厅、省发改委等
58		全面推广农业清洁生产技术，推动农业生产循环化改造，加快创建一批“猪—沼—果”“秸秆—食用菌—有机肥—种植”、林禽渔立体复合种养等模式的循环型生态农业示范园	2014—2020 年	省农业厅	省发改委、省科技厅、省林业厅等
59	着力优化能源结构	按照国家统一部署，争取尽快启动彭泽核电站一期工程，做好万安烟家山核电厂址保护工作和吉安何魁、鹰潭铁山岭核电厂址论证工作	全省非化石能源占一次能源消费比重 2015 年达到 8%，2017 年达到 8.4%，2020 年达到 8.8%	省能源局	省核工业地质局、核工业江西矿冶局等，九江市、吉安市、鹰潭市政府
60		积极推进新干、井冈山等大中型水电项目前期工作		省水利厅	省能源局等
61		积极推进金沙江下游水电等直流特高压入赣工程		省能源局	省水利厅等
62		推进天然气建设工程，加快西气东输三线、新粤浙线、省级天然气管网工程等建设		省能源局	
63		加快光伏发电应用		省能源局	省工信委等
64		积极有序推进一批风电、生物质发电项目建设加大火电清洁化改造力度，加快“上大压小”工程建设		省能源局	省环保厅等

序号	建设任务	建设内容	建设目标与时间节点	牵头责任部门	配合部门
（三）构建节约集约的资源能源利用体系					
65	推进节能降耗	加强能源消费总量和能耗强度双控制，严格节能标准和节能监管	能源消费总量2015年控制在8 183万t标准煤，单位GDP能耗2015年下降到0.565 t 标准煤/万元完成国家下达的能源消费总量和单位GDP能耗目标	省发改委	省能源局、省统计局、省工信委等
66		推进钢铁、有色、水泥、焦炭、造纸、印染等行业企业节能降耗技术改造	单位工业增加值能耗控制在全国平均水平以下	省工信委	省发改委、省环保厅等
67		大力推广应用可再生、绿色建筑材料	力争全省城镇新建绿色建筑比例 2017年达到20%、2020年达到50%	省住建厅	省环保厅等
68		推广节能与新能源汽车	2014—2020年	省科技厅	省环保厅、省财政厅等
69		推进“车船路港”低碳交通运输专项行动	2014—2020年	省交通运输厅	省发改委、省公安厅等
70		制定城市综合体、公共机构办公场所等能源使用定额标准和效能标准	2015年启动，2017年初步形成	省住建厅 省质监局 省政府机管局	省发改委等
71		推行街道和楼宇能源智能管理系统	2014—2020年	省政府机管局	省财政厅、省住建厅等
72	推进节能降耗	推进永修云山开发区、江西铜业集团、新余钢铁集团等国家级、省级循环经济示范园区、试点企业建设全面推进循环经济示范企业、示范园区和示范城市建设，探索建立循环经济产业联盟，推进基地共建，完善示范推广体系，逐步实现循环经济发展由试点向示范推广的转变	到2020年基本形成“企业小循环、园区中循环、社会大循环”的循环经济发展格局	省发改委	省工信委、省国资委、省环保厅、省商务厅等，各设区市政府

序号	建设任务	建设内容	建设目标与时间节点	牵头责任部门	配合部门
73	推进节能降耗	加快发展循环型服务业，推进服务主体绿色化、服务过程清洁化，促进旅游、通信、零售批发、餐饮、物流等产业融合发展、绿色发展	2014—2020 年	省发改委	省旅发委、省工信委、省商务厅等
74		加强再生资源循环利用技术研发、引进工作，重点推进废弃塑料、节能灯、废电池等循环利用	到 2020 年，全省废弃塑料、节能灯、废电池的资源回收体系基本形成。主要再生资源回收利用率 2015 年达到 65%、2017 年达到 70%、2020 年达到 75%	省商务厅	省发改委、省供销社、省科技厅、省环保厅等
75		在国家统一部署下，依托现有交易平台，积极培育省级碳排放权交易市场	2014—2020 年	省发改委	省财政厅等
76	加强水资源节约	深入落实“节水优先”方针，全面推进节水型社会建设	节水器具的普及率 2015 年达到 70%、2017 年达到 78%、2020 年达到 85%	省水利厅	省住建厅、省发改委等
77		实行最严格的水资源管理制度，加强“三条红线”管理，落实用水总量控制制度、用水效率控制制度、水功能区限制纳污制度、水资源管理责任和考核制度	全省用水总量 2015 年控制在 245 亿 m^3 以内，2017 年控制在 252 亿 m^3 以内，2020 年控制在 260 亿 m^3 以内；水资源开发利用率 2015 年达到 15.5%，2017 年达到 16%，2020 年达到 17%；非常规水资源利用率 2015 年达到 0.8%，2017 年达到 1%，2020 年达到 1.5%；重要水功能区水质达标率 2015 年达到 88%，2017 年达到 89%，2020 年达到 91%；集中式饮用水水源地水质达标率（设区市城区）稳定在 100%	省水利厅	省发改委、省环保厅、省工信委、省住建厅、省农业厅、省统计局等

序号	建设任务	建设内容	建设目标与时间节点	牵头责任部门	配合部门
78	加强水资源节约	进一步推进和完善阶梯水价制度	2014—2020 年	省发改委	省住建厅、省水利厅等
79		加快城乡供水管网改造	2014—2020 年	省住建厅	省财政厅、省发改委等
80		加快水资源管理监测系统建设	2014—2020 年，河湖水域面积保有率稳定在 7.7%	省水利厅	
81		制定完善重点行业节水标准	2015 年启动，2017 年初步建立节水标准体系	省水利厅	省质监局、省发改委等
82		做好四方井等大中型水库项目前期工作，适时开工建设。继续推动廖坊、峡江、大坳等灌区工程建设，加快推进章江等灌区续建配套与节水改造、南昌等中心城市备用水源建设和水资源配置工程。禁止地下水超采	2014—2020 年	省水利厅	省发改委、省财政厅、南昌市政府等
83		推进一批企业节水技术改造项目，制定出台推广节水技术、产品和鼓励非常规水源开发利用的激励政策，严格计划用水管理。实施一批农业高效节水灌溉重大项目	万元工业增加值用水量 2017 年降到 65 t、2020 年降到 52 t，农业灌溉水有效利用系数 2015 年达到 0.45、2017 年达到 0.5、2020 年达到 0.55	省水利厅	省发改委、省农业厅、省工信委等
84	节约集约利用土地	实行最严格的耕地、林地保护制度，支持赣南等原中央苏区开展农村土地综合整治，对损毁建设用地和未利用地开发整理成园地，经认定可视作补充耕地，验收后用于占补平衡，在非农建设占用时除需按照法律程序报批外，仍要实行“占一补一”	国土开发强度 2015 年达到 7.25%、2017 年达到 7.32%、2020 年达到 7.38%，耕地保有量稳定在 286.67 万 hm^2，每平方公里建设用地生产总值 2015 年达到 1.3 亿元、2017 年达到 2 亿元、2020 年达到 2.44 亿元	省国土资源厅	省农业厅、省林业厅、省发改委、省环保厅等
85		继续抓好城乡建设用地增减挂钩、工矿废弃地复垦利用、低丘缓坡荒滩等未利用地开发利用等试点工作。严格执行土地使用标准和投资强度要求，推进项目入园和标准化厂房建设。深入开展建设用地专项清理，依法收回闲置土地，切实提高土地利用率		省国土资源厅	省工信委、省住建厅等

序号	建设任务	建设内容	建设目标与时间节点	牵头责任部门	配合部门
86	促进矿资源合理开发利用	实施深部找矿专项行动，建设南方离子型稀土、硬岩性铀矿战略资源储备基地	2015年启动，2017年初步形成	省国土资源厅	赣州市、上饶市、抚州市等相关设区市政府
87		组建中国南方大型稀土集团	2014年启动，2015年取得实质性进展，2017年完成	省工信委	赣州市政府
88		加快江西铜矿、赣州稀土等国家级矿产资源综合利用示范基地建设	2014—2020年	省发改委	省工信委、省国土资源厅、省环保厅等
89		支持赣南地方钨矿、赣中铁矿田项目等列入第二批国家级矿产资源综合利用示范基地	2014—2020年	省国土资源厅 省财政厅	省工信委等
90		支持萍乡市建设煤矸石综合利用基地、赣州市建设共伴生矿及尾矿综合利用基地和吉安市建设尾矿综合利用基地	2014—2020年	省发改委	省国土资源厅、省工信委等
91		在矿山分布相对集中的地区推进建设一批绿色矿业发展示范区通过复垦还绿、绿色矿山建设等方式，引导和鼓励社会资金投入矿山环境治理	绿色矿山比例2015年达到2%、2017年达到17%、2020年达到30%	省国土资源厅	省安监局等
92		加强市场准入管理，强化矿产资源和矿山环境保护执法监察，坚决制止乱挖滥采	2014—2020年	省国土资源厅	省安监局、省环保厅等
（四）构建安全可靠的生态环保体系					
93	强化生态建设	加强对水源涵养区、江河源头区和湿地的保护，加快推进以赣江抚河下游尾闾地区水系综合整治工程为重点的“五河”尾闾河道疏浚、生态堤防建设、水系连通和生态整治	“五河”及鄱阳湖自然岸线保有率2015年达到97%、2017年达到95%、2020年达到90%	省水利厅	省林业厅、省环保厅、省交通运输厅等
94		争取国家将鄱阳湖纳入重点流域治理范围，推进鄱阳湖流域水环境综合治理项目建设	2015年取得实质性进展，2017年取得阶段性成果	省发改委	省住建厅、省环保厅、省水利厅等
95		做好鄱阳湖水利枢纽工程前期工作	2014—2020年	省水利厅	省发改委等

序号	建设任务	建设内容	建设目标与时间节点	牵头责任部门	配合部门
96	强化生态建设	编制江西省水生态文明建设规划，推进南昌、新余、萍乡水生态文明城市试点，积极开展水生态文明县、乡（镇）、村建设，构建四级联动水生态文明建设体系	2014—2020 年	省水利厅	省住建厅、省环保厅等
97		大力实施人工造林和封山育林，加大中幼林抚育力度，启动实施低产低效林改造和珍贵阔叶林培育工程，调整和优化林分结构，提高森林资源质量。加强生态公益林保护，完成国家下达的林地和湿地保有量任务。提升森林火灾和林业有害生物综合防控能力，确保全省森林资源安全推进生物多样性优先区域物种资源调查、监测、预警和评价体系建设，实施国家级自然保护区生物廊道建设，打造国际生物多样性科普教育和研究基地	森林覆盖率 2015 年开始稳定在 64%，森林蓄积量 2015 年达到 54 000 万 m^3、2017 年达到 58 000 万 m^3、2020 年达到 60 000 万 m^3，林地保有量 2015 年达到 1 073 万 hm^2、2017 年达到 1 074 万 hm^2、2020 年达到 1 076 万 hm^2，湿地保有量稳定在 91.01 万 hm^2，沙化土地治理面积 2015 年达到 0.4 万 hm^2、2017 年达到 0.45 万 hm^2、2020 年达到 0.5 万 hm^2，设区市建成区空气负氧离子含量达到 WHO 标准的地区 2017 年达到 70%、2020 年达到 85%。国家级水产种质资源保护区个数 2015 年达到 21 个、2017 年达到 27 个、2020 年达到 31 个	省林业厅	省环保厅、省住建厅、省农业厅、省国土资源厅等
98		加强珍稀野生动植物原地保护，强化巡护监测、科研宣教等管理能力建设，着力推进鄱阳湖候鸟和鱼类资源、中华秋沙鸭及南方红豆杉、半枫荷等野生动物植物救护中心和繁殖基地建设。建设中东部地区（靖安）种质资源库，收集保存长江中下游地区有代表性和典型性的种质资源。加强外来有害入侵物种、转基因生物和病原微生物的生态安全管理，保护生物多样性和基因安全	2014—2020 年	省林业厅	省环保厅、省农业厅、省水利厅等
99		加强物种资源出入境管控，防止和杜绝珍稀、濒危及特有物种资源流失	2014—2020 年	省出入境检验检疫局	省林业厅、省农业厅等

序号	建设任务	建设内容	建设目标与时间节点	牵头责任部门	配合部门
100	加强自然生态修复与环境保护	以保护耕地和饮用水水源地土壤环境、严格控制新增土壤污染和提升土壤环境保护监督管理能力为重点，有针对性地开展保护和治理	2015 年起，开展针对江西省主要土壤污染区域、耕地、集中式饮用水源地土壤环境质量评估和污染源排查	省环保厅	省水利厅、省农业厅等
101		严禁施用高毒禁限用农药，大力推广绿色防控技术和专业化统防统治，科学施用化肥，提高肥效、减少施用量，禁止使用重金属等有毒有害物质超标的肥料	到 2020 年，农用地土壤环境得到有效保护，土壤污染恶化趋势得到遏制，部分地区土壤环境质量得到改善	省农业厅	省环保厅、省科技厅等
102	加强自然生态修复与环境保护	加强污水处理设施建设，大力实施污水配套管网工程，促进污水再生水利用	城镇生活污水集中处理率 2015 年达到 80%、2017 年达到 85%、2020 年达到 90%，再生水利用率 2017 年达到 9%、城镇生活垃圾无害率处理率 2015 年达到 63%、2017 年达到 70%、2020 年达到 85%	省住建厅	省发改委、省环保厅等
103		大力推动镇村联动建设，促进镇村道路、供水排水、供电通讯、环卫绿化、污水垃圾处理等基础设施城乡共建共享，努力建成一批美丽宜居村镇；着力推进农村人居环境综合治理，积极推广农业面源和农村生活污水与垃圾处理适用技术，按照“户分类、村收集、镇搬运、县处理”的模式，加大农村生活垃圾收运和无害化处理力度	农村垃圾无害化处理覆盖率 2017 年达到 70%、2020 年达到 90%	省委农工部	省农业厅、省住建厅、省财政厅、省发改委、省环保厅等
104		严格入河湖排污口监督管理，抓紧制定监督管理细则	2015 年出台管理细则	省水利厅	省环保厅等
105		建立以限制入河排污总量为控制核心的水功能区限制纳污制度，实施跨流域、跨市（县）水质联防联控考核制度	2015 年启动，2017 年初步形成	省水利厅	省环保厅等
106		实施土壤重金属污染修复工程，推进赣江源头、乐安河流域、信江流域、袁河流域、湘江源头等区域修复治理历史遗留重金属污染	2014—2020 年	省环保厅	省发改委、省农业厅、省水利厅等，相关设区市政府

序号	建设任务	建设内容	建设目标与时间节点	牵头责任部门	配合部门
107	加强自然生态修复与环境保护	支持鹰潭、新余、萍乡等地开展农村重金属污染耕地农业结构调整试点	2014—2020 年	省农业厅	省环保厅等，相关设区市政府
108		实施历史遗留废弃矿山和国有老矿山地质环境恢复治理工程。支持有条件的矿山申报建设绿色矿山和矿山公园	2014—2020 年	省国土资源厅	省国资委、省财政厅、省环保厅、省林业厅等
109		加强固体废物污染防治强化源头减量、过程监管和末端治理，加快推进工业固体废物和危险废物、医疗废物、城镇生活垃圾等的分类收集系统、处理设施和集中处置中心建设，扶持一批固废管理机构专业化发展。加强高污染、高危险物品和放射源全程监管及其应急体系建设，全面开展污染土壤、场地开发利用环境风险调查、评估和防控工作	工业固体废弃物综合利用率 2015 年达到 57%，2017 年达到 61%，2020 年达到 65%	省环保厅	省发改委、省工信委、省公安厅、省国土资源厅、省住建厅、省卫计委等
110		推进丰城工业固体废物综合利用基地建设试点	2014—2020 年	宜春市政府 省工信委 丰城市政府	省发改委
111		加大农业面源污染防治力度，建设一批重要农产品产区病虫害安全用药示范区	2014—2020 年	省农业厅	省环保厅
112		严格落实目标总量控制和环境容量总量控制，降低主要污染物排放量，减少生产生活对水、空气和土壤造成的污染	2014—2020 年减排四项指标达到国家下达的目标任务要求	省环保厅	省发改委、省住建厅、省农业厅、省工信委等
113	推进大气污染防治和应对气候变化工作	实施重点行业脱硫、脱硝、除尘设施改造升级重点工程；整治石化、有机化工、建材、包装印刷等行业挥发性有机物污染	2014—2020 年	省工信委	省发改委、省环保厅等
114		实施煤炭消费总量控制，全面治理燃煤小锅炉；加快推进加油站、储油库、油罐车油气回收治理	2014—2020 年	省发改委 省工信委 省能源局	省环保厅等
115		强化施工扬尘监管	2014—2020 年	省住建厅	

序号	建设任务	建设内容	建设目标与时间节点	牵头责任部门	配合部门
116	推进大气污染防治和应对气候变化工作	大力发展公共交通，着力推进南昌市国家低碳交通试点城市建设	2014—2020年	省交通运输厅	省住建厅等
117		积极探索建立跨省域大气污染联防联控机制，加强对输入性大气污染的监控、预警和防治	到2017年，空气质量指数（AQI）优良天数占比达到70%。2015年起，所有设区市开展PM2.5数据实时监测	省环保厅	省发改委、省住建厅、省交通运输厅、省气象局等
118		逐步在各设区市开展负氧离子数据实时监测	2017年初步建立，2020年形成比较完整的监测网络	省林业厅	省财政厅、省环保厅、省气象局、省发改委等
119		加快鄱阳湖气候与生态遥感监测中心建设	2015年启动，2017年初步形成	省气象局	省环保厅等
120		加强温室气体排放制度建设，逐步在全省各设区市建立温室气体监测网	2014—2020年单位GDP二氧化碳排放量达到国家下达的目标任务要求。2016年年底前完成南昌、庐山、景德镇、赣州温室气体监测站建设，2020年年底完成上饶、抚州、吉安、宜春、鹰潭、萍乡、新余温室气体监测站建设	省发改委 省统计局	省环保厅、省财政厅、省气象局等
121		支持南昌、景德镇、赣州等城市开展低碳试点，支持南昌开展国家开展低碳交通试点城市建设，支持南昌、新余开展低碳工业园区试点建设，组织开展低碳社区试点工作充分利用“世界低碳生态经济大会”等平台，加大国际合作。项目引进力度，推动企业参与低碳领域的国际互惠交易活动	2014—2020年	省发改委	省商务厅、省环保厅等，相关设区市政府
122		完善防灾减灾系统，加快灾害调查评价、监测预警、综合治理、应急救援等体系建设。加强防汛抗旱工程和非工程体系建设，构建非工程措施与工程措施相结合的山洪灾害综合防御体系。推进山洪灾害防治、防汛抗旱指挥系统项目建设，进一步完善监测预警系统和群测群防体系	2014—2020年	省地震局 省水利厅	省气象局、省国土资源厅等

序号	建设任务	建设内容	建设目标与时间节点	牵头责任部门	配合部门
123	推进大气污染防治和应对气候变化工作	加强城乡地震安全工程体系建设，实施抗震能力现状调查和地震小区划工程，推进南昌、赣州、九江等城市地震活动断层探察和农村民居地震安全工程建设	2014—2020 年	省地震局	相关设区市政府
124		加强矿产资源开发引起的崩塌、滑坡、泥石流、地面塌陷和尾矿库安全隐患综合治理，做好地质灾害隐患点（段）避灾搬迁或工程治理	2014—2020 年	省安监局	省国土资源厅、省发改委等
125	着力改善城乡人居环境	以“净化、绿化、美化”为重点，全面推进城乡人居环境综合整治。保护和扩大城市绿地、水域、湿地空间，提升人居生活环境绿化质量	城市人均公园绿地面积 2015 年达到 14.2 m^2，2017 年达到 14.3 m^2，2020 年达到 14.5 m^2；推动城镇公园、湿地公园和绿化工程建设，到 2020 年全省城市建成区绿地率达到 43%	省住建厅	省水利厅、省林业厅等，各设区市政府
126		大力开展农村环境连片整治，争取列入全国农村环境连片整治示范省	2014—2020 年	省环保厅	省农业厅、省财政厅等
127		推进美丽乡村建设，实施 105 国道、320 国道等干道沿线乡村“六化”综合整治和乡村改造提升工程	2014—2020 年	省委农工部	省农业厅、省交通运输厅、省住建厅等
128		打造昌铜高速生态经济带	2014—2020 年	宜春市政府 省发改委	省工信委、省商务厅、省财政厅、省国土资源厅、省环保厅、南昌市政府等
129		加强历史文化名镇名村、传统村落保护开发，努力建成一批美丽宜居村镇	2014—2020 年	省住建厅	省文化厅、省财政厅、省旅发委等

序号	建设任务	建设内容	建设目标与时间节点	牵头责任部门	配合部门
（五）构建崇尚自然的生态文化体系					
130	倡导生态文明行为	深入开展保护生态、爱护环境、节约资源的宣传教育和知识普及活动，增强全社会践行生态文明的凝聚力	2014—2020 年	省委宣传部	省教育厅、省发改委、省环保厅、省农业厅、省住建厅、省水利厅、省林业厅、省妇联、团省委等
131		全面推行生态文明教育，将生态文化知识和生态意识教育纳入国民教育、继续教育、干部培训和企业培训计划，大力开展生态文明教育进机关、进企业、进社区、进农村、进学校活动	生态知识普及率 2015 年达到 75%、2017 年达到 80%、2020 年达到 85%	省委宣传部	省教育厅、省政府机管局、省发改委、省工信委、省文化厅、省国资委、省住建厅、省农业厅、省妇联、团省委、省总工会等
132	倡导生态文明行为	积极开展“绿色回收”进机关、进商场、进园区、进社区、进学校等“五进”活动，促进资源循环利用	2014—2020 年	省商务厅	省发改委、省工信委、省教育厅、省政府机管局等
133		积极推行绿色出行“135”计划，倡导公众 1 km 步行、3 km 骑自行车、5 km 乘坐公交车	城市步行和自行车、公共出行交通比例 2015 年分别达到 17%、30%，2017 年分别达到 18%、40%，2020 年分别达到 20%、50%	省交通运输厅 省政府机管局	
134		积极推动家庭垃圾分类处理计划，开展家庭垃圾分类处理试点	城区居住小区生活垃圾分类达标率 2015 年达到 10%、2017 年达到 20%、2020 年达到 40%	省住建厅	

序号	建设任务	建设内容	建设目标与时间节点	牵头责任部门	配合部门
135	倡导生态文明行为	积极引导绿色消费，鼓励使用节能节水节材产品和可再生产品	节水器具普及率、二级及以上能效家电产品市场占有率 2015 年分别达到 70%、75%，2017 年分别达到 78%、80%，2020 年分别达到 85%、90%	省商务厅	省发改委、省水利厅、省工信委等
136		推进政府绿色采购，推行无纸化和绿色节能办公	有关产品政府绿色采购比例 2015 年达到 30%，2017 年达到 60%，2020 年达到 85%	省财政厅 省政府机管局	
137		组织好世界环境日、世界水日、全国节能宣传周等主题宣传活动	2014—2020 年	省环保厅 省水利厅 省发改委	
138	传承发展生态文化	充分挖掘、保护和弘扬赣鄱优秀传统生态文化，推进生态文化创新，积极开发体现江西自然山水、生态资源特色和倡导生态文明、普及生态知识的图书、音像等文化产品	2014—2020 年	省委宣传部	省文化厅、省旅发委、省新闻出版广电局等
139		充分利用各类媒体、活动中心、鄱阳湖生态经济区规划馆以及其他文化科技场馆等传播生态文化，支持在生态文化遗产丰富、保持较完整的区域建设生态文化保护区	2014—2020 年	省文化厅	省新闻出版广电局、省发改委等
140		办好鄱阳湖国际生态文化节、龙虎山国际道教论坛、赣州国际脐橙文化节等生态文明主题活动，提升赣鄱文化品牌影响力	2014—2020 年	省委宣传部 省旅发委 鹰潭市政府 赣州市政府	省文化厅、省发改委等
141		做大做强生态文化产业，建设一批特色生态文化产业示范园区、基地，培育一批生态文化企业、产品和品牌，引导实施一批生态文化产业项目	2014—2020 年	省发改委	省文化厅、省工信委等

序号	建设任务	建设内容	建设目标与时间节点	牵头责任部门	配合部门
142	开展各类生态创建行动	实施生态家园创建工程，创建一批国家级生态市、生态县和生态乡镇	2014—2020年	省环保厅	省发改委、省农业厅、省住建厅、省水利厅、省林业厅等，相关设区市政府
143		支持抚州市建设全国文化名城	2014—2020年	抚州市政府 省文化厅	
144		加快推进生态文明村、美丽乡村创建示范工程，建成一批宜居宜业宜游的生态文明示范村和秀美示范乡村	2014—2020年	省委宣传部 省委农工部	省财政厅、省农业厅、省环保厅、省林业厅、团省委等
145		大力开展绿色示范单位创建活动，建设一批绿色机关、绿色学校、绿色社区、绿色企业和绿色家庭	2014—2020年	省发改委	省政府机管局、省教育厅、省工信委、省国资委、省住建厅、省妇联等
146		打造一批以绿色示范单位为主体的生态文化宣传教育基地	2014—2020年	省教育厅	省文化厅等
147		支持有条件的地区创建国家级文明城市、园林城市、森林城市、卫生城市	到2020年成功创建5个国家森林城市	省委宣传部	省住建厅、省林业厅、省卫生厅
（六）构建科学长效的生态文明制度体系					
148	完善体现生态文明要求的考评机制	建立科学完整的生态文明建设考核评价体系	2015年初步建立	省发改委 省统计局	省环保厅、省财政厅、省林业厅、省水利厅、省国土资源厅等
149		把生态文明建设工作纳入领导干部年度述职重要内容，引导形成节约资源和保护环境的政绩观	2014—2020年	省委组织部	省人社厅等

序号	建设任务	建设内容	建设目标与时间节点	牵头责任部门	配合部门
150	完善体现生态文明要求的考评机制	进一步完善市县科学发展综合考核评价实施意见，逐步提高资源消耗、环境损害、生态效益等指标权重，形成与主体功能区相适应的考核评价制度和奖惩机制	生态文明建设占党政绩效考核的比重2015 年达 5%、2017 年达 10%、2020 年达 15%	省统计局	省委办公厅、省委组织部、省政府办公厅、省人社厅、省发改委、省环保厅、省林业厅、省水利厅、省审计厅等
151		探索自然资源资产负债表编制工作	2017 年启动，2020 年初步形成	省统计局	省国土资源厅、省林业厅、省水利厅、省农业厅等
152		实行领导干部自然资源资产离任审计	2015 年启动试点，力争 2017 年在全省试行	省审计厅	省国土资源厅、省林业厅、省水利厅、省农业厅等
153		实施与生态环境质量监测结果相挂钩的领导干部约谈制度，建立生态环境损害责任终身追究制度	2015 年启动，2017 年初步形成。环境信息公开率(涉密信息除外)维持 100%	省环保厅	省委办公厅、省委组织部、省政府办公厅、省人社厅、省发改委、省林业厅、省水利厅、省审计厅、省统计局等
154	建立自然资源资产产权管理制度	在开展自然资源调查的基础上，对水流、湖泊、森林、荒地、滩涂等自然生态空间进行统一确权登记	2015 年启动，2017 年基本完成确权登记	省国土资源厅	省水利厅、省林业厅、省农业厅、省财政厅等
155		整合不动产登记职能，统一不动产登记信息平台，构建统一的自然资源监管体制机制	2017 年前完成不动产登记信息平台建设	省国土资源厅	省水利厅、省林业厅、省农业厅、省住建厅等
156		争取有条件的地区纳入国家公园体制试点	2015—2020 年争取每年 1～2 个地区纳入试点	省林业厅	省国土资源厅、省环保厅、省旅发委等
157		全面推行矿业权评估、挂牌、交易制度	2015 年启动，2016 年年底前全面推行	省国土资源厅	省发改委、省政府金融办等

序号	建设任务	建设内容	建设目标与时间节点	牵头责任部门	配合部门
158		加快完成农村土地承包经营权确权登记颁证工作，鼓励农户采取多种形式自主流转土地承包经营权	2015年年底前完成	省农业厅	省国土资源厅、省林业厅、省政府法制办等
159		完善农村宅基地管理制度	2017年年底前完成	省国土资源厅	省农业厅、省财政厅、省林业厅、省住建厅等
160	探索建立生态补偿机制	制定出台建立健全生态补偿机制的实施意见	2015年启动，2017年前出台实施意见	省发改委	省财政厅、省环保厅、省国土资源厅、省水利厅、省林业厅、省工信委、省旅发委等
161		建立财政转移支付与地方配套相结合的补偿方式	2015年启动，2017年初步形成	省财政厅	省发改委、省环保厅、省国土资源厅、省水利厅、省林业厅、省工信委、省旅发委等
162		通过对口支援、产业园区共建、增量受益、社会化捐赠等形式，探索建立多元化的生态补偿机制	2015年启动，2017年取得阶段性成效	省发改委	省财政厅、省环保厅、省国土资源厅、省水利厅、省林业厅、省工信委、省旅发委等
163		争取国家加大对重点生态功能区的转移支付力度，尽快批复实施东江源生态补偿试点方案	力争2015年批复实施	省发改委	省环保厅、省财政厅、省国土资源厅、省水利厅、省林业厅等
164		研究推进赣江源、抚河源等流域生态补偿试点和鄱阳湖实施湿地生态补偿试点	2017年年底前逐个启动实施	省发改委	省林业厅、省环保厅、省财政厅、省国土资源厅、省水利厅等

序号	建设任务	建设内容	建设目标与时间节点	牵头责任部门	配合部门
165	探索建立生态补偿机制	健全矿产资源有偿使用、矿山地质环境保护和恢复治理保证金制度，建立矿产资源开发生态补偿长效机制	力争2015年出台相关制度	省国土资源厅	省发改委、省财政厅、省环保厅、省水利厅、省林业厅、省工信委、省旅发委等
166		研究探索产业生态补偿机制，对企业生产过程中产生的资源消耗和环境污染承担相应的生态补偿责任	2015年启动，2017年取得阶段性成效	省发改委	省财政厅、省环保厅、省国土资源厅、省水利厅、省林业厅、省工信委、省旅发委等
167	建立健全市场化机制	加快推进阶梯气价、水资源价格等制度改革	2015年年底前取得阶段性成果	省发改委	省水利厅、省能源局等
168		推动建立重要矿产资源开采回采率、选矿回收率、综合利用率激励约束机制	2015年启动，2017年建立相应机制	省国土资源厅 省财政厅	省发改委、省工信委、省环保厅等
169		大力推进环境污染第三方治理	2015年启动，并出台相关政策	省发改委	省环保厅、省水利厅、省住建厅等
170		逐步开展排污权交易	2017年年底前完成	省环保厅	省财政厅、省政府金融办、省发改委等
171		在城镇污水垃圾处理和工业园区污染集中治理等重点领域开展特许经营试点	2015年年底前启动实施	省住建厅	省发改委、省水利厅、省环保厅等
172		建立江西省碳排放权交易平台	2015年年底前建立	省发改委	省政府金融办、省林业厅、省环保厅等
173		探索设立中国南方（江西）林业碳汇基金	2015年年底前设立	省林业厅	省环保厅、省发改委、省政府金融办等
174		推进碳汇造林和碳减排指标有偿使用交易	2014—2020年	省发改委	省林业厅、省环保厅、省政府金融办等

序号	建设任务	建设内容	建设目标与时间节点	牵头责任部门	配合部门
175	建立健全市场化机制	支持南方林业产权交易所建设成为辐射南方的区域性林权交易市场	2015—2020年不断扩大影响力	省林业厅	省发改委、省环保厅、省政府金融办等
176		探索建立水权交易制度，鼓励和引导地区间、用水户间的水权交易	2015年启动，2017年初步形成	省水利厅	省发改委、省环保厅等
177	严格环境保护管理制度	加强生态环境保护立法工作，完善建设国家生态文明先行示范区的有关地方性法规	2015—2020年逐年根据需要及时完成相关法律法规	省政府法制办	省环保厅、省发改委等
178		实行严格的污染物源头控制制度，落实新建项目环保准入机制，严格执行污染物排放许可制度	2015年完善相关制度	省环保厅	省财政厅、省政府金融办、省发改委等
179		制定重点流域、区域的环境容量及总量控制标准，实行企事业单位污染物排放总量控制制度，落实建设项目主要污染物排放总量指标管理办法	2016年年底前完成	省环保厅	省发改委等
180		加强环境损害鉴定评估能力建设，推动开展环境损害司法鉴定，对造成生态环境损害的责任者严格实行赔偿制度，依法追究刑事责任	2015年建立完善相关制度	省环保厅	省政府法制办、省司法厅、省公安厅、省法院、省检察院等
181		加强环境执法能力建设，完善环境举报投诉受理处置机制，制定突发环境事件调查处理办法	2015年出台相关制度	省环保厅	省政府法制办等
182		创新环境公益诉讼制度，健全法律援助机制，推进环保法庭建设，鼓励公众参与环境违法监督	2017年取得阶段性成效	省法院	省政府法制办、省环保厅、省司法厅、省公安厅、省检察院等
（七）狠抓落实，确保生态文明先行示范区建设取得实效					
183	加强组织领导	省委、省政府成立江西省生态文明先行示范区建设领导小组，负责统筹推进生态文明先行示范区建设，研究解决重大事项	2015年年底前完成	省委办公厅 省政府办公厅	省编办、省发改委等

序号	建设任务	建设内容	建设目标与时间节点	牵头责任部门	配合部门
184	加强组织领导	各地要成立相应机构，把生态文明建设列入重要议事日程，与经济建设、政治建设、文化建设、社会建设同部署、同推进、同考核，确保生态文明建设各项工作部署落到实处	2015年年底前完成	各市、县(区)党委和政府	
185		领导小组办公室设在省发改委，负责日常组织、协调和推进工作。省直单位是本行业责任主体，要积极争取国家政策支持，加强对各地的业务工作指导，组织开展试点示范	自2014年起，按照职责分工，跟踪落实有关工作	省发改委	省直有关部门，各市、县（区）政府
186		各市、县（市、区）是区域责任主体，主要负责同志是第一责任人、负总责，要确保本地区目标任务如期完成	自2014年起，按照要求，如期推进完成有关目标任务	各市、县(区)党委和政府	
187		构建省直部门与各市县之间的沟通机制，协调推进重大政策落实、重大资金争取和重大项目建设	自2014年起，按照要求，适时推进有关工作	省发改委	省直有关部门，各市、县（区）政府
188	加大政策支持	研究制定生态文明类产业发展目录，争取列入国家鼓励类投资项目清单	2015年年底前完成产业发展目录拟定工作	省发改委	省工信委等
189		推动南昌临空经济区、共青先导区和赣南承接产业转移示范区列入国家重点产业布局调整和产业转移区	2015年取得积极成效	省发改委	省工信委、省科技厅、省财政厅等
190		推动设立更多的战略性新兴产业创业投资基金	自2014年起，根据发展需要，适时推进设立有关基金	省发改委	省工信委、省科技厅、省财政厅、省政府金融办等
191		积极落实国家节能减排、资源综合利用和环境保护等有关税收优惠政策，逐步扩大“营改增”试点范围	自2014年起，按照要求，适时推进落实有关工作	省国税局	省地税局、省发改委、省工信委、省财政厅、省环保厅等
192		对接落实中央资金支持江西省生态文明先行示范区建设	自2015年起，对接落实	省发改委	省工信委、省科技厅、省商务厅、省财政厅、省林业厅、省环保厅等

序号	建设任务	建设内容	建设目标与时间节点	牵头责任部门	配合部门
193	加大政策支持	加大财政专项资金整合和投入力度，提高资金使用效率；继续对“五河”和东江源源头生态保护区、省级自然保护区、主要污染物减排等实施奖励	2015 年完成有关专项资金整合，并逐年增加投入，突出重点，抓好资金安排	省财政厅	省发改委、省工信委、省环保厅、省科技厅、省农业厅、省林业厅等
194		争取国家在江西省发行销售生态文明主题性即开型彩票	争取 2015 年年底前开始发行	省民政厅	省发改委、省财政厅、省环保厅等
195		大力发展绿色信贷，加大对产业转型升级、资源节约、生态建设等项目的信贷投放力度在符合规定的情况下，实施优惠利率并适当延长贷款期限	自 2015 年起，根据要求与发展需要，适时推进落实	省政府金融办	人行南昌中心支行、江西银监局等
196		优先支持符合条件的节能环保企业上市及在“新三板”挂牌	自 2015 年起，根据要求与发展需要，适时推进落实	省政府金融办	省发改委、省工信委、省环保厅、江西证监局等
197		推动生态环保项目利用国际金融机构优惠贷款	自 2015 年起，根据要求与发展需要，适时推进落实	省政府金融办	省发改委、省工信委、省环保厅、人行南昌中心支行、江西银监局等
198		加大金融创新力度，完善林权、采矿权抵（质）押贷款制度，试行污水处理收费权等抵（质）押贷款，探索碳金融业务	自 2015 年起，根据要求与发展需要，适时推进落实	省政府金融办	省发改委、省财政厅、省林业厅、省国土资源厅、人行南昌中心支行、江西银监局等
199		各地各部门要结合实际，抓紧研究出台具体配套政策措施，完善生态文明先行示范区的政策体系。开展省内生态文明先行示范区建设	2015 年开始逐步出台相关政策	各地各部门	

序号	建设任务	建设内容	建设目标与时间节点	牵头责任部门	配合部门
200	加大政策支持	开工建设昌吉赣客专、蒙华煤运铁路岳阳至吉安段，加快推进赣州至深圳客专、合肥（池州）至九江客专及鹰潭至梅州、九江至岳阳等铁路项目建设	自 2014 年起，按计划逐年开工建设，力争每个铁路项目均能在保证质量的前提下提前建成投运	省发改委	省交通运输厅、有关设区市政府等
201		开工建设赣江新干航电枢纽	2015 年开工建设	省交通运输厅	省发改委、省水利厅、吉安市政府等
202	增强科技支撑	争取中央在“西部之光”“博士服务团”等人才项目上的支持，加快推进海外留学人员创业园区、院士工作站、博士后工作站建设	力争实现“西部之光”访问学者选派人数每年 20 人左右，每年选派 10 名以上博士服务团成员来赣工作，每年新增 2～3 个院士工作站、2 个博士后工作站	省委组织部	省人社厅、省教育厅、省科技厅、省科学院、团省委、省科协等
203		加强低碳与生态环保技术公共协同创新平台建设，在资源环境领域申报设立若干国家重点实验室、国家工程（技术）研究中心、国家认定企业技术中心，培育一批生态领域科技创新团队	自 2015 年起，根据要求与发展需要，适时推进	省科技厅 省发改委 省工信委	省教育厅、省人社厅等
204		组织开展能源节约、资源循环利用、新能源开发、污染治理、生态修复等关键技术攻关建立和完善生态文明建设科技创新成果转化机制，形成一批成果转化平台、中介服务机构	自 2014 年起，根据要求与发展需要，适时推进	省科技厅	省发改委、省工信委、省教育厅、省人社厅、省能源局等
205	广泛宣传动员	集中开展系列宣传活动，大力宣传生态文明先行示范区的重要意义和重大举措，营造全社会合力推进生态文明建设的良好氛围	自 2014 年起，根据要求与发展需要，适时推进	省委宣传部	省商务厅、省发改委等
206		积极搭建宣传平台，把“世界低碳生态经济大会”打造成国家级推动生态文明建设国际交流合作的重要宣传窗口和对外开放合作的高端平台	自 2014 年起，根据要求与发展需要，不断推进	省商务厅	省发改委、省科技厅、省财政厅、省环保厅、省住建厅、省国资委、省旅发委、省外事办等

序号	建设任务	建设内容	建设目标与时间节点	牵头责任部门	配合部门
207	加强督促落实	各地、各部门要根据本实施意见，研究制定具体工作方案，认真抓好各项工作的落实，每年年底前向省发改委报送工作进展情况	2015年制定工作方案，并根据要求逐年抓好落实	各地、各有关部门	省发改委等
208		省发改委要组织对本实施意见落实情况进行检查，并向省委、省政府报告	自2015年起，建立定期与不定期督促检查制度，并抓好落实，及时按要求报告有关情况	省发改委	

附件 4

江西省建设生态文明先行示范区十大重点工程任务分解落实方案

工程名称	项目类别	主要建设内容	牵头责任部门	配合部门	时间节点
一、现代农业体系建设工程	1. 千万亩高标准农田建设工程	改善和新增灌溉面积 1 000 万亩、新开发复垦宜耕未利用土地 60 万亩，到 2020 年高标准农田达到 2 825 万亩，粮食播种面积稳定在 5 600 万亩，粮食综合生产能力达到 500 亿斤	省农业厅	省国土资源厅等	2014—2020 年
	2. 五百万亩大型灌区续建配套与节水改造工程	推进实施赣抚平原、鄱湖、潦河、章江、貊皮岭、共库等 18 座大型灌区续建配套与节水改造工程，新建廖坊二期、大坳、峡江灌区等 10 座大型灌区续建配套与节水改造工程，改善灌溉面积 191.11 万亩，新增节水灌溉面积 311.2 万亩	省水利厅	省农业厅、省发改委等	2014—2020 年
	3. 万亩农业机械化示范区建设工程	建设水稻、油菜、蔬菜、茶叶、果业等种植业机械化示范区和水产、畜牧等养殖业机械化示范区；重点建设 8 个 10 万亩水稻全程机械化示范区，5 个万亩油菜生产机械化示范区	省农业厅		2014—2020 年
	4. 百个农产品市场建设工程	加强部级定点农产品批发市场和 40 个产地农产品批发市场建设，建设鹰潭等 14 个农机大市场、52 个农机超市在南昌建设辐射中部、联动长珠闽的超大型农产品展示交易中心，推进赣南脐橙批发市场、南丰蜜橘综合市场、井冈蜜柚批发市场，在省外销地市场建立 20 个江西名优农产品展示销售中心加大农产品电子商务发展力度	省农业厅	省商务厅等，相关设区市政府	2014—2020 年
	5. 百家现代农业示范园区建设工程	力争用 3～5 年时间，建成 100 个左右覆盖不同产品类型、不同地域特色、不同发展层次的现代农业示范园区，形成国家现代农业示范园区为引领、省级园区为支撑、市县园区为依托的现代农业发展格局	省农业厅	省发改委等	2014—2020 年
	6. 农业技术推广工程	加快实施沃土工程和测土配方施肥工程、病虫害绿色植保工程和统防防治工程、种子工程、农业面源污染防治工程、秸秆机械化还田工程、农林信息化工程、农业科技入户工程等生态农业技术推广工程	省农业厅	省发改委、省科技厅等	2020 年前实现主要农作物良种覆盖率达到 95%以上，农药使用量减少 20%，化肥利用率提高 30%

工程名称	项目类别	主要建设内容	牵头责任部门	配合部门	时间节点
二、十大战略性新兴产业重点工程	7. 节能环保产业培育工程	依托资源优势和技术优势，以南昌为核心，萍乡、赣州、新余为重点，重点发展高效电机和锅炉、气水和固体废物处理、大宗矿产资源和再制造等技术、装备及产品，配套发展合同能源管理、环境治理、融资租赁、运营管理等四类节能环保服务产业，打造南昌节能环保产业研发和服务核心集聚区、萍乡环保产业集聚区、赣州资源综合利用产业集聚区、新余节能装备制造和环保服务业集聚区，构建“一核三区”节能环保产业发展格局	省发改委	省环保厅、省工信委、省质监局、省国土资源厅等，相关设区市政府	力争到2017年产业销售收入达到1 800亿元、2020年达到3 000亿元
	8. 新能源产业发展工程	依托资源优势和产业基础，重点发展高纯硅料、硅片、电池与组件等光伏制造产品，推动发展风电等新能源产业，大力推进公共建筑、工商业和居民屋顶发电、大型光伏电站、新型农业示范应用等光伏、风电开发利用重点加强九江、南昌的光伏产业和光伏研发创新平台建设，支持新余、上饶光伏产业跨越发展，打造具有全球核心竞争力和带动力的光伏产业基地；大力扶持赣州、新余、萍乡风电核电产业基地建设，积极推进光伏应用及配套产品、风能核能等新能源产业集聚发展	省发改委 省工信委	省能源局等，相关设区市政府	力争到2017年产业销售收入达到1 600亿元、2020年达到3 000亿元
	9. 新材料产业发展工程	依托铜、稀土、钨、钽铌等资源优势和产业优势，以结构调整和产业转型升级为主线，延伸产业链，提高产品附加值和技术含量，大力推进鹰潭和上饶铜精深加工、赣州钨和稀土深加工及应用、景德镇和萍乡陶瓷生产、九江和景德镇有机硅单体生产及深加工、九江市玻纤和粘胶纤维深加工等5大新材料产业集聚区建设，重点发展铜箔、高精度铜板带等铜基新材料，数控涂层刀片、高端棒材、整体刀具等钨硬质合金深加工产品，永磁、储氢、轻金属合金等稀土新材料，高性能钽铌氧化物、电容器级钽粉、钽丝等钽铌新材料，硅基涂料、医用材料、电子材料等有机硅下游高端制品，玻璃和玻纤新材料复合材料，耐腐耐磨及高温结构陶瓷新材料，铜氨纤维、竹浆纤维、麻浆纤维等再生纤维素纤维，着力打造铜、稀土和钨新材料产业世界级研发和生产基地	省工信委	省发改委等，相关设区市政府	力争到2017年产业销售收入达到3 400亿元、2020年突破5 000亿元

工程名称	项目类别	主要建设内容	牵头责任部门	配合部门	时间节点
二、十大战略性新兴产业重点工程	10. 生物和新医药产业提升工程	依托龙头企业和特色产业集群，以生物医药为主导，生物农业、生物制造、生物环保、生物服务、现代中药、生物医学工程等为重点，做大做强现代中药和医疗器械，大力发展非专利化学药、生物技术药物；做好做优水稻、生猪、食药用菌等良种繁育，以及生物农药等绿色农用生物制品等生物农业；培育发展生物基化学品、生物基材料、微生物制造等生物制造业，加快推进南昌、抚州生物医药错位、协同、一体化集聚发展，做强宜新萍生物产业密集带，大力推进赣州、吉安、九江、上饶等地特色生物产业园区建设	省发改委	省农业厅、省商务厅等，相关设区市政府	力争到2017年产业销售收入超过3 000亿元、2020年达到5 000亿元
	11. 航空产业培育工程	立足自身比较优势和产业基础，主动对接中航工业、中国商飞，以南昌、景德镇为重点，重点发展直升机、教练机、通用飞机、民机大部件制造及转包等高端航空制造，加快通用机场规划与建设，培育发展通用航空，大力发展航空运输物流业和临空经济，大力推进南昌航空工业城建设成我国教练机核心基地、航空转包、航空配套设备及零配件加工等重要基地，景德镇直升机产业园区建设成我国直升机核心基地和航空配套设备加工重要基地以南昌临空经济区为中心，打造航空物流、航空食品、航空展览等航空服务聚集区	省发改委	省交通运输厅、省国防科工办、民航江西监管局等，相关设区市政府	力争到2017年航空产业主营业务收入达到800亿元、2020年达到1 400亿元
	12. 先进装备制造产业提升工程	以骨干企业为龙头、以特色产品关键技术为突破口，重点围绕智能制造、交通装备、高效矿山工程机械三大领域，发展专用数控机床、传感器、智能仪表、精密仪器、LED和光伏专用设备、特种电机、新型起重机、智能变压器等装备、技术和产品，着力打造南昌先进装备制造产业高端核心区，昌九先进装备制造产业带，赣东北先进装备制造特色产业集聚区，赣西高效矿山与工程机械产业集聚区和赣南等原中央苏区先进装备制造特色产业集聚区	省发改委	省工信委等，相关设区市政府	力争到2017年产业销售收入达到2 800亿元、2020年达到4 200亿元

工程名称	项目类别	主要建设内容	牵头责任部门	配合部门	时间节点
二、十大战略性新兴产业重点工程	13. 新一代信息技术产业培育工程	重点建设新一代移动通信网基础设施，重点发展新型电子材料、元器件、智能终端、数字视听等电子信息制造业，着力发展应用软件、信息服务、电子商务等软件与信息服务业，沿京九线构建以南昌、九江市区（含共青城）、吉泰走廊至赣州市为主体的“一核一区一带”发展格局	省工信委	省发改委、省商务厅等，相关设区市政府	2020年力争到2017年产业销售收入达到1 800亿元、2020年达到2 600亿元
	14. 锂电及电动汽车产业培育工程	依托资源优势和技术优势，走差异化发展道路，重点发展离子动力电池、正负极材料、电解液等锂基材料、电池生产技术与产品，着力培育发展大客车、电驱动系统平台、驱动电机及关键零部件等电动汽车产业技术和产品，推进宜春、新余、赣州、上饶百亿级的锂电产业集群建设，打造国内重要的特色化电动商用车发展基地	省工信委	省发改委、省交通运输厅等	力争2017年产业销售收入达到145 亿元、2020年达到250亿元
	15. 文化暨创意产业提升工程	以加强整合开发特色文化资源和健全现代文化市场体系为突破口，加快推进文化暨创意产业规模化、集约化、专业化发展，重点发展提升新闻出版、印刷、工艺美术、文化旅游四大龙头产业，做大做强广播电影电视、文化艺术、休闲娱乐、文化制造四大支柱产业，加快培育数字出版、动漫游戏、数字设计、新媒体四大文化和科技融合新兴业态，打造南昌综合性创意都市，构建环鄱阳湖、沿沪昆高速和沿京九铁路三大文化暨创意产业带，建设赣北、赣东北、赣中南、赣西四大文化暨创意产业基地	省委宣传部 省发改委	省文化厅、省新闻出版广电局、省旅发委等，相关设区市政府	力争到2017年产业销售收入达到3 500亿元、2020 年突破6 000亿元
	16. 绿色食品产业发展工程	以增效增收和质量安全为目标，着力抓好基地建设、精深加工、品牌培育、市场营销、质量监管等关键环节，重点围绕水稻、水果、水产、生猪、家禽、茶叶、油茶、蔬菜等 8 大领域，紧扣精深加工、品牌培育、市场营销、质量监管等关键环节，发展壮大一批绿色食品骨干龙头企业，形成原料生产、储藏加工、物流配送、市场销售等完善的绿色食品产业链，打造10大省级绿色食品生产及加工基地	省农业厅	省发改委、省质监局、省商务厅、省林业厅等	力争2017年产业销售收入达到 4 000亿元、2020 年突破6 000亿元

工程名称	项目类别	主要建设内容	牵头责任部门	配合部门	时间节点
三、现代服务业集聚区建设工程	17. 现代物流产业园建设工程	依托交通干线和重要交通枢纽，加快推进骨干物流工程，构建赣北、赣东北、赣东南、赣西和赣中南五大物流服务大通道加快南昌中心物流枢纽和九江、鹰潭、赣州、上饶、新余等区域物流枢纽建设，规划建设一批综合性、专业性现代物流园区（基地、中心），推进国家级和省级工业园区“物流港”试点建设，强化与宁波、洋山、深圳、厦门、宁德港和湄洲湾的对接，加强多式联运物流基础设施建设加快赣州综合保税区建设，推进南昌、九江、井冈山出口加工区整合升级为综合保税区，推进上饶、新余等建设保税物流中心	省发改委	省商务厅、省交通运输厅、省工信委、省国资委、南昌海关、省出入境检验检疫局等，相关设区市政府	2014—2020 年
	18. 金融服务业建设工程	加快推进南昌省域金融商务区和金融产业服务园建设，积极推进赣州开展金融改革，提升金融服务水平，推进南昌九江金融同城化发展积极组建省级地方法人银行和保险公司，稳步发展村镇银行、农村资金互助社等新型农村金融组织，推进南昌银行等地方金融机构规范改制积极引进符合条件的国内外金融机构依法来赣设立分支机构、第二总部和后台服务中心	省政府金融办	省发改委、人行南昌中心支行、江西银监局、江西保监局、江西证监局等	2014—2020 年
	19. 电子商务基地示范建设工程	积极发展增值信息服务、专项信息服务，加快培育面向区域、行业和小微企业的第三方信息服务，推进地理信息服务产业发展依托陶瓷、医药、电子信息、纺织服装、箱包皮具、农产品等特色产业，推进南昌、赣州、吉安、景德镇、新余、共青城、新干、黎川等地开展电子商务服务平台建设，完善物流配送、电子支付、信用认证等配套设施，着力培育一批电子商务集聚区推进南昌、赣州电子商务示范城市建设，积极争取吉安、新余建设国家电子商务示范基地	省商务厅	省发改委、省工信委、省农业厅、人行南昌中心支行等，相关设区市政府	2014—2020 年
	20. 综合性生产服务集聚区等建设工程	围绕推进制造业向价值链高端延伸，依托南昌高新区、南昌经开区大力推进科技服务、软件信息，服务外包等集聚发展建设共性和关键技术研发、知识产权信息集成服务平台，加强国家和省级重点实验室、工程研究中心、企业技术中心、工业设计中心建设，组建产业技术创新战略联盟积极推动第三方检验检测认证服务，支持建设“创业苗圃+孵化器+加速器”的创业孵化服务链，为培育新兴产业提供源头支撑	省科技厅	省工信委、省发改委、省质监局、省知识产权局、省版权局等	2014—2020 年

工程名称	项目类别	主要建设内容	牵头责任部门	配合部门	时间节点
三、现代服务业集聚区建设工程	21. 养老服务业建设工程	以庐山、三清山、龙虎山、靖安中源和鄱阳湖、庐山西海、仙女湖等山水资源、星子、温汤、资溪、安福、寻乌、安远等温泉资源、婺源、瑶里、流坑等名镇名村资源为依托，培育一批新型养老产业集聚区和养老产业连锁集团，推动养老产业的市场拓展和商业模式创新促进养老服务与医疗、护理、保险、旅游等产业互动发展，提升养老服务水平，支持有条件的地区建设养老示范基地	省民政厅	省发改委、省人保厅、省卫计委、省旅发委等，相关设区市政府	2014—2020 年
	22. 百大景区质量提升工程	加强重点旅游景区（点）基础设施和公共服务设施建设，100 个重点旅游景区（点）的公共服务能力得到普遍提升支持井冈山申报世界自然与文化遗产，支持瑞金创建国家 5A 级旅游景区和申报国家级风景名胜区，支持庐山西海等有条件的 4A 级景区加快创建国家 5A 级景区	省旅发委	省发改委、省文化厅、省住建厅等，相关设区市政府	2014—2020 年
	23. 红色旅游二期建设工程	在提升井冈山、南昌、萍乡，以及赣州—吉安—抚州原中央苏区等一期红色旅游经典景区品质的同时，着力推进上饶、九江、宜春、吉安、景德镇等二期红色旅游经典景区建设	省旅发委	省发改委、省文化厅、省住建厅等，相关设区市政府	2014—2020 年
四、旅游强省基础工程	24. 旅游基础设施建设工程	推进抚州、瑞金、鹰潭等支线机场前期工作，研究迁建景德镇罗家机场问题，适时开展井冈山至赣州、九江至岳阳、吉安至武夷山（建宁）等铁路前期工作新建、改造和提升一批旅游公路、游步道、码头、污水处理和垃圾收集转运系统等基础设施	省发改委	省旅发委、省交通运输厅、省国资委、省住建厅等，相关设区市政府	2014—2020 年
	25. 生态旅游设施建设工程	按照生态旅游节能、环保、低碳等要求和相关技术等级标准，建设婺源锦绣画廊乡村休闲健身自行车公路、龙虎山景观公路等生态旅游示范公路；建设东鄱阳湖国家湿地公园、星子中心港等生态旅游示范码头	省旅发委	省交通运输厅、省林业厅等，相关设区市政府	2014—2020 年
	26. 生态旅游示范目的地建设工程	推动婺源、井冈山、鄱阳湖国家湿地公园、三百山、武功山、大觉山、阳岭等地生态旅游发展，创建 30 个省级生态旅游示范区、100 个生态旅游示范乡镇	省旅发委	省林业厅、省住建厅等，相关设区市政府	2014—2020 年

工程名称	项目类别	主要建设内容	牵头责任部门	配合部门	时间节点
五、清洁能源重大工程	27. 高效安全核电建设工程	条件成熟后启动彭泽核电项目一期工程，做好万安烟家山核电厂址保护工作和吉安何魁、鹰潭铁山岭核电厂址论证工作加快推进核环境国家重点实验室建设，开展南方硬岩性铀资源开发与应用研究，推动核燃料产业发展	省能源局	省科技厅、省国防科工办、江西矿冶局等，相关设区市政府	2014—2020 年
	28. 天然气新线入赣工程	配合国家实施西气东输三线和新粤浙线江西境内工程，加快实施省级天然气管网工程和湖口液化天然气储配项目、压缩天然气（CNG）加气母站建设	省能源局	相关设区市政府	2014—2020 年
	29. 高效清洁火电机组建设工程	加快淘汰和改造“两高一低”现役机组有序推进华能瑞金二期、丰城电厂三期、分宜电厂扩建等项目前期工作加快推进抚州电厂 2 台 100 万千瓦、安源电厂“上大压小”、神华九江电厂 2 台 100 万千瓦机组等工程建成投产	省能源局	相关设区市政府	2014—2020 年
	30. 可再生能源建设工程	因地制宜发展风电，依托鄱阳湖陆地以及部分高山风资源较好区域风能资源优势，集中建设一批风电场，着力推进一批风电示范项目大力发展太阳能和光伏发电，继续做好“万家屋顶”等示范工程，以工商业建筑、公共建筑、居民建筑、农村户用光伏发电、独立光伏电站为重点，加快推进光伏发电应用发掘水电开发潜力，重点建设峡江、新干等大中型水电站，推进赣江流域水电梯级开发和小水电增效扩容改造	省能源局	省水利厅、省工信委、省交通运输厅等	力争到 2020 年风电总装机容量达到 300 万千瓦以上。力争到 2020 年光伏发电装机容量达到 240 万千瓦。到 2020 年水电装机规模达到 570 万千瓦
	31. 高等级电网建设工程	支持加快建设 500 千伏主干网架，建成上高锦江、红都、赣州西等 500 千伏变电站，扩建赣州等 500 千伏变电站规划研究金沙江下游水电等直流特高压入赣项目	省能源局	相关设区市政府	2014—2020 年

工程名称	项目类别	主要建设内容	牵头责任部门	配合部门	时间节点
六、推行绿色循环低碳生产方式重大工程	32. 重点领域节能改造和节能产品产业化工程	在工业、建筑、交通、公共机构等重点领域实施锅炉窑炉改造、电机系统节能、能量系统优化、余热余压利用、节约和替代石油、建筑节能、绿色照明等节能改造工程；重点推进 LED 照明、高效节能电机、节能变压器等一批节能产品产业化及其应用	省发改委	省工信委、省住建厅、省交通运输厅、省政府机管局等	2014—2020 年
	33. “城市矿产”示范基地建设工程	继续推进新余钢铁再生资源产业基地、鹰潭（贵溪）铜产业循环经济基地国家“城市矿产”示范基地建设，着力推进赣州铜铝有色金属循环经济产业园、丰城市资源循环利用产业基地、萍乡经济技术开发区、宜黄塑料资源再生利用产业基地等创建省级“城市矿产”示范基地	省发改委	省财政厅等，相关设区市政府	2014—2020 年
	34. 再制造产业示范基地	建设江铃汽车、江西电机、小蓝机械、萍乡矿山机械、鹰潭铜材、吉安电子、南康家具等再制造产业聚集区	省发改委	省工信委、省商务厅等，相关设区市政府	2014—2020 年
	35. 循环经济重大试点示范工程	建设好贵溪市国家循环经济示范城市，积极推进吉安市、丰城市、樟树市等创建国家循环经济示范城市。推进鹰潭高新区、赣州经开区、南昌高新技术开发区建设国家级循环化改造示范园区，推进赣州市、鹰潭市、江西铜业股份有限公司、江西新金叶实业有限公司建设资源综合利用“双百工程”示范基地（企业），推动井冈山经济技术开发区创建国家级循环化改造示范园区推进万年、高安、东乡等 10 个畜禽养殖重点县和赣州、吉安、抚州、景德镇、南昌等 5 个柑橘、蔬菜优势农产品产区循环农业示范基地建设，形成种养互促的循环体系	省发改委	省农业厅等，相关设区市政府	到 2017 年对全省 60%以上的国家级园区和 40%以上的省级园区实施循环化改造
	36. 餐厨废弃物资源化利用示范工程	健全城市生活垃圾分类回收网络，积极开展餐厨废弃物资源化利用和无害化处理，加快南昌、赣州国家级餐厨废弃物资源化利用和无害化处理试点城市建设，积极推进新余、抚州、九江、上饶、宜春等市餐厨废弃物资源化利用和无害化处理工作建立健全餐厨废弃物产生登记、定点回收、集中处理、资源化产品评估认证及监督管理体系，不断优化技术路线，提高资源化利用和无害化处理水平	省住建厅	省发改委、省财政厅、省环保厅、省农业厅、省商务厅、省工信委等，相关设区市政府	2014—2020 年

工程名称	项目类别	主要建设内容	牵头责任部门	配合部门	时间节点
六、推行绿色循环低碳生产方式重大工程	37. 绿色矿山建设工程	新建中型矿山按照绿色矿山标准规划、设计和建设，生产矿山着力改进开发利用方式，加快推进江西省国家级绿色矿山建设，在修水—武宁—瑞昌、景德镇—德兴—贵溪、萍乡—分宜—丰城、大余（崇余犹）—于都—寻乌等资源相对富集、矿山分布相对集中的地区，推进建设一批绿色矿业发展示范区	省国土资源厅	相关设区市政府	到2020年，建成以大中型矿山为主体的绿色矿山格局
	38. 清洁生产促进工程	推广应用清洁生产技术，推进农业、工业、建筑、商贸服务等重点领域清洁生产示范工程建设。在重金属污染防治重点防控行业和产能过剩行业，推行清洁生产审核、验收和评估，建立铜、钨、稀土、铀清洁生产技术研发中心。推广农林病虫害综合防治技术，推广新型施药机械和生物农药应用，积极推广林禽渔立体复合种养模式、生态健康养殖模式重点在医疗机构、学校和科研院所、住宿和餐饮业、交通运输仓储业、汽车修理业、公共设施业等领域，推动服务设施采用节能、节水器具和绿色建材	省发改委	省环保厅、省工信委、省农业厅、省林业厅、省住建厅等	2014—2020年
	39. 林业碳汇工程	推进林业碳汇计量监测体系、碳排放权和森林碳汇交易市场、CDM造林再造林项目建设	省林业厅	省发改委、省环保厅等	2014—2020年
七、生态建设重点工程	40. 水生态建设工程	积极推进水生态文明建设，推进南昌、新余、萍乡水生态文明城市试点开展仙女湖、陡水湖、柘林湖、万安湖等优质湖泊生态环境保护试点；推进水生态监测系统建设，提高入河水质，确保饮用水源地安全；加强水生生物保护区建设，加大增殖放流工作力度	省水利厅	相关设区市政府	2014—2020年
	41. 赣抚尾闾整治及水系连通工程	实施南昌市赣抚尾闾水系连通工程，加快推进“五河”尾闾河道疏浚、生态堤防建设、水系连通和生态整治，恢复入鄱阳湖水道功能和结构，打通赣江、抚河航道，全面活化河湖水系，改善河湖健康	省水利厅	省环保厅、省交通运输厅、省发改委、省财政厅、省林业厅、南昌市政府等	2014—2020年

工程名称	项目类别	主要建设内容	牵头责任部门	配合部门	时间节点
七、生态建设重点工程	42. 湿地生态系统功能质量提升工程	强化江西省湿地资源保护，加快湿地公园建设步伐推进鄱阳湖国家级自然保护区、鄱阳湖南矶湿地国家级自然保护区、都昌候鸟省级保护区等保护区建设，扩大保护范围，加强基础设施和管理能力建设开展湿地保护与恢复工程建设，提升湿地恢复与综合治理能力建立健全省、市、县三级湿地资源监测体系，提升湿地资源管理水平	省林业厅	省环保厅、省国土资源厅、省住建厅、省农业厅、省水利厅等，各设区市政府	每年新增国家湿地公园 1 个以上，省级 3 个以上，力争 2020 年国家湿地公园达到 23 个以上
	43. 鄱阳湖水资源保护适应试点示范工程	针对鄱阳湖流域旱涝灾害频发、生态功能退化等问题开展试点示范工程，以合理规划、配置和保护水资源为重点，改善鄱阳湖生态环境加快推进峡江、浯溪口水利枢纽工程建设，实施“五河”重点河段治理工程，大力推进四方井、寒山等大中型水库建设在滨湖控制开发带建设防护林，推进农田林网工程，重点加强“五河”及一、二级支流源头保护区的水源涵养林、水土保持林及森林公园建设	省水利厅	省发改委、省环保厅、省林业厅等	2014—2020 年
	44. 水生生物资源保护工程	加快水产种质资源保护区建设，加大对天然水产种质资源的保护力度，加大对水生生物资源及其生存环境的调查监测、资源养护和生态修复等工作的投入力度	省农业厅	省财政厅等	每年新增国家级水产种质资源保护区 1 个以上，力争到 2017 年国家级水产种质资源保护区达到 27 个
	45. 森林质量提升工程	大力实施人工造林和封山育林，实施退耕还林、长（珠）防护林、血防林等建设工程，加大“五河”中上游尤其是源头地区生态公益林保护力度，大力开展森林抚育和低产低效林改造，积极培育乡土珍贵树种，调整林分结构，提高森林资源质量全面提升森林火灾和林业有害生物综合防控能力，确保全省森林资源安全	省林业厅	省财政厅等，各设区市政府	2014—2020 年
	46. 千万亩国家木材战略储备基地建设工程	重点在赣州、吉安、上饶、抚州、宜春等地，建设杉木、松树、樟树、木荷、楠木等大径材及乡土珍贵树种培育基地 1 240 万亩，其中人工林栽培 160 万亩、现有林改培 710 万亩、中幼林抚育 370 万亩	省林业厅	相关设区市政府	2014—2020 年

工程名称	项目类别	主要建设内容	牵头责任部门	配合部门	时间节点
七、生态建设重点工程	47. 自然保护区、风景名胜区、水产种质资源保护区和森林公园升级工程	提高自然保护区、风景名胜区、水产种质资源保护区和森林公园保护和建设水平，支持有条件的升格为国家级努力实现自然保护区、风景名胜区、水产种质资源保护区和森林公园升格国家级年均 1 个以上，省级年均 2 个以上加大城市植物园规划建设力度，加快基础设施的投入，推进全园主体工程的建设，到 2020 年全省地级以上（含）城市建设（或改造提升）具备种质资源迁地保护、科普教育功能的植物园各 1 个，共 11 个	省林业厅 省住建厅	省旅发委、省农业厅等，相关设区市政府	力争到 2020 年国家级自然保护区、国家级风景名胜区、水产种质资源保护区和国家森林公园总数达到 122 个以上
八、环境保护重点工程	48. 工业园区污水处理工程	积极推进工业园区污水集中处理设施和配套管网建设，坚持成熟一批推进一批，坚持因地制宜“一厂一策”科学选择处理工艺，鼓励自主选择多元化的投资建设运营模式，加快工业园区污水处理设施建设力度	省发改委	省环保厅、省住建厅、省财政厅、省工信委、省国土资源厅等	到 2017 年全省工业园区新建污水配套管网 2 000 km，实现全省具备条件的省级以上工业园区污水处理设施建设全覆盖
	49. 城镇污水处理工程	重点完善县（市）污水收集系统和雨污分流系统，在滨湖控制开发带、水源保护区范围内，优先建设乡镇生活污水处理设施	省住建厅	省环保厅、省财政厅、省国土资源厅、省发改委等	到 2017 年，城镇生活污水集中处理率达到 85%以上，到 2020 年达到 90%
	50. 土壤、重金属污染修复工程	加大章江流域、乐安河、信江（鹰潭段）、袁河、乐安公溪河污染等重金属污染综合治理力度，摸清农产品产地土壤重金属污染底数，尽快实施铬渣、尾矿库等治理方案，重点支持 7 个重点防控区受污染土壤、场地、水体和底泥等重金属污染监测、治理与修复试点示范工程	省环保厅	省发改委、省农业厅、省国土资源厅、省财政厅等	2014—2020 年
	51. 区域大气污染环境监测工程	建设省级大气污染监测预警中心，在相关市、县以及主导风向走廊通道上建设一批区域环境空气质量自动监测站	省环保厅	省发改委、省财政厅、省人社厅、省编办、省气象局等	2017 年开展区域大气污染环境监测站的建设工作，力争 2020 年全省所有区域、城市空气自动监测站联网运行，对大气污染开展监控、预警

工程名称	项目类别	主要建设内容	牵头责任部门	配合部门	时间节点
八、环境保护重点工程	52. 矿区环境治理和恢复	实施重要自然保护区、重要景观区、重要居民集中生活区和重要交通干线、重要水系（简称三区两线）历史遗留废弃矿山和赣东铜多金属、赣南钨及稀土矿、赣西煤（岩盐、铁矿）、赣中铁矿、赣北铜金矿等国有老矿山地质环境保护和恢复治理支持于都盘古山、大余西华山等地建设矿山公园	省国土资源厅	省国资委等	2014—2020 年
	53. 防灾减灾体系建设工程	大力实施大中型病险水库、水闸除险加固工程和江河堤防达标加固工程，加强蓄滞洪区建设，加快实施小型水库、引调提水工程等抗旱应急水源工程，推进城区和粮食主产区、鄱阳湖区、10 万亩以上圩垸及各重点城市城区除涝工程建设加强城乡地震安全工程体系建设，推进南昌、赣州、九江等城市地震活动断层探察和农村民居地震安全工程建设加强农林生物灾害防治、森林火灾防控、自然灾害预警应急救助指挥等体系建设加强城镇园林绿地防灾避险功能完善建设	省地震局 省水利厅 省国土资源厅	省发改委、省林业厅、省住建厅等，相关设区市政府	力争到 2017 年每个设市城市建成一个具备防灾功能的示范公园
九、生态文化推广工程	54. 生态文明宣传教育推广工程	深入开展生态文明宣传教育、知识推广、专题行动等活动，建立健全生态文明建设新闻发布制度和教育培训体系，提高生态文明教育普及率和知识普及率	省委宣传部	省发改委、省教育厅、省新闻出版广电局等	2014—2020 年
	55. 生态文明教育基地建设工程	将生态文明教育纳入大中小学校德育体系，培养青少年学生热爱自然、保护自然的行为习惯。支持鄱阳湖湿地宣教中心、东江源自然保护区、孔目江国家湿地公园及有条件的国家级风景名胜区创建生态文明教育基地；支持省内有条件的高校创建生态文化教育研究中心鼓励省内高等院校设置节能环保类专业，加强专业建设和人才培养，为江西省生态文明示范区建设提供人才保证支持高校开展节能环保、新材料、新能源、绿色食品等领域的研究，加强与科研院所、企业等的协同，为江西省产业升级提供人才保证和智力支撑	省教育厅	省发改委、省林业厅、省旅发委等	2014—2020 年

工程名称	项目类别	主要建设内容	牵头责任部门	配合部门	时间节点
九、生态文化推广工程	56. 鄱阳湖生态经济区展示基地	依托鄱阳湖生态经济区规划馆及周边设施，建设集生态文明成果展示、论坛研讨、生态旅游、国际合作等于一体的国际生态文明交流展示平台	省发改委	省环保厅、九江市政府等	2014—2020 年
	57. 文化遗产保护工程	加大历史文化名城、名镇（村）、历史文化街区、传统村落的申报及保护力度加强对世界文化遗产、全国重点文物保护单位的保护，做好御窑厂国家考古遗址公园、吉州窑考古遗址公园建设及湖田窑和吴城遗址等大遗址保护加快建立多层次非物质文化遗产名录体系和传承人认定体系，大力促进非物质文化遗产的保护、传承和推广	省住建厅 省文化厅	相关设区市政府	2014—2020 年
十、绿色生活引导工程	58. 绿色出行“135”计划	在11个设区市建立完善公共自行车服务体系、公交体系，倡导公众1 km步行、3 km骑自行车、5 km乘坐公交车	省交通运输厅省政府机管局	相关设区市政府	2014—2020 年
	59. 农村垃圾清洁工程	大力推广“户分类、村收集、镇搬运、县处理”的农村垃圾处理模式，动员广大农民参与生活垃圾就地分类减量，提高乡镇生活垃圾转运收集的辐射能力，狠抓农业面源污染防治，切实改善农村环境，建设美丽和谐乡村，建立并形成农村生活垃圾治理的长效机制	省委农工部	省住建厅、省发改委、省环保厅、省农业厅等	到 2017 年，农村垃圾无害化处理率达到 70%，到 2020 年，农村垃圾无害化处理率达到 90%
	60. 城市家庭垃圾分类处理工程	选择部分城市和社区开展家庭垃圾分类处理试点，普及家庭垃圾分类处理知识，完善垃圾回收设施，合理收运、处置和再利用家庭垃圾	省住建厅 相关设区市政府	省发改委、省财政厅、省环保厅、省商务厅、省科技厅、省工信委等	2020 年

江西省人民代表大会
关于大力推进生态文明先行示范区建设的决议*

（2015年1月31日江西省第十二届人民代表大会第四次会议通过）

建设生态文明先行示范区，是江西省又一项重大国家战略。为举全省之力推进生态文明先行示范区建设，切实落实好国家发改委等六部委批复的《江西省生态文明先行示范区建设实施方案》，进一步巩固提升江西省的生态环境优势，根据有关法律法规，特作出如下决议：

一、确保实现生态文明先行示范区建设目标

良好的生态环境，是江西最突出的优势和最大的财富。长期以来，江西省在生态文明建设中接力探索实践，坚持在保护中发展、在发展中保护，走出了一条生态立省、绿色崛起的路子。但随着工业化城镇化不断推进，环境资源约束日益趋紧、压力不断增大。建设生态文明先行示范区，是我们巩固生态优势、实现“发展升级、小康提速、绿色崛起、实干兴赣”的重要战略机遇和势在必行的战略选择。各级人民政府要把生态文明建设摆在更加突出的位置，在经济社会发展和生态环境保护相互协调的基础上，坚持生态环境保护优先，牢固树立“既要金山银山更要绿水青山、如果破坏绿水青山宁肯不要金山银山和绿水青山本身就是金山银山”的理念，按照“中部地区绿色崛起先行区、大湖流域生态保护与科学开发典范区、生态文明体制机制创新区”的定位，有步骤分阶段推进生态文明先行示范区建设，努力做到“一年开好局、三年见成效、六年大进展”，确保全方位实现方案确定的2017年和2020年的建设目标。

二、着力抓好生态环境保护重大举措实施

划定并严守生态保护红线。构建“一湖五河三屏”（鄱阳湖，赣江、抚河、信江、饶河、

* 原载《江西人大新闻网》2015年1月31日。

修河，赣东北—赣东、赣西北—赣西、赣南山地森林生态屏障）为主体的生态安全格局，在重点生态功能区、生态环境敏感区和脆弱区等区域划定生态保护红线，实行严格保护。2015 年，要按照《全国主体功能区规划》及《江西省主体功能区规划》，加快推进国家生态保护红线划定试点工作，实行最严格水资源“三条红线”（用水总量控制、用水效率控制、主要水功能区达标控制）管理制度，把禁止开发区、重要饮用水源保护区、重要江河源头、主要山脉、重要湖泊等生态功能极重要地区划入红线范围，实施严格管控，确保生态保护红线成为任何单位、任何个人都不能踩不能碰的“高压线”。大力推进全省河湖管理，切实保护河湖生态环境和防洪安全，维护河湖健康生命。

全方位推进生态建设。强化“五河”及东江源头、农村饮用水水源保护和赣抚尾闾综合整治，大力推进鄱阳湖流域水环境综合治理，切实保护好鄱阳湖“一湖清水”；深入推进水土流失治理，加强水土保持建设，强化天然林保护，大力推进封山育林，严格公益林保护，大力实施人工造林和低产低效林改造，提升森林资源质量；强化湿地尤其是城区湿地资源保护，认真贯彻省人大常委会《关于加强城市规划区湿地保护的决议》，加快湿地保护区和湿地公园建设，健全湿地保护和恢复体系，提升湿地保护管理水平。加强各类自然保护区建设，加大野生动植物保护力度，推进外来物种依法管理，切实保护生物多样性。

大力开展环境综合治理。深入推进“净空、净水、净土”行动，切实解决人民群众反映强烈的突出环境问题。着力加强大气污染防治，重点抓好工业废气、机动车尾气和城市扬尘等污染防治，改善大气环境质量，从 2015 年起所有设区市开展建成区 $PM_{2.5}$ 数据实时监测。着力加强水污染防治，积极推进城镇生活污水配套管网建设，提高城镇生活污水处理率；积极推进工业污水处理设施建设，2017 年实现省级以上工业园区污水处理设施全覆盖并有效运行。着力加强土壤污染源头综合治理，重点抓好重金属污染和矿山环境治理恢复。加快推进城镇生活垃圾无害化处理设施建设，提高无害化处理率；强化农业面源污染防治，加大农村生活垃圾无害化处理力度，加快推进规模化畜禽养殖和水产养殖污染防治。加大科技创新力度，大力推进产业转型升级，形成有利于绿色循环低碳发展的产业体系。

三、深化改革推进生态文明制度创新

建立自然资源资产产权管理制度。加快推进自然资源资产统一确权登记，形成归属清晰、权责明确、监管有效的自然资源资产产权制度。理顺自然资源资产管理体制，构建统一的自然资源监管体制机制。加快自然资源及其产品价格改革，形成全面反映市场供求、资源稀缺程度、生态环境损害成本和修复效益的价格体系；坚持自然资源有偿使用，充分发挥市场在资源配置中的决定性作用，促进能源、水、土地和矿产资源的节约集约利用。

建立健全生态保护补偿制度。按照“谁污染、谁治理，谁保护、谁受偿，谁受益、谁补偿”原则，探索建立生态保护补偿机制。研究推进赣江源、抚河源流域生态补偿试点和鄱阳湖湿地生态补偿试点，加大生态公益林补偿力度，争取国家尽快批复东江源生态补偿试点方案。建立财政转移支付和受益地财政配套相结合的补偿方式，加大对生态保护地区的财政转移支付力度。指导受益地区和生态保护地区以及受益方和生态保护方通过协商或按照市场规则实施横向补偿。

改革生态环境保护管理体制。探索建立统一监管所有污染物排放的环境保护管理制度，加强环境执法能力建设。把主要污染物排放总量作为项目环评审批的前置条件，从源头控制污染物排放，严格执行建设项目环境影响评价制度和排放许可证及排污口登记制度，实行企事业单位污染物排放总量控制制度；将国家下达的总量控制指标分解落实到各地，对超过重点污染物排放总量控制指标、未完成大气环境质量改善考核目标或未完成环境质量目标的地区，依法实行区域限批；创新环境公益诉讼制度，健全法律援助机制，推进环保法庭建设，对造成生态环境损害的责任者严格实行赔偿制度，构成犯罪的依法追究刑事责任。

四、强化生态环境保护责任落实

明确生态环境保护责任。全省各级人民政府要对本行政区域的环境质量负责。县级以上人民政府要将生态环境保护工作纳入国民经济和社会发展规划，编制本行政区域生态环境保护规划，并与主体功能区规划、土地利用总体规划和城乡建设规划相衔接，建立生态文明建设目标管理责任制和责任追究制，确保规划实施。企事业单位应当防止、减少环境污染和生态破坏，对所造成的损害依法承担责任。公民应当增强生态环境保护意识，自觉履行保护义务。对在达标排放基础上进一步减少污染物排放的企事业单位，县级以上人民政府应当依法予以鼓励和支持；对保护和改善生态环境有明显成绩的单位和个人，县级以上人民政府应当给予表彰和奖励。

加强环境资源监测。重点加强对水、大气、土壤、森林、湿地等生态要素和资源开采、环境污染等方面情况的监测，进一步完善对“五河”流域交界断面水质情况的监测，准确掌握生态环境状况及动态变化；加快监测网络建设，遵守国家监测规范，确保监测数据的真实性和准确性；建立环境资源承载力监测预警机制和应急响应机制，加强区域生态环境安全危机防范，提高生态环境安全突发事件处置应对能力。

强化生态文明建设考核评价和责任追究。根据省内各地区主体功能定位，实行有区别、有侧重的绩效评价考核。将资源消耗、环境损害、生态效益等生态文明建设的指标纳入各级人民政府综合考核评价体系，将环境保护目标完成情况纳入对本级人民政府负有环境保护监管职责的部门及其负责人和下级人民政府及其负责人的考核内容，作为对其考核评价的重要依据，实行环境保护一票否决制。启动自然资源资产负债表编制工作，实行领导干部自然资源资产离任审计。实施与生态环境质量监测结果相挂钩的领导干部约谈制度，建立生态环境损害责任终身追究制度。

五、依法加强对生态环境保护建设的监督

建立健全生态环境保护情况报告制度。县级以上人民政府应当每年向本级人民代表大会或者其常委会报告生态环境状况和生态环境保护目标完成情况。对发生的重大环境事件，县级以上人民政府应当及时向本级人大常委会报告。

强化人大常委会监督职能。根据国家环境保护法律，制定完善建设生态文明先行示范区的有关地方性法规，依法加强监督。各级人大常委会要通过听取和审议专项工作报告、执法检查、专题调研、专题询问、工作评议等形式，加强对本决议贯彻实施的监督，督促和支持本级人民政府大力推进生态文明先行示范区建设。人大代表要发挥带头作用，广泛动员人民群众积极参与生态环境保护。

发挥公众和舆论监督作用。各级人民政府及有关部门要畅通生态环境信息公开渠道，建立健全生态环境信息公开制度。鼓励公众依法参与环境监督，实施违法行为有奖举报制度。教育行政部门、学校应当将环境保护知识纳入学校教育内容，培养青少年的生态环境保护意识。新闻媒体要对环境违法行为进行舆论监督，加强环境保护法律法规和环境保护知识的宣传，努力营造生态文明先行示范区建设的良好氛围。

江西省流域生态补偿办法（试行）*

为加快推进生态文明先行示范区建设，建立合理的生态补偿机制，加强全省流域水环境治理和生态保护力度，不断提升水环境质量，保障长江中下游水生态安全，特制定本办法。

一、实施范围

本办法适用于江西省境内流域生态补偿，主要包括鄱阳湖和赣江、抚河、信江、饶河、修河等五大河流，以及九江长江段和东江流域等。以省对县（市、区）行政区划单位为计算、考核和分配转移支付资金的对象，涉及全省范围内的100个县（市、区）。

二、基本原则

（一）整体推进，稳步实施。以江西省鄱阳湖流域为主体，包括九江长江段和东江流域，推进全省生态补偿的实施。根据江西省区域特点、生态环境保护的要求，突出重点、注重实效、循序渐进，形成长效机制。

（二）政府主导，多方筹资。坚持政府主导，探索多渠道的流域生态补偿方式，把流域生态补偿与江西省绿色崛起、全国生态文明先行示范区建设、鄱阳湖生态经济区建设、赣南等原中央苏区振兴发展等战略有机结合。采取中央财政争取一块、省财政安排一块、整合各方面资金一块、设区市与县（市、区）财政筹集一块、社会与市场上募集一块的“五个一块”方式筹措流域生态补偿资金。

（三）责任共担，区别对待。流域范围内所有县（市、区）对促进全省流域可持续发展和水环境质量的改善承担共同责任。综合考虑流域上下游不同地区受益程度、保护责任、经济发展等因素，在资金分配上向“五河一湖”及东江源头保护区等重点生态功能区倾斜，体现共同但有区别的责任。

---

* 原载《江西省人民政府网》（http://xxgk.jiangxi.gov.cn/fgwj/gfxwj/201511/t20151116_1 223 936.htm）。江西省人民政府关于印发《江西省流域生态补偿办法（试行）》的通知（赣府发[2015]53 号），于 2015 年 11 月 1 日下发江西省各市、县（区）人民政府和省政府各部门，请认真贯彻执行。

（四）水质优先，多方兼顾。流域生态补偿资金分配将水质作为主要因素，同时兼顾森林生态保护、水资源管理因素，对水质改善较好、生态保护贡献大、节约用水多的县（市、区）加大补偿力度，进一步调动保护生态环境的积极性。

（五）规范运作，公开透明。按照建立生态补偿长效机制的要求，用标准化方式筹措、因素法公式分配流域生态补偿资金，明确资金筹集标准、分配方法、使用范围、管理职责分工等，实现流域生态补偿资金筹措与分配的规范化、透明化和公平公正。

三、资金筹集

从2016年起，采取整合国家重点生态功能区转移支付资金和省级专项资金，省级财政新设全省流域生态补偿专项预算资金，地方政府共同出资，社会、市场上筹集资金等方式，筹集流域生态补偿资金，视财力情况逐年增加，并探索建立起科学合理的资金筹集方案（2016年方案附后）。

四、资金分配

在保持国家重点生态功能区2014年各县转移支付资金分配基数不变的前提下，采用因素法结合补偿系数对流域生态补偿资金进行两次分配，选取水环境质量、森林生态质量、水资源管理因素，并引入“五河一湖”及东江源头保护区补偿系数、主体功能区补偿系数，通过对比国家重点生态功能区转移支付结果，采取“就高不就低，模型统一，两次分配”的方式，计算各县（市、区）生态补偿资金。

（一）流域生态补偿资金分配因素指标及权重设定。

1．水环境质量因素占70%权重，其中，交界断面、流域干支流、饮用水源水质和生态红线保护区划分和保护情况占50%权重，水环境综合治理重点政策及任务执行和完成情况占20%权重。

2．森林生态质量因素占20%权重，重点考核各县（市、区）森林覆盖率和森林蓄积量等森林生态建设与保护成效。

3．水资源管理因素占10%权重，重点考核各县（市、区）用水总量控制成效。

（二）综合补偿系数设定。

根据《江西省人民政府关于设立“五河一湖”及东江源头保护区的通知》（赣府字〔2009〕36号）、《江西省人民政府办公厅关于将上犹县和宁都县部分区域纳入赣江源头保护区范围的通知》（赣府厅字〔2014〕17号）、《江西省人民政府办公厅关于将广丰县部分区域纳入信江源头保护区范围的通知》（赣府厅字〔2015〕6号）以及《江西省人民政府关于印发江西省主体功能区规划的通知》（赣府发〔2013〕4 号）明确的“五河一湖”及东江源头保护区划定范围、主体功能区区划设定综合补偿系数。综合补偿系数（c）为“五河一湖”及东江源头保护区补偿系数（a）与主体功能区补偿系数（b）的乘积。

1．“五河一湖”及东江源头保护区补偿系数（a）。属于“五河”及东江源头保护区的县（市、区）补偿系数为 3，属于鄱阳湖滨湖保护区的县（市、区）补偿系数为 2，其他县（市、区）补偿系数为 1。

2．主体功能区补偿系数（b）。属于限制开发区域（国家级重点生态功能区）的县（市、区）补偿系数为 2.5，属于限制开发区域（农产品主产区、省级重点生态功能区）的县（市、区）补偿系数为 2，属于省级重点开发区域的县（市、区）补偿系数为 1.5，属于国家级重点开发区域的县（市、区）补偿系数为 1。

（三）流域生态补偿资金分配的因素法。

1. 水环境质量因素（A）。

采取公式 $A=\dfrac{c_i e_i}{\sum_{i=1}^{n} c_i e_i}$ 计算，其中 c 是综合补偿系数，e 是水环境质量综合评分。

2. 森林生态质量因素（B）。

采取公式 $B=\dfrac{c_i f_i}{\sum_{i=1}^{n} c_i f_i}$ 计算，其中 c 是综合补偿系数，f 是森林生态质量综合评分。

3. 水资源管理因素（C）。

采取公式 $C=\dfrac{c_i g_i}{\sum_{i=1}^{n} c_i g_i}$ 计算，其中 c 是综合补偿系数，g 是森林生态质量综合评分。

4. 生态补偿资金第一次分配。

$$S_{i1}=\max(Q_{i1},F_i)$$
$$Q_{i1}=10\times(70\%\times A+20\%\times B+10\%\times C)$$

式中：S_{i1} —— i 县（市、区）生态补偿资金第一次分配结果；

Q_{i1} —— i 县（市、区）省内筹集资金 10 亿元因素法分配结果；

F_i —— i 县（市、区）国家重点生态功能区 2014 年转移支付资金。

5. 生态补偿资金第二次分配。

$$S_{i2} = S \times (70\% \times A + 20\% \times B + 10\% \times C)$$

式中：S_{i2}——i 县（市、区）生态补偿资金第二次分配结果；

S——生态补偿资金第一次分配后所余总额。

6. 生态补偿资金最终分配结果。

$$S_i = S_{i1} + S_{i2}$$

式中：S_i——i 县（市、区）生态补偿资金最终分配结果。

五、资金使用

分配到各县（市、区）的流域生态补偿资金由各县（市、区）政府统筹安排，主要用于生态保护、水环境治理、森林质量提升、水资源节约保护和与生态文明建设相关的民生工程等。

六、保障措施

（一）明确职责分工。省生态文明先行示范区建设领导小组办公室（以下简称省生态文明办）要统筹做好指导和协调江西省流域生态补偿工作。省财政厅负责流域生态补偿资金的筹集、结算工作，会同省生态文明办核定分配各县（市、区）生态补偿资金。省环保厅、省林业厅和省水利厅分别负责制定具体评分办法，并于每年第一季度将相关核定数据及依据报送省生态文明办、省财政厅，由省生态文明办对相关数据进行复核。

（二）强化跟踪问效。各市、县（区）政府是地方生态环境保护的责任主体，要牢固树立科学发展观念，统筹财力，加大生态保护投入力度，及时总结经验，反映工作成效。省环保厅、省林业厅、省水利厅等部门要加强对生态环境各项指标的监控，督促指导各地落实保护措施。省生态文明办、省财政厅会同有关部门，对发生重大（含）以上级别环境污染事故或生态破坏事件的县（市、区），扣除当年补偿资金的 30%～50%，所扣资金纳入次年全省流域生态补偿资金总额。

（三）探索多元补偿模式。支持流域中、下游地区与上游地区、重点生态功能区建立协商平台和机制，鼓励采取对口协作、产业转移、人才培训、共建园区等方式加大横向生态补偿实施力度。探索从社会、市场筹集资金，扩大补偿资金来源渠道，建立生态基金，形成多元化的生态补偿模式。结合环境税费改革，推进排污权交易、水权交易等市场化的补偿方式。鼓励各地参照本办法建立符合自身实际的生态补偿机制。

附件：2016 年全省流域生态补偿资金筹集方案

附件

2016年全省流域生态补偿资金筹集方案

2016年，首期筹集全省流域生态补偿资金20.91亿元，具体如下：

一、整合中央专项资金。整合国家重点生态功能区转移支付资金10.91亿元。

二、整合省级专项资金。整合省级专项资金3亿元用于全省流域生态补偿，其中，“五河一湖”和东江源头生态保护区奖励资金1.7亿元、省水利厅0.4亿元、省发改委0.3亿元、省林业厅0.3亿元、省环保厅0.3亿元。

三、省级财政支持部分。省财政按规定新设全省流域生态补偿专项预算资金，2016年新增安排专项预算资金3亿元。

四、设区市和县（市、区）级财政筹集。地方财政筹集4亿元，其中，11个设区市本级筹集1亿元，100个县（市、区）筹集3亿元。100个县（市、区）选取2014年度总人口（权重25%）、总面积（权重25%）、公共财政预算可用财力（权重40%）、人均可用财力（权重10%）4个因素，采用统一的因素法公式进行测算。11个设区市本级按照所辖县（市、区）筹集资金额度的三分之一进行测算。

五、社会、市场上募集。探索依法依规从社会、市场募集生态环保类建设资金，建立生态基金，推进全省生态补偿及水环境综合治理。

彩图 1　江西省生态功能区划

彩图2　江西省生态经济区划